水质处理新技术

New Technology for Water Quality Treatment

苏冰琴　崔玉川　主编
余　丽　副主编

化学工业出版社
·北京·

内容简介

本书以水质处理新技术为主线，主要介绍了水质处理导论、水质生物处理新方法、水质高级氧化处理新方法、水质膜分离和高级还原处理新方法、水质处理电效应等新方法、水质处理磁效应等新方法、水质处理的新工艺流程、水质处理的新设施、水质处理的新药剂和新材料，以及我国水质处理科研新成果及新论文等内容。

本书具有较强的系统性、完整性和针对性，可供高等学校环境科学与工程、给排水科学与工程、生态工程及相关专业师生参考，也可供从事废水处理、水污染控制与管理等的工程技术人员、科研人员和管理人员参阅。

图书在版编目（CIP）数据

水质处理新技术/苏冰琴，崔玉川主编；余丽副主编.一北京：化学工业出版社，2022.8（2023.11重印）
ISBN 978-7-122-41895-1

Ⅰ.①水… Ⅱ.①苏…②崔…③余… Ⅲ.①水处理-新技术应用 Ⅳ.①TU991.2

中国版本图书馆 CIP 数据核字（2022）第 131045 号

责任编辑：刘兴春　刘　婧
文字编辑：丁海蓉
责任校对：宋　玮
装帧设计：刘丽华

出版发行：化学工业出版社
　　　　　（北京市东城区青年湖南街 13 号　邮政编码 100011）
印　　装：北京科印技术咨询服务有限公司数码印刷分部
787mm×1092mm　1/16　印张 22　彩插 2　字数 547 千字
2023 年 11 月北京第 1 版第 2 次印刷

购书咨询：010-64518888
售后服务：010-64518899
网　　址：http://www.cip.com.cn
凡购买本书，如有缺损质量问题，本社销售中心负责调换。

定　　价：86.00 元　　　　　　　　　　版权所有　违者必究

前　言

环境保护是我国的基本国策之一，"水质工程学"是 21 世纪的一门新兴学科。随着国民经济现代化快速发展，以及人民生活水平的大幅提高，人们对于水质处理提出了更高更严的要求，因为水质处理不仅关系到水环境的保护与优化，还直接影响到人们生产和生活的质量与安全。另外，我国是一个水资源不足且分布很不均匀的发展中大国，污水处理的功能正在由处理达标排放的无害化处理方向向处理再用的资源化方向发展。同时，微污染水源水质正在向给水处理传统工艺方法发起挑战。所以，水质处理技术的进一步学习、研究、开发、创新和完善意义重大。

水质处理技术的内涵包括处理的方法、设施、工艺、药剂和材料等方面，其中水质处理方法是核心。

本书共 10 章，主要介绍了水质处理新技术（共 123 项），具体包括水质处理方法 60 个（生物法 30 个，高级氧化法 10 个，膜分离和高级还原法 8 个，电效应等方法 5 个，磁效应等方法 7 个），新工艺流程 26 类，新设施（构筑物、设备、装置）19 个以及新药剂和新材料 18 种。

笔者结合多年来的相关教学和科研工作的内容与实践，并广泛收集查阅有关宝贵资料，按照新技术和新成果两大部分编写了本书，对于水质处理新技术进行逐一重点阐述，旨在力所能及地汇集并传播水质处理新技术，使之更好地为我国的经济建设、人才建设和生态环境建设等服务。

本书由苏冰琴、崔玉川担任主编，余丽担任副主编。具体编写分工如下：第 1 章由崔玉川编写；第 2 章由苏冰琴编写；第 3 章由余丽编写；第 4 章由崔佳丽编写；第 5 章和第 6 章由余丽、苏冰琴、崔佳丽编写；第 7 章由苏冰琴、刘吉明编写；第 8 章由崔玉川、王延涛、余丽编写；第 9 章由崔玉川、刘婷、王延涛编写；第 10 章由崔玉川、苏冰琴、王延涛编写。全书最后由崔玉川、崔佳丽统稿并定稿。

在本书编写过程中，笔者查阅参考了不少中外文献和网络资料，并选择性地列于各章之后，对其作者表示由衷的感谢。另外，宋鑫崚、张霞玲、赵文博、林嘉伟、王健、权晓慧、常占坤等协助笔者认真查找了第 10 章的参考资料并做了多项工作，深致谢意！

限于编者编写时间及专业知识水平，书中不足和疏漏之处在所难免，敬请读者指教并提出修改建议。

编者

2022 年 1 月于太原

目　　录

第4章 水质膜分离和高级还原处理新方法

第 **1** 章

水质处理导论

1.1 水的类别

从不同角度，按不同方法，可将自然界中的水划分为不同的类别。

1.1.1 按自然循环系统分类

根据自然界中水所处的地域空间位置，水的分类见图 1-1。

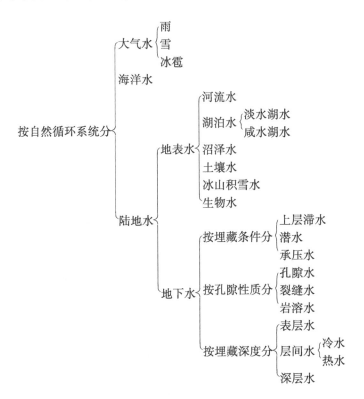

图 1-1 从自然循环角度出发水的分类

另外，自然界的水是分布在大气层（大气圈）、地表（水圈）和地壳（岩石圈）中的，所以自然界的水也可分为大气水、地表水（包括海洋水和陆地水）及地下水三大类别。

1.1.2 按社会循环系统分类

对于水的社会循环系统，可按照水质情况及使用功能，对地球上的淡水进行分类，见图 1-2。其中生产污水指污染较严重，必须经全面处理后才能排放或再用的污水；轻度污染排水指水质只需简单处理或不处理即可供某生产部门或环节再用或排放的生产废水，如清洗排水、水幕排水等。

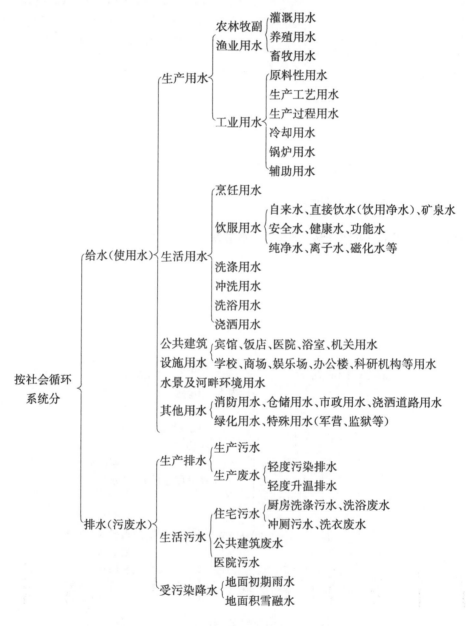

图 1-2 从社会循环角度出发水的分类

（孙慧修．排水工程［M］．3 版．北京：中国建筑工业出版社，1996．）

污水即污染水，系指水质受到人为的物理性或化学性、生物性、放射性等侵害后，其质量成分或外观性状发生改变，对饮用、使用或环境会产生危害与风险的水，亦称脏水或病态水。但它是经处理后可再生使用的一种重要水利资源。

1.1.3　工业用水分类

(1) 按行业分类

图 1-2 中工业用水的类别是根据水的用途划分的。也可按工业部门的行业性质划分，例如可划分为冶炼、化工、电力、石油、机械、采矿、建材、橡胶塑料、纺织、造纸、食品、电子等工业用水。

(2) 按水中含盐量分类

在工业上，水的纯度常以水中含盐量或水的电阻率来衡量。理论上的纯水在 25℃时的电阻率为 $18.3 \times 10^6 \ \Omega \cdot cm$。根据各行业部门对水质的不同要求，水的纯度可以分为 4 种，见表 1-1。

⊡ 表 1-1　水的纯度类型

序号	类型	含盐量/(mg/L)	电阻率(25℃)/(Ω·cm)
1	淡化水①	<1000	>800
2	脱盐水②	1.0~5.0	(0.1~1.0)×10⁶
3	纯水③	<1.0	(1.0~10)×10⁶
4	高纯水④	<0.1	>10×10⁶

① 淡化水是指将高含盐量的水，经过局部除盐处理后变成可用于生产和生活的淡水。例如，海水或苦咸水淡化可得淡化水。

② 脱盐水相当于普通蒸馏水，水中大部分强电解质已经被去除。

③ 纯水，也叫去离子水，水中绝大部分强电解质已经被去除，同时诸如硅酸、碳酸等弱电解质也去除到一定程度。

④ 高纯水，又称超纯水，水中电解质几乎全部去除，而水中的胶体微粒、微生物、溶解气体和有机物也去除到最低程度。

另外，也可根据水中含盐量划分出水的苦咸程度，见表 1-2。

⊡ 表 1-2　水的苦咸类型

含盐量/(g/L)	类型	含盐量/(g/L)	类型
<1	淡水	10~25	盐水
1~3	弱咸水	25~30	浓盐水
3~5	咸水	>50	强盐水
5~10	苦咸水		

(3) 按水的硬度分类

水的硬度是锅炉用水中的一项重要技术指标。

硬度是指水中形成水垢的高价金属离子的总浓度，称为总硬度。一般是泛指最主要的成垢因素钙离子和镁离子的总含量。

水的硬度，主要是由水中含钙和镁的碳酸盐、酸式碳酸盐、硫酸盐、氯化物以及硝酸盐的存在而形成的。

水的总硬度可按照造硬物质组成中阳离子的不同，分为钙硬度和镁硬度；也可按其阴离子种类的不同，分为碳酸盐硬度和非碳酸盐硬度。另外，碳酸盐硬度在水煮沸后可沉淀去除，故它又叫作暂时硬度；非碳酸盐硬度在水煮沸时仍难沉淀去除，故又称它为永久硬度。

硬度的常用计量单位是每升水中以碳酸钙计的质量，单位为 mg/L。按硬度划分水的类型，见表1-3。

□ 表1-3 水的硬度类型

硬度/(mg/L)	类型	硬度/(mg/L)	类型
0	很软水	288～576	硬水
72～144	软水	＞576	很硬水
144～288	中等硬水		

1.2 水质指标

1.2.1 水质及其指标的含义

水质是水质量的略语，表示水及其所含杂质共同表现出来的综合特性，亦即水溶液的使用性质。这种特性常归纳为物理性、化学性、微生物性及放射性等方面的品质。水的某一特性可用"水质指标"（或水质参数）来表达。

水质指标是反映水的某一种使用性质的量，但它不涉及具体数值。而水质好坏才取决于水质指标的具体数值。某种水的水质全貌，应通过建立其水质指标体系（水质标准）来表达。

1.2.2 水质指标的类别

一般水质指标可分为 4 大类。

（1）物理性指标

物理性指标反映水的物理学特征，与水的感官有关，包括温度、色度、浑浊度、臭味、电导率、总固体、总溶解性固体等。

（2）化学性指标

化学性指标反映水的化学特征，与水体健康关系密切，包括碱度、硬度、pH 值、各种阳离子、各种阴离子、总含盐量、溶解氧、各种有机物、化学需氧量（COD）、生化需氧量（BOD）、总有机碳（TOC）等。其中化学需氧量和生化需氧量反映水源被污染的程度。

（3）生物学指标

生物学指标反映水中微生物情况，与水传播疾病有关，可以用来判断水源是否受到了生物污染，包括细菌总数、总大肠菌群、粪大肠菌群等。

（4）放射性指标

人类某些科技实践活动可能使环境中的天然辐射强度增高，特别是随着核能的发展和同位素新技术的应用，很可能产生放射性物质对环境的污染问题。指标主要用于判断水源是否遭受放射性污染，包括 α 和 β 总放射性两项指标。当这些指标超过参数值时，需进行全面的核素分析，以确定饮用水的安全性。

1.2.3　水的含盐量、溶解固体与矿化度

水中的盐类一般指离解为离子状态的溶解固体。由于水中盐类物质一般均以离子的形式存在，所以中性水的含盐量也可以表示水中全部阳离子和阴离子的量。水中各种固体物质的含量可分成以下 3 种类型。

(1) 总固体 (又称全固形物)

总固体指水中除溶解气体以外的所有杂质，即水样在一定温度 (一般规定 105～110℃) 下蒸发干燥后所形成的固体物质总量，也称为蒸发残余物。

(2) 悬浮性固体 (又称悬浮物，SS)

悬浮性固体即当水样过滤后，滤后截留物蒸干后的残余固体量，也就是悬浮物质含量，其中包括不溶于水的泥土、有机物、微生物等。

(3) 总溶解性固体 (又称溶解性总固形物，TDS)

溶解性固体即水样过滤后，滤过液蒸干后的残余固体量，其中包括呈分子和离子状态的无机盐类和有机物质。显然，总固体是悬浮性固体和溶解性固体两者之和。有的资料定义"蒸发残渣"为取一定体积的水样蒸干，最后将残渣在 105～110℃ 下干燥至恒重即得 (单位用 mg/L 表示)。

"蒸发残渣"是表示水中非挥发物质 (在上述温度下) 的量，它只能近似地表示水中溶解性固形物的量，因为在该温度下，有许多物质的湿分和结晶水不能除尽，某些有机物在该温度下开始氧化。

"灼烧残渣"是将蒸发残渣在 800℃ 下烧灼所得。因为在烧灼时有机物被烧掉，残存的湿分被蒸发，所以此指标近似于水中的矿物残渣。但它们还不完全相同，因为在烧灼时，矿物残渣中的部分氯化物挥发掉，部分碳酸盐分解，有时还有一些硫酸盐还原。

"矿化度"是指地下水中各种物质的离子、分子和化合物 (除水分子之外) 的总含量。通常根据一定体积的水样在 105～110℃ 的温度下蒸干后所得残渣的重量来判断。从概念上看，矿化度与总固体类同。由于地下水中悬浮性固体甚少，此时其矿化度的数值与其溶解性固体量很接近。应当指出的是：在一般情况下，水的含盐量是不能用矿化度来表示的。因为在 105～110℃ 的温度下，有许多物质的湿分和结晶水不能除尽，而且某些有机物也开始氧化。当水不是很清澈时，由于悬浮性固体的影响，此时水的矿化度要大于水的含盐量。

水的含盐量与溶解性固体的含义不同，因为溶解性固体不仅包括水中的溶解盐类，还包括有机物质。同时，水的含盐量与总固体的含义也不同，因为总固体不仅包括溶解性固体，还包括不溶于水的悬浮性固体。所以，溶解性固体和总固体在数量上都要比含盐量高。但在不很严格的情况下，当水比较清澈时水中有机物含量比较少，有时也用溶解性固体的含量来近似地表示水中的含盐量。当水特别清澈时，悬浮性固体的含量也比较少 (如地下水)，因此有时也可用总固体的含量来近似表示水中的含盐量。

1.2.4　水质指标的替代参数

绝大多数的水质指标，是指水中某一种或某一类成分的含量，可直接用其所含浓度来表示。另一些水质指标，与测定方法直接相关联，带有一定的人为任意性，例如色度是用配制的标准溶液作为衡量尺度，通过对比得出结论。还有一些水质指标，则是利用某一类成分的

共同特性来间接反映其含量，叫替代参数（或集体参数），例如电导率、浊度、硬度、总溶解性固体（TDS）等。水质指标中的常见水质替代参数见表1-4。

□ 表1-4 常见的水质替代参数

替代参数	替代的水质对象	替代参数	替代的水质对象
浊度	悬浮颗粒物	BOD	生物降解有机物
色度	腐殖物	COD	化学氧化的有机物和无机物
臭味	产生臭味的物质	TOC	有机物
味	产生味觉的物质	总三卤甲烷(TTHM)	四种三卤甲烷
电阻率	溶解离子	总三卤甲烷生成势	三卤甲烷前体
电导率	溶解离子	(TTHMFP)	
TDS	溶解性固体	UV(254m)吸光度	TOC、THM 前体
硬度	钙离子与镁离子	叶绿素	藻类计数
碱度	碳酸氢根、碳酸根与氢氧根	NPTOC	非挥发性有机物
总大肠杆菌类	病原菌	PTOC	挥发性有机物

水中有机物成分极其复杂，定性和定量的测定都极困难，表1-4中的许多替代参数是有关有机物的，原因就在于此。

现将有关有机物的几个替代参数简介如下。

(1) 用需氧量表示有机物的替代参数

由于有机物的共同特性是比较容易被氧化（氧化方式有化学法、生物法和燃烧法），故可以用有机物在氧化过程中所消耗的氧或氧化剂的数量，来代表有机物的数量，同时也反映其可氧化的程度。例如，化学需氧量（COD）、生化需氧量（BOD）、总需氧量（TOD）等指标都属于此类，也是最常用的有机物替代参数。

① COD。用强氧化剂（我国法定用重铬酸钾 $K_2Cr_2O_7$），在酸性条件下将有机物氧化为 CO_2 和 H_2O 所消耗的氧量称为化学需氧量，并用 COD_{Cr} 表示，一般可写成 COD。

COD包含的内容范围是不含氮和含氮有机物中碳的部分，实际是反映有机化合物中碳的耗氧量。对大多数有机物可氧化85%～95%以上，但对一些直链的、苯环的有机化合物也只能一部分氧化或完全不能氧化。由于COD接近水中有机物总量，所以主要用于生活污水和有机物较多的工业废水。

另外，如果用高锰酸钾（$KMnO_4$）作氧化剂，在酸性或碱性条件下将水中有机物氧化，所消耗的氧量称为高锰酸钾耗氧量，记作 COD_{Mn}。由于高锰酸钾的氧化能力较弱，测出的耗氧量较低（一般占不到水中有机物的1/2），故又称耗氧量，以 OC 表示。高锰酸钾耗氧量较多用于轻度污染的天然水或清水。

② BOD。在有氧条件下，由于微生物（主要是细菌）的活动，降解水中有机物所需的氧量，称为生物化学需氧量或生化需氧量，常以 BOD 表示。

如果进行生物氧化的时间为5d，就称为五日生化需氧量（BOD_5），BOD_5 为最终生化需氧量的65%～80%，它是反映有机含量最主要的指标之一，广泛用于受污染的天然水、生活污水和工业废水。

BOD包含的内容范围与COD相同。BOD_5 比 COD 要低得多，只能相对反映可氧化有机物的含量。但是，BOD_5 在一定程度上反映了有机物进行生物氧化的难易程度和时间进程，在水体污染控制和生物处理工艺中有很大的实用价值。把 BOD_5/COD_{Cr} 值叫可生化性指标，BOD_5/COD_{Cr} 值越大，说明水体越容易被生化处理。

③ TOD。有机物的主要组成元素有 C、H、O、N、S 等。当被氧化后，分别产生 CO_2、H_2O、NO_2 和 SO_2，所消耗的氧量称为总需氧量，记作 TOD。

TOD 测定的方法原理是：向氧含量已知的氧气流中，注入一定数量的水样，并将其送入以铂金为催化剂的燃烧管中，在 900℃ 的高温下燃烧，水样中的有机物即被氧化，消耗掉氧气流中的氧，剩余氧量可用电极测定并自动记录。氧气流原有氧量减去剩余氧量即为总需氧量 TOD。

TOD 的测定快速简便，只需 3min 即可得到结果，并可自动控制进行。测定的结果比 COD 更接近理论需氧量，故一般可近似认为是有机物完全氧化的总需氧量。

④ TOC。从上述可知，COD 和 BOD 所测定的实际上是有机物中碳的需氧量。因此，也可通过测有机物的碳含量来替代有机物的含量。总有机碳 TOC 即是基于这种思路产生的一种新的有机物替代参数。即 TOC 所显示的数值是水中有机物的总含碳量。

TOC 的测定方法原理与 TOD 类似，即先将水样酸化，用压缩空气吹脱水中的无机碳酸盐，排除干扰，然后向氧含量已知的氧气流中注入一定数量的水样，并将其送入以铂金为催化剂的燃烧管中，在 900℃ 高温下燃烧，在燃烧过程中产生 CO_2，用红外线分析仪测定，并用自动记录仪记录，再折算出其中的含碳量，就是总有机碳 TOC 值。测定时间只需几分钟。

TOC 分非吹脱性的（NPTOC）和吹脱性的（PTOC）两类。

(2) 用三卤甲烷表示氯消毒副产物

三卤甲烷（THM）是一类挥发性有机物，在天然水中并不存在。它是水中的有机物与饮水消毒剂氯反应的生成物。水中的 THM 对人体健康会产生潜在的影响，有的物质已被证明为致癌物质或可疑致癌物质。

能和 Cl_2 反应产生 THM 的物质称为 THM 的前体（或先质）。天然水中 THM 的前体主要是腐殖质。

THM 包括三氯甲烷（又称氯仿，$CHCl_3$）、一溴二氯甲烷（$CHBrCl_2$）、二溴一氯甲烷（$CHBr_2Cl$）和溴仿 4 种化合物。这些成分含量的数量级为 $\mu g/L$，有关的替代参数有 4 个：a. 三卤甲烷总量（TTHM），即 4 种成分浓度的总和；b. 三卤甲烷瞬时值（INSTTHM），即取水样时所测得的 TTHM 值；c. 三卤甲烷终值（TERMTHM），即水样在对 pH 值和水温加以控制的条件下，投加过量的 Cl_2（保证 7 d 后仍有余氯），经 7d 反应后所测得的 TTHM 值；d. 三卤甲烷生成势（THMP），由下式求得：

$$THMP = TERMTHM - INSTTHM$$

(3) UV (254nm) 吸光度

UV_{254} 即 254nm 波长下水样的紫外吸光度。紫外吸收对测量水中天然有机物如腐殖质等有重要意义，因为这类物质含有一部分芳香环，又是天然水体中主要的有机物质。UV_{254} 可作为 TOC 及 THM 前体物的代用参数，且测定迅速、简单、费用低，便于应用，也体现了替代参数的优点。

据报道，波长 254nm 的紫外线吸光度，是 NPTOC（非吹脱性总有机碳）和 TTHMFP（THM 的前体总量）的一个良好替代参数。UV 吸光度可以用来估计原水的 NPTOC 和 TTHMFP 浓度，监控中试厂及生产厂的运行，预测 NPTOC 和 TTHMFP 的去除率。出厂水的瞬时

TTHM可以通过原水的 UV、温度以及出厂的 pH 值与总耗氯量间的多重相关性来预测。

(4) 叶绿素

藻类也是水消毒副产物的前体物。叶绿素是藻类的特征色素之一，叶绿素 a 在一切藻类中占有机物干重的 1‰~2‰，是估算富营养化水体中藻类浓度的一个很好的指标，可用叶绿素 a 作为替代藻类计数的水质参数。

1.3 水质处理的意义

1.3.1 水质处理的内涵及类型

水质处理是对水质成分性质的变革，是水质类型转化的手段，亦即采用物理学、化学或生物学等技术手段，将水中的污染物质分离出去或数量减少，或者增加一些有益的物质，使水质达到所要求水质标准的一种加工净化过程。

按照原水水质性质类别的不同，水质处理通常分为"给水处理"和"污（废）水处理"两大类。近些年来，由于天然水源水体受到污染，以及污水资源化的逐步实施，使原来两类水处理工艺技术的隶属关系逐渐模糊，两类水处理工艺技术的界限日趋淡化。

1.3.2 水质处理的目的作用

从水质角度考虑，地球上的水大致可分为三类，即天然水（地表水和地下水）、使用水（生活和生产用水）和污废水（生活与生产使用过的水）。水处理则是这三种水质类型转化的重要手段，从而构成了水的社会循环，即地球上的水资源，按照使用水质和环境保护的要求，"从天然水体取水—净化处理—使用—再处理—排入天然水体"的循环过程。这种关系如图 1-3 所示。

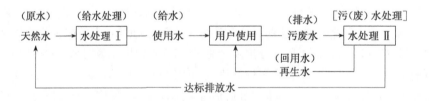

图 1-3 地球上水的社会循环关系

人类对水的自然循环的影响有限，但对水的社会循环中的各个环节（如量和质）都可施加影响进行控制。因此，人们应尽可能利用自己的能力，使水的社会循环更加有效和合理，以实现水资源的可持续利用，使人类社会得以可持续发展。

1.4 水质处理技术的组成

水处理技术，一般包括水质处理和水温处理两方面的处理技术，见图 1-4。温度是表示物质冷热程度的物理量（温度的升高或降低，标志着物体内部分子热运动平均动能的增加或减少），水温不是水中所含物质成分的参数，在生活或生产中，因使用目的不同，对水可采用降温或升温处理。水质处理技术是通过水质处理工艺来实现的，而水质处理工艺是由若干个处理方法的工序（核心方法工序、辅助方法工序）和必要的添加物（药剂等）组成的，每个处理方法工序是通过其相应设施（构筑物、设备）来完成的。

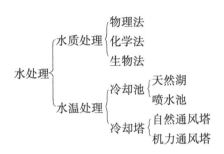

图1-4　水处理技术类别关系

因此，水质处理技术的主要组成内容，应包括水质处理的方法、工艺、设施、药剂和材料等方面，其中水质处理方法是核心。

1.5　水质处理的方法类别

水质处理方法类别，可以处理的原水性质类别和处理方法的学科属性两个方面为出发点进行划分。

前面述及，按处理的原水性质类别与使用目的，水质处理可分为给水处理和排水（污废水）处理（常称为"污水处理"）两大类，其中给水处理主要包括生活饮用水处理和工业生产用水处理两种。污水处理可分为达标排放性的无害化处理和达标利用的资源化处理两种；也可分为城镇生活污水处理和工业废水处理两类。

按水质处理方法的学科属性，水质处理可分为物理法、化学法、生物法，以及物化法、生化法等。

1.5.1　给水处理

（1）生活饮用水处理

当地表水水源的原水水质较好时，一般采用常规（传统）处理方法即可，即澄清［混凝、沉淀（气浮）、过滤］和消毒。对微污染水源水的净化处理，除了要保留或强化传统的常规处理工艺之外，通常附加生化或特种物化处理工序。一般把附加在常规净化工艺之前的处理工序叫预处理；把附加在常规净化工艺之后的处理工序叫深度处理。它们的基本原理是吸附、氧化、生物降解和膜滤4种作用。

（2）工业生产用水处理

工业生产用水的处理方法主要包括软化（离子交换法、药剂法等）、除盐（热力法、化学法、压力膜法、电膜法、电吸附法等)、水质稳定(排污法、酸化法、磷化法、碳化法)和冷却(冷却池法、冷却塔法)。

1.5.2 污水处理

1.5.2.1 城镇生活污水处理

现代城镇生活污水处理技术,按照作用机理可分为三类,即物理处理法、化学处理法和生物处理法。也有把物理化学处理法另作一类的。

(1) 物理处理法

此法系通过物理作用,分离、回收污水中呈悬浮状态的污染物质,在处理过程中不改变污染物的化学性质。

根据物理作用类型的不同,物理处理采用的方法与设备也各不相同。污水物理处理方法的类型和设备如图1-5所示。

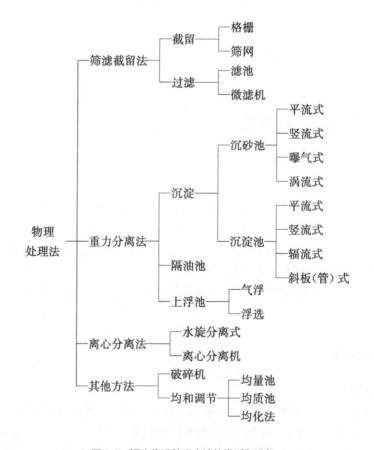

图 1-5 污水物理处理方法的类型和设备

(2) 化学处理法

此法系通过化学反应和传质作用,来分离、回收污水中呈溶解、胶体状态的污染物质,或将其转换为无害物质。污水化学处理法类别如图1-6所示。

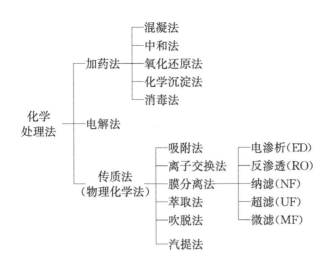

图 1-6   污水化学处理法类别

(3) 生物处理法

此法系通过微生物的代谢作用，使污水中呈溶解状态、胶体状态以及某些不溶解的有机甚至无机污染物质，转化为稳定、无害的物质，从而使污水得到净化。此法也称生化法，即生物化学处理法。一般认为，污水的可生化指标（BOD_5/COD_{Cr} 值）大于 0.3 时才适于用生化处理法。

污水生物处理法分为好氧和厌氧两大类（见图 1-7）。这两类生物处理法：按照所处条件，可分为自然和人工两种；按照微生物的生长方式，可分为活性污泥法（悬浮生长型）和生物膜法（附着生长型）两种，每种又有许多形式；按照系统的运行方式，可分为连续式和间歇式；按照主体设备中的水流状态，可分为推流式和完全混合式等。

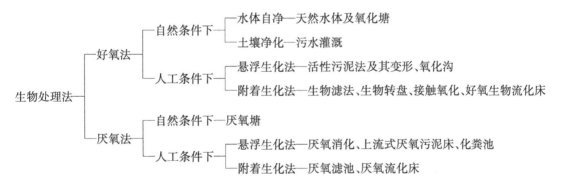

图 1-7   污水生物处理法类别

好氧生物处理法常用于城镇污水和有机生产污水的处理，厌氧生物处理法则多用于处理高浓度有机污水及污泥。

稳定塘及污水土地处理系统是污水生物处理的一种设施，属于自然生物处理的方法，具有二级处理的功能，与预处理组合即就地形成自然的污水处理厂。图 1-8 所示为常见的污水生物处理方法及其单元设施。

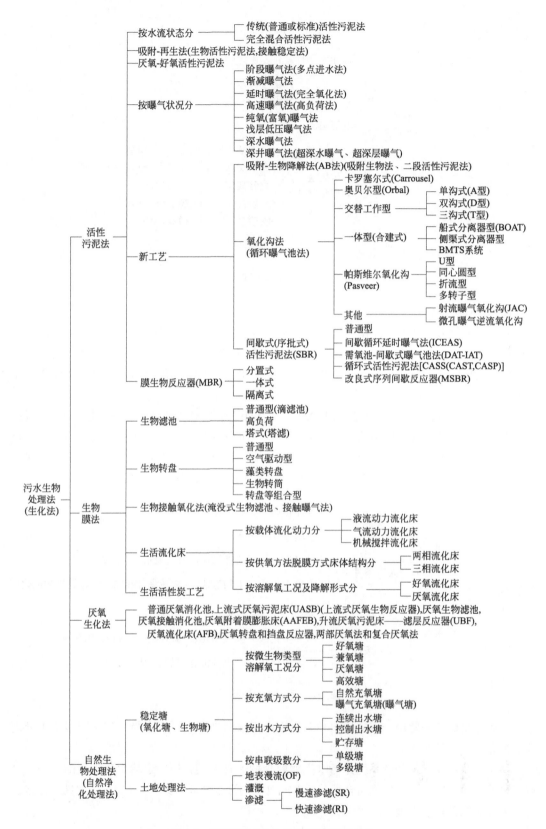

图 1-8 常见的污水生物处理方法及单元设施

1.5.2.2　工业废水处理

工业废水处理是采用各种方法（多数与生活污水方法相同），将其所含污染物质分离出去，或转化为无害物质，达标排放或再生利用。其处理方法可归纳为以下几个方面。

（1）物理及化学方法

其方法有格栅、调节、中和、混凝、沉淀、气浮、吹脱及气提、化学沉淀、氧化还原、高级氧化、过滤、吸附、离子交换、膜分离等。

（2）活性污泥法

其方法有缺氧-好氧生物脱氮工艺（A/O）、厌氧-缺氧-好氧生物除磷工艺（A^2/O）、新型脱氮工艺、氧化沟、序批式活性污泥法（SBR）等。

（3）生物膜法

其方法有生物接触氧化法、曝气生物滤池等。

（4）膜生物反应器（MBR）

其方法有一体式膜生物反应器、分置式膜生物反应器等。

（5）厌氧生物处理法

其方法有厌氧水解酸化处理、上流式厌氧污泥床反应器（UASB）、厌氧折流板反应器（ABR）、膨胀颗粒污泥床反应器（EGSB）、内循环厌氧反应器（IC）、两相厌氧处理等。

1.6　水质处理的未来

水质处理，关系到水环境的保护和优化，影响到社会生产和人民生活的质量。水质处理技术的进一步开发研究和完善，意义重大。将会有更多不同学科的学者投入水质处理技术的研究和开发中，并会不断研发出水处理的各种崭新成果。

新的水质处理技术应力求达到：高效率，低能耗，工艺短，设施少，添加剂种类少、剂量小，对产品和人体无副作用，而且工程占地少、易建造施工，运行易管理、建设投资省，制水成本低，经久耐用，维修方便等。

参考文献

[1]　许保玖. 给水处理理论［M］. 北京：中国建筑工业出版社，2000.

[2]　李圭白，张杰. 水质工程学（下册）［M］. 北京：中国建筑工业出版社，2005.

[3]　崔玉川，员建. 给水厂处理设施设计计算［M］. 3版. 北京：化学工业出版社，2019.

[4]　刘振江，崔玉川. 城市污水厂处理设施设计计算［M］. 3版. 北京：化学工业出版社，2018.

[5]　崔玉川，等. "污水"的内涵［J］. 中国水网，2018.

第**2**章

水质生物处理新方法

2.1 好氧生物处理方法

2.1.1 复合式生物处理法

将活性污泥法（悬浮生长）和生物膜法（流化态附着生长）相结合，形成复合式生物处理方法，使生物处理效果和净化功能得以提高。近年来发展较快的复合式生物处理新技术主要有复合式活性污泥-生物膜反应器、移动床生物膜反应器、序批式生物膜反应器等。

2.1.1.1 复合式活性污泥-生物膜反应器

所谓复合式活性污泥-生物膜反应器是在活性污泥曝气池中投加微生物附着生长的载体，使悬浮生长的活性污泥和附着生长的生物膜共同承担去除污水中有机污染物的任务。复合式活性污泥-生物膜反应器如图 2-1 所示。

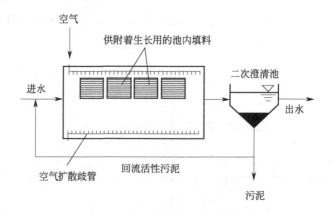

图 2-1 复合式活性污泥-生物膜反应器

投加的载体可以是粉末活性炭、无烟煤、多孔泡沫塑料小方块、多孔海绵、塑料网格和塑料泡沫粒、废弃的轮胎颗粒等。该复合工艺能增加曝气池内微生物的浓度，提高有机物氧化速率，相应地可减少所需反应器的容积。

与传统的活性污泥法相比，复合式活性污泥-生物膜反应器的污泥浓度（MLSS）达 2000～19000g/m³。生物膜的厚度在很大程度上取决于反应器的曝气强度或由曝气而引起的水力剪切力。

2.1.1.2 移动床生物膜反应器

移动床生物膜反应器（moving bed biofilm reactor，MBBR）是国内近些年来出现的新型污水处理工艺。该工艺的原理是将密度接近水、可悬浮载体填料投加到曝气池中作为微生物生长载体，填料通过曝气作用处于流化状态后可与污水充分接触，微生物处于气、液、固三相生长环境中，此时载体内厌氧菌或兼性厌氧菌大量生长，外部则为好氧菌，每个载体均形成一个微型反应器。悬浮载体表面的生物膜与液相中的悬浮污泥共同发挥作用，各自发挥降解优势，使硝化反应和反硝化反应同时存在。

MBBR 工艺结合了悬浮生长活性污泥法和附着生长生物膜法两者的优点，解决了固定床反应器需要定期进行反冲洗、流化床需要将载体流化、淹没式生物滤池因易堵塞而需要清洗填料和更换曝气器等问题。

该技术的成功运用，关键在于研发出了密度接近水、生物亲和性好、比表面积大、机械强度高、使用寿命长的新型悬浮填料（图 2-2）。在曝气、搅拌或水流速度大于 0.3m/s 的条件下填料可随水自由运动，保持填料处于悬浮状态。

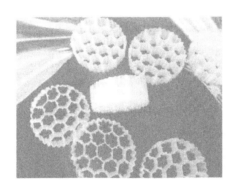

图 2-2　悬浮载体填料

大量吸附生长在生物填料上的生物膜使生物反应器中的活性生物量大大增加，在提高系统抗冲击负荷能力的同时，使系统具有更强的脱氮能力。该工艺因悬浮的填料能与污水频繁接触而被称为"移动的生物膜"。

MBBR 工艺适用于城市污水和工业废水处理。自 20 世纪 80 年代末期以来，MBBR 已在世界上 17 个国家的超过 400 座污水处理厂投入使用，并取得良好效果。目前已投入使用的 MBBR 的组合工艺包括 LINPOR MBBR 系列工艺和 Kaldnes MBBR 系列工艺，从提高处理效果、强化氮磷去除等方面对传统活性污泥法进行了改进。

（1）MBBR 的特征

MBBR 工艺中，附着生长在悬浮载体中的生物膜泥龄长，为生长缓慢的硝化菌提供了有利生存环境，可实现有效的硝化效果。悬浮生长的活性污泥泥龄相对较短，主要起去除有机物的作用，因此避免了传统工艺为实现硝化作用而保持较长泥龄时易出现的污泥膨胀问题。

其污泥负荷比单纯的活性污泥工艺低，而处理效率更高，运行更稳定。

MBBR 工艺具有以下特征。

① 容积负荷高。MBBR 工艺采用生物填料，可显著提高有效生物量和传质效果。因此，MBBR 容积负荷较活性污泥法更高，特别适用于建设用地受限，或现有污水处理厂的升级改造。

② 有机物去除率高。悬浮载体具有较大的比表面积，附着在其表面及内部的微生物数量大、种类多，总浓度高达 30～40g/L，为普通活性污泥法的 5～10 倍，可大幅提高有机物去除效率。

③ 可同步强化脱氮除磷。悬浮态生物中以异养微生物为主，污泥龄较短，有利于有机物和磷的去除；附着态生物以自养微生物为主，污泥龄较长，有利于氨氮的硝化。

④ 抗冲击负荷能力强。由于 MBBR 生物量较大，生物活性高，反应速率高，流动的填料提高了基质传质速度，增大了反应速率，提高了抗冲击负荷能力。

⑤ 污泥沉降性能好。由于老化脱落的生物膜中无机质比例较高，密度大，易于沉降，且生物膜胞外聚合物比活性污泥更多，具有接触絮凝效果，提高了污泥聚集性能，从而提高了污泥沉降性能。

（2）MBBR 的类型

MBBR 工艺主要有 LINPOR MBBR 工艺和 Kaldnes MBBR 工艺。

1）LINPOR MBBR 工艺

LINPOR MBBR 工艺，是在传统活性污泥工艺曝气池中，投加一定数量的多孔泡沫塑料颗粒作为生物载体。该工艺有效改进了传统活性污泥工艺中进水水质、水量波动导致的曝气池中污泥流失、数量不足和污泥膨胀等问题，在强化 COD、BOD_5 去除的同时提高了氨氮和总氮的去除效率。

根据所处理废水类型及处理要求的不同，LINPOR MBBR 工艺分为 LINPOR-C MBBR、LINPOR-C/N MBBR 和 LINPOR-N MBBR 工艺。

① LINPOR-C MBBR 工艺。LINPOR-C MBBR 工艺组成类似典型的活性污泥法工艺，由曝气池、二沉池、污泥回流系统和剩余污泥排放系统等部分组成，工艺流程如图 2-3 所示。该工艺中的生物载体包括附着于多孔塑料泡沫上的生物膜和悬浮于混合液中的游离态活性污泥。载体表面生物量为 10～18g/L，最大可高达 30g/L。附着载体表面的生物量具有较高的 SVI（污泥体积指数）值，反应器中悬浮的生物量为 4～7g/L。该工艺适用于对超负荷运行的城市污水和工业废水活性污泥法处理厂的改造。

② LINPOR-C/N MBBR 工艺。LINPOR-C/N MBBR 工艺系统中存在大量的附着生长型硝化细菌，且停留时间较悬浮型生物长。曝气池中投加的 LINPOR 载体填料内部存在良好的缺氧区，而外部为好氧区，从而在一个反应器中同时发生硝化反硝化作用，具有同时去除废水中有机物和氮的双重效果。工艺流程如图 2-4 所示。

③ LINPOR-N MBBR 工艺。LINPOR-N MBBR 工艺常用于经二级处理后工业废水和城市污水的深度处理，由于待处理的水体中二沉池出水含有机物量普遍较低，因此该工艺几乎只存在附着生长的生物量。运行过程中无需污泥沉淀分离和回流，节省沉淀分离和回流设备。工艺流程如图 2-5 所示。

2）Kaldnes MBBR 工艺

Kaldnes MBBR 工艺适用于包括城市污水、工业废水和微污染水体等在内的多种污水的处理，同时也适用于对超负荷运行的活性污泥法处理工艺系统的改造和扩建。该工艺所用材料

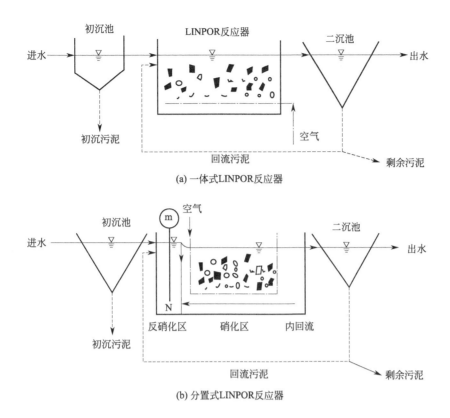

(a) 一体式LINPOR反应器

(b) 分置式LINPOR反应器

图 2-3　LINPOR-C MBBR 工艺流程

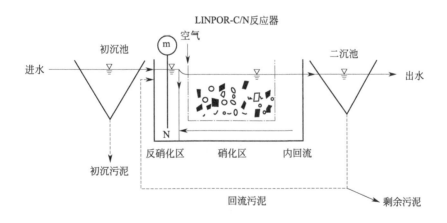

图 2-4　LINPOR-C/N MBBR 工艺流程

由聚乙烯制成，比表面积高达 $800m^2/m^3$，载体用量一般为反应器有效容积的 $20\%\sim50\%$。

　　Kaldnes MBBR 工艺有三种不同的工艺运行方式，即完全 Kaldnes P-MBBR 工艺、Kaldnes HYBAS™-MBBR 工艺和生物膜-活性污泥 BAS-MBBR 工艺，分别在提高处理效果、强化脱氮除磷方面对活性污泥法工艺进行了改进。

　　① Kaldnes P-MBBR 工艺。Kaldnes P-MBBR 工艺类似于 LINPOR-N MBBR 工艺，采用的载体根据不同的功能而选择：进行反硝化脱氮时，采用较大尺寸的载体，使载体内部形成良

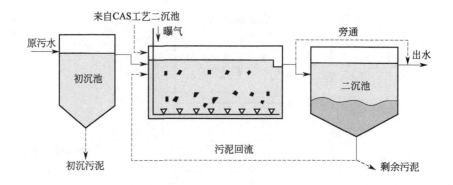

图 2-5 LINPOR-N MBBR 工艺流程

好的缺氧条件；而进行强化硝化时，一般选用小尺寸载体。工艺流程如图 2-6 所示。所有微生物均以生物膜形式附着生长在悬浮载体的表面，适用于城市污水或工业废水中有机物和氮的去除，也适用于老污水处理厂升级改造。

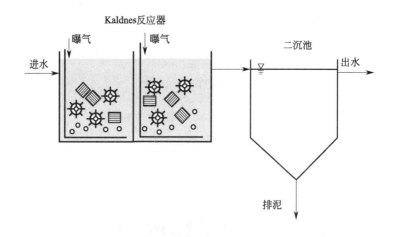

图 2-6　Kaldnes P-MBBR 工艺流程

② Kaldnes HYBAS™-MBBR 工艺。Kaldnes HYBAS™-MBBR 工艺，通过在曝气池中投加一定量的悬浮载体，使自由态悬浮生长的活性污泥和附着态悬浮生长的微生物在同一系统中共存，附着生长的微生物由于固体停留时间和反应器水力停留时间分离，具有较长的污泥龄，有利于硝化或反硝化进行。该工艺适用于对现有超负荷运行的活性污泥工艺的改造和满足严格出水水质要求，无需扩大其原有处理设施容积，可有效改善低温污水处理效果。工艺流程如图 2-7 所示。

③ BAS-MBBR 工艺。BAS-MBBR 为活性污泥法工艺的预处理工艺，目的为提高进入曝气池的有机负荷。该工艺同 AB 工艺类似，A 段中微生物以附着形式存在，可有效降低 BOD_5 50%～70%，有效改善污泥沉降性能，降低污泥量 30%～50%，适用于对原有活性污泥工艺的升级改造。生物膜-活性污泥 BAS-MBBR 工艺流程如图 2-8 所示。

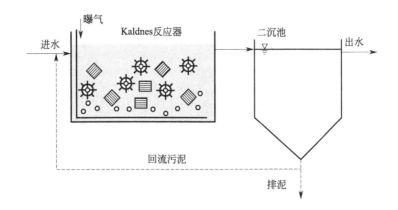

图 2-7 Kaldnes HYBAS™-MBBR 工艺流程

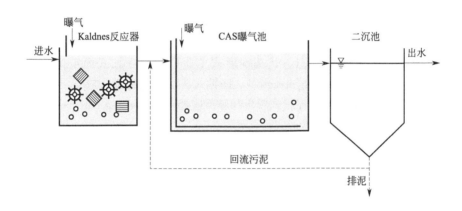

图 2-8 生物膜-活性污泥 BAS-MBBR 工艺流程

2.1.1.3 序批式生物膜反应器

序批式生物膜反应器（sequencing biofilm batch reactor，SBBR）是目前国内外正在研究、应用的一种污水生物处理新工艺。国外对 SBBR 工艺的研究主要集中在其对有毒、难降解有机物废水的处理，以及研究 SBBR 的运行机理；目前国内对 SBBR 工艺的研究主要集中在其对工业废水处理的效果上，正在积极研究 SBBR 工艺对城市生活污水的处理效果。

（1）工作原理

SBBR 工艺是序批式活性污泥反应器（SBR）的一种改良工艺，是在 SBR 反应器内装填不同的填料（如纤维填料、活性炭、陶粒等）的一种新型复合式生物膜反应器，如图 2-9 所示。可用于该工艺的生物膜载体有软纤维填料、聚乙烯填料和活性炭等。

SBBR 具有 SBR 工艺与生物膜法的优点，实际上就是将生物膜法在序批式的模式下运行，其工艺流程一般也依次经过 5 个阶段，即进水、反应（曝气）、沉淀、排放和闲置，可以在一个反应器内通过厌氧、缺氧、好氧等不同工序的控制来实现污水处理。

填料为微生物附着提供了更为有利的生存环境，在纵向上微生物构成一个由细菌、真菌、

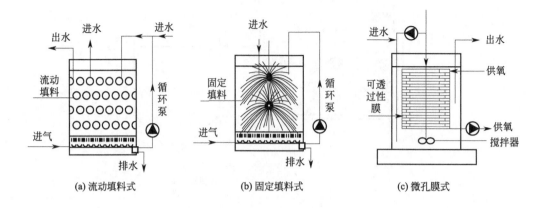

（a）流动填料式　　　　　（b）固定填料式　　　　　（c）微孔膜式

图 2-9　序批式生物膜反应器

藻类、原生动物、后生动物等多个营养级组成的复杂生态系统，在横向上顺水流到载体的方向构成了一个悬浮好氧型、附着好氧型、附着兼氧型和附着厌氧型的具有多种不同活动能力、呼吸类型、营养类型的微生物系统，从而大大提高了反应器的稳定性和处理能力。

根据 SBBR 的结构和运行特点，其基本形式主要可分为序批式固定床生物膜反应器（packed bed sequencing batch biofilm reactor）、序批式流动床生物膜反应器（fluidized bed sequencing batch biofilm reactor）和序批式膜生物膜反应器（sequencing batch membrane biofilm reactor）3 类。SBBR 反应器的基本形式示意见图 2-10。

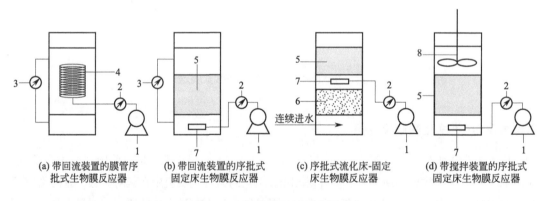

（a）带回流装置的膜管序　（b）带回流装置的序批式　（c）序批式流化床-固定　（d）带搅拌装置的序批式
批式生物膜反应器　　　　固定床生物膜反应器　　　床生物膜反应器　　　　固定床生物膜反应器

图 2-10　SBBR 反应器的基本形式示意
1—风机；2—气量计；3—液体流量计；4—膜管；5—固定填料；
6—流动填料；7—曝气装置；8—搅拌装置

（2）工艺特点

基于序批式活性污泥法的工艺过程及有关特征，再加上生物膜反应器所固有的优点，该工艺具有以下特点。

① 抗冲击负荷能力强，可有效脱氮除磷和去除难降解有机物。间歇式的运行方式使生物膜内外层的微生物达到了最大的生长速率和最好的活性状态，从而提高了系统对水质、水量的应变能力，增强了系统的抗冲击负荷能力。同时，间歇式的运行方式可以通过改变反应参

数来保证出水水质。该工艺受有机负荷和水力负荷的波动影响较小，即使工艺遭到较大的负荷冲击，也会迅速恢复，并且启动亦快。

综上所述，SBBR 对 COD、BOD$_5$、N、P 的去除率均优于传统的 SBR。此外，SBBR 不需要污泥回流，因而不需要经常调整污泥量和污泥排出量，易于维护管理，不需设搅拌器，能耗小，运行费用也远低于 SBR，故在污水处理工艺的选择上，SBBR 比 SBR 更有竞争力。

② 微生物类型多，生物量高，剩余污泥量少，动力消耗少。生物膜固定在填料表面，生物相多样化，硝化菌能够栖息生长，故 SBBR 法具有很高的脱氮能力；生物膜上栖息着较多高营养水平的生物，其食物链较 SBR 长，污泥的产生量少，降低了污泥处置费用。同时，由于微生物的附着生长，SBBR 的生物膜具有较低的含水率，反应器单位体积的生物量可高达活性污泥法的 5~20 倍，因此该构筑物具有较大的处理能力；由于 SBBR 反应器内的固体填料与气泡之间的碰撞摩擦可以切割气泡，增大气液的传质面积，同时破坏围在气泡外的滞留膜，减少传质阻力，故 SBBR 的氧传递效率高，因此较 SBR 的动力消耗要小。

（3）工程应用

SBBR 污水处理技术是一种适用于生活污水和工业废水的新工艺。该工艺耐冲击负荷能力强，结构紧凑，占地少，处理效率高，出水水质稳定，不需污泥回流和反冲洗，维护管理简单。

SBBR 工艺用于处理榨菜生产过程中产生的高盐高氮废水。在 SBBR 反应器中接种从榨菜腌制废水中筛选出的耐盐菌后，可使反应器对高盐废水具有良好的适用性，同时镜检发现生物膜中存在大量的丝状菌。反应器同时具有较强的硝化反硝化能力，有机负荷、氮负荷、DO、pH 值等因素对反应器脱氮效能的影响显著。

SBBR 法处理垃圾渗滤液的结果表明：当系统进水 COD$_{Cr}$、NH$_3$-N 浓度分别为 810mg/L 和 93mg/L 时，系统出水 COD$_{Cr}$、NH$_3$-N 分别为 160mg/L 和 28mg/L。结果表明该系统在此条件下可以稳定运行。

国外学者利用 SBBR 工艺处理含氰废水，在 24h 的一个运行周期内，20mg/L 的氰化物可被降解至 0.5mg/L，这说明封闭运行的 SBBR 非常适合处理矿区渗滤液这类含有毒、挥发性污染物的废水。

2.1.2 联合生物处理法

将生物膜工艺与悬浮生长工艺以串联方式联合起来，称为联合式生物处理工艺。联合生物处理工艺中新型滤料使普通生物滤池的有机负荷比传统石质滤料高 10~15 倍，且没有臭味和堵塞问题。通过这两类工艺的联合，可以使处理工艺具备普通生物滤池简单、抗冲击负荷与维护管理方便的特点和活性污泥工艺出水水质好、硝化效果好的特点，几乎可以在所有情况下正常运行，因此得到了广泛的重视。

联合处理工艺在美国等国家已经得到广泛应用，尤其是应用于生物膜法和活性污泥法老污水处理厂的更新改造，以克服膜法或污泥法单一工艺的不足。联合处理工艺有各种各样的组合方式，主要取决于原始工艺类型、各个单元的负荷、污泥回流与其他回流的设置及位点。

2.1.2.1 活性生物滤池

活性生物滤池（activated biological filter，ABF）是将生物滤池与活性污泥曝气池串联运行形成的组合式生物膜-活性污泥工艺。其特点是将生物滤池的部分出水回流，同二沉池的回流污泥一起进入生物滤池，如图 2-11 所示。

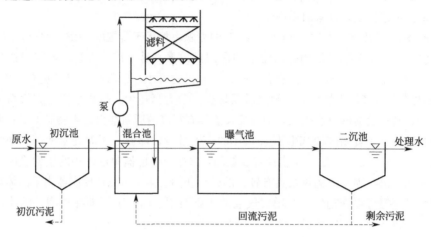

图 2-11　活性生物滤池

　　活性生物滤池的进水混合液中含有较多的回流活性污泥，因此滤床中具有大量的活性微生物，进水中大量的有机物首先在此被活性污泥所吸附和氧化，并进行微生物的合成。但由于污水与活性污泥在滤池中的停留时间较短，微生物对吸附在活性污泥上的有机物还未完全氧化，故滤池出水尚需在曝气池中进一步曝气处理以达到良好的出水水质。

　　正是由于活性生物滤池的这种作用，使得后续曝气池的负荷大为减轻，且波动减小。活性生物滤池具有较高的耐冲击负荷能力，即使进水负荷变化较大，滤池处理效果也不会有较大的波动；而且在曝气池前设置活性生物滤池，可以显著改善曝气池的运转工况，克服污泥膨胀问题，整个处理系统的工作十分稳定。

2.1.2.2　普通生物滤池/固体接触法

　　普通生物滤池/固体接触（tricking filter/solid contact，TF/SC）工艺一般包括一个中低有机负荷的生物膜反应器，后续以一个小型接触池，如图 2-12 所示。接触池的容积一般为仅采用活性污泥法时所需容积的 10%～15%。将两者结合起来后，生物膜反应器（即普通生物滤池）的尺寸要比仅采用普通生物滤池时减小 10%～30%。

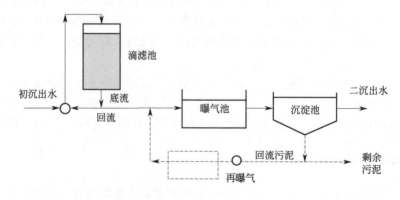

图 2-12　普通生物滤池/固体接触工艺

TF/SC工艺的优点：a. 活性污泥部分能耗相当低，这是因为普通生物滤池去除了大部分溶解性BOD_5；b. 易于实现已有石质滤池的更新改造，通过增加活性污泥回流（作为生物絮凝剂）改善滤池出水的水质。

2.1.2.3 生物滤池/活性污泥法

生物滤池/活性污泥（biological filter/activated sludge，BF/AS）工艺的污泥回流与BAF工艺相似，见图2-13。在生物膜反应器上增加污泥回流之后有助于减少丝状菌引起的污泥膨胀，尤其是处理食品加工废水的情况。

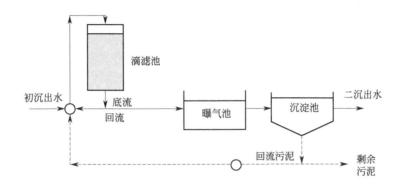

图2-13　生物滤池/活性污泥工艺

研究表明，经过曝气的污泥回流可减小普通生物滤池臭味，这是因为污泥与进水混合后细菌群体可以代谢进水中存在的硫化物，从而不会以臭味物质形式释放出来。

2.1.2.4 普通生物滤池/活性污泥法

普通生物滤池/活性污泥（tricking filter/activated sludge，TF/AS）工艺具有一个独有的特性，即在生物膜反应器和悬浮生长反应器之间设有中间沉淀池，在生物膜反应器底流进入悬浮生长反应器之前，中间沉淀池去除反应器上脱落的生物膜污泥，如图2-14所示。

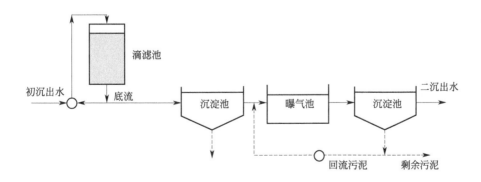

图2-14　普通生物滤池/活性污泥法工艺

采用TF/AS工艺的主要优点是去除BOD_5所产生的污泥可以在第二处理段之前得以分

离；中间沉淀池可以减少生物膜反应器脱落污泥对悬浮生长段的影响。

2.1.3 曝气生物滤池

曝气生物滤池（biological aerated filter，BAF）也叫淹没式曝气生物滤池（submerged biological acerated filter，SBAF），在 20 世纪 90 年代初，由法国 OTV 公司首先研发并应用，属于第三代生物膜法处理工艺。该法是在普通生物滤池、高负荷生物滤池、生物滤塔、生物接触氧化法等生物膜法的基础上发展而来的，集生物降解、固液分离于一体的污水处理设备。

2.1.3.1 构造特点

曝气生物滤池借鉴了生物接触氧化和给水处理中快滤池的基本设计思路，由布水系统、曝气布气系统、承托层、生物滤料层、反冲洗系统（包括反冲洗空气和反冲洗水）5 部分组成。池内底部设承托层，其上部则是作为滤料的填料。在承托层设置曝气用的空气管及空气扩散装置，处理水集水管兼作反冲洗水管也设置在承托层内。BAF 的构造如图 2-15 所示。

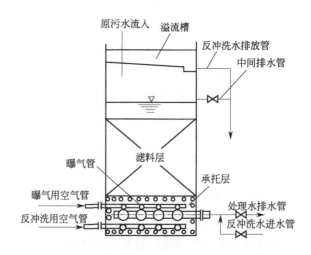

图 2-15　BAF 的构造示意

根据水流流向的不同，BAF 工艺分为升流式和降流式两种运行方式，如图 2-16 所示。

2.1.3.2 工艺特性

(1) 曝气生物滤池的优点

① 处理能力强，容积负荷高。以 3～5mm 的小颗粒作滤料，比表面积大，微生物附着力强，运行良好的曝气生物滤池水力负荷可达到 $6～8m^3/(m^2 \cdot h)$，容积负荷可达 3～8kg $BOD_5/(m^3 \cdot d)$，故曝气生物滤池在较短的水力停留时间下可有效去除水中 COD、BOD、SS 和 NH_4^+-N 等。

② 较小的池容和占地面积，节省基建投资。曝气生物滤池水力停留时间短，池容较小，加之自身具有截留原污水中悬浮物与脱落的生物污泥的功能，无需设置沉淀池，占地面积仅为活性污泥法的 1/5～1/3，其基建投资比常规工艺至少节省 20%～30%，适用于土地紧张的

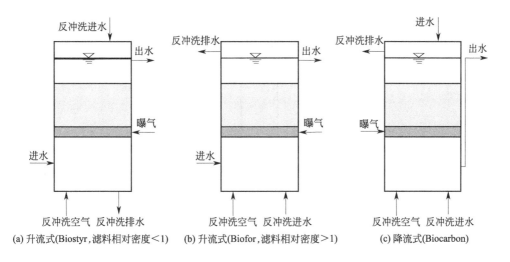

(a) 升流式(Biostyr, 滤料相对密度<1)　(b) 升流式(Biofor, 滤料相对密度>1)　(c) 降流式(Biocarbon)

图 2-16　BAF 的运行方式

地方。

③ 运行费用低。气液在滤料间隙充分接触，由于气、液、固三相接触，曝气生物滤池氧的利用效率可达 20%～30%，曝气量小，为传统活性污泥法的 1/20，为氧化沟的 1/6，为 SBR 的 1/4～1/3，供氧动力消耗低。

④ 抗冲击负荷能力强，耐低温。曝气生物滤池可在正常负荷 2～3 倍的短期冲击负荷下运行，而其出水水质变化很小。曝气生物滤池一旦挂膜成功，可在 6～10℃水温下运行，在低温条件下亦能够达到较好的去除效率。

⑤ 易挂膜，启动快。曝气生物滤池在水温 15℃左右，2～3 周即可完成挂膜过程。

(2) 曝气生物滤池的缺点

① BAF 对进水 SS 要求较严。根据运行经验，曝气生物滤池进水 SS 以不超过 100mg/L 为宜，最好控制在 50～60mg/L 以下。因而通常需要对进水进行必要的强化处理。

② BAF 的水头损失较大，一般每级 BAF 的水头损失为 1～2m，因而所需的总提升高度大。

③ BAF 反冲洗操作时间较短，反冲洗期间水力负荷大，因而在工艺中常需要设置缓冲池以减轻反冲洗水的冲击负荷。

2.1.3.3　工艺类型

(1) Biocarbon 型 BAF 工艺

Biocarbon 型 BAF 工艺是 BAF 工艺的基本形式，由英国水研究中心（WRC）开发。该工艺的滤料为膨胀板岩或球形陶粒，密度比水大，其构造见图 2-17，类似于普通快滤池。

在运行过程中，经预处理的污水从滤池顶部流入并向下流出，而气体从滤池中下部曝气进入，气、水处于逆流状态。在反应器中，有机物被微生物氧化分解，NH_4^+-N 氧化为 NO_3^--N。另外由于在生物膜内部存在厌氧/兼氧环境，在硝化的同时能实现部分反硝化。

该生物滤池的反冲洗采用气、水联合反冲洗。反冲洗水为经处理后的达标水，反冲洗水

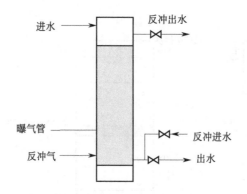

图 2-17　Biocarbon 型 BAF 构造示意

从滤池底部进入而从上部流出。反冲洗空气则来自底部单独的反冲气管。反冲洗时水、气交替单独反冲，最后用水漂洗。在反冲洗过程中，滤层有轻微的膨胀，在气、水对滤料的水力冲刷和滤料间的相互摩擦下，老化的生物膜与被截留的 SS 与填料分离，随反冲洗排水一起排出滤池，并被回流至预处理段进行分离。

Biocarbon 型 BAF 工艺对生活污水中 COD、BOD、SS、NH_4^+-N、TN 均具有一定的去除效果，其中对 COD、BOD_5、SS 去除效果佳，主要集中在反应器表层。

(2) Biostyr 型 BAF 工艺

Biostyr 型 BAF 是法国 OTV 公司设计完成的，其构造如图 2-18 所示。

该工艺系统中，滤料为相对密度＜1 的球形有机颗粒，漂浮在水中。经预处理的污水与经硝化的滤池出水按一定回流比混合后进入滤池底部。曝气在滤池中间进行，根据反硝化程度的不同将滤池分为不同体积的好氧和缺氧部分。Biostyr 型 BAF 在运行过程中，在缺氧区反硝化菌利用进水中的有机物作为碳源，将滤池中的 NO_3^--N 转化为 N_2，实现反硝化。同时，滤料上的微生物利用进水中的溶解氧和反硝化产生的氧降解 BOD。与此同时，一部分 SS 被截留在滤床内，这样便减轻了好氧段的固体负荷。经过缺氧段处理的污水进入好氧段，在好氧段微生物利用从气泡转移到水中的溶解氧进一步降解 BOD，硝化菌将 NH_4^+-N 氧化为 NO_3^--N，滤床继续截留在缺氧段没有被去除的 SS。流出滤层的水经上部滤头排出，一部分与原水混合进行反硝化及用于反冲洗，其余均排出处理系统。

Biostyr 型 BAF 工艺有如下优点：a. 采用轻质新型滤料，强化了传质效果，改善了水力条件；b. 微生物浓度大、活性高，处理负荷高，运行稳定，处理效果好；c. 水力流反冲洗无需反冲泵，节省动力；d. 硝化、反硝化可在同一池内完成。

(3) Biofor 型 BAF 工艺

Biofor（biological filtration oxygenated）型 BAF 由法国 Degremont 水务公司开发。该反应器采用升流式水气同向运行方式，曝气装置采用高强度的空气扩散器，填充的滤料密度大于水，呈自然堆积状，滤板在滤料层下部，用以支撑滤料的重量。Biofor 型 BAF 的结构如图 2-19 所示。

Biofor 型 BAF 的工艺特点如下。

① 占地面积省，土建费用较低。Biofor 型 BAF 的 BOD_5 容积负荷可达到 3～6kg/(m^3·d)，占地面积只有活性污泥法或接触氧化法的 1/10 左右，相应地土建费用也大幅降低，使基建费用

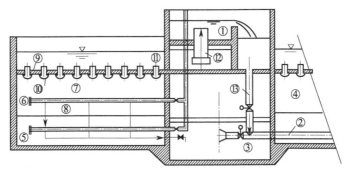

（a）进出水与反冲洗示意

1—配水廊道；2—滤池进水和排泥；3—反冲洗循环闸门；4—填料；5—反冲洗气管；
6—工艺空气管；7—好氧区；8—缺氧区；9—挡板；10—出水滤头；
11—处理后水的储存和排出；12—回流泵；13—进水管

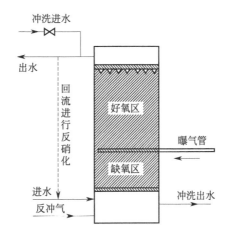

（b）回流反硝化与反冲洗示意

图 2-18　Biostyr 型 BAF 工艺构造示意

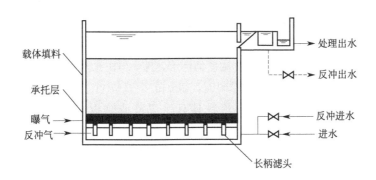

图 2-19　Biofor 型 BAF 构造示意

大大低于常规二级生物处理。

　　② 出水水质好，处理流程简化。在 BOD_5 容积负荷为 $6kg/(m^3 \cdot d)$ 时，其出水 SS 和

BOD₅ 可保持在 20mg/L 以下，COD 可保持在 60mg/L 以下。同时，由于 Biofor 型 BAF 的截流作用，出水中活性污泥很少，故不需设置二沉池和污泥回流泵房，处理流程大为简化。

③ 运行费用节省，操作管理方便。反应区粒状填料使得充氧效率提高，可节省能源消耗。由于该技术流程短、池容积小和占地少，且 Biofor 型 BAF 抗冲击负荷能力很强，没有污泥膨胀问题，微生物也不会流失，能保持池内较高的微生物浓度，因此其日常运行管理简单。

(4) Biopur 型 BAF 工艺

Biopur 型 BAF 工艺是由瑞士 VATA TECH WABAG Winterthur 公司在 20 世纪 80 年代开发出的一种新型生物滤池，采用具有三维结构的 Sulzer 填料，该填料几何形状规整，呈波纹状，比表面积可达 125～500m²/kg。

Biopur 型 BAF 工艺可分为降流式和升流式两种方式运行。由于该工艺选用的滤料过滤功能较差，需要使用滤头作为过滤装置，以去除污水中的 SS。图 2-20 为该工艺的构造和运行示意。

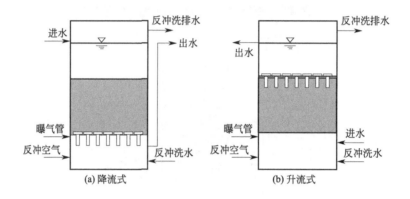

图 2-20　Biopur 型 BAF 工艺构造与运行原理

Biopur 型 BAF 工艺最大的特点是使用了非粒状的过滤介质，同时根据不同的处理要求与其他粒状滤料组合使用。

① 当该工艺使用规整波纹板填料时，一般采用降流式运行方式，被处理污水由填料顶部向下流动，与底部曝气形成气水对流，借助于填料较大的孔隙率可获得较大的氧气利用率，实现较高的有机物吸收和氧化降解效率。规整波纹板固定在反应器中，其对水气的剪切作用使气水分布更为均匀。此外，填料较高的孔隙率不易造成堵塞，水头损失较小，运行周期长，且对进水中的 SS 预处理要求较低，适用于较高浓度的污水处理。但出水需经滤头过滤以降低 SS 值。

② 当采用粒径为 2～8mm 的陶粒填料时，Biopur 型 BAF 工艺可以升流式或降流式运行，但多采用升流式运行方式。由于陶粒填料具有比规整波纹板高得多的比表面积（600～1200m²/kg），因而能够达到更高的 SS 去除率和有机物去除率，出水也无需进一步过滤处理。

③ 当该工艺采用石英砂作为滤料时，可对氮、磷和 SS 均达到较高的去除效率，处理出水可以考虑回用。

2.1.4　微孔膜生物反应器

微孔膜生物反应器是近年来引起研究者极大关注的一种新型生物膜反应器，主要用来处理以含毒性或挥发性有机污染物为主的工业废水，如酚、二氯乙烷、芳香族卤代物等，也有研究者用此工艺处理合成污水，进行硝化及富含氮的污泥液处理等。

微孔膜生物反应器的净化原理与过程如图 2-21 所示。

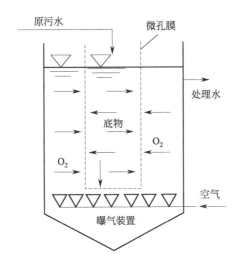

图 2-21　微孔膜生物反应器的净化原理与过程

在微孔膜生物反应器中放置微孔膜，使能够有效代谢工业废水中特种污染物的特种菌附着生长在微孔膜上，将原废水送入微孔膜的内侧，而曝气和出水在微孔膜的外侧。有机物从微孔膜内侧向生物膜方向扩散，而 O_2 则从微孔膜外侧向生物膜扩散，两者在生物膜内相聚，在微生物的作用下有机污染物得以氧化分解。在微孔膜净化有机污染物的过程中，采用的是逆向扩散操作方式，含有挥发性有机物的污水与曝气营养物基质分开。

微孔膜通常是透过性超滤膜，可用作微孔膜的有中空纤维、活性炭膜和硅橡胶膜等。

微孔膜生物反应器是一种很有开发前景的生物膜反应器。这是因为许多工业废水都含有毒性大或难降解的有机污染物，这些有机物通常会使一般生物处理系统运行失效。另外，该反应器避免了有毒物质与微生物直接接触，解决了曝气造成污染物挥发的问题，还可对特种菌加以固定化，因而该反应器具有较好的处理效能。

在一项采用中空纤维的微孔膜生物反应器处理合成污水的研究中，用纯氧曝气，O_2 转移效率达 100%，有机物最大负荷为 8.94kg COD/($m^3 \cdot d$)，接触时间为 36min 时，COD 的去除率为 86%。另一项研究中采用以中空纤维作微孔膜的微孔膜生物反应器去除含氮的合成污水，当原水的 $NH_3\text{-}N$ 浓度为 3050mg/L 时，可承受负荷高达 0.2kg $NH_3\text{-}N$/($m^3 \cdot d$)。

2.1.5　百乐卡法

2.1.5.1　概述

百乐卡活性污泥处理工艺（简称 BIOLAK），产生于 20 世纪 70 年代，由芬兰开发。该工艺通常情况下由曝气池（可选设除磷区）、沉淀池、稳定池（包含二次曝气区）三部分组成，其中的曝气池和稳定池可采用土池防渗结构。BIOLAK 工程采用生化和澄清一体化生物处理工艺，主要特点是利用了特殊的曝气装置（曝气池两侧悬挂的悬链式曝气头），该曝气方式使曝气池中不会发生明显的气体侵蚀现象，使曝气池可采用土池防渗结构建造［采用不同规格的高密度聚乙烯（HDPE）膜片］，从而大幅节省土建投资。该工艺基于多级 A/O 理论和非稳态理论，通过在同一构筑物中设置多个 A/O 段，使污水能经过多次的缺氧与好氧过程，提高了污泥的活性并兼有脱氮效果。

2.1.5.2 工艺特点

BIOLAK 法的工艺特点如下。

(1) 污泥负荷低，水力停留时间长

BIOLAK 工艺污泥回流量大，污泥浓度高，池内混合液浓度可达 2000～5000mg/L。相对曝气时间较长，一般以延时曝气方式运行，所以污泥负荷较低。

(2) 曝气池可采用土池结构

BIOLAK 工艺由于使用悬挂在浮管上的微孔曝气头，避免了在池底、池壁穿孔安装曝气设备，因此曝气池可以考虑采用土池结构，并使用高密度聚乙烯（HDPE）防渗膜隔绝废水和地下水。由此，BIOLAK 工艺可以简化施工，减少建造成本。

(3) 高效的曝气系统

BIOLAK 工艺采用悬浮式链型曝气系统，这是 BIOLAK 工艺技术的核心部分。BIOLAK 工艺悬浮式曝气链系统如图 2-22 所示。该系统由浮动曝气链装置、固定装置、固定绳索、BIOLAK 曝气装置以及 FRIOX 空气扩散器等组成，置于曝气池的上部及下部。

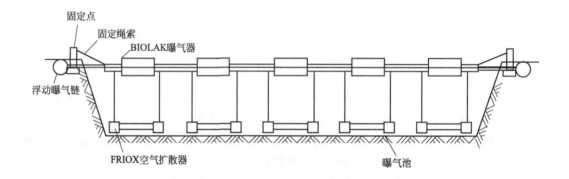

图 2-22　BIOLAK 工艺悬浮式曝气链系统

BIOLAK 工艺曝气系统见图 2-23。其中，BIOLAK 曝气器置于浮筒中，由空气管将空气导入 FRIOX 空气扩散器。FRIOX 空气扩散器为专利设备，由 0.03mm 的纤维和聚合物制成，其表面 20％为纤维表面，其余均为出气表面。由于出气表面所占比例大，故空气扩散器出气流畅，气泡逸出时直径约为 50pm，如此微小的气泡意味着 FRIOX 空气扩散器有高的氧气传送效率。FRIOX 空气扩散器置于水深 4～5m 处。

同时，因为气泡向上运动的过程中不断受到水流流动、浮链摆动等扰动，因此气泡并不是垂直向上运动，而是斜向运动，这样延长了在水中的停留时间，同时也提高了氧气传递效率。BIOLAK 悬浮式曝气链系统的氧气传递率远远高于一般的曝气工艺以及固定在底部的微孔曝气工艺。BIOLAK 悬浮式曝气链系统的供氧能力为 2.5kg O_2/(kW·h)，而普通曝气设备的供氧能力为 1.0kg O_2/(kW·h)。

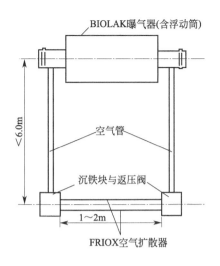

图 2-23　BIOLAK 工艺曝气系统

(4) 能耗低

FRIOX 空气扩散器悬挂在浮动链上,浮动链被松弛地固定在曝气池两侧,每条浮动链可在池中的一定区域做蛇形运动(见图 2-24)。在曝气链的运动过程中,自身的自然摆动就可以达到很好的混合效果,节省了混合所需的能耗。BIOLAK 系统曝气池中混合作用所需的能耗仅为 $1.5W/m^3$,而一般的传统曝气法中混合作用的能耗为 $10 \sim 15W/m^3$。由于 FRIOX 空气扩散器的特殊结构,即使在很复杂的环境里曝气头也不至于阻塞,这意味着曝气装置可运行几年不需维修,所需维护费用很少。

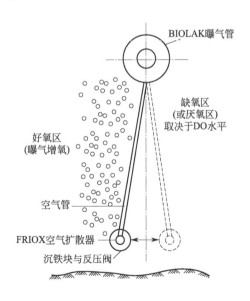

图 2-24　BIOLAK 曝气器系统的运行操作

(5) 具有脱氮除磷功能

悬浮式曝气链系统在运行操作时,曝气器系统左右摇摆,当向左摆时,左侧为曝气增氧区,即好氧区,而右侧则为缺氧区或厌氧区,由此使两侧水区分别交替进行生物好氧反应与缺氧反应。从图 2-24 中可以看出，BIOLAK 工艺相当于在一个反应器中设置多个 A/O 段或 A/A/O 段，实现高效生物脱氮除磷。

（6）剩余污泥量少，污泥处理简单

BIOLAK 工艺由于按延时曝气方式运行，泥龄长，污泥稳定化程度高，简化了污泥的后续处理，废弃污泥也比传统工艺少许多。

（7）基建投资和运行费用低

BIOLAK 工艺可以不设初沉池，二沉池可以采用土池结构和曝气池合建，占地面积小，对地形的适应性强，可以利用坑、塘、淀、洼及劣地。曝气混合供氧的能耗低，废弃污泥量少，处置简单。悬浮式曝气链系统在水下无固定装置，十分便于维修。BIOLAK 工艺自控程度低。所以 BIOLAK 工艺基建投资和运行费用都很低。

BIOLAK 工艺适用于城市污水和有机工业废水的处理。我国山东省招远市在国内首次引进 BIOLAK 技术，使用 BIOLAK 工艺处理城市污水，1999 年投产运行，处理规模为 $2\times10^4 m^3/d$。

2.1.5.3　应用实例

目前 BIOLAK 工艺在美国、加拿大、墨西哥以及欧洲、亚洲的一些国家和地区被广泛使用。据初步统计，投入运行和正在施工的污水处理厂已有 600 余座，处理规模正向大型化发展，最大规模已达 $50\times10^4 m^3/d$。近年来 BIOLAK 工艺在我国成功应用的实例也越来越多，摘选如表 2-1 所列。

⊡ 表 2-1　BIOLAK 工艺应用实例

地区	厂名	规模/($10^4 m^3/d$)	备注
山东	招远市综合污水处理厂	2.0	市政
广东	深圳市龙岗龙田污水处理厂	3.0	市政+工业
山东	太阳纸业污水处理厂	3.0	造纸制浆
湖北	武汉市晨鸣纸业集团	9.0	造纸制浆
山东	滨州市污水处理厂 1、2 期	8.0	市政+工业
内蒙古	海拉尔区污水处理厂	5.0	市政
北京市	奥运会赛车场污水处理厂	4.0	市政
山东	青岛市经济技术开发区	4.0	市政
湖北	武汉市啤酒厂污水处理厂	3.0	市政+工业
广西	南宁市污水处理厂	24.0	市政

2.1.6　膜生物反应器

2.1.6.1　概述

膜生物反应器（membrane bioreactor，MBR）由美国的史密斯（Smith）等于 1969 年提出，是 20 世纪 90 年代得到快速发展和应用的一项废水生物处理新技术，是将膜分离技术与污水生物处理技术有机结合，以高效膜分离作用取代传统活性污泥法中的二沉池，实现传统工艺无法比拟的泥水分离和污泥浓缩效果。MBR 工艺不必考虑污泥的沉降性能，可大幅提升污泥混合液浓度，提高污泥龄（SRT），降低剩余污泥产量，提升出水水质。该工艺对悬浮固体、病原细菌和病毒的去除尤为显著。

2.1.6.2 组成与类型

MBR 反应器主要由膜组件、泵和生物反应器三部分组成。其中，生物反应器是降解有机污染物的主要场所，膜组件是对混合液和污染物进行分离和萃取的介质，泵为实现分离和萃取提供所需的动力。

(1) 膜的分类和膜组件

1) 膜的分类 膜分离材料在污水处理工程中多被用来截留污水中的固体或溶解性污染物，还有部分用于从污水中萃取污染物质或传输气体，应具有足够的机械强度、较高的膜通量和良好的选择性。根据不同分类标准，可将膜材料划分为以下几类。

① 根据膜孔径的大小，可将其分为微滤膜（microfiltration，MF）、超滤膜（ultra-filtration，UF）、纳滤膜（nanofiltration，NF）和反渗透膜（reverse osmosis，RO）。微滤膜用于分离粒径为 $0.2\sim1.0\mu m$ 的大颗粒、细菌和大分子物质等，操作压力一般为 $0.01\sim0.2MPa$；超滤膜所分离的颗粒粒径为 $0.002\sim0.2\mu m$，一般为分子量大于 5000 的大分子及胶体，操作压力一般为 $0.1\sim0.5MPa$；纳滤膜用于分离分子量为数百至 1000 的分子；反渗透膜用于分离分子量在数百以下的分子及离子。

② 根据膜材料的不同，可将其分为有机（聚合物）膜和无机（陶瓷和金属）膜两类。

有机膜采用合成高分子材料，如微滤膜常用的聚合物材料有纤维素酯、聚砜、聚氯乙烯、聚丙烯、聚碳酸酯、聚偏二氟乙烯、聚四氟乙烯、聚醚酰亚胺、聚酰胺等，超滤膜常用的聚合物材料有聚砜、聚亚酰胺、聚丙烯腈（PAN）、纤维素酯、聚醚砜、聚酰胺、聚醚酮、聚醚酰胺等。有机膜种类多、应用广泛，价格相对较低，且能够耐化学腐蚀，但在使用过程中易污染、寿命较短。

无机膜包括陶瓷膜、微孔玻璃膜、金属膜和碳分子筛膜等。该类膜具有化学稳定性良好、抗污染能力强、耐高温和酸碱、力学强度高、寿命长等优点，但价格普遍较高。

2) 膜组件 膜组件就是将一定面积及数量的膜以某种形式组合形成的器件。目前污水实际处理工程中应用的膜组件主要有板框式、螺旋卷式、管式、中空纤维式及毛细管式。板框式、管式和中空纤维式膜组件在实际工程中较为常用。各种膜组件的优缺点如表 2-2 所列。

◻ 表 2-2 各种膜组件优缺点比较

膜组件	成本	结构	装填密度/(m²/m³)	湍流度	适用膜类型	优点	缺点
板框式	高	非常复杂	400~600	一般	UF、RO	可拆卸清洗，紧凑	密封复杂，压力损失大，装填密度小
螺旋卷式	低	复杂	800~1000	差	UF、RO	不易堵塞，易清洗，能耗低	装填密度小
管式	高	简单	20~30	非常好	UF、MF	可机械清洗，耐高 TSS(总悬浮固体)污水	
中空纤维式	非常低	简单	5000~50000	非常好	UF、MF、RO	装填密度高，可以反冲洗，紧凑	对压力冲击敏感
毛细管式	低	简单	600~1200	好	UF		

MBR 膜组件的选用要结合待处理污水特征，综合考虑其成本、装填密度、膜污染及清

洗、使用寿命等因素合理选择技术参数。在设计中一般有如下要求：a. 对膜提供足够的机械支撑，保证水流通畅；b. 能耗较低，膜污染进程慢，尽量减少浓差极化，提高分离效率；c. 尽可能保证较高的膜组件装填密度，并且保证膜组件的清洗；d. 具有足够的力学强度以及良好的化学和热稳定性。

（2）MBR 的类型

① 按照膜在生物处理系统中的作用不同，可将 MBR 分为分离型 MBR、萃取型 MBR（EMBR）和扩散型 MBR（MABR）。

分离型 MBR 是用膜分离技术替代传统污水生物处理过程中的沉淀和过滤，使得泥水分离更加彻底和高效，因而可以在生物反应器中保持极高的微生物浓度，在大大缩小生物反应器容积的同时获得高质量的出水；萃取型 MBR 是利用具有选择透过性的半透膜将某种特定组分萃取到膜的另一侧，然后进行生物降解，如图 2-25 所示；扩散型 MBR 是利用膜结构中的微孔进行曝气，可使气泡直径更小甚至不产生气泡，大大提高氧转移效率，进而降低曝气充氧所消耗的电能，如图 2-26 所示。目前工程上应用最多的是分离型 MBR。

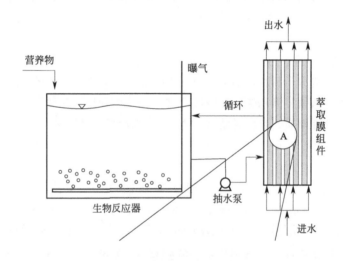

图 2-25　萃取型膜生物反应器（EMBR）

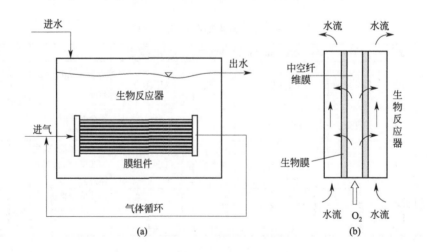

图 2-26　扩散型膜生物反应器（MABR）

② 按照膜的位置不同，MBR 可以分为一体式 MBR（SMBR）、分置式 MBR（CMBR）和复合式 MBR，其模式见图 2-27。

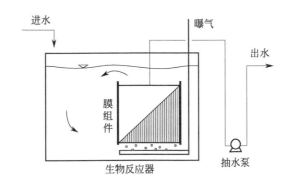

(a) 一体式MBR

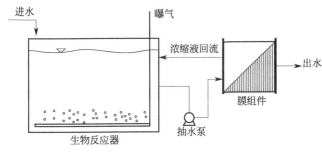

(b) 分置式MBR

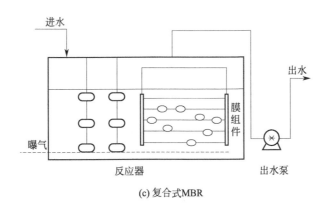

(c) 复合式MBR

图 2-27　MBR 的模式

　　一体式 MBR（又称浸没式 MBR），是将分离膜浸入好氧曝气池的混合液中，利用池中曝气形成的强烈紊流防止或减缓膜的堵塞，可以在保持较高膜通量的同时，降低跨膜压差。SMBR 的优点是占地面积小、运行电耗低，缺点是化学清洗时需要停止运行，且清洗操作很不方便。分置式 MBR 是在生物池外进行泥与水的膜分离，通常采用错流式过滤方式。与浸没式 MBR 相反，分置式 MBR 的优点是化学清洗方便且彻底，清洗时不影响系统运行，膜的使用寿命长，但缺点是占地面积大，运行电耗高。

2.1.6.3 特点

(1) MBR工艺优点

MBR工艺将污水的生物处理和物理分离过程有机结合，相较于传统的污水生化处理具有以下优点。

① 泥水分离效果好，抗冲击负荷适应性强。MBR工艺中的膜组件能够高效实现固液分离，大幅度去除细菌和病毒，处理出水中SS浓度低于5mg/L，浊度低于1NTU，分离效果远优于传统沉淀池，出水可直接作为非饮用市政杂用水回用；膜分离将微生物全部截留在生物反应器内，有效地提高了反应器对污染物的整体去除效果。另外，MBR反应器耐冲击负荷能力强，对进水的水量及水质变化具有很好的适应性。

② 剩余污泥量少、污泥膨胀率低。MBR工艺可以在高容积负荷、低污泥负荷下运行，系统中剩余污泥产量低，后续污泥处理处置费用大幅降低。此外，由于膜组件的截留作用，反应器内可保持较高的生物量，在一定程度上遏制了污泥膨胀。

③ 可高效去除氨氮及难降解有机物。MBR中的膜组件有利于将增殖缓慢的微生物（如硝化细菌等）截留在反应器内，保证系统的硝化效果。此外，MBR能延长一些难降解有机物（特别是大分子有机物）在反应器中的水力停留时间（HRT），有利于去除该类污染物。

④ 占地面积小，不受应用场合限制。由于生物不会随出水流失，MBR反应器内能维持高浓度的生物量，因而能承受较高的容积负荷，致使反应器容积小，大大节省占地面积。当采用浸没式MBR时，生物反应池中的污泥浓度可达10～20g/L，比传统生物处理方法的污泥浓度提高2～7倍。

⑤ 运行控制趋于灵活，能够实现智能化控制。MBR工艺实现了HRT与污泥停留时间（SRT）的完全分离，实际运行控制可根据进水特征及出水要求灵活调整，可实现微机智能化控制，方便操作管理。

(2) MBR工艺缺点

MBR工艺在实际运行过程中尚存在以下缺点。

① 膜组件造价高，导致MBR反应器基建投资明显高于传统污水处理工艺。

② 膜组件容易被污染，需要有效的反冲洗措施以保持膜通量。

③ 系统运行能耗高，膜的使用寿命较短，较高的电耗和频繁更换膜导致处理成本较高。

2.1.6.4 应用

MBR中的生物反应池灵活多样，几乎所有污水生物处理方法均可以与膜分离结合形成多种多样的MBR。例如，可以在好氧曝气池之前增加厌氧池、缺氧池，并增加必要的回流，以达到生物除磷脱氮的目的；可以在前端增加水解酸化池以改善污水的可生化性；还可以在上述好氧、缺氧、厌氧的生物反应池中增加填料形成复合型生物处理系统。

MBR在国外已被广泛应用，国内正在积极研究和推广应用。MBR重点应用领域包括：a. 现有城市污水厂的更新升级；b. 无排水管网地区（如度假区、开发区、旅游风景区等）的污水处理；c. 有污水回用需求的地区或场所；d. 高浓度、有毒、难降解工业污水的处理；e. 垃圾渗滤液的处理；f. 小规模污水处理站的应用等。

在北美洲国家，MBR工业处理系统用于处理食品、啤酒、化工、医药和汽车生产废水及垃圾渗滤液等；在中国，MBR 已经成功用于食品、石化、印染、啤酒、烟草等工业废水的处理，建设了数个万吨级的 MBR 工业废水处理工程；欧洲的工业废水处理市场已趋于成熟，MBR 被视为"最佳实用技术"。

2.2 厌氧生物处理方法

2.2.1 概述

厌氧生物处理法是利用兼性厌氧菌和专性厌氧菌将有机物降解为 CH_4、CO_2 等的一种生物处理法。厌氧生物处理与好氧生物处理相比较，具有的优点为：能耗低，产生的生物污泥较少，所需氮磷元素等营养物较少，运行费用低，产生潜在的能源（甲烷），需要的反应器容积较小。其缺点是反应器污泥增长慢，启动时间长，对有毒物质的干扰更敏感，单一的厌氧处理后出水水质一般不能达到排放标准。

厌氧生物法已有 100 多年的历史，其发展经历了以下 3 个阶段。

① 20 世纪 50 年代以前，以传统厌氧消化池和厌氧接触工艺为代表的厌氧消化工艺被称为第一代厌氧处理技术；

② 20 世纪 70 年代末，以厌氧接触法（ACP）、厌氧滤池（AF）、升流式厌氧污泥床反应器（UASB）等为代表的工艺为第二代厌氧处理技术；

③ 随着反应器理论的发展，王凯军曾提出"厌氧反应器已经发展到第三代"的概念。为获得高的搅拌强度，采用高的反应器的设计或采用出水回流以获得高的上升流速，促进了第三代厌氧反应器的开发和应用。

第三代厌氧反应器包括颗粒污泥膨胀床（EGSB）反应器、厌氧内循环（IC）反应器、厌氧流化床（AFB）和厌氧气提反应器（ABS）等。

第三代高效生物反应器的特点如下。

① 主要生物载体随流体运动，采用的颗粒污泥生物载体的比表面积大（可高达 $3000m^2/m^3$），反应器内混合程度高，并且抗冲击负荷高，提高了污水和生物的接触机会，促进了传质；

② 由于水力剪切和颗粒间的磨损，生物膜薄，活性高，污泥量大；

③ 通过反应器分级使流态运行推流，从而使各级反应器功能进一步分解，进而解决复杂废水厌氧处理问题并扩展反应器的功能。

第三代厌氧反应器的共同特点归纳于表 2-3。

◻ 表 2-3　第三代厌氧反应器的特点

序号	特点
1	颗粒污泥(或生物膜)沉速(50m/h)比絮状污泥沉速(5m/h)高,不用外部沉淀池
2	采用比 UASB 得多的液体和气体上升流速(4~10m/h)及有机负荷[高达 $40kg\ COD/(m^3 \cdot d)$]
3	污泥床处于悬浮和膨胀状态
4	颗粒污泥(或生物膜)比表面积大,生物浓度高,传质条件好,溶解性有机物去除率高
5	反应器的径高比大,负荷高,所以体积小,占地省
6	污泥龄长,污泥产量少

2.2.2 颗粒污泥膨胀床反应器

2.2.2.1 概述

厌氧颗粒污泥膨胀床（expended granular sludge bed，EGSB）反应器是基于 UASB 反应器，由荷兰 Lettinga 教授等在 20 世纪 80 年代末改良设计的新型厌氧生物反应器。该工艺综合了 AFB 和 UASB 反应器的优点，实质上是固体流态化技术在有机废水生物处理领域的具体应用。EGSB 反应器与 UASB 反应器的不同之处主要在于运行方式，上流速度高达 2.5～6.0m/h，远大于 UASB 反应器的 0.5～2.5m/h。因此，EGSB 反应器中颗粒污泥处于膨胀状态，废水与颗粒污泥接触更充分、传质速率高、水力停留时间短，处理效率提高。

EGSB 反应器构造如图 2-28 所示。

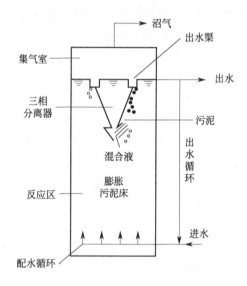

图 2-28　颗粒污泥膨胀床（EGSB）反应器构造

2.2.2.2 原理

根据载体流态化原理，EGSB 反应器中装有一定量的颗粒污泥。当有机废水及其所产生的沼气自下而上地流过颗粒污泥床层时，污泥床层与液体间会出现相对运动，导致床层不同高度呈现出不同的工作状态。在废水液体表面上升流速较低时，反应器中的颗粒污泥保持相对静止，废水从颗粒间隙内穿过，床层的空隙率保持稳定，但其压降随着液体表面上升流速的提高而增大；当流速达到一定数值时压降与单位床层的载体质量相等，继续增加流速，床层空隙便开始增加，床层也相应膨胀，但载体间依然保持相互接触；当液体表面上升流速超过临界流化速度后，污泥颗粒即呈悬浮状态，颗粒床被流态化，继续增加进水流速，床层的空隙率也随之增加，但床层的压降相对稳定；再进一步提高进水流速到最大流化速度时，载体颗粒将大量流失。

污水从反应器底部进入，颗粒污泥具有好的沉降速率（60～80m/h），在水流速度为 6～10m/h 和气流速度为 3～7m/h 条件下使床体完全流化。污泥颗粒、沼气和出水在顶部的三相分离器内分离，处理后的水从出水渠流出，沼气从沼气管线排出，颗粒污泥返回颗粒污泥膨胀床内。EGSB 反应器能在超高有机负荷 [达到 30kg COD/(m³·d)] 下处理化工、生化和生物工程工业废水。同时，EGSB 反应器还适合于处理低温（10℃）和低浓度（<1.0g COD/L）以及难处理的有毒废水。世界上已建立了许多 EGSB 反应器，用来处理各种类型（如食品、化工和制药等）的污水。

2.2.2.3 特点

EGSB 反应器具有以下工艺特点。

① 采用了处理水回流技术。对于低温、低浓度废水的处理，处理水回流可以提高容积负荷，保证了去除效果。对于高浓度有机废水或有毒废水，处理水回流能够稀释进水，有效地降低高有机负荷或有毒物质对微生物降解的抑制作用。

② 颗粒污泥床层处于膨胀状态。一般 UASB 反应器中混合液的上升流速为 1m/h，颗粒污泥床属于固定床。而 EGSB 的上升流速可达 5~10m/h，整个颗粒污泥床呈膨胀的状态，从而促进了进水与颗粒污泥的接触，提高传质速率，保证了反应器在较高容积负荷下的处理能力。

③ 处理低温、低浓度废水时仍能保持较高的有机负荷和去除率。

④ 反应器为细高型塔式结构，可采用较大的高径比，反应器的占地面积减少。

⑤ 对布水系统要求降低，但对三相分离器的要求更加严格。由于液体上升流速的提高，反应器内混合液的扰动搅拌程度提高，颗粒污泥层呈膨胀状态，有效地解决了短流、死角、堵塞等问题。但在高负荷下，反应器易发生颗粒污泥流失的现象。因此三相分离器的合理设计成为保障 EGSB 高效稳定运行的关键。

2.2.2.4 应用

20 世纪 90 年代以来荷兰 Biothane System 公司推出了一系列工业规模的 EGSB 反应器，应用领域已涉及啤酒、食品、化工等行业。实际运行结果表明，EGSB 反应器的处理能力可达到 UASB 反应器的 2~5 倍。

目前，EGSB 反应器已成功应用于生活污水以及食品、医药、化工等工业废水处理领域。在处理含硫酸盐废水、有毒废水、难降解脂类废水和甲醛生产废水等方面均有工程研究和应用。

2.2.3 内循环反应器

内循环（internal circulation，IC）反应器，是荷兰 PAQUES 公司于 20 世纪 80 年代中期在 UASB 基础上成功开发的第三代高效厌氧反应器。目前，该技术工艺已经成功地应用于啤酒、造纸及食品等行业的生产污水处理中。

2.2.3.1 原理

IC 反应器在构造上的特点是细高型，高径比一般为 4~8。其基本构造如图 2-29 所示。IC 反应器可以看作两个 UASB 系统的叠加串联。前一个 UASB 反应器处于高负荷下，产生的沼气作为提升内动力，使升流管与回流管之间产生密度差，促进下部混合液内循环，强化处理效果；后一个 UASB 反应器处于低负荷下，对废水进行后处理，使出水达到预期的处理要求。

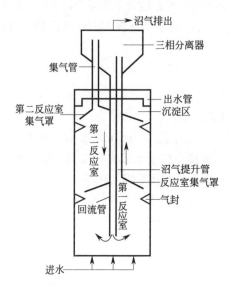

图 2-29　厌氧内循环（IC）反应器构造

在第一反应室内大多数的 COD 被转化为沼气。所产生的沼气被下层相分离器收集，收集的气体产生气提作用，污泥和水的混合液通过上升管带到位于反应器顶部的气固液三相分离器。沼气在这里从泥水混合液中分离出来，并且排出系统。泥水混合液直接流到反应器的底部，造成反应器的内部循环流。经过下部反应室处理后的污水进上部反应室，所有剩余的可生化降解的有机物将被去除。在这个反应室里，液体的上升流速一般为 2～10m/h。

IC 厌氧工艺通过采用内循环技术大大提高了 COD 容积负荷，实现了泥水之间的良好接触。由于采用了高的 COD 负荷，沼气产量高，加之内循环液的作用，使污泥处于膨胀流化状态，强化了传质效果，达到了泥水充分接触的目的。IC 厌氧工艺内循环使第一厌氧反应室不仅有很高的生物量、很长的污泥龄，并具有很大的升流速度，使该室内的颗粒污泥完全达到流化状态，有很高的传质速率，使生化反应速率提高，从而大大提高反应器去除有机物的能力。据有关研究报道，处理高浓度（5000～9000mg/L）有机废水，相应 COD 容积负荷达到 35～50kg COD/（$m^3 \cdot d$），膨胀区水流上升速度可达 10～20m/h。可见内循环技术不但增加了生物量，也改善了传质，提高生化处理能力和处理容量。

2.2.3.2　特点

IC 厌氧反应器与 UASB 反应器相比还具有以下优点。

（1）有机负荷高

由于 IC 反应器存在内循环，提高了第一反应室的液相上升流速，强化了废水中有机物和颗粒污泥间的传质效果，使 IC 厌氧反应器的有机负荷远远高于普通 UASB 反应器。

（2）抗冲击负荷能力强，运行稳定性好

IC 反应器的内循环使得第一反应室的实际水量远大于进水水量。循环水量可达进水量的

10～20 倍，稀释了进水，提高了反应器的抗冲击负荷能力和酸碱调节能力。

（3）基建投资省，占地面积少

IC 反应器的容积负荷是普通 UASB 的 4 倍左右，故其所需的容积仅为 UASB 的 1/4～1/3，节省了基建投资。IC 反应器多采用高径比为 4～8 的塔式外形，故占地面积少，尤其适合用地紧张的企业。

（4）节省能耗

IC 反应器通过沼气的提升作用实现内循环，不需外加动力，节省了回流所需的能源。

2.2.3.3 应用

IC 厌氧反应器最先用于土豆加工废水的处理。荷兰 PAQUES 公司在 1985 年初建造的第一个 IC 中试反应器就是用来处理高浓度的土豆加工废水。全球已建的 IC 厌氧反应器大部分用于处理啤酒废水，以及用于柠檬酸、造纸废水等领域。

IC 工艺在国外的应用以欧洲较为普遍，运行经验也较国内成熟，不但已在啤酒生产、造纸、土豆加工等生产领域的废水上有成功应用，而且正在扩展其应用范围，规模也日益加大。

国内沈阳、上海市率先采用了 IC 厌氧工艺处理啤酒废水。哈尔滨啤酒厂引进了 IC 厌氧工艺处理生产废水。以沈阳华润雪花啤酒有限公司采用的 IC 厌氧工艺为例，反应器高 16m，有效容积 70m³，每天处理 COD 平均浓度 4300mg/L 的废水 400m³，在 COD 去除率稳定在 80% 以上时，容积负荷高达 25～30kg/(m³·d)。无锡罗氏中亚柠檬酸厂的 IC 厌氧反应器处理效果也很显著。这些资料说明该项技术已经成熟。

综上所述，由于 IC 厌氧工艺在处理效率上的高效性和大的高径比，可大大节省占地面积并节省投资，特别适用于地皮面积不足的工矿企业。可以预见，IC 厌氧工艺有着很大的推广应用价值和潜力。

2.2.4 生物膜气提反应器

生物膜气提（biofilm airlift suspension，BAS）反应器主要包含两个部分，即上升管和下降管，如图 2-30 所示。IC 反应器只是 BAS 反应器的一种形式，BAS 反应器也可有其他不同的构成形式，例如好氧内循环和外循环反应器。在内循环反应器中，气体从反应器底部自下而上运动，反应器顶部是三相分离器，气体在上升管的顶部释放。在内循环气提反应器中，空气通过下降管循环，在上升管和下降管内由于含气率不同造成密度差，驱动液体在两部分之间循环。当液体流速比较高时，小的颗粒处于悬浮状态，并随液体一起循环，导致反应器内颗粒和液体之间的充分混合，推动气、液、固（生物膜）三相在反应器内循环。气提反应器技术在废水处理中有两方面的应用：空气提升反应器（airlift reactor，ALR）用于好氧处理；沼气气提反应器（gasliftre-actor，GLR）用于厌氧处理。

气提反应器的一般结构分为上升管和下降管。上升管通入（或产生）气体，使管内含气率升高，密度变小，气液固混合物上升，气泡变大，至液面处部分气泡破裂排出。剩下的气液混合物密度较上升管内气液混合物大，由下降管下沉，形成循环。

根据上升管和下降管的布置不同，可将气提反应器分为两类。一类为内循环式气提反应器，上升管和下降管都在反应器内，循环在反应器内进行，如图 2-31（a）所示。多数内循环

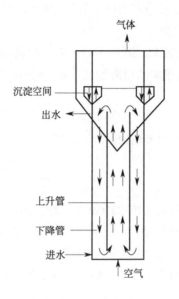

图 2-30　气提反应器构造示意

反应器内设置同心导流筒，也有内置偏心导流间或隔板的。另一类为外循环式气提反应器，通常将下降管置于反应器外部，如图 2-31(b) 所示。

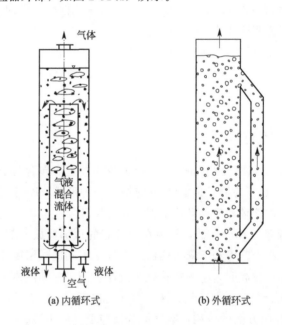

图 2-31　内循环式和外循环式气提反应器的结构示意

事实上，气提反应器在污水处理中早就有应用，例如用于污水处理的气提式深井反应器。这类反应器实际上是外循环反应器，一个竖井作为上升管，另一个竖井作为下降管。

气提反应器结构比较简单，除导流筒外就是一个空筒体，但也有为特殊目的而增加内部构件的。例如，为降低循环速度并提高气液分散度，在上升管内增加隔板。气提反应器包括厌氧反应器和好氧反应器，不论是好氧反应器还是厌氧反应器，水、污泥和气三相分离是借助反应器内的相分离器完成的。在分离器中气体释放，释放的气体根据需要决定是否回收利用；分离后的固体颗粒沉降进入降流区，继续参与循环流动；分离后的液体从出水堰流出。

2.2.5 强化厌氧生物处理技术

传统厌氧处理技术存在的弊端包括：a. 颗粒污泥的培养耗时较长；b. 厌氧微生物对环境的变化十分敏感，对于毒性强、含盐量高的难降解有机废水，需要较长的适应时间。因此强化厌氧生物技术的研究凸显其重要性。

2.2.5.1 零价铁耦合厌氧生物处理技术

1987 年，Daniels 最先发现在厌氧处理中零价铁（zero-valent iron，ZVI）可作为产甲烷菌唯一的电子供体将 CO_2 还原为 CH_4。近年来，零价铁耦合厌氧生物处理技术备受关注。

(1) 技术原理

ZVI 作为廉价且环境友好的还原剂，在环境污染控制领域应用广泛。ZVI 可以作为环境污染物的还原剂、多种金属的吸附剂，以及各种阴离子的凝结剂。厌氧反应器中添加 ZVI 后，其性能明显改善。Alvarez 等最早提出 ZVI 强化厌氧处理的机理，归结为如下 3 个方面：a. ZVI 的吸附和还原作用；b. ZVI 与酸的作用；c. 微生物与 ZVI 表面析出的氢的作用。

研究报道，ZVI 可降低体系的氧化还原电位（ORP）、缓冲 pH 值、去除有毒成分，并加速厌氧污泥的颗粒化，为产甲烷菌的新陈代谢创造优良生长环境。

(2) 技术现状

ZVI 耦合厌氧作为一种新型生物强化技术，可以对多种难降解废水进行处理，具有可观的发展前景。马斌等考察 ZVI 对厌氧处理难降解颜料废水的强化作用，结果表明 ZVI 的投加提高了 COD 的去除率和甲烷的产量；Karri 等的研究表明 ZVI 可以作为硫酸盐还原和产甲烷作用的电子供体，由 ZVI 产生的适宜的氧化还原环境有助于微生物降解 COD；徐浩等将 ZVI 投加至 UASB 反应器中处理化工费托合成废水，COD 去除率比不加 ZVI 的反应器提高了 20.2%；Kim 等发现 ZVI 可增加活性污泥电子传递系统的活性。

然而，因为 ZVI 容易锈蚀板结，而铁锈附着在铁表面会阻止反应的进行，这可能导致废水水流短路，严重影响处理效率，该技术在实际应用中的效果有待改进。

2.2.5.2 外电场强化厌氧生物处理技术

ZVI 表面形成的钝化层对厌氧处理有不利影响，研究表明，加入外电场可有效消除其不利影响。在 ZVI 和厌氧微生物体系中增加外电场，可加速离子迁移速度，从而强化表面反应，有效地解决 ZVI 的锈蚀板结问题。另外，适当的电场刺激，可强化微生物的新陈代谢和加速厌氧污泥的颗粒化，从而实现更高的有机物去除效能。

因受到电极比表面积的限制，外电场的作用难以大幅度提高其电子转移效率，限制了技术的发展。因此，有效提高电极比表面积将是外电场强化厌氧生物处理技术未来的发展方向。

2.3　生物脱氮新方法

2.3.1　同步硝化-反硝化

废水生物脱氮工艺中通常发生有机物的好氧氧化、硝化和反硝化三种不同的生物反应。根据传统的脱氮理论，硝化与反硝化反应不能同时发生，硝化反应在好氧条件下进行，而反硝化反应在缺氧条件下完成。大多数的生物脱氮工艺都将缺氧区和好氧区分隔开，即形成前置反硝化或后置反硝化工艺。近几年发展起来的同步硝化反硝化工艺（simultaneous nitrification and denitrification，SND）是一种新型的生物脱氮工艺。

2.3.1.1　机理

(1) 宏观环境（混合形态）理论

由于充氧装置和反应器的构造等原因，曝气池中水流流态不同、充氧不均匀或混合不均匀，在好氧反应器中会出现较大范围的缺氧环境，因此在曝气池中出现某种程度的同时硝化反硝化的现象是完全可能的。而且反应器在时间上因溶解氧的变化也会出现缺氧时段和好氧时段，导致同时硝化反硝化。

(2) 微环境理论

由于微生物生存环境外部的氧被大量消耗，氧的扩散受到限制，在活性污泥微生物絮体内会存在溶解氧浓度的分布梯度（见图 2-32），即活性污泥絮体从液相主流区向絮体内部方向分别存在好氧区、缺氧区和厌氧区。微生物絮体外表面氧的浓度较高，好氧硝化菌占优势，主要进行硝化反应；微生物絮体内部的溶解氧浓度较低，异养反硝化菌占优势，主要进行反硝化反应。

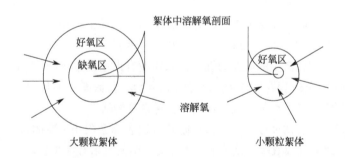

图 2-32　活性污泥絮体内 DO 浓度梯度示意

微 A/O 结构可在活性污泥絮体或生物膜内部形成，即微观环境。SND 反应主要发生在好氧生物膜层和兼性生物膜层分界区内，由 SND 产生的脱氮率随 C/N 值的增加而增加。

(3) 生物学理论

传统理论认为硝化反应只能由自养菌完成，反硝化反应只能在缺氧条件下由异养菌完成。近年来，好氧反硝化菌和异养硝化菌的存在已经得到了证实。在好氧条件下很多硝化菌可以进行反硝化作用，同样许多异养菌也能完成有机氮和无机氮（氨氮）的硝化过程，而这些异养菌中的大部分具有在缺氧或好氧条件下的反硝化能力，即这些异养硝化菌同时也是好氧反硝化菌。因此，从生物学角度来看同时硝化反硝化生物脱氮是可能的。

2.3.1.2　特点

同时硝化反硝化的优点如下。

① 硝化过程中碱度被消耗，而同时的反硝化过程中产生了碱度，SND 能有效地保持反应器中 pH 稳定，而且无需添加外碳源。

② 硝化阶段和反硝化阶段可以在同一个反应器内进行，能够缩短实现完全硝化、反硝化所需的时间。对于连续运行的 SND 工艺污水处理厂，可以省去缺氧池的费用，或至少减少其容积。

2.3.1.3　工艺

活性污泥单级生物脱氮主要是利用污泥絮体内存在溶解氧的浓度梯度实现同时硝化和反硝化。图 2-33 表示了活性污泥絮体内的反应区分布及底物浓度的变化。在活性污泥絮体表层，由于氧的存在而进行氨的氧化反应，从外向里，溶解氧浓度逐渐下降，内层因缺氧而进行反硝化反应。

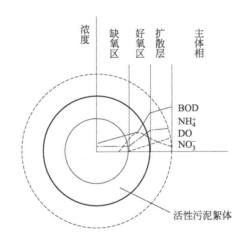

图 2-33　活性污泥絮体内反应区的分布和底物浓度的变化

① 氧化沟可以作为活性污泥法同时硝化反硝化单级生物脱氮工艺的例子。氧化沟为弯曲的沟渠式循环管道，有较深的工作水深，一般采用转刷或转碟曝气器供氧，并同时提供废水在沟渠中循环流动的推动力。这样易使沟渠内形成不同的溶氧梯度，在空间上产生好氧区和厌氧区。

② BIOLAK 工艺也是活性污泥法同时硝化反硝化单级生物脱氮工艺的例子。BIOLAK 工艺特殊的悬浮式曝气链系统在运行操作时，曝气器系统左右摇摆，当向左摆时，左侧为曝气增氧区，即好氧区，而右侧则为缺氧区或厌氧区，由此使两侧水区分别交替进行生物好氧反应与缺氧反应。在同一反应器中实现了同时硝化反硝化。

③ 近年来的研究结果表明，在 SBR 反应器中可以培养出高活性的 SDN 好氧颗粒污泥，颗粒尺寸在 $500\mu m$ 左右。颗粒污泥表面由较密的球状菌组成，由于与氧接触良好，细菌数量较多，生长较好；颗粒污泥内部以杆菌为主，有少量球菌，内部由于缺氧，微生物生长量相对较少。颗粒污泥表面有许多孔隙，结构紧密，孔隙小，而内部孔隙大，结构松散。颗粒污

泥中的这些孔隙是底物与营养物质传递的通道,也是颗粒内部微生物排放代谢产物的通道。反应过程中,有机物、氨氮和氧等其他营养物质在颗粒污泥内部和外部扩散交换。营养物质进入颗粒污泥内部需要克服传质阻力,溶解氧从颗粒外部经过表面孔隙逐渐传递到颗粒内部,氧浓度逐渐降低而形成氧梯度,在颗粒内部形成缺氧区域,适宜兼氧微生物生长。好氧颗粒污泥具备硝化和反硝化微生物生长的环境条件,因此可以实现同时硝化反硝化。

2.3.2 短程硝化-反硝化

2.3.2.1 原理

短程硝化-反硝化生物脱氮技术(shortcut nitrification-denitrification,SHARON)也可称为亚硝酸型生物脱氮,是指在硝化过程中形成一定的特殊环境使 NH_4^+-N 正常硝化为 NO_2^--N,而 NO_2^--N 氧化为 NO_3^--N 的过程受阻, NO_2^--N 积累后直接反硝化,从而实现废水中氮的去除。

2.3.2.2 特点

短程硝化-反硝化生物脱氮技术与传统的生物脱氮技术相比具有以下特点。

① 对 NH_4^+-N 进行生物氧化时,把 NH_4^+-N 氧化到 NO_2^--N 为止,较氧化为 NO_3^--N 更能节省能源;

② 短程硝化-反硝化脱氮方式中,在脱氮反应初期存在来自 NO_2^--N 的阻碍作用的一段停滞期,但 NO_2^--N 的还原速率仍然较 NO_3^--N 的还原速率要大;

③ 在短程硝化-反硝化脱氮方式中,作为脱氮菌所必需的氢供体,即有机碳源的需要量较硝酸型脱氮减少 50% 左右。

2.3.2.3 SHARON 工艺

(1) SHARON 工艺的提出

SHARON 工艺的基本原理是在同一个反应器内,先在有氧的条件下,利用氨氧化细菌将氨氧化生成 NO_2^-;然后在缺氧条件下,以有机物为电子供体,将 NO_2^- 反硝化,生成氮气 (N_2)。该工艺实际上是一种短程生物脱氮工艺。

SHARON 工艺的成功在于巧妙地利用了硝化菌和亚硝化菌的不同生长速率,即在较高温度下,硝化菌的生长速率明显低于亚硝化菌的生长速率。其反应如式(2-1) 和式(2-2) 所示:

$$NH_4^+ + \frac{3}{2}O_2 \longrightarrow NO_2^- + 2H^+ + H_2O \tag{2-1}$$

$$NO_2^- + 3[H] + H^+ \longrightarrow \frac{1}{2}N_2 + 2H_2O \tag{2-2}$$

(2) SHARON 工艺优点

将硝化过程控制在亚硝化阶段的 SHARON 工艺与传统的生物脱氮工艺相比具有下述优点。

① 硝化与反硝化两个阶段在同一反应器中完成,可以简化工艺流程。

② 硝化产生的酸度可部分地由反硝化产生的碱度中和。

③ 可以缩短水力停留时间 (HRT),减小反应器体积和占地面积。由于 SHARON 工艺的还原反应始于亚硝酸盐而不是硝酸盐,可节省反硝化过程需要的外加碳源,以甲醇为例,

$NO_2^- -N$ 反硝化比 $NO_3^- -N$ 反硝化可节省碳源 40%。

④ 因为只需要将氨氮氧化到亚硝酸盐，耗氧量可减少 25%左右，节省了动力消耗，相应也减少了供氧设备。

⑤ 污泥产量少，其中硝化过程可减少污泥量 33%~35%，反硝化过程可减少污泥量 55%左右。

目前第 1 个生产规模的 SHARON 工艺已经在荷兰鹿特丹的 Dokhaven 废水处理厂建成并投入运行，处理污泥厌氧消化上清液。该 SHARON 反应器进水 NH_3 浓度为 1g/L，进水氨氮总量为 1200kg/d，氨氮的去除率为 85%。SHARON 工艺主要用来处理城市污水二级处理系统中污泥消化上清液和垃圾渗滤液等废水，由于这些废水本身温度较高，属高氨、高温水。

2.3.3　厌氧氨氧化

2.3.3.1　机理

厌氧氨氧化工艺（anaerobic ammonium oxidation，ANAMMOX）是一种新型脱氮工艺。在厌氧条件下，以硝酸盐（$NO_3^- -N$）或亚硝酸盐（$NO_2^- -N$）为电子受体，将氨氮（$NH_4^+ -N$）氧化成氮气（N_2）。

Van de Graaf 等通过同位素 ^{15}N 示踪研究表明，氨被微生物氧化的过程中，羟氨最有可能作为电子受体，而羟氨本身又是由 NO_2^- 分解而来，其反应的可能途径如图 2-34 所示。图 2-34 中，①氨被羟胺氧化形成联胺；②③④ 联胺产生 N_2 和还原当量，后者被用于还原亚硝酸盐产生更多的联胺；②⑤亚硝酸盐被氧化成硝酸盐，产生还原当量用于细胞生长。

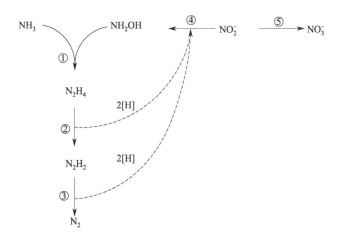

图 2-34　厌氧氨氧化反应模型

厌氧氨氧化涉及的反应如下：

$$NH_2OH + NH_3 \longrightarrow N_2H_4 + H_2O \qquad (2-3)$$

$$N_2H_4 \longrightarrow N_2 + 4[H] \qquad (2-4)$$

$$HNO_2 + 4[H] \longrightarrow NH_2OH + H_2O \qquad (2-5)$$

$$NH_3 + HNO_2 \longrightarrow N_2 + 2H_2O \qquad (2-6)$$

$$HNO_2 + H_2O + NAD^+ \longrightarrow HNO_3 + NADH_2 \qquad (2-7)$$

2.3.3.2 特点

① 厌氧氨氧化不需要将 NH_4^+-N 转化为 NO_3^--N，而仅需转化为 NO_2^--N，比全程硝化（氨氮氧化为硝酸盐）节省供氧量；

② 因厌氧氨氧化菌为自养菌，因此无需外加碳源有机物；

③ 由于厌氧氨氧化菌细胞产率低于反硝化菌，短程硝化-厌氧氨氧化过程的污泥产量只有传统生物脱氮工艺中污泥产量的 15%。

2.3.3.3 SHARON-ANAMMOX 组合工艺

ANAMMOX 工艺的污泥活性及其反应器能力都远远高于活性污泥法中的硝化/反硝化，从而充分表明可以有效脱氮。由于氨氧化菌生长缓慢，因此通常选用具有较长泥龄的反应器进行研究，如厌氧流化床反应器。此外，固定床和 UASB、SBR 等反应器也可用于 ANAMMOX 工艺。ANAMMOX 工艺一般与反硝化反应器组合处理含氮浓度相对较低的废水。

如上所述，SHARON 工艺可以通过控制温度、水力停留时间、pH 值等条件，使氨氧化控制在亚硝化阶段。目前尽管 SHARON 工艺以好氧/厌氧的间歇运行方式处理富氨废水取得了较好的效果，但由于在反硝化期需要消耗有机碳源，并且出水浓度相对较高，因此目前很多研究改为以 SHARON 工艺作为硝化反应器，而以 ANAMMOX 工艺作为反硝化反应器进行组合脱氮。通常情况下 SHARON 工艺可以控制部分硝化，使出水中的 NH_4^+-N 与 NO_2^--N 比例为 1:1，从而可以作为 ANAMMOX 工艺的进水，组成一个新型的生物脱氮工艺，其反应如下式所示：

$$\frac{1}{2}NH_4^+ + \frac{3}{4}O_2 \longrightarrow \frac{1}{2}NO_2^- + H^+ + \frac{1}{2}H_2O \qquad (2-8)$$

$$\frac{1}{2}NH_4^+ + \frac{1}{2}NO_2^- \longrightarrow \frac{1}{2}N_2 + H_2O \qquad (2-9)$$

将式(2-8)、式(2-9) 两式合并，得：

$$NH_4^+ + \frac{3}{4}O_2 \longrightarrow \frac{1}{2}N_2 + H^+ + \frac{3}{2}H_2O \qquad (2-10)$$

联合的 SHARON-ANAMMOX 工艺具有耗氧量少、污泥产量少、不需要外加碳源等优点，是迄今为止最简便的生物脱氮工艺，具有很好的应用前景，成为当前生物脱氮领域内的一个研究热点。

SHARON-ANAMMOX 组合工艺主要用于处理含有较高浓度氨氮的废水，如污泥消化后的上清液或填埋场的渗滤液等。

2.3.4 好氧反硝化

传统生物脱氮理论认为：氨氮的去除是通过硝化和反硝化两个相互独立的过程实现的，由于硝化和反硝化两个反应的环境条件不同，这两个过程不能同时发生，而只能顺序进行，即在好氧条件下发生硝化反应，在严格的缺氧或厌氧条件下发生反硝化反应。近年来，国内外的不少研究和报道已能充分证明反硝化可发生在有氧条件下，即好氧反硝化（aerobic denitrification）。

好氧反硝化的机理可以从生物学、生物化学以及物理学的角度进行解释。

① 从生物学角度来看，好氧反硝化菌同时也是异养硝化菌，能够直接把氨转化成最终气态产物。与厌氧反硝化菌相比，好氧反硝化菌的反硝化速率低于厌氧反硝化菌的反硝化速率，但能较好地适应环境厌氧（或缺氧）好氧的周期变化。

② 从生物化学角度来看，好氧反硝化所呈现出的最大特征是好氧阶段总氮的损失，而这一损失主要是因其中间产物 N_2O 的逸出造成的。关于硝化作用的生物化学机制的研究，目前已初步清楚按式(2-11) 所示的途径进行：

$$NH_3（氨）\rightarrow H_2N\text{-}NH_2（联胺）\rightarrow NH_2\text{-}OH（羟胺）\rightarrow N_2（氮气）\rightarrow$$
$$N_2O（HNO）[氧化亚氮（硝酰基）]\rightarrow NO（氧化氮）\rightarrow NO_2^-（亚硝酸）\rightarrow NO_3^-（硝酸）\quad (2\text{-}11)$$

③ 从物理学角度来看，在好氧微环境中，由于好氧菌的剧烈活动，当耗氧速率高于氧传递速率时，好氧微环境可变成厌氧微环境，同样厌氧微环境在某些条件下也能转化成好氧微环境。而采用点源性曝气装置或曝气不均匀时，则易出现较大比例的局部缺氧微环境，因此曝气阶段会出现某种程度的反硝化。

2.3.5 EM 脱氮技术

2.3.5.1 概述

EM 是有效微生物群（effective microorganisms）的英语缩写，它是 20 世纪 80 年代初期由琉球大学比嘉照夫教授发明、株式会社 EM 研究机构研制的一种新型复合微生物制剂。它是基于头领效应的微生物群体生存理论和抗氧化学说，以光合菌为中心，与固氮菌并存、繁殖，采用适当的比例和独特的发酵工艺把经过仔细筛选的好氧和兼氧微生物加以混合，培养出多种多样的微生物群落。EM 不是单一的，也不是几种特定的微生物，而是有效微生物有机结合，它是以光合细菌、酵母菌、乳酸菌、放线菌和发酵系的丝状菌群等为主的 5 科 10 属 80 多种有益微生物复合培养而成的一种新型微生物活菌剂。

EM 处理废水可以采用活性污泥法或生物膜法。

2.3.5.2 特点

EM 废水处理技术的优点如下。

① 工艺设备简单，可减少曝气时间，从而节约能源、工程投资及工程运行费，无二次污染；

② 生物相丰富，降解污染物能力强；

③ 提高处理出水的水质和水质的稳定性，减少废弃污泥量，抑制浮渣的产生；

④ 减轻或消除废水处理过程中产生的恶臭。

2.3.5.3 原理

废水中的氮通常以有机氮（胺基、氨基、硝基化合物及其他含氮有机物）和无机氮（氨、亚硝酸盐及硝酸盐等）两种形态存在。有机氮经厌氧或好氧生物降解后，除少部分转化为细胞物质外，大部分转变为无机氮（主要为氨态氮）的形式。

EM作为一种优势微生物菌群，在废水生物硝化过程中的作用机理如下。

有氧条件下： $\qquad RCHNH_2COOH+O_2 \longrightarrow RCOOH+CO_2+NH_3$ (2-12)

厌氧条件下： $\qquad RCHNH_2COOH+H_2 \longrightarrow RCH_2COOH+NH_3$ (2-13)

上面两式的进一步转化反应如下：

$$2NH_3+3O_2 \longrightarrow 2HNO_2+2H_2O+619.6\ kJ \tag{2-14}$$

$$2HNO_2+O_2 \longrightarrow 2HNO_3+201kJ \tag{2-15}$$

以上反应主要由 EM 菌群中的细菌等将 NH_4^+-N 转化为亚硝酸盐或硝酸盐之后再进行反硝化脱氮。EM 脱氮在好氧条件下比在厌氧条件下效果要明显，曝气为废水中的硝化反应提供了条件，而 EM 的加入能促使废水中更多的 NH_4^+-N 发生硝化反应，同时也加快了硝化反应的进程，这为提高现有的废水生物脱氮工艺的效率创造了有利条件。厌氧状况下，废水中的硝酸盐、亚硝酸盐经 EM 中的反硝化菌作用还原成氨和 N_2，并以气体形式释放，达到废水脱氮的目的。反硝化反应方程为：

$$NO_3^-+1.08CH_3OH+0.24H_2CO_3 \longrightarrow 0.056C_5H_7O_2N+0.47N_2+1.68H_2O+HCO_3^-$$

$$\tag{2-16}$$

$$NO_2^-+0.67CH_3OH+0.53H_2CO_3 \longrightarrow 0.04C_5H_7O_2N+0.48N_2+1.23H_2O+HCO_3^-$$

$$\tag{2-17}$$

$$C_5H_7O_2N+4NO_3^- \longrightarrow 5CO_2+NH_3+2N_2+4OH^- \tag{2-18}$$

并且，EM 中棱状芽孢杆菌等专性厌氧菌和兼性厌氧菌在厌氧条件下能进行还原脱氨反应，氨基酸本身也能水解脱氨；在氧化塘、人工湿地处理废水的过程中，投加 EM 可有效促进生物的多样性，亦能促进氨的硝化、硝酸根离子被植物的吸收（见图 2-35），从而有效达到废水脱氮的目的。

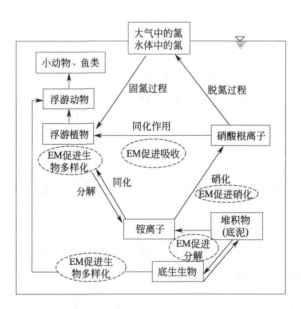

图 2-35 EM 脱氮机理示意

一般来说，只有方向性相同，厌氧微生物和好氧微生物才能够在生境中相互依存。而 EM 技术收集了 5 科 10 属 80 余种厌氧性微生物和好氧性微生物，包括氨氮、有机物等在内的污染物质都可成为 EM 利用的底物。另外，EM 菌群依靠相互间的共生增殖及协同作用，代谢出抗氧化物质，生成稳定而复杂的生态系统，并抑制有害微生物的生长繁殖，抑制含硫、氮等恶臭物质产生的臭味。由于既不是单一的也不是几种特定的微生物，而是一个由多种微生物组成的菌群，因此 EM 比一般的微生物制剂功能齐全，处理效果较为明显，且运行及维护都比较方便。

2.3.6 电极生物膜反硝化技术

电极生物膜（biofilm-electrode reactor，BER）反硝化技术是将电化学法与生物膜法相结合而发展起来的新型水处理技术。该技术采用在物理电极上进行微生物挂膜、微电流驯化等手段制得附有生物膜的电极，然后在电极间通以直流电进行电解，电解时阴极表面产出的氢被固着在阴极表面的反硝化生物膜高效利用，达到反硝化效果。此法脱氮效率高、运行管理方便、处理费用低廉等，正逐渐成为国内外研究的热点。

2.3.6.1 原理

电极生物膜法的原理是采用固定化技术将提纯的反硝化菌固定在阴极表面，在低压直流电的作用下，阴极水电解产生的氢作为电子供体在酶的催化作用下供给阴极上的生物膜或反硝化细菌，在自养条件下发生生物反硝化反应使硝酸盐氮还原。其工作原理如图 2-36 所示。

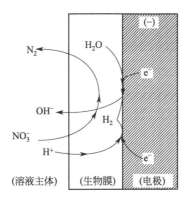

图 2-36　电极生物膜法脱氮工作原理

阴极表面的水在电解作用下产生氢气，进行如下反应：

$$2H^+ + 2e^- \longrightarrow H_2 \tag{2-19}$$

$$2H_2O + 2e^- \longrightarrow H_2 + 2OH^- \tag{2-20}$$

硝酸盐从溶液中扩散至生物膜，同时电极表面产生的氢直接被固定在阴极表面的反硝化菌利用，进行还原反应：

$$NO_3^- + H_2 \longrightarrow NO_2^- + H_2O \tag{2-21}$$

$$2\,NO_2^- + 2H_2 + 2H^+ \longrightarrow N_2O + 3H_2O \tag{2-22}$$

$$N_2O + H_2 \longrightarrow N_2 + H_2O \tag{2-23}$$

总反应式为：

$$2NO_3^- + 5H_2 + 2H^+ \longrightarrow N_2 + 6H_2O \tag{2-24}$$

由式（2-24）及式（2-19）可知，将 1mol NO_3^- 还原成 N_2 需消耗 2.5mol H_2，而产生 2.5mol H_2 则需消耗 5mol 电子。彼此间存在良好的化学计量关系，通过电流的调控，可保持产氢速率的相对平衡。

2.3.6.2　特点

电极生物膜法是近年来发展起来的一项新型自养反硝化脱氮处理技术，其优点主要体现在以下几个方面。

① 在采用炭作为阳极的前提下，阳极上可能发生的电极反应有：

$$C + 2H_2O \longrightarrow CO_2 + 4H^+ + 4e^- \quad (E^\ominus = 0.207V) \tag{2-25}$$

$$H_2O \longrightarrow 0.5O_2 + 2H^+ + 2e^- \quad (E^\ominus = 1.229V) \tag{2-26}$$

因此，该技术既可利用电极作为生物膜的载体，又可利用阴极微电解水释放出的 H^+ 和阳极炭氧化产生的 CO_2 为反硝化菌提供碳源和供氢体。反应产物 CO_2 溶解于水，并有部分转化为 H_2CO_3、HCO_3^- 等，均可被生物膜中的微生物高效利用。同时，CO_2 和 HCO_3^- 等向生物膜内扩散，可中和反硝化脱氮产生的 OH^-，这对 pH 值起到一定的缓冲作用，增强厌氧环境，有利于生物脱氮。

② 通过微电解产生的氢最初是以原子形式吸附在电极上，因此可以直接用于还原硝酸盐氮，而无需像外加的氢气那样需要经过溶解—传质—吸附—解离成原子等一系列过程。由于氢是从生物膜外因外电场吸引力作用而穿透生物膜向内扩散的，所以生物膜中的微生物能够高效利用氢进行反硝化作用，且阴极上产生的氢气又通过生物膜逸出，在生物膜附近形成了缺氧环境，有利于反硝化细菌的生长，同时克服了外加氢气法面临的氢气溶解度低、利用率低以及运输贮存要求高等缺点。

③ 反应器中的电场可以影响细胞的代谢过程、细胞的基因表达、细胞增殖、酶活力、膜转移和细胞膜的通透性，影响细胞内的自由基反应和生物高分子［如脱氧核糖核酸（DNA）］的合成。在电极生物膜法中，生物膜中的微生物处于直流电场的场效应中。微生物细胞是一个复杂的多酶系统，微生物处于适宜的电场中就有可能产生电催化，激活或增强某些酶的活性，从而促进酶的生物活性反应，提高微生物反硝化脱氮速率。

2.3.6.3　研究进展

与传统的硝化反硝化工艺相比，电极生物膜法反硝化技术的脱氮效率并不高，最高脱氮效率仅 0.2g/(L·d)。此外，操作中维持的气相氢浓度为 80%，极易与空气混合而引起爆炸。为了克服氢作为脱氮基质的不安全性，并进一步提高生物脱氮的效率，Sakakibara 等在 1993 年研制了电化学生物反应器。

因此，电极生物膜法近年来在废水处理中的研究和发展主要集中在优化反应器设计及电极生物膜法与其他工艺的结合上，使之能更有效地缩短水力停留时间，提高脱氮效率，在高效低能耗的基础上促进该处理技术的发展。

Y. Sakakibara 等第一次用电极生物膜法对含 NO_3^- 的地面水和饮用水进行处理，实验装置见图 2-37。经试验发现，当电流为 0mA 时，无氮气析出；电流从 10mA 增加到 40mA 时，氮气产量增加 4 倍。当水力停留时间为 10h 时，亚硝酸盐氮有 95% 以上被固定在阴极表面的反硝化细菌所利用。

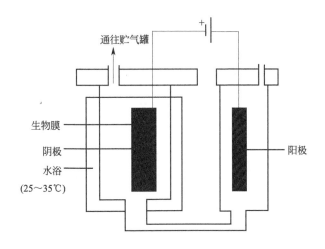

图 2-37 相连式电极生物膜反应器

为使反应器能按连续流方式运作，J. R. V. Flora 采用了将阳极和阴极置于同一个反应器中的筒型电极生物膜反应器（见图 2-38）。M. Kuroda 等采用石墨棒作阳极置于圆筒中心位置，10 根挂有生物膜的石墨棒作为阴极均匀分布于筒壁，构造电极生物膜反应器，对含有硝酸盐和有机物的模拟废水进行连续处理实验。研究表明，COD 和 $NO_3^- -N$ 能被同时去除。

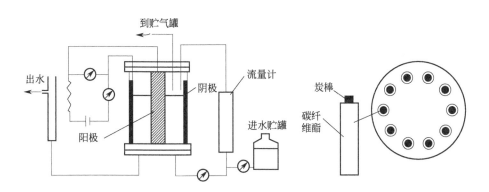

图 2-38 筒型电极生物膜反应器

Y. Sakakibara 提出了第三代电极生物膜反应器——复合电极生物膜反应器，装置如图 2-39 所示。该反应器电流利用率高（约为 90%），不需外加回流装置。该反应器充分利用了多个阴极板上高效的反硝化作用，水力停留时间大大降低（2～6h），因而比原先的电极生物膜反应器有更高效、更稳定的脱氮效率。

2.3.6.4 三维生物膜电极技术

(1) 工作原理

三维生物膜电极反应器（three-dimensional biofilm-electrode reactors，3D-BER）技术的基本原理是在同一体系中，通过耦合电化学反应和生物作用，充分发挥阴极、阳极、填料电极的生物载体作用，利用电化学氧化还原、微生物新陈代谢（生物膜）、物理化学吸附及其相互

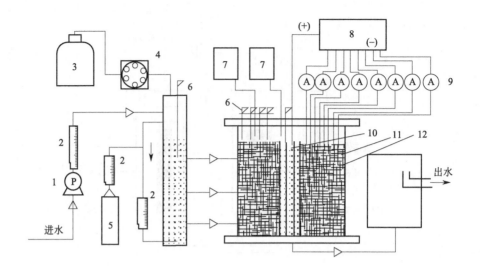

图 2-39 复合电极生物膜反应器

1—进水泵；2—流量计；3—硝酸钠和磷酸盐；4—蠕动泵；5—二氧化碳吸附柱；6—取样口；7—贮气罐；
8—DC动力控制柜；9—电流表；10—阳极；11—可渗透泡沫塑料；12—阴极组

作用，达到高效、低耗去除废水中污染物的目的。

① 3D-BER 去除无机物。污水中 NO_3^--N 的去除离不开氢自养反硝化、异养反硝化和电化学的协同作用，其中主要发生在阴极的氢自养反硝化作用占比约50%，见式(2-27)：

$$2.16NO_3^- + 7.42H_2 + 0.8CO_2 \longrightarrow 0.16C_5H_7O_2N + N_2 + 5.6H_2O + 2.16OH^- \quad (2-27)$$

磷的去除主要是通过电场刺激提高除磷功能菌的生物活性，促进反应器中的好氧吸磷和厌氧释磷过程，从而增强生物除磷效果，同时体系中发生的物理吸附和化学沉淀也起到关键作用。重金属离子利用 3D-BER 的电化学-生物吸附作用实现转化、去除。

② 3D-BER 去除有机物。利用阴极区提供的厌氧还原条件和 H_2 加快难降解有机物的生物还原速率，阳极区则产生好氧氧化条件和 O_2 完成污染物中间体的转化；利用填料电极产生的羟基自由基（·OH）以及颗粒电极上电氧化产生的强氧化剂（如 H_2O_2、Cl_2、HClO）分解难降解物质，高效处理有机废水。

(2) 技术特点

3D-BER 技术特点如下。

① 反应器中生物膜比表面积大、处理能力高，提高了传质效率和电流效率，出水水质好；

② 无需提供额外碳源，能源消耗低，产泥量少，运行成本低；

③ 反应器优化空间大，抗冲击负荷能力强，耦合方式多样，应用前景广阔；

④ 反应机理复杂，物理-化学-生物同步反应，提供更多氧化还原可能性；

⑤ 反应器结构紧凑，占地面积小，易监管调控，易设备化、工程化。

(3) 反应器类型

三维生物膜电极技术是电化学反应耦合生物作用的技术，其反应器构造需满足耦合技术的特性需求。通过优化反应器结构（如反应器形状、电极布置形式、极板间距、反应分区等），加快反应器启动，提高去除效率，节约反应空间，降低能源消耗。目前，根据耦合形式可将 3D-BER 分为中心型、平板型、分隔型和复合型；其中，中心型 3D-BER 应用最为广泛，复合型 3D-BER 则更符合技术发展趋势。

① 中心型 3D-BER。常用于处理浓度较低、污染物单一的地下水等污水，能满足连续进水、水力停留时间短、处理水量大等处理需求，且极板面积相对较大，有利于微生物挂膜，电流利用效率高，缩短启动时间；阴、阳两极产物混合更充分，pH 缓冲能力强，从而获得良好的反应条件。

② 平板型 3D-BER。两极板平行布置，电场强度分布相对均匀，有利于维持稳定的处理效果；反应器制作简单，方便实际操作；因平板型 3D-BER 具有更大的阳极面积，更有利于阳极生物膜的形成。

③ 分隔型 3D-BER。反应器分区有利于维持阴极、阳极特定的反应环境，适用于在同一反应器中，阴、阳极构建不同生物膜协同作用机制。常用的分隔薄膜有醋酸纤维膜、离子交换树脂等。

④ 复合型 3D-BER。是基于常规 3D-BER，通过串联其他反应器或集成电化学、生物处理单元开发设计出来的，能进一步提高废水处理效果，丰富处理废水类型，适用于焦化废水、垃圾渗滤液、染料废水等高氨氮、高有机物废水的深度处理。

(4) 电极材料

3D-BER 中电极材料的选择需要综合废水种类、处理效率、使用寿命、价格成本，能够整体满足物理、化学和生物作用及其相互作用（如吸附、生物降解、电吸附、电化学氧化和电生物降解）的客观要求。

3D-BER 中的阴极和阳极材料应具备电催化活性高、使用寿命长、一定机械强度和处理效果稳定等性能。三维生物膜电极技术中典型电极材料见表 2-4。

⊡ 表 2-4 三维生物膜电极技术中典型电极材料

电极	材料	特性	去除对象	备注
阳极	多孔石墨板（常见）	高比表面积，空隙多，化学性质稳定	硝酸盐氮	地下水
	镀钌钛棒	导电性能好，电化学氧化稳定，耐腐蚀，价格低廉	氨氮	氨氮废水
	树脂改性 β-PbO_2	有机物降解性能好，耐腐蚀	TOC	地下水
	Ti/RuO_2-IrO_2	脱色效果好，降解性能好，电催化活性高、稳定性强	RhB	染料废水
	ACF/Ti	耐腐蚀，性能稳定，电流利用效率高、表面起泡效应小，易于微生物附着	RBR X-3B	染料废水
	GAC/不锈钢丝网	吸附性能好，性能稳定，无副产物	SDZ 和 CIP	抗生素废水
阴极	不锈钢网板（常见）	化学性质稳定，价格低廉，制作简单	硝酸盐氮	地下水
	活性碳纤维毡/泡沫镍	结构简单，性能稳定，吸附性好，易固着微生物，表面氧化还原容量大	TN、硝酸盐氮	城市污水
	GAC/SSM	发生电化学-吸附反应，结构稳定	金属离子（Zn^{2+}）	重金属废水
	ACF/SSM	耐腐蚀，价格低廉，易于微生物附着	RBR X-3B	染料废水
颗粒电极	颗粒活性炭（常见）	高比表面积，吸附性能好，催化活性高	硝酸盐氮	城市污水
	活性炭/玻璃珠；活性炭/沸石	减少电流环，电流效率高	氨氮	氨氮废水
	海绵铁/单质硫/活性炭	单质硫、Fe^{2+} 电子供体，微生物易附着	氮、磷	含磷废水
	导电聚氨酯/聚吡咯/石墨烯（CPU/PPy/Gr）	电子、离子传输能力高，增强薄膜和流体间结合力，容量高，寿命长，结构稳定	左氧氟沙星（LEV）	抗生素废水
	磷酸锂铁纱网粒子	成本低，传质效率高	苯酚	苯酚废水
	GAC 负载 Al/Fe	脱色效果好，能释放 Al/Fe 离子，水解为聚合铁/铝氢氧化物絮凝剂	COD	棉纺废水

2.3.7 生物膜脱氮工艺

① 当生物膜工艺设计时合理考虑了硝化细菌缓慢的比生长速率，以及硝化细菌和异养菌之间对氧气和空间的竞争，那么适用好氧 BOD_5 氧化的生物膜工艺也能够用来实现硝化过程。

试验结果表明硝化细菌倾向于聚集而贴近附着物表面，而异养菌占据了生物膜外表面的附近部分。在实际运行中，当有机负荷低于 $2\sim6kg~BOD_5/(1000m^2\cdot d)$ 时，主流液体有充足的 DO 浓度，且能避免填料阻塞、短流、生物膜的脱落，减少由异养菌过量生长引起的过度反冲洗情况。

② 生物膜反硝化工艺与活性污泥法类似，可分为后缺氧脱氮、预缺氧脱氮和同步硝化反硝化脱氮。其中可实现后缺氧脱氮的工艺（见图 2-40）包括：a. 降流式接触氧化反应器［图 2-40(a)］；b. 升流式接触氧化反应器［图 2-40(b)］；c. 升流式流化床反应器［图 2-40(c)］；d. 生物转盘［图 2-40(d)］等。所有这些工艺都需要在进水中投加甲醇等外加碳源。

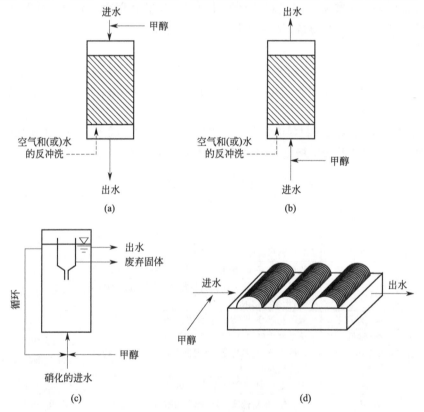

图 2-40 后缺氧生物膜脱氮工艺

预缺氧脱氮工艺如图 2-41 所示。图 2-41(a) 工艺中采用缺氧生物膜和好氧生物膜联用工艺，利用原水中的有机物质作为还原硝酸盐的电子供体。硝酸盐来自循环水流，回流水量为进水量的 3～4 倍。现在已用作预缺氧脱氮的生物膜工艺有：反硝化生物滤池、移动床反应器等。预缺氧脱氮处理流程的优点在于利用进水中的 COD 进行反硝化，节省了外加碳源。图 2-41(b) 工艺将硝化的生物滤池出水循环，为悬浮生长预缺氧反应器提供硝酸盐。利用中间澄

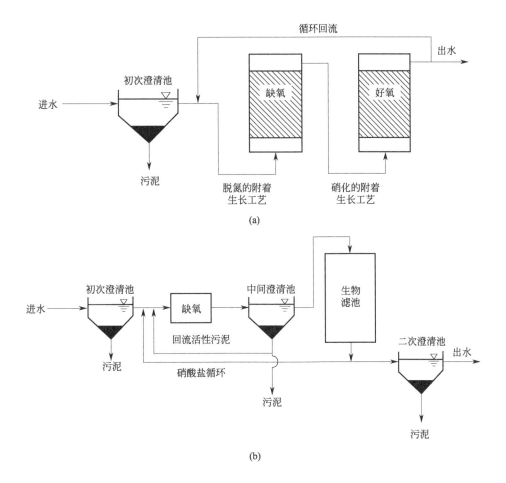

图 2-41　预缺氧生物膜脱氮工艺

清池分离脱氮的混合液，并用以保证将活性污泥回流至缺氧池。

2.3.8　OCO 法与 OOC 法

2.3.8.1　OCO 法

OCO 工艺是丹麦 Puritek 公司在 20 世纪 80 年代开发的活性污泥法新工艺，该工艺脱氮除磷功能强，自控水平高，不需设置初沉池。OCO 工艺处理废水流程如图 2-42 所示。OCO 反应池的内圈是圆形的，中间圈是半圆形的，外圈又是圆形的，恰如三个字母 OCO 拼成，故命名为 OCO 法。该法的关键是通过 OCO 将一圆池分隔成厌氧区、缺氧区与好氧区三个区。然后通过搅拌器、曝气器，对其水动力学、生化反应利用计算机进行调控，从而完成一系列生化反应的净化工序，使出水达到排放标准。

OCO 工艺可以采用表面曝气，也可以采用底部细微气泡曝气。

在 OCO 反应器内，通过控制曝气及搅拌，可以使厌氧—好氧状态循环和切换，提供了聚磷细菌生长的最佳条件，从而确保了释磷和吸磷过程的完成。

OCO 工艺技术的特点如下。

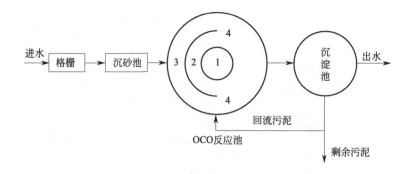

图 2-42 OCO 工艺处理污水流程

① 构筑物紧凑，厌氧区、好氧区、缺氧区均在一个构筑物内，分隔形成又互相连通，占地面积小；

② 以搅拌器代替内循环所需的泵，能耗低；

③ 污泥稳定化好，有利于控制污泥膨胀；

④ 能有效地利用内源碳进行生物脱氮；

⑤ 生物除磷效果好，并可与化学除磷相结合，大大提高磷的去除率；

⑥ 运行费用低；

⑦ 自动化程度高，对于进水量与水质变化可以通过曝气、搅拌系统的调控，维护系统可靠和稳定地运行；

⑧ 设备少，构筑物少，运行管理简便、灵活。

整个工艺流程不设初沉池。废水经预处理后进入 OCO 池的厌氧区 1，而后顺序进入缺氧区 2 与好氧区 3。OCO 池的三个区均设置浸没式搅拌器，促使水流水平向流动，最外圈的好氧区 3 内设有空气扩散装置，对废水进行曝气充氧。通过计算机控制搅拌器、曝气器的操作，对 OCO 池内的水动力学及生化反应进行调控，从而在这些区内分别完成对 BOD_5、COD、N、P 等污染物的生物降解和去除。

2.3.8.2　OOC 法

法国 Degremont 公司把传统的活性污泥法工艺和氧化沟工艺结合起来，采用同心圆结构布置好氧区、缺氧区、厌氧区，使每个区形成循环流态，并且在功能分区安排上设计出不同组合，以满足不同需求，从而开发出 OOC 脱氮工艺。图 2-43 为 OOC 工艺流程。

曝气池由两个同心圆组成。内环为高负荷好氧区，外环为好氧/缺氧交替低负荷区。经过初沉池的废水首先进入内环好氧区，然后进入外环区。外环区曝气强度小，需设置搅拌器防止污泥沉淀。OOC 工艺由于是循环流态，不存在混合液内回流问题，不需设置内回流泵。

OOC 工艺在中等负荷和较短的水力停留时间条件下处理程度较高，出水水质较好。该工艺在池型上综合了曝气池的 3 种基本流态，从全池的角度有推流式的特征，即从中心池进水半圆到另半圆再到外环；而中心池的两个半圆又各属完全混合形态，利用了水流不畅的池中心，外环则属类似于氧化沟的循环流，较一般氧化沟水流状态更好。OOC 工艺充分利用了不同流态的优点从而达到节能降耗的目的，如从中心区的高密度到外环的低密度递减曝气是推流式的优化，而外环的循环流可省去生物反硝化所需的混合液回流设施。

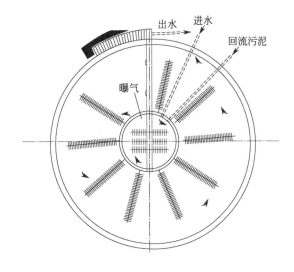

图 2-43 OOC 工艺流程

由于圆形池对结构要求较为复杂，对施工工艺要求较高，造价也高于一般方形池。OOC工艺虽然单位池容土建费用稍高，但由于降低了装机及变压器容量，不但节约了机械、电器设备的购置投资，还降低了运行成本。

南宁市琅东污水处理厂采用 OOC 工艺，处理规模为 $10\times10^4 m^3/d$，已建成投产。

2.3.9 AOR法与AOE法

2.3.9.1 AOR法

AOR 工艺流程如图 2-44 所示。

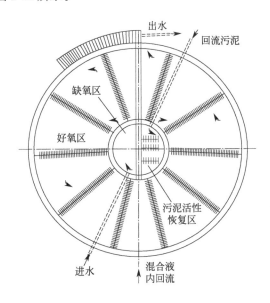

图 2-44 AOR工艺流程

该工艺内环分为两个区，有曝气设备的是污泥活性恢复区（R区），回流污泥先进入该区适当充氧恢复活性，然后进入缺氧区与原水混合发生反硝化反应，混合液回流从外环好氧区用泵或搅拌器提升，并通过隔墙上的洞进入缺氧区，外环布置曝气设备。

规模为 $40×10^4 m^3/d$ 的沈阳市北部污水处理厂50%的污水采用 AOR 工艺进行生物脱氮处理，已运行数年。

2.3.9.2 AOE 法

AOE 工艺流程如图 2-45 所示。

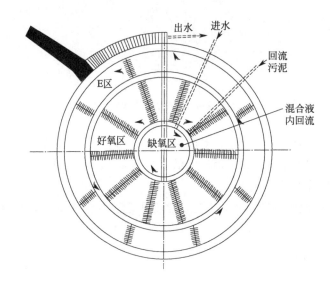

图 2-45　AOE 工艺流程

AOE 工艺内环是前置氧段，外环是内源反硝化段，也叫第二缺氧段（代号为 E），它利用内源呼吸阶段微生物的死亡自溶所释放出的有机碳源进行反硝化，以提高脱氮率。当废水 C/N 值<4 时该工艺脱氮效率较高。A、O 段与其他工艺相同，E 段采用间歇曝气和搅拌来控制氧化还原电位，混合液内回流方式与 AOR 工艺相同，可节省能耗。

成都市污水处理厂二期工程（$30×10^4 m^3/d$）即采用 AOE 工艺，已建成投产。

2.4　其他生物处理新方法

2.4.1　菌-藻共生生物膜技术

2.4.1.1　概述

目前，污水处理技术以活性污泥法及其衍生工艺为主，这些传统工艺虽然技术成熟、工艺稳定，但存在运行能耗高、泥水分离效果差、难降解有机物处理处置效果不佳、微生物对环境毒性以及盐度等耐受力差等一系列问题。

自 20 世纪 50 年代 Oswald 等第一次利用菌-藻协同净化污水以来，以菌-藻共生为基础的污水处理技术在水质净化机理、藻种筛选、反应器设计、工艺条件控制及藻细胞加工利用等方面取得了积极的进展。

菌-藻共生污水处理技术的兴起有助于缓解污水处理压力，利用细菌与微藻协同作用机制、藻体强耐受能力及生物质高效资源化，可同步实现水中污染物的有效去除与微藻生物量收获，具有运行成本低、能耗小、效率高等优点，能有效克服传统污水处理工艺存在的弊端。

菌-藻共生体系主要以悬浮、固定化以及菌-藻共生生物膜的形式存在。菌-藻共生生物膜系统是将惰性载体引入污水处理体系，利用菌-藻定向吸附特性，在载体表面形成结构稳定的菌-藻共生生物膜，最终强化污水处理效果。

2.4.1.2 技术优势

相较于传统活性污泥法和悬浮菌-藻共生法污水处理技术，菌-藻生物膜体系具有以下独特优势。

(1) 系统抗冲击负荷能力强

细菌分泌的胞外聚合物（extracellular polymericsubstance，EPS）能促进微藻与细菌在载体表面附着，并为菌-藻共生体提供一层保护屏障，抵抗极端环境（如干燥、极端的 pH 值和温度）及缓冲有毒物质侵害，同时增强生物膜结构稳定性。此外，菌-藻生物膜系统微生物群落结构丰富，可同时存在自养和异养微生物，有利于维持菌-藻生物膜的生态系统稳定。

(2) 污染物去除效果好

菌-藻间通过代谢产物交换维持良好的互利共生关系，使菌-藻生物膜保持较高的生长代谢活性，同时微藻对氮磷无机盐具有高效的同化作用，有利于实现同步脱氮除磷。

(3) 节能降耗

一方面，微藻光合作用产氧可降低系统曝气强度，节约能耗；另一方面，附着生长体系回收生物质时需输入的能量更低。由于微藻细胞自身的特性，藻水分离难，不仅影响出水水质，还会导致系统难以维持高浓度生物量。在菌-藻生物膜系统中，微生物通过自身的黏附性相互聚集并附着生长在载体表面，且从载体表面刮取的生物质含水率较低，降低了后续生物质回收时的能量输入。

2.4.1.3 形成过程

菌-藻共生生物膜的形成过程可分为 3 个步骤，即迁移运输、附着及生长过程，如图 2-46所示（书后另见彩图）。

① 迁移运输过程。菌-藻生物膜形成初期，悬浮细菌和微藻在定向吸附、重力作用、水力动力以及藻类趋光性等共同作用下，向固体介质表面运输、移动。

② 附着过程。迁移至载体表面的微藻、细菌细胞与载体发生相互作用，依次进行可逆附着和不可逆附着。其中，可逆附着主要包括微生物利用鞭毛、纤毛等外部细胞器以及外层膜蛋白在载体表面发生物理性附着，由于该过程的黏附性较弱，易受外力的影响，发生脱落；不可逆附着是指初步附着的藻体和细菌通过分泌 EPS，使其紧密黏附在载体表面，形成初级生物膜，不易受外界环境影响而脱落。

③ 生长过程。根据微生物的群落结构特征将生物膜生长过程分为细菌增殖阶段、微藻增

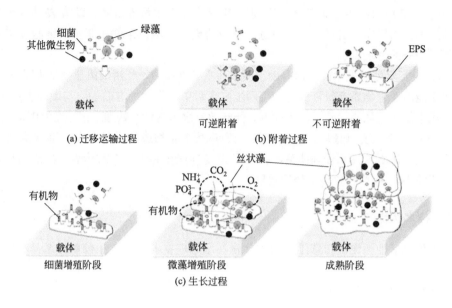

图 2-46 菌-藻共生生物膜形成过程示意

殖阶段以及成熟阶段。细菌生长繁殖速度高于微藻，故生物膜生长初期优势种群以细菌为主，在细菌增殖阶段，细菌快速生长的同时分泌大量 EPS；在微藻增殖阶段，绿藻、丝状藻以及其他藻类附着在 EPS 表面，同时，利用周围环境的营养物质增殖；在成熟阶段，生物膜中藻类和细菌的比例达到相对稳定状态，并形成良好的互利共生关系。最终，附着在载体表面的细菌和藻类形成一个成熟稳定、由 EPS 胶连，且具有三维结构的网状菌-共生体。

细菌间、菌藻间存在着复杂的相互作用关系，而物种的选择是建立一个菌-藻稳定共生、污染物高效去除的菌-藻共生生物膜体系至关重要的环节。

2.4.1.4 净化原理

(1) 碳的去除

菌-藻生物膜中含碳污染物的去除主要通过异养细菌、兼养藻类的氧化分解作用以及自养藻类的光合作用。异养细菌以有机碳源污染物为电子供体，以 O_2 为电子受体，通过矿化作用将含碳有机物氧化分解为 CO_2，其中一部分 CO_2 逸散至环境中，另一部分被藻细胞吸收利用，吸收进藻细胞的 CO_2 在核酮糖二磷酸羧化酶（rubisco）的作用下，经过暗反应的卡尔文循环转化为葡萄糖等有机物，固定在微藻细胞内。同时，微藻光合作用产生的 O_2 为异养细菌提供了充足的电子受体，强化了细菌对含碳有机物的氧化分解过程。当水环境偏碱性时，水体中的无机碳主要以 HCO_3^- 的形式存在，微藻可利用胞外碳酸酐酶将 HCO_3^- 通过主动运输吸收至细胞内，转化为 CO_2 再进行利用，从而实现污水中无机碳的去除。此外，生物膜中兼性营养型的微藻可以 CO_2 及有机碳为碳源，同时进行光合作用和呼吸作用，完成污水中含碳物质的去除。

(2) 氮、磷的去除

菌-藻共生生物膜去除含氮、磷元素污染物主要包括生物及化学两种途径。其中，生物途径主要为细菌及微藻的同化异化作用，化学途径则是共生环境中 pH 值的变化引起相应的氮、磷去除。当含氮有机化合物进入水体后，生物膜好氧区域中的细菌利用藻类光合作用释放的O_2经过氨化反应、硝化反应等将有机氮化合物分解转化为硝酸盐氮等无机氮化合物，生成的硝酸盐氮在生物膜的厌氧区域内经反硝化作用，还原成气态氮，完成细菌生物脱氮的过程。同时，经细菌氧化分解产生的无机氮化合物通过同化作用吸收转化为细菌（主要吸收氨氮）及微藻胞内物质，实现自身生长发育。

(3) 重金属的去除

菌-藻生物膜对重金属的去除原理主要包括吸附作用、生物富集以及由水体 pH 值变化引起的沉淀作用。菌-藻生物膜对重金属的吸附作用主要包括静电吸附和络合作用。其分泌的EPS 中含有含氧官能团，如羟基、羧基、氨基和膦酰基，具有两方面的作用，即：使 EPS 表面带负电，通过静电作用力吸附重金属离子；提供有效结合位点，使重金属与氧、氮、磷等原子通过配位作用生成配位键，形成络合物。除 EPS 的吸附作用外，菌-藻生物膜还可通过细胞生物膜和细胞壁的吸附作用去除重金属，这是由于微藻和细菌的细胞壁或细胞膜成分中含蛋白质、多聚糖等成分，其表面的配位基团包含的阴离子基团和酸性官能团，如氨基、羧基、羟基以及硫化物等，具有与 EPS 类似的吸附作用，通过静电吸附和络合作用将重金属离子吸附至微生物细胞表面。发生在活细胞体内的生物富集作用也是重金属去除的途径之一，微生物通过主动运输和胞吞作用使重金属进入细胞质并与细胞器相结合，使重金属在细菌和微藻体内发生生物富集。除此之外，微藻光合作用引起水体环境 pH 值升高，可使重金属在碱性环境下通过沉淀作用去除。

2.4.2 生物强化（固定化）技术

2.4.2.1 概述

生物强化技术（bioaugmentation），又称生物增强技术，产生于 20 世纪 70 年代中期，80年代以来在水污染治理中得到广泛的研究和应用。生物强化技术是在传统的生物处理系统中，投加具备特定功能的微生物（优势菌种或高效菌种），使系统对于特定污染物的降解能力和降解效率都有所提高，且达到有效处理含难降解有机污染物污水的目的。投入的菌种与基质之间的作用主要有以下几种。

(1) 直接作用

直接作用就是通过驯化、筛选、诱变、基因重组等技术得到一株以目标降解物质为主要碳源和能源的微生物，向处理系统中投入一定量的该菌种，就能达到对目标物去除的增强作用。

(2) 共代谢作用

对于一些有毒有害物质，微生物不能以其碳源和能源生长，但在其他基质存在下能够改变这种有害物的化学结构使其降解，如以甲烷、芳香烃、氨、异戊二烯和丙烯为主要基质生长的一些菌可以产生一种氧合酶，这种酶可以共代谢三氯乙烯（TCE）。

生物强化技术具有的优势为：a. 对于特定的难降解污染物质具有很强的专一性；b. 减少系统剩余污泥量；c. 维持系统运行稳定性；d. 增强抵抗外界环境和污染物质浓度变化带来的冲击负荷；e. 缩短系统启动时间。

近年来通过生物强化技术处理各类污染物的应用常见于工业废水处理中，随着社会发展和人们对水质要求的提高，城市生活污水成分中常含有大量油脂、表面活性剂和重金属离子等，仅依靠传统的微生物进行生物处理，常常无法保证出水达标，因此具有多种优势的生物强化技术逐渐拓展到城市生活污水处理领域。

20世纪90年代生物强化技术应用于各个领域的案例就已经出现。进入21世纪，基因工程菌和质粒接合研究推动了生物强化技术的发展。

2.4.2.2 方式

(1) 投加高效降解微生物 (菌种)

生物强化技术应用最为普遍的方式是直接投加对目标污染物具有特效降解能力的微生物，这种特效微生物是从自然界中筛选的优势菌种或通过基因重组技术产生的高效菌种，投入废水中，达到对某一种或某一类有害物质进行去除或某方面性能优化的目的。废水中的微生物可以附着在载体上，形成高效生物膜，也可以以游离的状态存在。

① 在自然界筛选菌种。在选取生物强化菌剂的时候，可以在自然界中筛选菌种，通过筛选水或土壤等环境因素，并且将菌种在水和土壤中进行分离筛选，从而获取水或土壤当中有特殊降解性的菌株，选出具有高效率的菌株。在自然界中筛选菌种是最为常用的获取高效菌种的方式，并且该种方法获取菌种能够更好地保存和培养菌种，操作性比较强。

Babcock等开发了一种离线富集反应器 (off-line enriching-reactor)，如图2-47所示。富集反应器实际上由几个SBR反应器组成，在反应器中投加实际废水中具有的有毒有害物质及其降解的中间产物、诱导物和营养物质等。这种反应器可为生物强化技术的实施提供大量的菌剂，能够模拟实际废水的组成和环境条件，使高效菌种在其中逐步适应，这样投加到系统中后菌种就会很快适应新环境，从而有效去除目标物，它还可人为地为菌种的高效繁殖创造有利的生长环境。

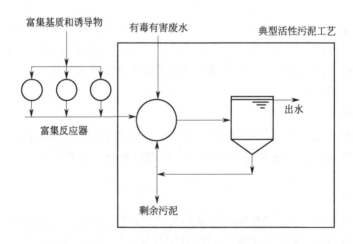

图 2-47 用于生物强化技术的生物反应器

② 构建基因工程菌。近年来，通过基因工程技术构建具有特殊降解功能的遗传修饰微生物 (genetically modified microorganism，GMM) 已有一些进展。这些GMM菌株在纯培养时，可有效降解一些异生物合成物。

基于工程菌的构建主要是采取生物工程技术，将微生物细胞中参与富集以及降解过程的主导性基因导入繁殖能力比较强，并且适应性能比较好的受体菌株内，通过构建基因工程菌对受体菌株的基因进行改进，从而大大地提高菌体对金属以及难降解污染物的适应性以及处理的能力。

生物学家发现，微生物对污染物的降解性与其所带的质粒有关。利用降解性质粒的相容性，把能够降解不同有害物的质粒组合到一个菌种中，组建一个多质粒的新菌种，便能使一种微生物降解多种污染物或完成降解过程的多个环节，或使不带降解性的菌带上质粒从而获得降解性。另外，可采用质粒分子育种，即在选择压力的条件下，在恒化器内混合培养，使微生物发生质粒相互作用和传递，缩短了自然进化所需的时间，以达到加速培养新菌种的目的。

③ 投加生物共代谢基质。对于一些难降解的有机物，微生物并不以其为碳源，而以甲烷、丙烷、甲苯、酚、氨和二氯苯氧基乙酸等为原始底物，微生物降解这类底物之后产生的氧化酶改变了目标污染物的结构，从而达到降解目标污染物的目的，此过程为共代谢作用。

由于大部分有毒有机物的降解是通过共代谢途径进行的，在常规活性污泥系统中添加某些营养物，包括碳源与能源性物质，或提供目标污染物降解过程所需的因子，将有助于降解菌的生长，改善处理系统的运行性能。

(2) 投加固定化微生物

直接投加的高效微生物容易流失，或易被其他微生物吞噬。采用固定化技术，将单一或混合的优势菌株固定封闭在特定的载体上，例如将特定的微生物封闭在高分子网络载体内，可使菌体脱落少、活性高，从而提高优势微生物浓度，增加了其在生物处理器中的存留时间。

生物固定化技术可以分为载体结合法、交联法、包埋法和膜截留法等。由于包埋法操作简单，对微生物细胞活性影响小，固定化细胞强度高，因而是应用最广泛的固定化方法。固定化细胞载体主要分两类：一类是天然高分子凝胶载体，比较常用的有琼脂、海藻酸钙等；另一类是有机合成高分子凝胶载体，如聚乙烯醇（PVA）、聚丙烯酰胺（PAM）等。

有不少研究者比较了琼脂、明胶、海藻酸钙、聚乙烯醇和聚丙烯酰胺凝胶作为微生物包埋剂的性能。结果表明：琼脂的强度差；明胶内部结构密实、传质性能差；聚丙烯酰胺凝胶对生物有毒性；海藻酸钙和聚乙烯醇凝胶的力学性能和传质性能较好，对生物无毒，生物分解性能良好，且固定操作容易，是其中比较合适的固定化细胞载体。

2.4.2.3 应用

生物强化技术在水污染治理中能够发挥积极有效的作用，能够加快水污染问题处理的效率。

(1) 对难降解污染物的去除

许多文献报道，生物强化作用对 BOD、COD、TOC 或某种特定污染物的去除效果好，针对性强。

Kennedy 研究发现，用生物强化技术可使对氯酚在 9h 内达到 96％的去除率，而非生物强化系统在 58h 后才达到 57％的去除率。Tawfiki Hajji 采用直接投加和海藻酸钙包埋两种方式向 UASB 反应器中投加降解苯酚、邻甲酚和对甲酚的高效菌种。接种量为 10％时，直接投加 36d 后苯酚去除率达到 100％，而对照系统则需要 178d。Chin 在附着生长生物床中加入降解 BTX（苯、甲苯、二甲苯）的混合优势菌，在 HRT 为 1.9h 时生物强化系统可去除 10mg/L

的 BTX，而非强化系统仅去除 3.2mg/L。

(2) 对 N、P 的去除

某化工厂的生化处理出水中含有 BOD_5 32mg/L、SS 68mg/L 以及 NH_3-N 120mg/L，采用两步生物强化法，分别投加苯及氯代苯的高效降解菌，结果使 COD 和 NH_3-N 分别降到 16mg/L 和 80mg/L。Belia 和 Smith 研究采用投菌的方法来驯化脱磷菌，向传统活性污泥中加入 10% 的降解磷的纯菌，可以使整个系统只需 14d 就成为一个高效脱磷系统（脱磷率达 90% 以上），单独用活性污泥驯化达到此脱磷率需要 58d。

(3) 改善污泥的性能，提高污泥的活性

利用生物强化技术能够有效地治理污泥的膨胀，并且改善污泥沉降的性能，从而有效地减少污泥的总量，一般可使污泥容积降低 17%～30%。Chamber 研究了生物强化技术在延时曝气、曝气塘和氧化沟三种不同系统中的应用。在延时曝气系统中，接种生物强化剂，3 周后就成功地消除了污泥膨胀，而在氧化沟系统中 4 周后污泥膨胀消除。通过进行镜检可以发现污泥的絮凝体能够变得边缘清晰、规则，并且逐渐形成圆形以及椭圆形和粒径比较均匀的颗粒状污泥。

(4) 提高系统的抗负荷冲击能力以及稳定性

据报道，在活性污泥系统中加入苯酚降解菌株能够让活性污泥系统获得苯酚降解的能力，并且在实验发生之后的 20min 内一直保持比较高的降解性能，当活性污泥系统经过一定的驯化之后也能够获取一定的苯酚降解性能，但是在实验之后的 20min，降解性能仅仅能够达到 40% 左右，比生物强化系统的降解性能大约要低 60%。

(5) 加快系统的启动速度

利用 EM 菌剂培养生物膜以及活性污泥处理垃圾渗滤液，发现加入 EM 菌剂的生物膜以及活性污泥处理垃圾渗滤液能够有效地缩短系统启动的时间。活性污泥组与对照组进行对比，启动时间能够缩短 0.5 个月，生物膜系统能够缩短 6～8d，同时当生物膜脱落之后 EM 处理组能够重新挂膜，重新挂膜的速度比较快。

2.4.3 耦合生物处理技术

2.4.3.1 催化铁耦合生物处理技术

(1) 概述

催化铁技术是同济大学城市污染控制国家研究中心自主研发的新型废水处理方法。催化铁，亦称催化铁内电解，是指在铁刨花材料表面镀铜，从而形成双金属内电解催化还原体系，在中性及碱性条件下具有比零价铁更强的还原能力。催化铁还原包括零价铁表面的还原和阴极金属表面的催化还原，在中性条件下主要以后者为主。催化铁技术在脱色、脱氯、脱硝等方面已被证实具有很好的效果。

催化铁技术与生物处理法的耦合是近年来兴起的研究方向。催化铁可与生物预处理技术结合，降低工业废水的毒性和生物抑制性，提高废水的可生化性；也可为特定的生物处理工艺创造条件，并发生协同作用，为除磷和脱氮工艺创造较低的氧化还原电位（ORP）环境，再辅以化学除磷，为脱氮提供电子供体。

(2) 机理

催化铁技术与生物法相耦合的机理是，以零价铁反应为基础，在其中引入铜等金属作为阴极惰性金属，与铁形成原电池，加速阳极铁的腐蚀，从而实现对污染物的强化处理。反应机理包括电化学作用、铁的还原作用、化学混凝与化学沉淀作用以及铁与微生物的作用等。

① 催化铁-水解酸化耦合技术

Ⅰ. 水解酸化过程中产生的有机酸可加速铁的腐蚀，提高催化铁的效果，同时铁对有机酸导致的 pH 值下降具有较强的缓冲作用，如式(2-28)所示。

$$Fe + 2H^+ \longrightarrow H_2 \uparrow + Fe^{2+} \tag{2-28}$$

Ⅱ. 催化铁的强还原作用可降低废水中部分有毒有害有机物对微生物的抑制，提高水解酸化的效果，如还原硝基苯，反应如式(2-29)所示。

$$R—NO_2 + 6H^+ + 3Fe \longrightarrow R—NH_2 + 3Fe^{2+} + 2H_2O \tag{2-29}$$

Ⅲ. 催化铁反应过程中产生的 Fe^{2+} 可与废水中的 S^{2-} 发生沉淀［见式(2-30)］，保护水解酸化菌免受其毒害。

$$Fe^{2+} + S^{2-} \longrightarrow FeS \downarrow \tag{2-30}$$

Ⅳ. 催化铁填料可作为生物载体，丰富水解酸化过程的微生物相，同时还可起到表面改性作用，中和生物载体和细胞表面的负电荷，提高微生物的挂膜量。

② 催化铁-生物脱氮耦合技术

Ⅰ. 降低氧化还原电位（ORP）。催化铁可与水中的溶解氧（DO）发生电化学反应，消除反应体系中的 DO，降低周围环境的 ORP，从而使 NO_3^- 成为唯一有机电子受体而被还原，有利于厌氧反硝化进程。

Ⅱ. 促进生物反应。铁离子能够加大生物细胞膜的渗透性，加快营养物质的吸收速率。同时，水中的 Fe^{2+} 是化学催化剂，附着在活性污泥上，能促进硝化反应的进行。

Ⅲ. 附着层的作用。催化铁表面的附着层主要为复杂矿物，具有电子传递性能，与铁形成的复合体对硝酸盐具有转化活性，可提高总氮的脱除效率。

③ 催化铁-生物除磷耦合技术。将催化铁置于生物除磷的厌氧段，可消耗厌氧系统中残余的 DO，降低厌氧段的 ORP，为生物释磷创造更严格的厌氧环境。厌氧段 pH 值有小幅上升，催化铁对酸的缓冲能力增强，有利于厌氧生化反应。同时，产生的铁离子在后续好氧段形成 Fe^{3+}，可生成难溶化合物除磷，且生成的难溶化合物表面对磷有很强的吸附作用，提高了除磷效果。此外，在生物除磷厌氧段，铁表面易附着微生物体，可使厌氧段的 ORP 更低，创造更适宜除磷菌生长的条件，提高除磷效率。

催化铁耦合生物处理技术可利用废铁屑作为原材料，具有原材料易得、处理成本低、pH 值适应范围更宽广等优点。在今后的研究中，催化铁耦合生物处理技术还需要研究者以数学模型作为辅助工具，更深入地理解催化铁生物反应器的原理，从而实现对催化铁生物反应器的有效控制和优化运行。

2.4.3.2 微气泡耦合生物反应器

(1) 概述

微气泡是指直径 $1 \sim 1000 \mu m$ 的微米级气泡，气液接触面积大、气体溶解速率快、上升速度慢、水中停留时间长、内部压力高、界面 Zeta 电位高和自由基形成能力强。传统生物反应器的供氧方式以厘米级或毫米级气泡为主，气液传质效率低，导致混合能耗高。微气泡气液接触面积大，和气体溶解速率快，非常适合于生物反应器，能提高气液传质效率和增强气体的利用率，降低发酵过程的通气比。

(2) 微气泡发生装置

微气泡的形成方式有多种，如文丘里式、微孔膜过滤、微通道、超声波和化学反应等。但是生物反应过程要求高气液传质效率、低剪切应力和低能耗等，因此能耦合于生物反应过程的微气泡的形式主要分为2种：a. 通过高剪切应力，将大气泡直接粉碎成微气泡，如文丘里式、喷射式和高速旋转切割等；b. 通过微孔膜分割大气泡形成微气泡。

文丘里通过高速水流的强剪切力，将吸入小孔的较大空气泡粉碎成微小气泡，雷诺数 Re 越高，剪切力越大，从而形成的气泡直径越小。文丘里微气泡分散器结构如图 2-48 所示。

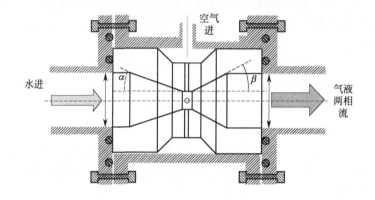

图 2-48　文丘里微气泡分散器结构

微气泡分散器（microbubble diffuser，MBD）通过气液流通于高速旋转的圆盘并结合挡板，利用高强度剪切应力将大气泡粉碎成微气泡，结构如图 2-49 所示。微气泡分散器通过旋

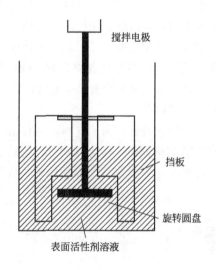

图 2-49　微气泡分散器结构

转板装置形成微气泡，其转速超过 4000r/min，并结合表面活性剂维持微气泡的稳定，形成的微气泡直径为 20～1000μm，能用于耐高剪切力的菌株，如酿酒酵母和毕赤酵母等，难以用于剪切敏感的菌株。

微孔膜形成微气泡主要依赖于微孔膜的孔径和膜两侧的跨膜压差，能形成微气泡的微孔膜主要包括陶瓷膜、金属膜和玻璃膜等，微孔膜的孔径一般为 5～200μm。

(3) 应用

耦合生物反应器的微气泡形成过程，以生物反应过程为出发点，在提高气液传质效率的同时，尽量避免微气泡形成的高剪切力对微生物反应过程的影响。微气泡发生装置形成的微气泡直径一般为 20～1000μm，随着气泡粒径的不断变小，微气泡表面的界面 Zeta 电位越高，其形成的活性氧自由基能力越强，越容易造成微生物损伤；并且由于气泡直径很小时，伴随着气泡上升速率降低，将会导致气液两相的速率差很小，从而使液膜传质系数 k 显著下降。同时，考虑到当微气泡直径增加时，会使其气液接触面积变小和气液传质效率降低，因此适用于微生物发酵的微气泡直径以 50～500μm 最佳。

2.4.4 超声波强化生物处理技术

2.4.4.1 概述

超声波在传声媒质中传播时，会通过各种机械机制、热机制或空化机制对传声媒质产生各种作用或效应，称为超声效应。当传声媒质是生物媒质时，此效应称作超声生物效应。

研究表明，高强度超声波的空化作用在处理环境中的污染物，尤其是难降解有机污染物上具有很强的优势；低强度超声波可以有效提高酶的活性，促进细胞生长。因此在污水生物处理过程中，可采用超声波辐照来增加微生物的活性，从而提高废水的生物处理效率。

超声波强化技术可以与各种生物处理系统进行组合，而且不需要额外的土建设施。对于传统的生物处理工艺，仅需要在污泥回流管路上增加一个超声波辐射处理器即可。因此，在污水的生物处理领域具有广阔的应用前景。

2.4.4.2 作用机制

超声波在媒质中传播时会产生一系列效应，主要包括以下几种。

① 力学效应，如搅拌、分散、除气、成雾、凝聚、冲击破碎和疲劳损坏作用；

② 热学效应，如声能被吸收而引起的整体加热，边界处的局部加热等；

③ 化学效应，如促进氧化、还原，促进高分子物质的聚合和解聚作用等。

超声波在生物介质中传播时，生物组织首先受到机械作用，部分机械能又转化为热能，当超声声强足够强时，还可能产生空化效应。因此，超声波的生物效应产生的机制主要来自超声波的机械机制、热学机制和空化机制。

(1) 机械效应

振动效应和声流效应都属于机械效应。

① 振动效应。超声波作用于生物介质，其高频振动可在液态介质中形成有效的搅动，从而促进了反应物质的混合、扩散和传输，使得酶与底物和反应物的接触机会增大，同时底物释放加快，加速了生物膜以及细胞壁的质量传递过程。

② 声流效应。超声波在传播过程中，由于声辐射而在液态媒质中产生单向恒定的声辐射压力，由此引起液态媒质的单向流动，促进对流传输过程。

(2) 热效应

超声波在媒质传播过程中，其能量不断地被传播媒质吸收而转变为热能，从而使媒质的自身温度升高。因发生生化反应的温度范围较窄，超声的热效应并不是超声作用的主要方式。

(3) 空化效应

所谓超声空化，是指存在于液体中的微气核在超声场的作用下振动、生长、崩溃和闭合的动力学过程，该过程是集中声场能量并迅速释放的绝热过程。根据声压强的不同，空化作用可分瞬态空化（声强$>10W/cm^2$）和稳态空化（声强$<10W/cm^2$），超声波在水处理和生物工程中的应用就是利用了超声波的空化作用。

2.4.4.3 特点

超声波强化生物处理技术的特点如下。

(1) 增加酶活力

适宜强度的超声波能够强化反应物进入及生成物离开酶活性中心的过程，从而有可能减少次生代谢产物的积累对酶活力的产物抑制，提高酶活力，促进酶催化反应。

(2) 加速细胞生长

在不破坏细胞的前提下，采用适当的频率、强度和辐照时间，可以提高整个细胞的新陈代谢效率，加速细胞生长。

(3) 促进传质

低强度超声波能够增加细胞膜的通透性，从而加强细胞内外的物质运输。

通过分析上述作用机制可见，在应用超声波强化污水生物处理时，超声波的强度、辐照时间都应该适宜，过大和过长都有可能破坏细胞结构，使酶失活。对于不同的微生物组成，理想的超声波强度和超声辐照时间会有所差别，超声波处理后其活性的变化也会有所不同，因此对于不同的污水，其活性污泥所适宜的超声波强度和超声辐照时间，需要通过实验进行优化选择。

参考文献

[1] 张忠祥，钱易. 废水生物处理新技术 [M]. 北京：清华大学出版社，2004.

[2] 冯敏. 现代水处理技术 [M]. 2版. 北京：化学工业出版社，2019.

[3] 李圭白，张杰. 水质工程学（上册）[M]. 2版. 北京：中国建筑工业出版社，2013.

[4] 李圭白，张杰. 水质工程学（下册）[M]. 2版. 北京：中国建筑工业出版社，2013.

[5] 张自杰. 排水工程（下册）[M]. 5版. 北京：中国建筑工业出版社，2015.

[6] 高廷耀，顾国维，周琪. 水污染控制工程（下册）[M]. 4版. 北京：高等教育出版社，2015.

[7] 沈耀良，王宝贞. 废水生物处理新技术——理论与应用 [M]. 2版. 北京：中国环境科学出版社，2006.

[8] 李亚新. 活性污泥法理论与技术 [M]. 北京：中国建筑工业出版社，2007.

[9] 马溪平，徐成斌，付保荣，等. 厌氧微生物学与污水处理 [M]. 2版. 北京：化学工业出版社，2021.

[10] 刘雨，赵庆良，郑兴灿. 生物膜法污水处理技术 [M]. 北京：中国建筑工业出版社，2001.

[11] 王建龙. 生物固定化技术与水污染控制 [M]. 北京：科学出版社，2004.

[12] Metcalf, Eddy Inc. 废水工程处理及回用 [M] . 4 版 . 北京：化学工业出版社，2004.

[13] 郑俊，吴浩汀，程寒飞 . 曝气生物滤池污水处理新技术及工程实例 [M] . 北京：化学工业出版社，2002.

[14] 张统 . 间歇式活性污泥法污水处理技术及工程实例 [M] . 北京：化学工业出版社，2002.

[15] 王凯军，贾立敏 . 城市污水生物处理新技术开发与应用 [M] . 北京：化学工业出版社，2001.

[16] 邓荣森 . 氧化沟污水处理理论与技术 [M] . 北京：化学工业出版社，2006.

[17] 王凯军 . 厌氧生物技术（Ⅰ）——理论与应用 [M] . 北京：化学工业出版社，2015.

[18] 李军，杨秀山，彭永臻 . 微生物与水处理工程 [M] . 北京：化学工业出版社，2003.

[19] 叶建锋 . 废水生物脱氮处理新技术 [M] . 北京：化学工业出版社，2006.

[20] 郑平，冯孝善 . 废物生物处理 [M] . 北京：高等教育出版社，2006.

[21] 区岳州，胡勇有 . 氧化沟污水处理技术及工程实例 [M] . 北京：化学工业出版社，2005.

[22] 任南琪，王爱杰，等 . 厌氧生物技术原理与应用 [M] . 北京：化学工业出版社，2004.

[23] 汪大翚，雷乐成 . 水处理新技术及工程设计 [M] . 北京：化学工业出版社，2001.

[24] 许保玖，龙腾锐 . 当代给水与废水处理原理 [M] . 北京：高等教育出版社，1990.

[25] 马斌，张耀斌，全燮，等 . ZVI 强化厌氧处理高浓度颜料废水 [J] . 环境工程学报，2015，9（2）：767-772.

[26] 徐浩，韩洪军，魏江波，等 . 零价铁强化上流式厌氧污泥床反应器处理煤化工费托合成废水研究 [J] . 环境污染与防治，2017，39（8）：845-850.

[27] 刘轶文 . 零价铁强化厌氧废水处理的研究 [D] . 大连：大连理工大学，2011.

[28] Kim Y H, Carraway E R. Dechlorination of pentachlorophenol by zero valent iron and modified zero valent irons [J] . Environ Sci Technol，2000，34（10）：2014-2017.

[29] 于忠臣，王达新，李晨曦，等 . 难降解有机废水厌氧生物处理技术现状及发展 [J] . 工业用水与废水，2019，50（2）：1-5.

[30] 吴莉娜，李进，闫志斌，等 . 三维生物膜电极技术在污水处理中的应用及研究进展 [J] . 科学技术与工程，2021，21（12）：4769-4777.

[31] 王亚军，蔡文娟，王惠 . 生物强化及其在污水处理中应用研究评述 [J] . 生态环境学报，2020，29（5）：1062-1070.

[32] 廖怀玉，孙丽，李济斌，等 . 菌-藻共生生物膜污水处理研究进展 [J] . 土木与环境工程学报（中英文），2021，43（4）：141-153.

[33] Karri S, Sierraalvarez R, Field J A. Zero valent iron as an electron -donor for methanogenesis and sulfate reduction in anaerobic sludge [J] . Biotechnol. Bioeng，2005，92（7）：810-819.

[34] 梁凯 . 生物处理技术在高浓度有机废水处理中的研究进展 [J] . 工业水处理，2011，31（10）：1-5.

[35] 张博，邓蕾，钱江枰，等 . 厌氧生物处理技术的研究进展及绿色化发展 [J] . 浙江化工，2020，51（10）：42-50.

[36] 时晓宁，王培京，孙洪伟，等 . 三维生物膜电极反应器氢自养反硝化脱氮技术进展 [J] . 净水技术，2021，40（9）：6-13，77.

[37] Mousavi S, Ibrahim S, Aroua M K, et al. Development of nitrate elimination by autohydrogenotrophic bacteria in bio-electrochemical reactors——A review [J] . Biochemical Engineering Journal，2012，67（34）：251-264.

[38] 王荣昌，程霞，曾旭 . 污水处理中菌-藻共生系统去除污染物机理及其应用进展 [J] . 环境科学学报，2018，38（1）：13-22.

[39] Tang C C, Tian Y, He Z W, et al. Performance and mechanism of a novel algal-bacterial symbiosis system based on sequencing batch suspended biofilm reactor treating domestic wastewater [J] . Bioresource Technology，2018，265：422-431.

[40] Yang J X, Shi W X, Fang F, et al. Exploring the feasibility of sewage treatment by algal-bacterial consortia [J] . Critical Reviews in Biotechnology，2020，40（2）：169-179.

[41] Wang H, Hill R T, Zheng T, et al. Effects of bacterial communities on biofuel-producing microalgae：Stimulation inhibition and harvesting [J] . Critical Reviews in Biotechnology，2016，36（2）：341-352.

[42] Wang M, Keeley R, Zalivina N, et al. Advances in algal-prokaryotic wastewater treatment：A review of nitrogen transformations, reactor configurations and molecular tools [J]. Journal of Environmental Management，2018，217：845-857.

[43] 王进喜，马鲁铭，王亚军. 催化铁内电解-生物处理耦合技术的机理及研究进展 [J]. 化工环保，2016，36（2）：137-142.

[44] Wang Zi, Wang Hongwu, Ma Luming. Iron shavings supported biological denitrification in sequencing batch reactor [J]. Desalin Water Treat，2012，49（1/2/3）：95-105.

[45] 葛利云. 催化铁法与生物法耦合中胞内外聚合物的研究 [D]. 上海：同济大学，2007.

[46] 孙翠平，周维芝，赵海霞. 铁强化微生物除磷的效能及机理 [J]. 山东大学学报（工学版），2015，45（2）：82-88.

[47] 梁学颖，马鲁铭，章智勇. 催化铁与生物耦合工艺条件下表面附着层特征分析 [J]. 中国环境科学，2015，35（5）：1343-1350.

[48] 王子，马鲁铭. 催化铁还原技术在工业废水处理中的应用进展 [J]. 中国给水排水，2009，25（6）：9-13.

[49] 苏燕，赵勇胜，赵妍，等. 工业铁屑（零价铁）还原硝基苯影响因素研究 [J]. 中国环境科学，2012，32（8）：1452-1455.

[50] 李辉，李干禄，何峰，等. 微气泡耦合生物反应器的研究进展 [J]. 化工进展，2020，39（12）：4758-4765.

[51] 闫怡新，刘红. 低强度超声波强化污水生物处理机制 [J]. 环境科学，2006，27（4）：647-650.

[52] 谢倍珍，刘红. 超声波强化污水厌氧生物处理综述 [J]. 环境污染与防治，2006，28（4）：267-269.

[53] 田帅. 低强度超声波强化污水厌氧生物处理作用机制研究 [D]. 赣州：江西理工大学，2021.

第 **3** 章

水质高级氧化处理新方法

高级氧化技术是指氧化能力超过所有常见氧化剂，或氧化点位接近或达到羟基自由基（·OH）水平，可与有机污染物进行系列自由基链反应，从而破坏其结构，使其逐步降解为无害的低分子量的有机物，最后降解为 CO_2、H_2O 和其他矿物盐的技术。

高级氧化技术具有氧化能力强、处理效率高、无选择性等特点，是处理难降解有机废水最有效的方法之一。高级氧化技术主要包括催化湿式氧化、电催化氧化、光催化、催化过氧化氢氧化和催化臭氧氧化等。

3.1 MicroFA 四相催化氧化法

3.1.1 概述

MicroFA 四相催化氧化反应器技术是一项结合了多金属催化剂载体流化床、双氧化剂协同催化氧化、同相化学氧化（Fenton 法）、异相化学氧化（$H_2O_2/FeOH$）及 FeOH 的还原溶解等功能的新技术，是一种更具实用性和经济性的改良 Fenton 法，为业界领先的第五代 Fenton 反应技术。

福建微水环保技术有限公司于 2012 年授权专利《一种四相催化氧化深度处理废水的方法》（ZL. 201010529373. X）。该技术可在短时间内高效去除有机污染物，占地面积少，运行费用较低，可应用于难生化降解的制药、化工、农药、焦化、染料化工等工业废水的深度处理。

3.1.2 原理

MicroFA 四相催化氧化技术通过投加相对较少的 Fe^{2+}（催化剂）和 H_2O_2（氧化剂），集固、液、气和电四相多位一体，利用钆铁硼磁产生的微电磁场并控制各种反应条件，完成常温常压下调动·OH，基于氧化电位高达 2.80V 的·OH 的强氧化作用及随之产生的各种活性自由基（·O、O_2^-·等）的链式反应，实现深度氧化。空气中的氧气溶解于水中并参与链式反应，获得亲电加成的自由基利用溶解氧完成进一步分解，很大程度上降低了 H_2O_2 的消耗量。

反应器采用微电磁技术代替了原来的酸碱调节，使成本大大降低，从而促进其工程应用。

图 3-1 是 MicroFA 四相催化氧化技术流程图（书后另见彩图）。废水经四相催化氧化反应器后进入后反应池，向后反应池投加聚丙烯酰胺絮凝剂，之后进入终沉池进行固液分离，出水达标排放。

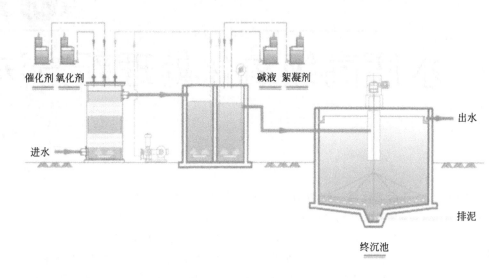

图 3-1 MicroFA 四相催化氧化技术流程

3.1.3 特点

① 利用钕铁硼磁等特殊材料产生的微电磁场并控制各种反应条件，完成常温常压下羟基自由基的调动。

② 不断将空气中的氧气溶于水中并参与链式反应，获得亲电加成生成的自由基利用溶解的氧气完成进一步分解，大大降低了 H_2O_2 的消耗量。

③ 载体流化床技术截留铁氧化物并起到同相催化和异相催化的作用，减少亚铁的投加和污泥的产生。

④ 较传统 Fenton 法，大大降低了药剂费用和操作的难度，处理成本仅为 $0.7\sim1.5$ 元$/m^3$。

以原水 COD 为 $200mg/L$ 为基准，对几种常用的废水深度处理方法进行对比，结果如表 3-1 所列。从表中可看出，与其他几种方法相比，四相催化氧化法在处理效率和成本上都有较强的竞争力。

□ 表 3-1 几种常用的废水深度处理方法的比较

项目	膜分离法	活性炭吸附法	化学混凝法	臭氧氧化法	Fenton 法	四相催化氧化法
特点	提浓污染物	吸附有机物	混凝有机物	氧化有机物	氧化有机物	氧化有机物+混凝有机物
COD 去除率/%	90~95	20~75	20~50	30~60	65~85	75~90
设备成本/(万元/m³)	0.5~1	0.225~0.375	0.05~0.125	0.5~1	0.05~0.125	0.05~0.125
操作成本/(元/m³)	3.75~8.75	3.0~10.0	0.75~3.75	6.25~8.75	2.5~6.25	0.7~1.5

项目	膜分离法	活性炭吸附法	化学混凝法	臭氧氧化法	Fenton法	四相催化氧化法
技术差异性	需处理浓液	需再生活性炭	需处理大量污泥	需处理臭氧废气	需处理污泥	污泥量比传统法减少50%

3.1.4 应用

MicroFA四相催化氧化技术已成功应用于造纸、煤化工、纺织印染、发酵类制药、电镀、精细化工、石油炼化和制革工业等重污染行业。

福建某皮革有限公司在生产过程中会排放高浓度制革废水 $3000m^3/d$，废水COD浓度高、色度深、可生化性差，而配套建设的污水生化处理系统处理效果不稳定。为实现达标排放，使用MicroFA四相催化氧化技术建设深度处理设施。生化处理后出水COD浓度为 $200 \sim 350mg/L$，经深度处理后，COD浓度维持在 $60 \sim 90mg/L$，去除率高达80%以上，运行成本约为1.5元/t水。

福建省某药业公司主要生产抗生素类原料药，在生产过程中排放约 $12000m^3/d$ 的高浓度制药废水。采用MicroFA四相催化氧化技术建设深度处理设施，形成"混凝预处理＋UASB＋A/O生化＋四相催化氧化深度处理"工艺，生化系统进水COD $8000 \sim 13000mg/L$ 左右，处理后出水COD维持在 $100mg/L$ 以下，氨氮在 $5mg/L$ 以下，处理效果稳定，满足工业区污水处理厂COD $\leqslant 500mg/L$ 要求。与原处理工艺相比，增加MicroFA四相催化氧化深度处理，水处理成本仅增加1.22元/t。

3.2 光催化氧化法

3.2.1 概述

1839年，Becquerel发现了光电现象。1955年，Brattain和Gareet对光电现象进行了合理的解释。1972年，日本东京大学Fujishima和Honda研究发现，利用 TiO_2 单晶进行光催化反应可使水分解成氢和氧。这一开创性的工作标志着光电现象应用于光催化分解水制氢研究的全面启动。

光催化氧化法是利用催化剂吸收光子形成激发态，然后再诱导引发反应物分子的氧化过程。目前所研究的催化剂多为过渡金属半导体化合物，如 TiO_2、ZnO、CdS 和 WO_3 等。光催化氧化是20世纪70年代以来逐步发展起来的一门新兴环保技术。在光照下半导体氧化物材料表面能受激活化，可有效地氧化分解有机物，还原重金属离子，杀灭细菌。光催化研究的内容涉及光催化剂的合成、光催化作用机理研究、光催化技术的工程化、光催化技术的各种应用研究和产品开发等，包含了从基础研究到工业应用的各个方面。

3.2.2 原理

(1) 以羟基自由基为氧化剂的光催化氧化技术机理

目前人们普遍能接受的机理是用半导体能带理论来解释：与金属相比，半导体的能带是不连续的，在价带（VB）和导带（CB）之间存在一个禁带，当入射光能量等于或高于半导体材料的禁带宽度时，半导体材料的价带电子受激发跃迁至导带，同时在价带上产生相应的空穴，形成电子空穴对，光生电子、空穴在内部电场作用下分离并迁移到材料表面，进而在表面处发生氧化还原反应。光生空穴具有很强的捕获电子的能力，是一种相当于标准氢电极的良好的氧化剂，它可以将吸附于半导体颗粒表面的 H_2O 和 OH^- 氧化为·OH。导带上的电子会使吸附于半导体颗粒表面的溶解氧捕获电子，并经一系列反应生成 HOO·、H_2O_2 和·OH 等。

（2）以硫酸根自由基为氧化剂的光催化氧化技术原理

随着环境中污染物种类与数量的增加，研究者发现一些有毒有害的复杂物质很难被·OH完全氧化，而硫酸根自由基（SO_4^-·）具有强氧化性，开始被应用于生物和无机化学领域，后被 Anipsitakis 应用于污水处理中，处理效果显著。紫外活化过硫酸盐可以产生 SO_4^-·，之后还可与 H_2O 或 OH^- 反应生成·OH。

3.2.3 特点

① ·OH 或 SO_4^-· 是光催化氧化过程中起主要作用的活性氧化物种，氧化能力很强，绝大多数有机污染物可被彻底氧化为 CO_2、H_2O 和矿物盐，因此光催化氧化法净化度高，适用范围广，可有效地氧化分子结构复杂的难降解有机污染物；

② 与化学氧化法不同，光催化氧化反应中没有加入其他化学药剂，易于控制，不会产生二次污染；

③ 能耗低，也可以利用太阳光作为光源，反应条件温和，是一种高效节能型的废水处理技术。

目前，大部分光催化氧化技术研究主要集中在实验室模拟废水的处理，在实际应用中还存在一些问题，例如光谱响应范围窄、太阳能利用率低、光催化剂易失活且难回收等。因此，针对这些实际问题，开发新型较窄禁带宽度和稳定性好的光催化剂，充分利用可见光，加强负载和固化技术研究，提高催化剂回收利用率等都是重要的研究方向。一些环保公司和科研单位等在传统光催化氧化技术上进行突破，开发了新型光催化氧化技术，并开展了实际应用。下面重点介绍循环式异相光催化氧化技术和石墨烯光催化氧化技术。

3.2.4 循环式异相光催化氧化法

（1）概述

北京高能时代环境技术股份有限公司研发了一种循环式异相光催化氧化处理系统及处理方法，于 2018 年 7 月进行发明专利申请。该技术是基于光催化氧化技术开发而来的，能高效去除污水中难降解有机物，催化剂可通过后续设备回收再利用，无二次污染。该技术适用于煤化工、石油化工、造纸、印染、制药等企业，还可应用于工业园区污水处理与回用、工业废水和城市污水提标改造等领域。

（2）原理

循环式异相光催化氧化技术（简称 PCR 技术）原理如图 3-2 所示。采用三元掺杂的纳米半导体颗粒（PRC-T）或者铁氧体纳米颗粒（PCR-F）作为光催化氧化材料，可在光照条件下发生光化学反应，产生强氧化性的物种，同时配合氧化剂的加入，还可在水中形成大量氧化电位比臭氧还高的·OH。在高活性氧化物种的作用下，水中难降解的有机物进行开环、分解，降低污水中的 COD 含量，同时也能增加污水的可生化性能。

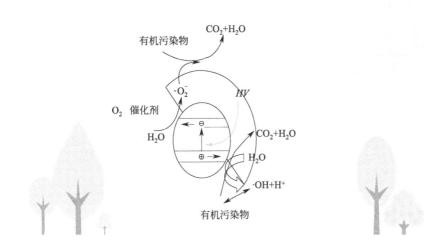

图 3-2　循环式异相光催化氧化原理

(3) 特点

① 反应启动快，停留时间短，占地面积小。

② 设备集成化程度高，后期运维方便。

③ 有机物氧化更彻底，药剂利用效率高。

④ 污泥产量低，运行成本相对于传统 Fenton 法降低 10%～30%，污泥产量降低 80% 以上。

⑤ 对环境友善，无二次污染。

(4) 应用

① 广西省某污水处理厂提标改造项目。污水来源主要是工业园区内造纸、石油化工企业生产废水及部分城镇生活污水，设计水量为 20000m³/d。提标之前出水执行《城镇污水处理厂污染物排放标准》（GB 18918—2002）中的一级 B 标准，采用 PCR 技术进行提标后，稳定达到一级 A 标准。图 3-3 是污水处理厂现场和 PCR 装置图。

② 四川某场地污染环境修复工程。项目废水中主要污染物是石油烃和有机卤代物，经 PCR 技术处理后，满足《地表水环境质量标准》（GB 3838—2002）中的Ⅲ类标准。图 3-4 是有机废水项目现场 PCR 设备。

3.2.5　石墨烯光催化氧化法

(1) 概述

"石墨烯光催化治理黑臭污染水体"项目是江阴嘉润石墨烯光催化技术有限公司、中国科技开发院江苏分院和中国环境科学研究院环境技术工程有限公司共同完成的，其核心技术是"具有可见光响应的异质间高效量子转移技术"。

(a) 污水处理厂现场   (b) PCR装置

图 3-3　污水处理厂现场和 PCR 装置

图 3-4　有机废水项目现场 PCR 设备

2016 年 5 月，通过江苏省经济和信息化委员会（简称经信委）新产品新技术鉴定。在此基础上他们与港股上市公司允升国际合作，加入高品质、"零缺陷"的石墨烯，仅半年的时间就研发出石墨烯可见光催化网、可见光催化石子、可见光催化人工水草等系列产品。

2016 年 12 月，石墨烯光催化氧化技术通过了中国环境科学学会的环境科技成果鉴定，被评定为国内领先的环保技术，并被认定为"环境友好技术产品"。

（2）原理

用光敏材料、载流子高效转移石墨烯材料和光催化材料组成复合催化剂，并将其涂覆在以超细聚丙烯（polypropylene，PP）丝绳为基材的石墨烯强化光催化氧化网上，从而构成可见光红外响应的复合层状光催化材料系统。主要原理如图 3-5 所示（书后另见彩图）。光敏材料使得光吸收范围扩展到可见光区域，石墨烯较大的比表面积和优异的电子传输性能使其可作为电子受体加速光电-空穴的分离，使得空穴和电子与吸附在光催化氧化网上的 H_2O 和 O_2 发生反应，生成·OH 和 O_2^-·等自由基，这些自由基有很强的活性，可将被吸附的有机污染物催化降解为二氧化碳和水等。主要反应如下：

$$石墨烯 + 可见光 \longrightarrow 石墨烯 + h^+ + e^- \tag{3-1}$$

$$H_2O + h^+ \longrightarrow \cdot OH + H^+ \tag{3-2}$$

$$OH^- + h^+ \longrightarrow \cdot OH \qquad (3-3)$$

$$O_2 + e^- \longrightarrow O_2^- \cdot \qquad (3-4)$$

$$\cdot OH + 有机污染物 \longrightarrow CO_2 + H_2O \qquad (3-5)$$

$$O_2^- \cdot + 有机污染物 \longrightarrow CO_2 + H_2O \qquad (3-6)$$

$$\cdot OH + H_2O \longrightarrow H_2 + O_2 \qquad (3-7)$$

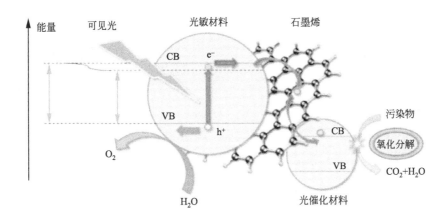

图 3-5 石墨烯光催化氧化技术原理

(3) 特点

一般来说，传统光催化氧化技术只能在紫外线光照下产生作用，而石墨烯光催化氧化技术是将石墨烯、纳米氧化材料和量子级光敏材料有机结合，实现可见光照射下有机污染物的催化降解。该技术的催化性能和反应速率得到大幅度提升，氨氮等污染物指标降解效果显著，且溶解氧浓度得到快速提升，可使芳香烃类有毒有害物质迅速分解为无毒的小分子物质，利于水生生物生长，有助于恢复水生生态系统。因此，该技术对黑臭水体和可生化性差的有机废水具有良好的治理效果。

(4) 应用

石墨烯光催化氧化技术作为一项新型水处理技术，已在江阴市黑臭河道治理中多处试验应用，且取得了良好效果。城市黑臭水体是指城市建成区内，呈现令人不悦的颜色和（或）散发令人不适气味的水体的统称。根据住房和城乡建设部（简称住建部）2015 年发布的《城市黑臭水体整治工作指南》，2020 年底前，地级以上城市建成区黑臭水体均需控制在 10% 以内；到 2030 年，全国城市建成区黑臭水体总体得到消除。

江苏省江阴市利港滨江西路北侧的滨河路河，东西长约 470.0m，南北宽 14.0~35.0m，水域面积约 10000m²，水深 0.8~1.5m，底泥厚度 20~60cm，水体流速<0.1m/s。治理前水体颜色发黑、发红，有浓烈的臭味，水体表面漂有大量油污以及因厌氧漂浮在水面的黑泥，水质浑浊，透明度不足 30cm。

首先对东西侧排污口进行前置处理，例如设置围挡并填充火山石、焦炭等吸附材料，从源头削减污染物输入。然后，在河道内布置光催化氧化网（见图 3-6，书后另见彩图），降低有毒有害物质浓度，增加水中溶解氧浓度。同时，观察水体恢复情况，适时添加水生动植物，激活河道水体生态，恢复河道自净功能。

通过近 1 年的持续监测，该河各项黑臭指标均得到明显改善，DO 平均达到初始值的 10 倍多，NH₃-N 与 TP 基本维持在初始值的 1/10，反映了石墨烯光催化氧化技术能成功用于黑臭水体治理。

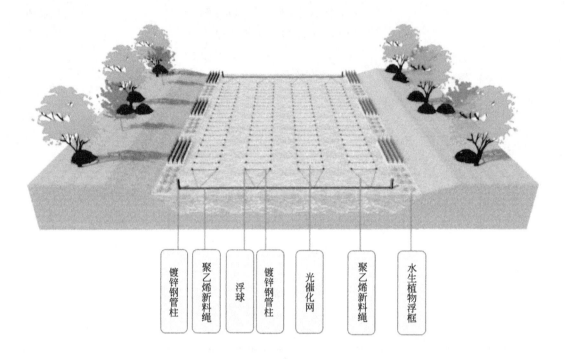

图 3-6　催化氧化网安装示意

3.3　电子束辐照法

3.3.1　概述

电子束辐照法是利用电子加速器产生的高能电子束与物质间的相互作用，电离和激发产生活化原子与活化分子，并使之与物质发生一系列物理化学变化，导致物质降解、聚合与交联改性的一种新技术。该技术可实现优化产品质量、提高产品性能、净化物质等目的。污水处理则是利用加速后的电子束流对污水进行辐照，使水中的污染物发生分解或降解，有害微生物发生变性等，来达到消毒、净化废水的目的。

2017 年 11 月，中国核能行业协会科技成果鉴定委员会认为，电子束处理工业废水技术，属于中国首创，突破了当前难降解废水处理的技术瓶颈，一旦实现大规模产业化，可大幅度提高中国工业废水治理水平。该技术结合生物技术深度处理工业废水工艺，成本更低，净化程度更高，可实现废水的高标准排放或者中水回用，有望解决难降解废水治理的"世界性难题"。

《电子束处理印染和造纸工业废水技术规范》（T/CNS 8—2018）于 2017 年 5 月由中国核学会批准立项，2017 年底完成编写工作，2018 年 3 月 15 日发布，并于 2018 年 5 月 30 日实施，是全球电子束处理工业废水应用领域的首个技术标准，填补了国际标准空白。

3.3.2 原理

电子束辐照处理废水原理如图3-7所示。由于电子束流的辐照能量大部分会沉积在水分子中，在电子束流作用下，当电子束辐照能量超过水分子化学键的键能和分子的电离势能时，化学键和分子的结合能就会被破坏，污水便被辐照分解生成较强的氧化物质（如·OH、H_2O_2、O_2^-·等），这些氧化物质与水中的污染物质、细菌相互作用，达到氧化分解和消毒的目的。

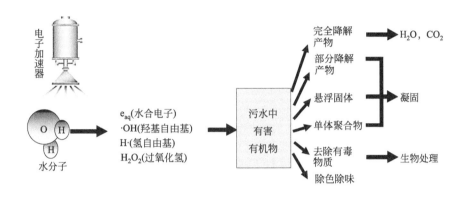

图3-7　电子束辐照处理废水原理

3.3.3 特点

相比于传统废水处理方法，电子束辐照技术的优势在于能处理难降解有机废水、抗生素废水、含致病菌废水等。水受到电子束照射时会瞬间产生大量电离态和激发态水分子及自由基，理论上讲，任何有机物都能被高能量的电子彻底降解为二氧化碳和水。此外，自由基还可以与废水中的细菌、病毒等病原体的DNA或RNA（核糖核酸）结构发生碱基对破坏、断链等反应，从而起到杀灭微生物的作用。电子辐照技术对原水水质无特殊要求，反应速率快，处理效率高，无感生放射性及化学残留等二次污染，能同时降解有机物并消毒灭菌，提高出水水质，且占地面积小、使用寿命长，符合废水处理的发展趋势。

电子辐照技术除了应用在固定式污水处理厂中外，还可安装在移动设备上，满足多样化和灵活性的小型污水处理需求。图3-8是一种电脑控制的电子束实验装置，可安装在集装箱内，形成封闭空间，废水处理能力为500m^3/d。

3.3.4 应用

电子束辐照技术在环境保护中主要应用于印染、造纸、化工、制药等各行业废水处理，以及水质复杂的工业园区废水处理，还可用于医疗废弃物、抗生素菌渣等特殊危险废物的无害化处理。随着技术改进和综合解决方案的研发，未来还可应用于污水中无机重金属离子的去除，以及固体污泥、工业废气、环境突发应急、医用污水、废渣处理等领域。电子束辐照技术具有处理流畅且快速、对被处理目标污染物要求低、剂量高、聚焦性好、能量利用率高和设备稳定、操作方便等优点。

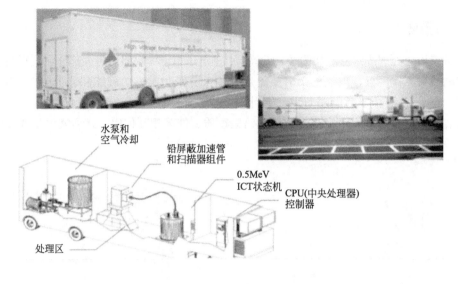

图 3-8 移动式电子束污水处理装置

目前，很多国家都在使用电子束辐照法进行废水处理，如美国、日本、澳大利亚、匈牙利、葡萄牙、波兰、韩国等。韩国大邱某污水处理厂结合了电子束与生化法，将初步沉淀后的重度纺织废水进行电子辐照和生化处理。该污水处理厂是一个试验工厂，每天处理 1000m³ 染料废水，使用电子加速器的能量为 1MeV，产生 400kW 的光束功率，为均匀照射废水，喷嘴宽度选定为 1.5m。废水通过喷射器在电子束照射区域下注入，以获得足够的穿透深度。

使用电子辐照和生化处理法，使化学试剂消耗量减少，废水停留时间减少，废水中 TOC、COD、BOD 等指标比原处理方法降低近 50%，去除效率提高了 30～40 倍。

中国的中广核金华工厂在 2017 年启动运行，是中国首个使用电离辐射技术处理工业废水的示范工程，处理印染企业排放废水 1500～2000m³/d。在二沉池中将难以用传统手段处理的污水引入调节池，利用电子束辐照技术处理。由图 3-9 可见（书后另见彩图），处理后的水样与原工艺处理水样相比，COD 和透明度都得到显著改善。

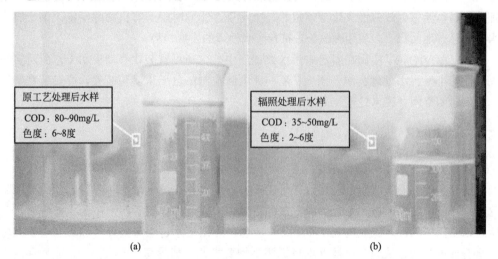

原工艺处理后水样

COD：80~90mg/L
色度：6~8度

辐照处理后水样

COD：35~50mg/L
色度：2~6度

(a)   (b)

图 3-9 新旧处理工艺的水样对比

2020年4月5日，CCTV（中国中央电视台）新闻联播报道了广东江门的全球最大电子束辐照处理印染废水项目复工复产情况。2020年6月，该项目建成并正式投入运营，这意味着原本属于核工业领域的"黑科技"——电子束辐照技术，开始应用于工业废水处理领域，并逐渐进入商业化应用阶段。

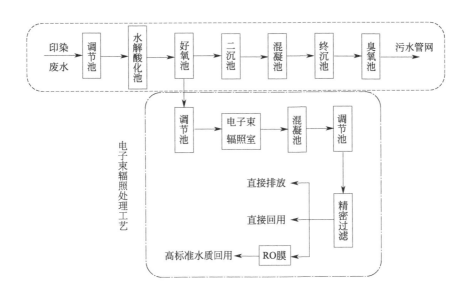

图 3-10　电子束辐照处理工艺流程

该项目总投资5000多万元，从2019年底开始进行设备调试，经过近半年的试运行，实现了7台电子加速器联机运行，处理江门市新会区冠华针织厂印染废水能力超过30000m³/d。如图3-10所示，废水从原工艺的二沉池引入电子束处理系统，COD从约200mg/L降至50mg/L以下，色度从80～100度降至10度左右，废水回用比例提升了70％以上。从经济角度看，该项目运行费用比原生化处理工艺低，降低了企业的治水成本和生产成本。图3-11是污水处理现场和电子加速器控制柜（书后另见彩图）。

 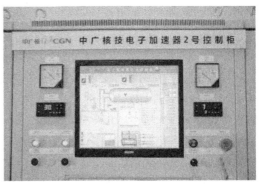

图 3-11　污水处理现场和电子加速器控制柜

3.4 超临界水氧化法

3.4.1 概述

(1) 超临界状态和流体

在温度高于某一数值时，任何大的压力均不能使该纯物质由气相转化为液相，此时的温度即被称为临界温度。而在临界温度下，气体能被液化的最低压力称为临界压力。在临界点附近，会出现流体的密度、黏度、溶解度、热容、介电常数等所有流体的物性发生急剧变化的现象。当物质所处的温度高于临界温度，压力大于临界压力时，该物质处于超临界状态。

超临界流体由于液体与气体分界消失，是即使提高压力也不液化的非凝聚性气体。超临界流体的物性兼具液体性质与气体性质，基本上仍是一种气态，但又不同于一般气体，是一种稠密的气态。它的密度比一般气体要大两个数量级，与液体相近。它的黏度比液体小，扩散速度比液体快约两个数量级，所以有较好的流动性和传递性能。

(2) 超临界水

超临界水氧化（supercritical water oxidation，SCWO），是美国学者 Modell 于 20 世纪 80 年代中期提出的，当水处在 22.1MPa 和 374℃以上时，即呈现超临界状态，物理性能发生激烈变化，关键时刻氢键消失，水变得类似于中等极性的溶剂。这种看似气体的液体有很多性质：

① 具有极强的氧化能力，将需要处理的物质放入超临界水中，再向其中通入氧气，其氧化性强于高锰酸钾；

② 许多物质都可以在其中燃烧，冒出火焰；

③ 可以溶解很多物质（例如油），且在溶解时体积会大大缩小，这是因为超临界水在这时会紧紧裹住油；

④ 能缓慢地溶解和腐蚀几乎所有金属，甚至包括黄金；

⑤ 在超临界水中，化学物质会反应得很快，有些甚至可以达到 100 倍。

(3) 超临界水氧化装置

20 世纪 80 年代中期，美国 Modar 公司建立了首套商业化 SCWO 装置，处理能力为 200t/d。根据不完全统计，在过去的 30 年中，全球共有 21 家公司或机构曾公开报道启动运营 SCWO 商业化装置。国内对 SCWO 技术的研究始于 20 世纪 90 年代中期，许多大学与研究机构均对 SCWO 工艺进行深入研究，如浙江大学、天津大学、西安交通大学、浙江工业大学、中国科学院金属研究所、河北新奥环保科技公司等。分别从 SCWO 反应机理、设备材质、反应器结构等方面进行探索，大多已搭建间歇式或连续式实验装置，并在近年来逐步开展中试研究阶段。河北新奥公司已于 2014 年建成一套 6t/d 的中试设备，并完成百吨级工艺包设计工作。与此同时，鲜有与 SCWO 相关的工程化报道出现。

3.4.2 原理

超临界水氧化技术的原理是以超临界水为反应介质，经过均相的氧化反应，将有机物完

全氧化为 H_2O、CO_2 和 N_2 等物质，S、P 等转化为高价盐类稳定化，重金属氧化为稳定的固相存在于灰分中。

比较典型的超临界水氧化机理是在湿式空气氧化、气相氧化的基础上的自由基反应机理，反应式如下：

$$RH + O_2 \longrightarrow R \cdot + HO_2 \cdot \tag{3-8}$$

$$RH + HO_2 \cdot \longrightarrow R \cdot + H_2O_2 \tag{3-9}$$

$$H_2O_2 + M(均质或非均质介质) \longrightarrow 2HO \cdot \tag{3-10}$$

$$RH + HO \cdot \longrightarrow R \cdot + H_2O \tag{3-11}$$

$$R \cdot + O_2 \longrightarrow ROO \cdot \tag{3-12}$$

$$ROO \cdot + RH \longrightarrow ROOH + R \cdot \tag{3-13}$$

3.4.3 特点

超临界水氧化法具有以下特点。

① 氧化效率高，水溶液中有机物的去除效率可达 99.99% 以上，几乎所有有机污染物均可以被氧化分解；

② 反应在密闭容器中进行，密封条件极好，有利于有毒、有害物质的氧化处理，不会对环境带来二次污染；

③ 当水溶液中有机物浓度达到 10% 以上时，就可以实现自燃，在正常运行中不再需要外界供热；

④ 无机盐在超临界水中几乎不溶，可以分离出来；

⑤ 有机物氧化彻底，不需要后续处理过程。

超临界水氧化技术在处理各种废水和剩余污泥的研究中已取得了较大的成功，其缺点是反应条件苛刻和对金属有很强的腐蚀性，对某些化学性质稳定的化合物的氧化所需时间也较长。为了加快反应速度、减少反应时间、降低反应温度，使超临界水氧化技术的优势更加明显，许多研究者正在尝试将催化剂引入超临界水氧化工艺过程中。

3.4.4 应用

世界上许多国家都在进行超临界水的研究和开发利用，其中以德国和日本最为突出。

德国开发出一种技术，可以利用超临界水对污染物进行处理。他们在超临界状态水达到 500℃ 时通入氧，对聚氯乙烯塑料进行处理后，99% 的塑料被分解，而且几乎不产生氯化物，从而避免了燃烧法处理塑料时产生的有毒氯化物对环境污染的问题。

日本则把超临界水的研究和开发列入高新科技研究计划，投入了大量的资金和人力。日本研究人员开发出一种技术，利用超临界水回收处理有害的甲苯二胺，整个处理过程只需 30min，是用酸催化剂处理所花费时间的 1/20，回收效率可以高达 80%，而且回收品能被再次利用，作为制造聚氨基甲酸乙树脂的原料。这种方法还可以将电线塑料外皮制成灯油和煤油，回收率也可以达到 80%，而且所用的时间比热分解方法要少很多。此外，他们还采用超临界水，在 400℃ 和 300atm（1atm=101325Pa）的条件下，对燃烧灰烬中有毒物质进行氧化处理，有毒物质几乎全部被分解，从而达到了无害化。

目前，SCWO 技术在城市污泥以及各种工业污泥处理中取得了重大进展，并且已在国内外开始了中试及商业化应用。超临界水的特性使污泥中有机物、氧化剂、水形成均一相，克服了相间的物质传输阻力，使原本发生在液相或固相有机物和气相氧气之间的多相反应转化在单相中进行，反应不会因为相间的转移而受限制，且高温高压大大提高了有机物的氧化速率，在数秒内就能对污泥中的有机成分达到极高的破坏率且反应彻底。除了能有效降解污泥中易分解的有机物外，超临界水氧化对二噁英、呋喃等难降解有机物也能达到较好的降解效果，这也是超临界水氧化的一大优势。

然而，SCWO 技术用于工业废水处理还存在设备腐蚀、反应器堵塞及成本高等问题，针对这些问题，国内外众多学者正在进行相关研究。

3.5 湿式氧化法

3.5.1 概述

(1) 湿式氧化

湿式空气氧化技术（wet air oxidation，WAO）简称湿式氧化，最早是在 20 世纪 50 年代左右由 F. J. Zimmermann 提出并开发的一种用于处理较高有机物含量（COD 浓度为 10～100g/L）废水的高级氧化技术。这一技术具有很高的经济性和技术可行性，是目前用于处理高浓度有机废水的一类具有较高工业可行性的高级氧化技术。

WAO 技术是在高温（120～320℃）和高压（0.5～20MPa）的条件下，在水相中以空气或氧气作为氧化剂，氧化降解水中溶解态或悬浮态的有机物以及还原态的无机物的一种水处理方法。在这一过程中，水相中的有机物被氧化降解为易于生化处理的小分子类物质或直接矿化为无害的无机物如 CO_2、H_2O 和无机盐等，其中有机氮可能被转化为硝酸盐、氨和氮气。与焚烧法等其他高温热工艺处理技术不同的是，WAO 过程不产生 NO_x、O_2、HCl、二噁英、呋喃、飞灰等有害物质，且能耗较少，还可以回收能量和有用物料。

湿式氧化法在实际应用中有如下局限性。

① 湿式氧化一般要求在高温高压的条件下进行，其中间产物往往为有机酸，故对设备材料的要求比较高，必须耐高温、高压，并耐腐蚀，因此设备费用大，系统的一次性投资高；

② 由于湿式氧化反应中需维持在高温高压的条件下进行，故仅适于小流量高浓度的废水处理，对于低浓度大水量的废水则很不经济；

③ 即使在很高的温度下，对某些有机物如多氯联苯、小分子羧酸的去除效果也不理想，难以做到完全氧化；

④ 湿式氧化过程中可能会产生毒性更强的中间产物。

(2) 催化湿式氧化

在湿式氧化法的基础上发展起来的催化湿式氧化法，通过投加催化剂可以极大降低反应活化能并提高反应效率、降低反应温度和压力，从而降低了投资和运行成本。因此，20 世纪 80 年代在 WAO 过程中引入催化剂并逐步发展了一种更为高效的处理高浓度有机废水的技术——催化湿式空气氧化技术（catalytic wet air oxidation，CWAO，简称催化湿式氧化技术）。

在这一过程中，催化剂可以显著降低污染物降解的活化能，从而提高反应速率和产物选择性。与常规的 WAO 过程相比，CWAO 过程反应温度和压力更低，氧化效率更高，具有更高的操作安全性，这也就使得其具有更高的工业应用价值。

CWAO 催化剂可分为均相催化剂和非均相催化剂两类。均相催化剂主要是 Cu、Zn、Fe 等过渡金属催化剂。非均相催化剂主要是 Ru、Pt、Pd 和 Au 等贵金属催化剂，Cu、Ce、Mn 等过渡金属及氧化物催化剂，以及活性炭和碳纳米管等非金属催化剂。

目前，催化剂研发是催化湿式氧化技术的核心。针对水体中复杂多变的污染物以及盐类对催化表面的毒化现象，开发具有高反应稳定性和高活性的催化湿式氧化催化剂也是目前催化剂开发的难点。因此，对反应过程机理以及失活原因的研究受到广大学者越来越多的关注。

3.5.2 原理

液相催化氧化大致可以分为两类：一类是自由基链式反应的催化氧化；另一类是氧化-还原机理进行的催化氧化。湿式氧化和催化湿式氧化反应形式复杂，目前的研究结果普遍认为 WAO 和 CWAO 都属于自由基反应。自由基反应分为自由基引发及稳态阶段，在低温和低氧分压条件下，引发态和稳态之间的差别能够很清楚地区分。

(1) 湿式氧化反应原理

WAO 自由基反应分为诱导期、增殖期、退化期和结束期四个阶段。在反应过程中，分子态氧参与自由基的形成，而生成的自由基 R·、RO·、ROO· 和 HO· 等攻击有机物 RH，引发一系列链反应，生成 CO_2 和小分子酸。整个反应过程如下。

① 诱导期：由分子态的氧参与反应形成各种自由基。

$$RH + O_2 \longrightarrow R· + HOO· \text{（RH 为有机物）} \tag{3-14}$$

$$2RH + O_2 \longrightarrow 2R· + H_2O_2 \tag{3-15}$$

② 增殖期：自由基链的发展和传递，反应物继续产生各种自由基。

$$R· + O_2 \longrightarrow ROO· \tag{3-16}$$

$$ROO· + RH \longrightarrow ROOH + R· \tag{3-17}$$

③ 退化期：低分子酸分解生成醚基自由基、羟基自由基和烃基自由基。

$$ROOH \longrightarrow RO· + ·OH \tag{3-18}$$

$$ROOH \longrightarrow R· + HOO· \tag{3-19}$$

④ 结束期：链的终止，自由基之间相互碰撞生成稳定的分子，使链的增长过程停止。

$$R· + R· \longrightarrow R—R \tag{3-20}$$

$$ROO· + R· \longrightarrow ROOR \tag{3-21}$$

$$ROO· + ROO· + H_2O \longrightarrow ROOH + ROH + O_2 \tag{3-22}$$

以上各阶段链反应所产生的自由基在反应过程中所起的作用，主要取决于废水中有机物的组成、所使用的氧化剂以及其他试验条件。

(2) 催化湿式氧化反应原理

在加入少量过渡金属盐类的液相催化氧化或多相催化氧化中其反应特性与没有催化剂的液相催化氧化的类似，同样被认为是通过自由基反应机理进行。自由基在催化剂表面引发，反应在液相中进行，终止在液相或催化剂表面。Levec 等提出了以下路径解释 CWAO 降解苯酚的反应。

① 引发阶段：

$$PhOH + Cu(NO_3)_2 \xrightarrow{k_1} [PhOH \cdot]^+ + CuNO_3 + NO_3^- \tag{3-23}$$

$$[PhOH \cdot]^+ \xrightarrow{k_2} PhO \cdot + H^+ \tag{3-24}$$

② 增长阶段：

$$PhO \cdot + O_2 \xrightarrow{k_3} PhOOO \cdot \tag{3-25}$$

$$PhOOO \cdot + PhOH \xrightarrow{k_4} PhOOOH \cdot + PhO \cdot \tag{3-26}$$

③ 终止阶段：

$$PhOOO \cdot + PhO \cdot \xrightarrow{k_5} PhOOOOPh \tag{3-27}$$

$[PhOH \cdot]^+$、$PhO \cdot$ 和 $PhOOO \cdot$ 自由基的反应速率如式(3-28)～式(3-30) 所示。

$$\frac{dC_{[PhOH \cdot]^+}}{dt} = k_1 C_{PhOH} C_{Cu} - k_2 C_{[PhOH \cdot]^+} \tag{3-28}$$

$$\frac{dC_{PhO \cdot}}{dt} = k_2 C_{[PhOH \cdot]^+} - k_3 C_{PhO \cdot} C_{O_2} + k_4 C_{PhOOO \cdot} C_{PhOH} - k_5 C_{PhOOO \cdot} C_{PhO \cdot} \tag{3-29}$$

$$\frac{dC_{PhOOO \cdot}}{dt} = k_3 C_{PhO \cdot} C_{O_2} - k_4 C_{PhOOO \cdot} C_{PhOH} - k_5 C_{PhOOO \cdot} C_{PhO \cdot} \tag{3-30}$$

在稳态时由于没有自由基的积累，可以令式（3-28）～式（3-30）等于零，则有：

$$C_{PhOOO \cdot} = \frac{\sqrt{b^2 + 4ac} - b}{2a} (其中\ a = 2k_4 k_5, b = k_1 k_5 C_{Cu}, c = k_1 k_3 C_{Cu} C_{O_2}) \tag{3-31}$$

在稳态时苯酚的降解为：

$$\frac{dC_{PhOH}}{dt} = k_1 C_{PhOH} C_{Cu} + k_4 C_{PhOOO \cdot} C_{PhOH} = -k_4 C_{PhOH} (\frac{\sqrt{b^2 + 4ac} + 3b}{2a}) \tag{3-32}$$

因为没有足够的数据估计出 $k_1 \sim k_4$，可以假定 $k_3 k_4 / (k_1 k_5)$ 大于1，在均相反应条件下，铜离子浓度比溶解氧浓度小得多的情形下，式（3-32）可以简化为：

$$\frac{dC_{PhOH}}{dt} = \sqrt{\frac{k_1 k_3 k_4}{2k_5}} C_{PhOH} C_{Cu}^{0.5} C_{O_2}^{0.5} = -k C_{PhOH} C_{Cu}^{0.5} C_{O_2}^{0.5} \tag{3-33}$$

因此，在苯酚的催化湿式氧化中，对于苯酚、铜离子、溶解氧浓度来说，其反应级数分别为 1.0、0.5 和 0.5。上述提出的是机理模型，此种模型多以单一物质为处理对象，根据已有的反应理论，设想基元反应历程，在一定的简化假定下得到动力学模型。目前提出的其他模型还有经验模型和半经验模型。

Pintar 等通过对 CWAO 降解苯酚等污染物的结构-反应性关系的研究表明，催化剂表面的反应物是逐步氧化的。苯酚和衍生物的降解速率取决于前驱体表面复合物的形成和均裂电子的转移速率，同时在这个过程中产生了苯氧自由基。表面复合物产生的羟基自由基可通过价带空穴直接产生，或通过粒子表面捕获的空穴间接产生。自由基的产生是控制速率的关键步骤。

在 CWAO 降解苯酚的反应体系中，氧是导带电子的主要清除剂。氧的 1/2 的反应级别与氧被激活后形成表面结合氧和羟基自由基一致。反应物进一步与吸附在相邻表面位点上的苯氧基化合物质反应，从而使母体分子完全氧化。氧化速率随着对位的 Hammetts 常数的增加而降低，说明具有吸电子取代基的酚比具有供电子取代基的酚有更强的抗氧化性。和其他在常温常压下进行的化学氧化法，如光催化反应、Fenton 反应、光助 Fenton 反应一样，可以利用二甲基吡啶-N-氧化物（DMPO）与自由基结合后，在电子自旋共振（EPR）下对活性中间物种进行检测分析。

CWAO 反应中自由基的产生速率和催化剂结构有关。在金属氧化物表面上，有吸附氧，也有晶格氧，它们都会参与氧的传递，氧脱附量越高，催化剂活性也越高。清山哲郎用升温脱附方法得到了升温脱附的氧量：各种金属氧化物吸附氧后，将试样在氦载气中升温至 560℃，得到脱附氧量，其中 CuO 的脱附氧量最高，说明金属氧化物越不稳定，越易被还原，越容易生成氧缺位的表面空穴，越容易传递氧。因此 CuO 是一种很好的传递氧的中间载体，其次是 MnO_2，约为前者的 1/2。锰氧化物理论上应是催化活性仅次于铜的催化剂之一，而其稳定性高于铜，符合制备非均相催化剂的条件。

另外，根据固相催化理论，一种分子只有当其对反应物分子具有化学吸附能力时才能催化某个反应。因此，催化剂与反应物相互作用能力的大小，可由氧气在不同金属上的吸附热和相应金属在标准状态下生成最高价氧化物的生成热作出定性估计。王金安等研究了各种催化剂对甲醇的活性与氧化物生成热之间的关系。对于不同的有机物，催化剂的活性和生成热的关系均不同。但可以看出，贵金属、铜、锰的活性较高，铈的氧化物活性较低。根据催化剂活性调节的互补原理，将各种生成热的氧化物混合使用，即使用复合金属氧化物催化剂，可望得到高的催化活性。

3.5.3 特点

① 反应条件温和。与常规 WAO 技术相比，CWAO 技术需要的反应温度及反应压力较低。

② 处理效率高。CWAO 技术可使多数有机废水 COD 去除率达 90％以上，且出水可生化性得到较大提高。

③ 装置占地面积小。与传统生化法相比，CWAO 装置占地面积较小，$80m^3/d$ 规模的装置占地面积仅为 $400m^2$，为常规生化法的 10％～20％。

④ 能耗低且可进行能量回收。CWAO 装置全过程采用分散控制系统（DCS）集成与控制，处理过程可实现自热，节能效果明显。当反应物达到一定浓度时可回收能量（即系统的反应热）用来加热进料，系统中排出的热量可用来产生蒸汽或加热水，反应放出的气体可用来产生机械能或电能等。

⑤ 适用范围广。CWAO 适用于治理焦化、染料、农药、印染、石化、皮革等工业中含高 COD 或含生化法不能降解的化合物（如氨氮、多环芳烃、致癌物质苯并 [a] 芘 BaP 等）的各种工业有机废水。

⑥ 二次污染低。反应过程中没有 NO_x、SO_2 和 HCl 等有害气体产生，通常不需要尾气净化系统。因而在现有的有机废水处理工艺中，CWAO 对大气造成的污染最低。

⑦ 与传统的生物处理方法不同，CWAO 不受气候条件影响。

⑧ CWAO 技术可独立使用，也可与其他生物、化学、物理等处理方法联合使用。

⑨ CWAO 技术要求在高温高压条件下进行，在反应过程中产生的有机酸对设备具有一定腐蚀性，因此要求设备材料具有防腐、耐高温高压的性能，系统一次性投入资金较高。

⑩ 使用催化剂一般为重金属或贵金属催化剂，成本较高。

3.5.4 催化湿式氧化反应设备

CWAO反应是气、液或气、液、固三相催化反应，其中涉及很多复杂过程，如相间的热、质传递，以及反应动力学、热力学、流体在反应器中的流型和流体力学等多方面因素。适合非均相CWAO反应器的气、液、固三相反应器的类型非常多。按形体结构可分为釜式反应器、塔式反应器和管式反应器。按操作方式又可分为间歇式反应器、连续式反应器和半间歇（半连续）式反应器。根据固体催化剂运动状态可分为固定床反应器和淤浆反应器，其中固定床包括滴流床反应器和填料鼓泡塔，淤浆反应器包括浆料鼓泡（或搅拌）反应器和三相流化床。

CWAO反应器的示意如图3-12所示。相比于催化剂和反应动力学等方面的研究，目前在CWAO反应器设计、操作及建立模型等方面的研究得到的关注还很少。主要原因可能是非均相CWAO涉及气、液、固三相反应，反应体系复杂。此外，所面对的处理对象又是组分复杂的工业废水，因而反应器的研究相当困难。

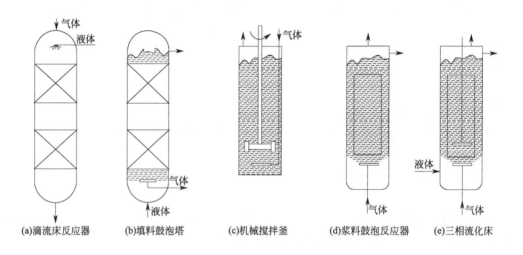

(a)滴流床反应器　　(b)填料鼓泡塔　　(c)机械搅拌釜　　(d)浆料鼓泡反应器　　(e)三相流化床

图3-12　CWAO反应器示意

3.5.5 第三代湿式氧化技术

中温中压湿式催化氧化，是指在温度180~250℃、相应压力2.5~5.0MPa范围内进行湿式催化空气氧化的工艺，大量工程实践证明：中温中压段湿式催化氧化可以获得很好的降解效果和恰当的COD去除效果，辅之其他低成本污水降解手段，可以获得最佳的经济性（投资/运行/寿命）。从十余年湿式氧化工艺研究和应用及工程实践中获得经验，明湖科技从第一代管式反应器发展到第三代长效固定床中温中压湿式催化氧化系统（UNCWO）。第三代湿式氧化技术在反应温度、反应压力、催化剂寿命及换热系统结构形式等方面都较传统湿式催化氧化有较大的改进。

① 反应温度更加温和，压力更加稳定可控。系统压力控制波动值不超过0.15MPa，压力控制稳定性好，远离钛和钛合金的警戒温度区270~290℃，系统使用寿命提升40%以上。

② 催化剂使用寿命。市面上的常规负载型催化填料12~18个月需更换，更换成本昂贵。

第三代湿氧采用长效固定床纳米 C-Ru 复合催化剂，耐酸、耐碱、耐氯离子侵蚀，在按操作规程维保的前提下，可以 10 年不用更换，大幅度降低了使用成本。

③ 独特换热系统。市面上的换热系统大多数为非抗污 U 形管或套管式。目前已研发出能自排污的高压换热器结构设计，有效解决了常规湿氧系统换热器使用时间不长就发生淤堵的常见性工程运行问题。

3.5.6 微通道催化湿式氧化

高浓度难降解有机废水处理的关键条件是氧气利用率和热量。微通道混合器将气液混合通道从单一通道变成多孔通道，能使废液和氧气混合强度更高，实现氧的高利用率。上海羽和新材料研发出微通道催化湿式氧化设备，图 3-13 是其工艺流程。该设备能进行高速混合、高效传热，反应物停留时间分布窄，重复性好，系统相应迅速而便于操控，几乎无放大效应及在线化学品量少，从而达到了高反应效率、高安全性能优势，能有效提升高难废水处理效率。该装置适用于制药、化工、石油等高浓度、有毒、有害、生物难降解废水。装置占地面积小（20t/d 的处理规模装置占地 70m²，可撬装），反应时间较短（30~60min）。进水 COD 为 $(2\sim10)\times10^4$ mg/L，氨氮要求小于 5000mg/L，处理运行成本 200~400 元/t。

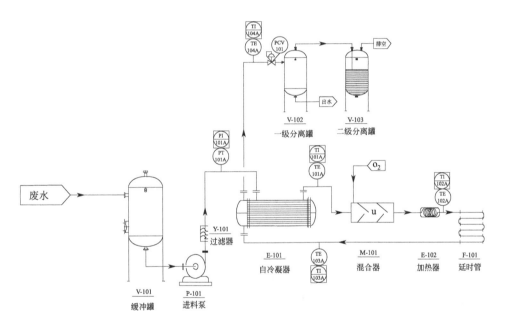

图 3-13　微通道催化湿式氧化设备工艺流程

微通道催化湿式氧化技术的技术关键点如下。

(1) 氧气利用率

作为有机物的氧化反应过程，氧气在此过程中提供氧，因为设备的氧气利用率决定了设备处理高难度废水的效率。微通道技术利用精密加工技术制造的特征尺寸在 10~1000μm 之间的微型混合器，能将气液限制在狭小的空间里，并能将气体通入水中得到固定大小的气泡，增加了氧气的比表面积，使氧化率更高。

(2) 热量

在高难度废水处理的氧化还原反应中，催化剂的传热速率越高，氧化反应速率就越高。由钯、钌、铂和铑等贵金属合成的 CWAO 催化剂，能将有机物降解反应所需的温度降低，从而达到更高效、更节能的处理效果。

微通道催化湿式氧化设备的反应条件：废水空速为 $1\sim5h^{-1}$，氧气空速为 $50\sim300h^{-1}$，反应温度为 $150\sim250℃$，反应压力为 $0.5\sim5MPa$，净化率大于 98%。处理范围：高浓度的废水水质 $COD\geqslant10000mg/L$、NH_3-$N\geqslant500mg/L$、$TN>5000mg/L$。微通道催化湿式氧化处理不同工业废水的实验数据见表 3-2。

☐ 表 3-2 微通道催化湿式氧化处理不同工业废水的实验数据

废水种类	温度/℃	压力/MPa	空速/h^{-1}	COD		
				处理前/(mg/L)	处理后/(mg/L)	效率/%
制药废水	220	4.5	1	59488.4	5353.6	91
染料生产废水	240	5.5	5	34610	1648	95.2
精细化工废水	220	4.5	1	33783.6	71.5	99.8
石油化工废水	220	4.5	1	42013.6	3383.1	90.04
制版废水	220	4.5	1	16020.7	362.0	98.93

3.5.7 应用

湿式氧化法可用于电镀、炼焦、化工、石油及合成工业产生的高浓度废水的处理。特别是一些有毒性物质、难以用其他方法处理的污水，如有机农药、染料、合成纤维、易燃易爆物质及难以生物降解的高浓度废水。

3.6 催化湿式过氧化氢氧化法

3.6.1 概述

1894 年，法国科学家芬顿（H. J. H. Fenton）首次发现当酸性溶液中同时存在 Fe^{2+} 和 H_2O_2 时可以有效降解酒石酸。为了纪念这位科学家，后人将 Fe^{2+}/H_2O_2 体系称为芬顿试剂，使用这种试剂的反应称为芬顿反应。在 Fe^{2+} 的催化作用下，H_2O_2 分解的活化能仅为 $34.9kJ/mol$。分解反应过程中产生大量的中间态活性物种·OH，具有较高的氧化电极电位（$E^{\ominus}=2.80V$），即更强的氧化能力。因此，·OH 能使许多难以生物降解或常规化学方法无法氧化的有机物质氧化降解。

1964 年，Eisenhauer 首次将芬顿试剂用于苯酚和烷基苯废水的处理研究中，使用该体系处理有机废水的研究也随之受到了越来越多的关注。然而，芬顿法也存在着 H_2O_2 利用率低、体系 pH 要求高、产生大量铁泥等问题。在芬顿体系的基础之上，研究人员逐渐开展了利用其他催化剂代替 Fe^{2+} 催化氧化降解物的研究，在致力于提高体系处理能力的同时，尽量消除传统芬顿体系所带来的负面影响。通常，将所有通过催化 H_2O_2 产生·OH，促进有机物氧化降解的技术称为催化湿式过氧化氢（catalytic wet peroxide oxidation，CWPO）技术。

3.6.2 原理

(1) 均相 CWPO 反应机理

CWPO 反应过程与溶液 pH 值、溶剂性质、配体属性等多项因素相关，因此很难清楚地对反应机理下定论。目前被广泛公认的羟基自由基反应机理于 1934 年由 Haber 和 Weiss 提出，即由 Fe^{2+} 催化分解 H_2O_2 产生 $\cdot OH$，进而氧化降解有机物，并使有机物最终矿化为 CO_2 和 H_2O 等无机物质。此后，Walling 等又对反应路径进一步细化。反应式(3-34)～式(3-45)反映了酸性条件下 Fe^{2+} 与 H_2O_2 之间的相互作用。

① 链的引发：

$$Fe^{2+}+H_2O_2+H^+ \longrightarrow Fe^{3+}+H_2O+\cdot OH \quad k_1=76L/(mol \cdot s) \tag{3-34}$$

② 链的传递：

$$Fe^{3+}+H_2O_2 \longrightarrow Fe^{2+}+HOO\cdot+H^+ \quad k_2=0.001\sim0.01L/(mol \cdot s) \tag{3-35}$$

$$Fe^{2+}+\cdot OH \longrightarrow Fe^{3+}+OH^- \quad k_3=3.2\times10^8 L/(mol \cdot s) \tag{3-36}$$

$$H_2O_2+\cdot OH \longrightarrow H_2O+HOO\cdot \quad k_4=(2.7\sim3.3)\times10^7 L/(mol \cdot s) \tag{3-37}$$

$$Fe^{3+}+HOO\cdot \longrightarrow Fe^{2+}+O_2+H^+ \quad k_5=1.2\times10^6 L/(mol \cdot s)(pH=3) \tag{3-38}$$

$$Fe^{2+}+HOO\cdot \longrightarrow HOO^-+Fe^{3+} \quad k_6=1.3\times10^6 L/(mol \cdot s)(pH=3) \tag{3-39}$$

$$HOO\cdot \longrightarrow O_2^-\cdot+H^+ \quad k_7=1.58\times10^5 L/(mol \cdot s) \tag{3-40}$$

③ 链的终止：

$$\cdot OH+\cdot OH \longrightarrow H_2O_2 \quad k_8=5.2\times10^9 L/(mol \cdot s) \tag{3-41}$$

$$HOO\cdot+HOO\cdot \longrightarrow O_2+H_2O_2 \quad k_9=8.3\times10^5 L/(mol \cdot s) \tag{3-42}$$

$$Fe^{3+}+O_2^- \longrightarrow Fe^{2+}+O_2 \quad k_{10}=5\times10^7 L/(mol \cdot s) \tag{3-43}$$

$$Fe^{2+}+O_2^-\cdot+2H^+ \longrightarrow Fe^{3+}+H_2O_2 \quad k_{11}=1\times10^7 L/(mol \cdot s) \tag{3-44}$$

$$\cdot OH+HOO\cdot \longrightarrow O_2+H_2O \tag{3-45}$$

该反应体系中，H_2O_2 作为氧化剂将 Fe^{2+} 氧化为 Fe^{3+}，而 H_2O_2 得到电子并发生 O—O 键的均裂，产生具有强氧化性的 $\cdot OH$。因此，反应式(3-34)为整个反应的链引发步骤。生成的 Fe^{3+} 可以通过反应式(3-35)重新被还原为 Fe^{2+}，实现铁离子的价态循环。其中，Fe^{3+} 首先和 H_2O_2 作用形成过氧络合物 $Fe—OOH^{2+}$，然后以单分子的途径产生 Fe^{2+} 和 $HOO\cdot$，并继续传递链反应。作为氧化反应中的另一活性物种，$HOO\cdot$（10^{-5} s）比 $\cdot OH$（10^{-9} s）具有更长的半衰期，但活性相对较低（$E^{\ominus}=1.50V$）。该体系中同时存在多个副反应，因此可能造成氧化剂的无效消耗以及底物氧化程度的降低。

由于有机物与 $\cdot OH$ 的反应速率大于 $\cdot OH$ 与 H_2O_2 或 Fe^{2+} 的反应速率，大部分 $\cdot OH$ 会参与有机物的降解反应。$\cdot OH$ 具有很强的亲电子特性，其与有机物反应的途径主要包括：

① 电子转移，即 $\cdot OH$ 作为氧化剂从富含电子的有机物或其他介质中夺取一个电子而形成 OH^-；

② 脱氢反应，即 $\cdot OH$ 中键能较高的氢氧键可使碳氢化合物中键能较低的 C—H 键、O—H 键或 N—H 键断裂，并从中夺取一个氢原子；

③ 羟基加成反应，即 $\cdot OH$ 作为亲电子试剂对芳香化合物或不饱和有机物中的 C=C 键通过高电子密度双键的加成反应进行氧化。$\cdot OH$ 作为一种亲电子试剂，既可以攻击苯环，也可以攻击 R—H 使其断裂，形成的 R· 自由基可引发其他反应［如反应式(3-46)～式(3-54)］，

同时促进铁离子转化，从而提高有机物的降解效率。R·自由基的降解速率主要取决于底物中C—H键的强度、R·自由基的稳定性及空间位阻效应。

$$RH + \cdot OH \longrightarrow R \cdot + H_2O \qquad (3\text{-}46)$$

$$R \cdot + \cdot OH \longrightarrow ROH \qquad (3\text{-}47)$$

$$R \cdot + H_2O_2 \longrightarrow ROH + \cdot OH \qquad (3\text{-}48)$$

$$R \cdot + O_2 \longrightarrow ROO \cdot \qquad (3\text{-}49)$$

$$R \cdot + Fe^{3+} \longrightarrow R^+ + Fe^{2+} \qquad (3\text{-}50)$$

$$R \cdot + Fe^{2+} \longrightarrow R^- + Fe^{3+} \qquad (3\text{-}51)$$

$$ROO \cdot + RH \longrightarrow ROOH + R \cdot \qquad (3\text{-}52)$$

$$ROO \cdot + Fe^{2+} \longrightarrow 产物 + Fe^{3+} \qquad (3\text{-}53)$$

$$ROO \cdot + Fe^{3+} \longrightarrow 产物 + Fe^{2+} \qquad (3\text{-}54)$$

目前，均相CWPO反应的催化活性组分除Fe外，还包括Cu、Ce、Co、Mn、Zn、Ru等。这些具有多种氧化态的元素均可以通过一个简单的氧化还原反应而循环再生，并反应产生·OH，具体的催化机理依据元素自身特性和反应条件不同而有所不同。常用的均相催化剂组分一般为金属盐形态（如硫酸盐、氯化物、硝酸盐等）。

均相催化湿式过氧化氢氧化技术的优缺点见表3-3。均相CWPO体系中，催化剂以溶解态形式存在，具有反应迅速、没有传质阻力等优点，对有机污染物具有高效的催化降解效果。但是，均相CWPO体系也存在着一定的缺陷，例如：a. 对反应条件限制性较强，适用pH值范围较窄，需对待处理废水进行预酸化；b. H_2O_2 使用量较大，有效利用率较低，造成运行成本的升高；c. 体系中 Fe^{3+} 还原为 Fe^{2+} 的反应速率较慢［见反应式(3-50)］，反应后产生大量难以处理的含铁污泥，造成二次污染；d. 催化剂难以回收再利用。目前，在维持CWPO反应高催化活性的前提下，克服反应现有缺陷，已成为现今重要的研究方向之一。

⊡ 表3-3 均相催化湿式过氧化氢氧化技术的优缺点

优点	缺点
氧化剂廉价无毒	体系适用pH值范围窄(2~4)
传质阻力小,反应速度快	产生大量含铁污泥,造成二次污染
无需复杂的反应设备、操作简单	催化剂难以回收
	氧化剂有效利用率较低
	反应前需调酸,反应后需调碱中和,增加成本

(2) 非均相CWPO反应机理

为解决均相CWPO技术中存在的问题，国内外研究学者做出了不断的努力，将铁或其他活性组分负载到固相载体上，或者直接应用固体金属氧化物作为催化剂代替传统芬顿反应中的铁源，开发高效非均相CWPO技术。非均相体系中催化剂便于与水分离并进行回收利用，体系具有更宽的pH值范围、更高的 H_2O_2 利用率。此外，通过控制固体催化剂中的活性金属溶出量，可以避免产生大量的铁泥。因此，非均相CWPO技术处理有机废水较均相法具有更大的优势。

非均相催化湿式过氧化氢氧化体系的机理见图3-14，其中活性组分以铁为例。非均相CWPO降解有机污染物的过程大致如下：a. 有机物质和氧化剂一同扩散并吸附到固体催化剂表面；b. H_2O_2 在催化剂表面被催化分解产生自由基，从而氧化降解污染物；c. 产物脱附，催化剂表面恢复到初始状态。因此，非均相 CWPO 反应受动力学过程限制。同样地，非均相体系中催化剂表面也会发生 H_2O_2 向 O_2 和 H_2O 的无效分解以及自由基的猝灭反应［反应式（3-37）］，导致 H_2O_2 的有效利用率降低。当溶液中存在有机物时，自由基与有机物的反应可以降低上述 H_2O_2 及自由基的无效分解率。

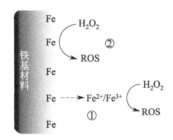

图 3-14 非均相催化湿式过氧化氢氧化体系机理（活性组分以铁为例）
①—催化剂表面流失离子引发的均相催化机制；②—非均相催化机制

3.6.3 特点

CWPO 技术使用廉价无毒的 H_2O_2 作为氧化剂，可在低温常压下快速进攻有机物，将其氧化为毒性小或易生物降解的小分子有机物，最终被矿化为 CO_2 和 H_2O。与催化湿式空气氧化（catalytic wet air oxidation，CWAO）、催化臭氧氧化、光催化氧化、电催化氧化等其他高级氧化技术相比，CWPO 技术具有一定的应用优势：

① CWPO 反应使用液体 H_2O_2 代替了气体氧化剂，节省了大量高压动力设备或空气分离设备，降低了系统总压力；

② CWPO 反应使用液体氧化剂，消除了气-液传质阻力对反应速率的影响，从而具有更快的反应速率；

③ CWPO 反应条件温和，可在低温常压下进行，操作简单，较好地避免了其他工艺因高压所引起的设备腐蚀、操作安全等问题，投资成本较低。

CWPO 技术可以有效解决部分纸浆废水、印染废水、制药废水及化工废水中有机污染物的氧化降解，既可用于废水预处理，又可用于废水的深度处理，因此受到了广泛的关注。

3.6.4 反应影响因素

CWPO 反应中，H_2O_2 利用率与有机物降解效率主要受以下几种因素影响。

（1）反应溶液 pH 值的影响

酸性条件有利于 Fe^{2+} 催化 H_2O_2 分解生成·OH 反应的进行，即反应式（3-34）的发生。CWPO 反应受溶液 pH 值的影响主要包括以下几个方面。

① 影响活性金属离子不同价态之间的转化平衡。以 Fe 为例，在 $2<pH<4$ 的范围内 Fe^{3+} 能够以离子形式存在，参与 Fe 的价态循环并不断催化 H_2O_2 生成·OH。当溶液 pH 值过高时，Fe^{3+} 会与 OH^- 形成 Fe（OH）$_3$ 络合物而降低 Fe 的催化效果。当 pH 值过低时，Fe^{2+} 会与 H_2O 形成催化能力较低的 Fe $(H_2O)_6^{2+}$，不利于·OH 的生成。

② 影响·OH 的生成效率。碱性条件下 H_2O_2 分解为 HOO·，并容易与·OH 发生反应，

造成氧化剂的无效消耗。

③ 影响·OH 的氧化能力。酸性条件下·OH 的氧化电位可达 2.80V，碱性条件下仅为 1.90V 左右，影响氧化分解反应的进行。

④ 影响催化剂活性金属组分的流失。对于非均相催化剂，溶液 pH 值越低，金属流失现象越严重，影响体系中催化剂的稳定性。研发一种能够在近中性 pH 条件下具有良好催化效果的 CWPO 催化剂是目前研究的热点。

(2) 氧化剂投加量的影响

H_2O_2 是产生·OH 的直接来源，其投加量很大程度上决定着底物的氧化效率。在一定范围内，随着 H_2O_2 投加量的增大，·OH 的生成量随着反应式（3-34）的正向移动而升高，有机物的去除效率随之升高。但是，随着 H_2O_2 投加量的继续增大，易导致副反应的发生，如 H_2O_2 会作为捕捉剂使·OH 泯灭［反应式（3-37）］以及造成 H_2O_2 的无效分解［反应式（3-55）］等。

$$2H_2O_2 \longrightarrow 2H_2O + O_2 \qquad\qquad (3\text{-}55)$$

(3) 反应温度的影响

高温能够促进 H_2O_2 分解生成·OH，即反应式（3-34）的正向进行，从而提高反应效率。此外，高温还有助于减小液体的黏度，增大传质速率。但同时，高温也会促进 H_2O_2 无效分解等副反应的发生，降低 H_2O_2 的利用率和有机物的氧化降解效率，并提高处理成本。实际应用中，应平衡 H_2O_2 利用率与有机物降解效率之间的关系。

(4) 反应时间的影响

反应初始阶段有机物去除率随着时间的延长而增大，一段时间后有机物去除率接近最大值；反应后期，·OH 在与废水中底物及其中间产物的反应中被消耗而逐渐减少，使有机物的降解以较为缓慢的速度进行。根据反应物的处理难易程度及处理要求，可以确定最佳反应时间。

(5) 废水水质的影响

溶液中的无机离子对反应具有不同程度的促进或抑制作用，影响程度随着离子性质和浓度的变化而变化，也随废水中有机物的种类不同而有所区别。在均相 CWPO 体系中，无机离子的影响主要源于活性组分（Fe^{3+} 等）与无机离子络合后不能对 H_2O_2 发生有效的催化分解反应，因而一定程度上抑制了·OH 的生成。此外，SO_4^{2-} 和 Cl^- 等离子可能会捕获溶液中的·OH，生成活性较弱的 $SO_4^- \cdot$、$Cl_2^- \cdot$，降低溶液中底物的降解速率。

有机物浓度对 CWPO 反应也有一定的影响。由于有机物与·OH 的反应速率很高，因此在较高的有机物/H_2O_2 浓度比时，H_2O_2 以及 Fe^{2+} 与·OH 的反应［即反应式（3-36）及式（3-37）］可被削弱，H_2O_2 的有效利用率也随之升高。此外，溶液中有机物的电荷特性、空间结构及浓度也会影响 CWPO 反应的进行程度。

(6) 催化剂的影响

在均相芬顿反应中，反应式（3-35）的反应速率常数最低，因此体系的速控步骤为 Fe^{3+} 被还原为 Fe^{2+} 的反应。反应过程中若 Fe^{2+} 浓度过低，Fe^{2+} 不断被消耗，而 Fe^{3+} 不断累积，容易使反应体系的催化活性下降，·OH 生成速率降低，且易与 H_2O_2 发生反应生成 $HOO \cdot$，造成 H_2O_2 的过度消耗。若 Fe^{2+} 投加量过高，不仅会导致水中色度的增加，还会使体系在短时间内产生过量的活性·OH。由于·OH 的半衰期极短（10^{-9}s），最终未能与废水中有机物反应的游离·OH会彼此相互反应而结合 [反应式 (3-41)]，造成资源的浪费。

在非均相反应中，催化剂的研发是 CWPO 技术中最主要的环节，影响 CWPO 的反应活性以及稳定性。反应溶液的 pH 值和离子强度等反应条件均会通过影响催化剂表面电荷与有机物之间的静电作用力或负载型催化剂中活性组分的溶出等方式而影响有机物的氧化效率。

3.6.5 应用

(1) 处理间甲酚废水

王亚旻等采用椰壳活性炭 (SAC)、煤焦油活性炭 (PAC)、煤质活性炭 (CAC) 和木质活性炭 (WAC) 为载体制备了四种催化剂，即 Fe/SAC、Fe/PAC、Fe/CAC 和 Fe/WAC。实验结果表明 Fe 组分的负载在一定程度上促进了·OH 的生成及有机物的降解。

对中钢集团鞍山热能研究院的焦化废水进行深度处理。该焦化废水经过预处理、生化处理等工艺联合处理后，仍含有一定量的有毒有害物质，无法达到排放标准。以 Fe/SAC 为 CWPO 催化剂，以连续反应评价其催化降解焦化废水的活性，反应条件为：室温（约 25℃），空速约为 $0.5h^{-1}$，调节进水 pH 值至约 6.5，H_2O_2 加入量 0.69mL/L（即使废水中 COD 全部矿化所需的理论加入量）。在实验条件下，以 Fe/SAC 为催化剂的 CWPO 反应可以去除焦化废水中 35% 以上的 TOC，具有良好的催化降解效果。此外，该焦化废水经过 CWPO 处理后色度由原来的 10 倍减少至 2 倍。

为进一步证明 Fe/SAC 在 CWPO 反应中的催化活性，采用均相 CWPO 反应对该废水进行处理。CWPO 间歇反应条件为：室温（约 25℃），反应时间 2h，调节进水 pH 值至约 6.5，催化剂 $FeSO_4$ 加入量 300mg/L，H_2O_2 加入量 0.69mL/L 或 1.72mL/L（即使废水中 COD 全部矿化所需理论加入量的 1 倍或 2.5 倍）。当以传统 Fenton 反应氧化该焦化废水，H_2O_2 加入量为理论矿化量时，废水中 TOC 去除率约 10.5%；增加 H_2O_2 加入量至 2.5 倍理论量时，废水中 TOC 去除率上升至约 19.2%，其降解效果仍低于以 Fe/SAC 为催化剂的非均相 CWPO 反应结果。说明 Fe/SAC 具有较高的催化活性，可作为优异的工业化 CWPO 催化剂。

余丽等制备了一种污泥基生物炭的高效 CWPO 催化剂，未改性污泥基生物炭 (GSC) 和硝酸改性污泥基生物炭 (GSC-M)，并研究其对间甲酚的降解效率与机制。反应条件：温度为 60℃，pH 值为 3，过氧化氢投加量为 1.85g/L，催化剂投加量为 0.75g/L，反应时间为 120min。GSC 对间甲酚的降解率和 TOC 的去除率均较低，表明污泥炭 GSC 对间甲酚的降解几乎没有催化活性。GSC-M 为催化剂时，在反应前 60min 间甲酚的降解率和 TOC 的去除率迅速增加，从 60min 到 120min 间甲酚的降解率和 TOC 的去除率逐渐趋于平缓。反应结束时，间甲酚和 TOC 的去除率分别为 100% 和 91.4%，等于或接近响应面实验的预测值（100%）。

(2) 处理抗生素废水

抗生素广泛应用于人类和动物的疾病预防与治疗，抗生素废水中含有多种难降解且具有生物毒性的物质，污水处理厂对抗生素的最高降解率仅为 81%，然而低浓度的抗生素也可能对环境造成潜在的影响。头孢菌类抗生素是临床应用最多的抗生素，占总抗生素用量的 46.6%。许多国家均检测出自然水体中残留抗生素，其主要来源是工业制药废水和医院污水等。这些微量抗生素排放到水生态系统中会污染环境，刺激病原微生物产生抗药性，严重危害现代医学的发展，甚至可通过食物链进入人体而危害人类健康。

抗生素对微生物的强烈抑制作用使好氧菌中毒，用传统生物处理技术很难达到预期效果，且很难消除废水中已经产生抗性基因的微生物。然而，高级氧化技术能先破坏或降解抗生素活性，使难于生物降解的物质转化为易于生物降解的小分子物质，提高废水的可生化性。其中，催化湿式过氧化氢氧化技术（CWPO）具有反应条件温和、试剂无毒的特点，是一种处理难降解有机物废水的有效方法。

刘允康等制备了磷酸改性污泥基生物炭（GSC-P）并将其用于头孢氨苄废水的处理。反应条件为：温度 60℃，pH 值为 3，过氧化氢投加量为 1.0g/L，催化剂投加量为 1.0g/L，反应物初始浓度为 100mg/L 和反应时间为 300min。对污泥炭 GSC-P 进行了 5 次循环利用实验，头孢氨苄的降解率稳定维持在 80%～88%。经磷酸改性的污泥炭具有较高的催化活性，可以重复使用，是一种催化性能和稳定性较高的非均相 CWPO 催化剂。与粉末状的污泥炭相比，颗粒污泥炭有一定形状且呈现磁性，更易回收，可以重复使用，避免了二次污染。

3.7 UV/O$_3$ 氧化法

3.7.1 概述

由于臭氧（O$_3$）去除有机污染物的选择性较高，单一的臭氧氧化反应在不加催化剂的条件下只能产生少量的·OH，故臭氧氧化法单独处理一些难降解污染物时，效果比较差。因此，常将 O$_3$ 与其他工艺联合以提高污染物的去除率。O$_3$ 吸光系数为 3600mol/（L·cm），具有很高的紫外线（ultra violet，UV）利用率，常将 O$_3$ 和 UV 联合作用组成 UV/O$_3$ 工艺。

UV/O$_3$ 法始于 20 世纪 70 年代，因其反应条件温和（常温常压）、氧化能力强而发展迅速，美国环境保护署认为该技术是高级氧化技术中最有竞争力的一种。这种方法的氧化能力和反应速率都远远超过单独使用 UV 或臭氧所能达到的效果，其反应速率是臭氧氧化法的 100～1000 倍。多氯联苯、六氯苯、三卤甲烷和四氯化碳等难降解污染物不与臭氧反应，但在 UV/O$_3$ 联合作用下它们均可被迅速氧化，这是因为在紫外线的强化作用下，UV/O$_3$ 系统中·OH 产生能力明显增强。因此，光催化氧化和臭氧氧化相结合是近年来高级氧化领域的一个研究热点，两者的结合能显著增加羟基自由基的产生量，能高效地对难降解有机物进行降解和矿化。

3.7.2 原理

UV/O$_3$ 氧化技术在处理废水的过程中存在多种化学反应，如羟基自由基氧化、臭氧直接氧化和紫外光解等。其中，主要作用是臭氧在紫外线的照射下产生自由基对有机物进行氧化降解。氧化体系在不同条件下产生·OH 的基本原理不同：当紫外线波长小于 310nm 时，O$_3$ 被紫外线分解为氧气（O$_2$）和游离氧（O·），O·与水结合生成·OH［反应式(3-56)和式(3-57)］；而其他情况下，O$_3$ 在光照下与水反应产生 H$_2$O$_2$，中间产物 H$_2$O$_2$ 在降解过程中至关重要，H$_2$O$_2$ 在紫外线照射下产生·OH［反应式（3-58）］。而当 O$_3$ 过量时，中间产物 H$_2$O$_2$ 也会通过与液相中的 O$_3$ 反应产生·OH［反应式（3-59）］。

$$O_3 + h\nu \longrightarrow O \cdot + O_2 \tag{3-56}$$

$$O \cdot + H_2O \longrightarrow 2 \cdot OH \tag{3-57}$$

$$H_2O_2 + h\nu \longrightarrow 2 \cdot OH \tag{3-58}$$

$$O_3 + H_2O_2 \longrightarrow \cdot OH + O_2 + HOO \cdot \tag{3-59}$$

3.7.3 特点

UV/O_3 技术去除有机物的过程具有以下特点：

① 产生大量非常活泼的·OH，羟基自由基是反应的中间产物，可诱发后面的链反应；

② ·OH 无选择地直接与废水中的污染物反应将其降解为二氧化碳、水和无害盐，避免二次污染；

③ 由于反应是一种物理化学处理过程，很容易控制，满足处理需求；

④ 可作为单独处理技术，也可与其他处理过程联合，作为生化处理的前处理或后处理，降低处理成本。

3.7.4 应用

UV/O_3 氧化法最早应用于铁氰盐废水处理，作为一种高级氧化水处理技术，不仅能对有毒的、难降解的有机物、细菌、病毒进行有效的氧化和降解，而且还可以用于造纸工业漂白废水的褪色。用 UV/O_3 处理有毒难降解有机物的效率，在中试甚至在工业应用上都得到了很好的证明，而且没有有毒副产物产生。与其他产生·OH 的降解过程一样，UV/O_3 能够氧化的有机物范围很广，包括部分不饱和卤代烃，这个过程可以进行间歇的和连续的操作，不需进行特殊的监控。从 20 世纪 80 年代开始，国外开始陆续出现工业化装置，如加拿大的 Solar Environmental System 已应用于 20 个工厂，其中有 3 个使用了 UV/O_3 工艺。

由于聚合物前驱采油技术能有效提高石油采收率，在我国油田原油稳产中具有重要的作用，但这也导致油田采出水中含有较高的聚丙烯酰胺（PAM），采出水黏度较大，可生化性差。为减少对后续生化处理工序的冲击，有必要降低 PAM 的含量，提高废水的可生化性。

陈颖等采用 UV/O_3 和 H_2O_2/O_3 氧化法对聚丙烯酰胺采油废水进行处理，处理 2h 后，O_3、UV/O_3 和 H_2O_2/O_3 氧化体系下，采油废水的 BOD_5/COD_{Cr} 分别为 0.036、0.198 和 0.229，与单独臭氧氧化法相比，联用技术处理效果更显著。

染料废水也是一种典型的难降解有机废水，张秀等以 UV/O_3 工艺处理罗丹明 B 染料废水，温度为 25℃，pH＝4，臭氧浓度为 35mg/L，催化剂投加量为 400mg/L，经过 20min 处理后罗丹明 B 废水的脱色率和 COD 去除率分别达到了 100% 和 40%。

随着医疗行业的发展和药物的广泛使用，废水中的药物种类和含量增加，而废水中的药物尤其是抗菌类药物的存在致使其可生化性较差，难以采用传统的生化处理法进行处理。而 UV/O_3 技术能有效处理制药废水，降解废水中有毒有害物质从而提高其可生化性。李彦博等采用此方法处理恩诺沙星合成废水，初始 pH＝6.3，反应 15min 后目标污染物（浓度为 40mg/L）可完全降解，恩诺沙星和 TOC 的去除率分别达到 82% 和 39%，臭氧的利用率在 70% 以上。

UV/O_3 技术除了可以作为前/预处理提高难降解有机废水的可生化性之外，还可以作为深度处理方法。例如，随着焦化行业出水水质标准的提高及国家节能减排政策的推出，提高废水出水水质、减少污染物外排成为焦化企业面临的严峻问题，以 UV/O_3 技术作为废水的深度处理工艺效率高。在刘金泉等的研究中利用 UV/O_3 工艺对某焦化企业的生化出水进行深度处理，其去除效果优于单独 O_3 氧化工艺，COD 和 UV_{254} 的最高去除率分别高达 49.46% 和 90.18%。

除上述废水外，UV/O_3 技术还应用于其他多种难降解有机废水的处理。Fernando 等对比了臭氧光催化（O_3/UV＋TiO_2）、臭氧氧化（O_3）、催化臭氧氧化（O_3/TiO_2）、臭氧紫外（O_3/UV）、光催化（TiO_2/UV）和光解（UV）等几种工艺对三种酚（苯酚、p-氯酚和 p-硝基酚）的降解。达到相同的 COD 和 TOC 降解率，臭氧光催化技术需要的处理时间最短。

Shang 等研究了 O_3 和 UV/O_3 对甲基丙烯酸甲酯的去除机理，单独臭氧工艺中臭氧降解甲基丙烯酸甲酯的速度较为缓慢，用紫外线催化后氧化速率得到了显著的提高。UV/O_3 工艺处理后，降解产物中含有较多的甲酸和乙酸，导致溶液的 pH 值较低。Wang 等研究了 UV、O_3 和 UV/O_3 对水中二氯乙酸和三氯乙酸的降解，试验结果显示在半小时反应时间内单独 O_3 或者 UV 降解两种氯乙酸效率低，而采用 UV/O_3 氧化法，20min 后水中的二氯乙酸完全降解，30min 后水中的三氯乙酸降解率达到 60%。

最初，研究者只是研究 UV/O_3 技术在废水处理中的应用，以解决有毒有害难降解物质处理难的问题。而 20 世纪 80 年代以来，研究者扩大了 UV/O_3 技术的研究范围，将其应用于饮用水的深度处理。马晓敏等分析紫外照射对微污染物没有明显的去除效果，单独使用臭氧可以有效降解微污染物，但是投加的臭氧浓度很高，而 UV/O_3 技术采用紫外线产生的臭氧，不需要专门的臭氧发生器，相对前两种方法较经济实用。

UV/O_3 技术在饮用水深度处理和难降解有机废水的处理中具有良好的应用前景，但建设投资大、运行费用高限制了这种技术的应用。利用紫外光源在气相产生 O_3 及光分解水处理已有了工业设备。UV/O_3 应用最关键的问题是光化学反应器的设计，尽可能利用光能，提高转化效率。

3.7.5　UV/O_3 催化氧化技术研究进展

虽然 UV/O_3 氧化法具有很好的氧化效果，但并不是所有废水都适合采用这种技术。Marjanna 等利用 UV/O_3 降解取代酚类的研究结果表明，UV 对臭氧氧化降解效率的促进作用与目标有机物的性质及相关工艺条件有很大关系。与单独臭氧氧化相比，UV/O_3 氧化法的降解效率与目标有机物的性质具有很重要的关系。当目标有机物对 UV 有一定的吸收，且水中有溶解 O_3 时，UV 与臭氧往往会具有较好的协同作用。

为了拓宽 UV/O_3 氧化法处理有机物的范围和有效降低处理费用，常采用催化剂强化 UV/O_3 氧化，促进羟基自由基的产生，从而提高污染物的矿化度。胡军等采用光催化-臭氧联用技术对苯胺进行降解，其 COD 去除率高于单独臭氧和单独光催化，光催化和臭氧协同产生了大量的·OH，苯胺废水的初始浓度和初始 pH 对光催化-臭氧联用技术处理效果的影响不大，COD 去除率均高于 90%。

Cernigo 等以溶胶凝胶法制备了锐钛矿的 TiO_2 薄膜催化剂，并对比了 O_3、UV/O_3、UV/O_3＋TiO_2 和 UV/O_2＋TiO_2 四种工艺对杀虫剂废水的降解效果。UV/O_3＋TiO_2 是最有效的工艺，在酸性和中性条件下臭氧和光催化的协同作用非常明显。相比另外两种工艺，在 UV/

O_3+TiO_2 和 UV/O_3 处理过程中产生了较多的自由基，在酸性条件下 Cl^- 被氧化成了氯酸盐。卢霞等研究三种光化学氧化法即 UV/O_3、UV/TiO_2、UV/O_3+TiO_2 降解甲醛，三种氧化技术对甲醛的降解均符合表观一级动力学，且 UV/O_3+TiO_2 处理法对甲醛降解的一级表观速率常数最大，说明光催化和臭氧具有明显的协同效应。

Maurizio 等以 P25 为光催化剂，以中压汞灯（$\lambda=365nm$）为光源进行了臭氧光催化降解草酸盐的研究，臭氧的存在不但加强了·OH 的产生，还增强了草酸盐的光吸附，所以光催化和臭氧的同时存在显著提高了草酸盐的降解速率。尚会建等采用非均相臭氧氧化氰根、非均相光催化臭氧降解氨氮分步处理氰化物和氨氮废水，第一步中氰根的去除率高达 99.8%，出水残余氰含量仅为 0.3mg/L，第二步中总氮去除率可达 98.02%，剩余总氮量只有 0.7mg/L，优于氯碱行业 4mg/L 的上限。

3.7.6 UV-MicroO$_3$ 技术

UV-MicroO$_3$ 工艺是一种新型的饮用水深度处理工艺，这种工艺是对 UV/O_3 氧化法提出了改进，在 UV 工艺基础上增加了供气系统，使经过干燥、净化的空气在反应器内接受 UV 灯辐射产生微量 O_3，利用所产生的 O_3 与紫外线协同作用去除水中微量有机物，设备简单、运行费用低，其处理效果与 UV/O_3 相近，能有效降解水中微量有机污染物。大量研究证明紫外-微臭氧法具有巨大的潜力和独特优势。

东南大学吕锡武教授于 1996 年提出紫外-微臭氧工艺的概念，并获得了国家发明专利。改进的光化学激发氧化新技术紫外-微臭氧工艺去除饮用水中有机污染物，在 UV-air 工艺的基础上增加管路，模拟大气层中臭氧层产生的原理，使干燥净化的空气首先经过石英玻璃套管，空气中的氧气在套管内接收紫外线（185nm）激发，发生式(3-60)~式(3-62)的反应，从而产生低浓度（一般低于 1.0mg/L）臭氧。再将所产生的臭氧经曝气装置与水体均匀混合，在紫外线（254nm）的协同作用下完成对水中有机污染物的降解和矿化。

反应装置结构如图 3-15 所示，其中所用紫外灯为低压汞灯，辐射波长主要为 254nm 和

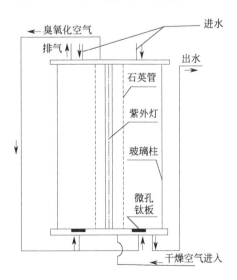

图 3-15 紫外-微臭氧工艺装置结构

185nm。该工艺对自来水中常见的三氯甲烷、四氯化碳、邻二氯苯、对二氯苯及很难氧化的六氯苯等有机优先控制污染物均有令人满意的去除效果。田润稷等用 UV-MicroO$_3$ 技术处理酸性大红 3R 废水，UV 强化的微气泡臭氧传质系数和分解系数分别为单独微气泡臭氧处理的 1.6 和 1.2 倍，溶解臭氧浓度较高，约为 0.5mg/L，这主要是由于 UV 将氧气转化为臭氧。

$$O_2 + h\nu(185nm) \longrightarrow O(^1D) + O(^3P) \tag{3-60}$$

$$O(^1D) + M \longrightarrow O(^3P) + M(M = O_2 \text{ 或 } N_2) \tag{3-61}$$

$$O(^3P) + O_2 + M \longrightarrow O_3 + M \tag{3-62}$$

紫外-微臭氧工艺具有以下特点：

① 具有高效水质净化的作用，对水同时起到净化、矿化和消毒的作用，对一般城市的自来水中有机物矿化度达 80% 以上，经过这种工艺处理的水可直接饮用；

② 结构简单、运行成本低，不需单独的臭氧发生器，因此整个设备的价格也相应大幅度降低，运行更加可靠；

③ 净化过程中，除使用电力和空气之外，不需添加任何化学药剂，有机污染物被氧化成二氧化碳和水，剩余微臭氧转化成溶解氧，而氢氧自由基会迅速猝灭，对处理后的水质不会产生任何副作用，因此本项工艺可以称为绿色天然净化技术；

④ 可以方便地应用于各种需要净化的场合，既适用于大型分质供水系统，也能适用于小型的饮水装置。

3.8 O$_3$/芬顿法

3.8.1 概述

臭氧氧化法是通过臭氧在常温常压下分解产生羟基自由基来氧化水中的有机污染物。臭氧氧化能力强，能与许多有机物或官能团发生反应，对除臭、杀菌、脱色还具有明显效果。然而，臭氧氧化法对有机物具有一定的选择性，臭氧发生器电耗较高，臭氧超过一定浓度会对人体造成伤害。芬顿氧化法是通过芬顿试剂，即亚铁盐和过氧化氢的组合来产生羟基自由基，从而氧化降解有机污染物。芬顿氧化法具有高效、选择性小、对压力和温度等反应条件要求低等特点。然而，芬顿氧化法使用的药剂种类多、设备防腐要求高、反应产生铁泥，增加处理成本。将臭氧氧化与芬顿氧化法结合，能够有效提高羟基自由基的产量，从而促进污染物的降解，还可以减少电耗、药剂的使用和铁泥的产生。

3.8.2 原理

芬顿和臭氧联合作用，产生羟基自由基的速度大于单个物质存在时的速度。发生反应机理为：

$$H_2O_2 \longrightarrow HO_2^- + H^+ \tag{3-63}$$

$$HO_2^- + O_3 \longrightarrow HO_2 \cdot + O_3^- \cdot \tag{3-64}$$

$$HO_2 \cdot \longrightarrow \cdot O_2^- + H^+ \tag{3-65}$$

$$O_3^- \cdot + H^+ \longrightarrow HO_3 \cdot \tag{3-66}$$

$$HO_3 \cdot \longrightarrow O_2 + \cdot OH \tag{3-67}$$

$$\cdot O_2^- + O_3 + H^+ \longrightarrow 2O_2 + \cdot OH \tag{3-68}$$

总反应式：
$$H_2O_2 + 2O_3 \longrightarrow 3O_2 + 2 \cdot OH \tag{3-69}$$

芬顿和臭氧联合作用，既存在 O_3 和 H_2O_2 单独产生·OH 的反应，也存在 O_3 和 H_2O_2 联合作用产生·OH 的反应，得到的高浓度、高电位的·OH 使难降解有机物结构中的 C—C 键、C—H 键断裂，生成无害的 CO_2 和 H_2O 等小分子。

3.8.3 应用

王服群等用臭氧-芬顿法深度氧化污染物，减少难降解污染物因子在污水处理系统内的累积，提高渗滤液处理效率，延长膜处理系统等设备、设施的使用寿命。他们在 O_3/Fenton、O_3、Fenton 三个反应器中处理陈年垃圾填埋场产生的渗滤液，O_3/Fenton 的处理效率达到 96%，效果最好，说明芬顿试剂与 O_3 形成的强氧化能力能处理顽固性的污染物。O_3 浓度为 1.2g/L，通入 O_3 时间为 12min，Fenton 加入量为 5g/L，反应时间为 30min，出水水质可达到《污水综合排放标准》（GB 8978—1996）一级标准。以 Fenton 和 O_3 联用系统直接处理污染物无二次污染，很大程度上提高了处理效率和设备设施的使用率，降低生产成本。

多菌灵是一种高效、低毒、广谱、内吸收杀虫剂。国内均采用腈氨基甲酸甲酯与邻苯二胺缩合的工艺生产。多菌灵生产废水具有高 COD、高氨氮、高盐分、成分复杂等特点。黄强等研究臭氧/芬顿试剂联合处理农药多菌灵废水，得到最优条件为：pH＝9，臭氧用量为 2.0g/L，H_2O_2 投加量为 5mL/L，此时 COD 去除率为 68%，BOD_5/COD_{Cr} 提高至 0.36。

然而，臭氧和芬顿联合技术并不是对所有难降解有机废水的处理来说都是最佳的选择。从地层里开采出来的原油中一般都含有大量的水和盐类，为避免对原油后续储运、炼制等环节带来影响，需要对原油进行脱盐处理。丁禄彬利用臭氧和芬顿试剂对某石化炼油厂脱盐废水进行处理，采用臭氧处理后 COD 去除率为 51.1%，经臭氧处理后的废水再用芬顿试剂处理 COD 的总去除率为 84.61%，用臭氧和芬顿实时联合处理时 COD 去除率为 77.95%。由此可见，臭氧芬顿联合处理技术虽然得到较高的 COD 去除率，但却低于依次采用 Fenton 试剂和臭氧两种技术进行处理的效果。

3.9 高级氧化-生化法

3.9.1 概念

高级氧化法处理废水有两种途径：一是将污染物彻底氧化成 CO_2、H_2O 和矿物盐；二是将目标污染物部分氧化，转化为可生化性较好的中间产物。一般化学氧化剂完全矿化目标污染物的成本太高。化学氧化过程中生成的高氧化态物质很难被化学氧化剂进一步氧化，C—C 键的断裂速率随分子变小而下降。因此，将难生物降解污染物转化为中间产物的途径较为可行。溶解性有机高分子聚合物，由于其分子太大无法穿过细胞壁，导致很难被微生物降解，而化学氧化作用可以破坏这些大分子，将其转化为中间产物如短链脂肪酸。

图 3-16 表示化学氧化和生物处理组合工艺。有机物分子量越大，化学氧化对其 C—C 键

的反应速率也就越大，有机物分子量越小，则生物氧化对其降解的速率越大。化工和制药等行业排放的高浓度废水中大多数都含有大量难降解有机物，采用单一的高级氧化或生化处理技术很难将废水处理达标排放。因此，采用高级氧化-生化耦合技术处理难降解有机废水已经成为一种趋势。高级氧化处理作为预处理技术使用，将废水中有机污染物浓度降至较低范围，同时增加废水的可生化性，再根据高级氧化处理结果，辅之以适当的生化处理方法，如生物流化床、多相流生物反应器等技术将废水处理达标。

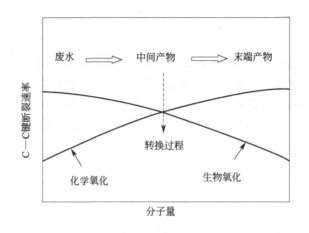

图 3-16 化学-生物处理工艺组合的概念

大多数难降解有机废水经过高级氧化预处理后，其可生化性得到了明显改善，但也有部分难降解废水经高级氧化预处理后其可生化性基本没有变化，甚至有个别废水在高级氧化预处理后其可生化性反而变得更差。这些差异除与废水的水质有关外，也与所用的高级氧化预处理工艺及高级氧化的程度有关。因此，对于某一难降解废水是否可以用高级氧化法进行预处理、采用何种高级氧化工艺以及相应的工艺条件等都必须通过实验研究才能确定。

3.9.2 臭氧-生物法组合技术

(1) 臭氧-生物活性炭 (O₃-BAC)

臭氧虽然可以氧化水中多种难降解有机物，但它与有机物反应的选择性差，不能将有机物彻底矿化。因此，一般将臭氧和生物处理方法联合。臭氧生物活性炭技术是将臭氧氧化、活性炭吸附和生物降解三者相结合，在欧美、日本等发达国家和地区得到广泛应用。我国自 20 世纪 80 年代开始研究 O_3-BAC 工艺，在深圳、大连、昆明、常州等地区的水厂运行。

浙江某化纤厂水处理工艺反渗透段 (RO) 浓水处理采用"催化臭氧＋BAC"组合工艺，浓水水质：COD 为 90～108mg/L，TDS 为 3500～3700mg/L，BOD_5/COD_{Cr} 值为 0.04 左右，pH 值为 7.8～8.3。经过催化臭氧氧化后，COD 降低至 55mg/L 左右，废水的可生化性指标 (BOD_5/COD_{Cr} 值) 从 0.04 提高至 0.30 以上，运行成本为 1.22 元/m³。催化臭氧氧化工艺段出水经过 BAC 处理后，COD 进一步降低至 42mg/L。

(2) 臭氧-曝气生物滤池 (O₃-BAF)

臭氧可将大分子有机物转化为小分子有机物，提高废水的可生化性，BAF 的优势在于去除水中分子量较小的有机物及臭氧氧化的中间产物，实现高级氧化法和生物法的有机结合。

王树涛等采用臭氧与曝气生物滤池组合工艺处理城市生活污水。当臭氧投加量为10mg/L、接触时间为4min时，臭氧-BAF联合工艺对COD、氨氮的去除率分别达到58%和90%，TOC、UV_{254}和色度分别降低了25%、75%和90%。臭氧氧化使TOC/UV_{254}值升高1倍，使可生化溶解性有机碳（BDOC）提高了1倍多，使分子量小于1000的有机物比例由原来的52.9%升高至72.73%。

汪晓军等进行了组合工艺处理高浓度日用化工废水的研究，发现采用"厌氧-接触氧化-臭氧-曝气生物滤池"组合工艺处理高浓度日用化工废水。废水中COD_{Cr}从进水5000mg/L降到出水<80mg/L，BOD_5从进水1100mg/L降到出水<20mg/L，处理效率大于98%，排放水质达到《广州市污水排放标准》（DB 4437—90）一级标准。废水处理站的长期实际运行结果表明，高效的厌氧处理和臭氧-曝气生物滤池深度处理系统是该工艺处理高浓度废水稳定达标的关键。

钟理等研究了臭氧高级氧化-生化耦合技术处理低浓度有机废水作为回用水，生化段采用循环式生物膜曝气池。以某炼油厂乙烯废水为例，在低臭氧投加量1.5~2.0mg/L时，出水的COD平均值不超过33mg/L，石油类污染物平均去除率达到67.2%，出水挥发分最高质量浓度仅0.016mg/L，硫化物平均降解率为65.2%，氨氮去除率为87.9%以上，优于活性炭处理方法。低剂量臭氧投加量不仅能提高有机物的可生化性，还不会对微生物产生抑制作用。

3.9.3 芬顿-生物法组合技术

芬顿法与生化法联用，可以降低处理成本，拓宽芬顿试剂的应用范围。通过投加低剂量氧化剂来控制氧化程度，使废水中的有机物发生降解，形成分子量不大的中间产物，从而改变废水的可生物降解性，后续采用生化法去除。

Kitis等采用芬顿氧化和生化组合技术处理含非离子型表面活性剂的废水，芬顿法条件为：H_2O_2浓度为1000mg/L，Fe^{2+}与H_2O_2的物质的量之比为1∶1，pH值为3.0，氧化时间为10min。经过芬顿氧化后，可生物降解的有机物比例由原来的2%增加至90%。再采用生物处理2h，COD的去除率高达90%以上。高级氧化法与生物法联用技术具有较高的性价比，其成本还不到单独采用高级氧化技术处理所需费用的1/3。

浙江某化工厂水处理工艺反渗透段（RO）浓水处理采用"Fenton+SBR"组合工艺，浓水水质：COD为180mg/L左右，TDS为6200mg/L左右，BOD_5/COD_{Cr}值为0.06左右，pH值为7.8左右。在Fenton段的操作条件为：pH=3.5，$C(H_2O_2，30\%)$=1.0mL/L，$FeSO_4 \cdot 7H_2O$=0.54g/L，t=120~180min。经过Fenton处理后，COD从180mg/L左右降低至80mg/L左右，废水的可生化性指标（BOD_5/COD_{Cr}值）从0.06提高至0.25以上，运行成本为2.64元/m^3。Fenton工艺段出水经过SBR处理后，COD进一步降低至50mg/L以下。

3.9.4 光氧化-生物法组合技术

光氧化技术在降解难生物降解有机物和避免引入新的污染物方面具有强大的优势，但其处理成本较高，与生物法联用能弥补这种不足。加拿大的研究人员采用光催化氧化与生物组合工艺（UV-H_2O_2-BAC），如图3-17所示，研究该工艺对消毒副产物的去除作用。

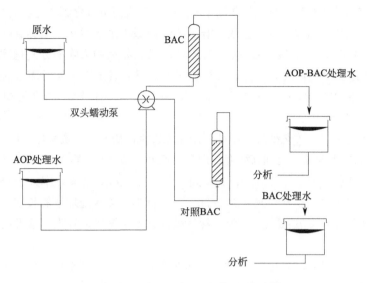

图 3-17 UV-H$_2$O$_2$ 与 BAC 联用工艺示意

当紫外线光强度大于 1000mJ/cm^2、H$_2$O$_2$ 的浓度为 23mg/L 时，DBPs（邻苯二甲酸二丁酯）、TOC、UV$_{254}$ 的去除率分别达到了 43%、52%、59%。当单独使用 BAC 时，因为缺少了高级氧化的过程就不能使微生物的吸附作用得到有效发挥。当单独使用 UV 与 H$_2$O$_2$ 时，即使达到满意的处理效果，却需要高强度紫外线，造成能量浪费和经济不划算的问题。

3.9.5 生化-高级氧化法

高级氧化法除了可以作为预处理手段提高难降解有机废水的可生化性外，还可以用于生化工艺之后，对废水进行深度处理，提高出水水质。李旺等采用生化-高级氧化法对酸化油废水进行处理，首先对废水进行中和及盐分离预处理，再以水解酸化＋UASB 进行厌氧处理和生物接触氧化进行好氧处理后，最后用臭氧氧化进行深度处理，保证出水水质。张燕等用芬顿法对滨州高新区某纺织印染厂的生化出水进行深度处理，反应条件为：pH 值为 3.5，反应时间为 40min，H$_2$O$_2$ 投加量为完全降解有机物的理论值及 Fe^{2+} 和 H$_2$O$_2$ 的投加比为 1∶3，此时 COD 的去除率高达 90.5%。

郭庆英等对天津某开发区工业污水厂废水处理进行研究，废水来自制药、轮胎制造、汽车工业等多种企业，原工艺为活性污泥法，设计出水水质为《城镇污水处理厂污染物排放标准》（GB 18918—2002）一级 B 标准，为了使出水水质提高至天津市地方标准《城镇污水处理厂污染物排放标准》（DB 12/599—2015）中的 A 标准，实施了提标改造工程，采用"反硝化滤池＋Fenton 高级氧化法"，中试及投产后表明 Fenton 氧化法进水 COD 为 60mg/L，可稳定降解至 30mg/L 以下。

内蒙古某发酵制药企业废水深度处理工程建厂初期投资建设了一套"酸化水解＋接触氧化"废水处理设施，但处理效果并不理想，后改变其主体工艺为"UASB＋CASS"，处理效率仍然较低。为解决公司面临的环保难题，缓解下游园区集中污水处理厂运行压力，实现可持续发展，该公司决定彻底放弃原有工艺，投资建造一套稳定、高效的发酵制药废水处理设施（图 3-18，书后另见彩图）。新工艺为生化-Fenton 氧化组合工艺，生化部分为"三段 A/O"工艺，处理水量为10000m³/d。表3-4是新工艺废水进出水水质指标。经过生化段处理后，COD浓度仍然较高（233～334mg/L），再通过深度处理Fenton段，COD浓度降至52～77mg/L，COD总去除率高达99%，明显减少了对下游污水处理厂进水水质的冲击。

图3-18　内蒙古某发酵制药企业废水处理设施

⊡ 表3-4　废水处理设施进出水水质

水质指标	进水/(mg/L)	生化出水/(mg/L)	Fenton出水/(mg/L)	总去除率/%
COD	5680～16600	233～334	52～77	99
NH_3-N	58.1～670.6	1.2～9.5	—	99
TN	532.3-715.9	11.2～19.0	—	97

江苏省某造纸企业废水深度处理与回用工程工艺流程如图3-19所示，主要构筑物与设备如图3-20所示。废水水量为11000m³/d，二级生化出水COD≤60mg/L。二级出水经过进一步深度处理达到回用目的，主要经过石灰软化、澄清、纤维转盘过滤、O_3/活性炭、超滤、反渗透等处理，回用率为63.6%，剩余RO浓水量为4000m³/d、COD≤60mg/L。建设项目总投资为3290万元，土建投资为590万元，设备投资2213万元和膜投资为487万元，运行成本为3.11元/m³。

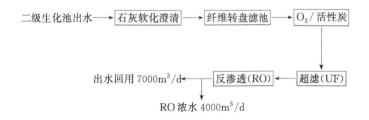

图3-19　江苏省某造纸企业废水深度处理与回用工程工艺流程

(a)上流固体接触式澄清池(软化)　　(b)臭氧-活性炭滤池　　(c)臭氧发生器

(d)超滤(UF)　　(e)反渗透(RO)　　(f)臭氧-活性炭滤池外绿化

图 3-20　江苏省某造纸企业废水深度处理与回用工程构筑物与设备

3.10　臭氧混凝气浮多元耦合法

3.10.1　概述

臭氧具有极强的氧化性，其标准电极电位 E_0 为 2.07mV，仅低于 F_2。O_3 与水中有机物的作用方式主要有两种：一是与水中有机物直接反应；二是间接反应，即 O_3 的分解产物（·OH）与水中有机物反应。第一种反应具有选择性，且反应常数较低；第二种反应的反应常数较高且具有反应选择性。O_3 不能有效降低 TOC，但是能有效降低 UV_{254}，说明 O_3 难将有机物矿化为水、二氧化碳，但是可以改变有机物结构，例如提高含氧量低的有机官能团的含氧量、不饱和键向饱和键转化、高分子量有机物转化生成低分子量有机物等。

O_3 技术以强氧化性、反应迅速、无二次污染等优点被广泛应用，随着技术发展，越来越多的研究将其与其他工艺联用，提高处理效率和降低处理成本。其中，强化混凝联用 O_3 被美国环保局（USEPA）认为是控制消毒副产物前驱物的最佳可行性技术。

郭雪峰等研究了臭氧混凝联用技术对常规工艺难去除的有机物进行去除，以生化黄腐酸为底物配置模拟水样，研究了臭氧-铁/铝混凝剂联用法对 TOC 的降解效果与机理。如图 3-21 所示，O_3 与混凝剂同时投加（SOC 组），铁混凝剂对 O_3 氧化有机物起到催化作用，TOC 降解率显著提高。先投加 O_3，再投加混凝剂（POC 组），O_3 与铝混凝剂间的交互作用在较低混凝剂剂量时表现更显著，TOC 降解率显著提高。

为克服传统水再生利用处理模式工艺冗长且能耗高的问题，2006 年西安建筑科技大学金鹏康教授等提出将臭氧、混凝和气浮进行耦合，形成多元耦合反应体系，实现废水的深度处

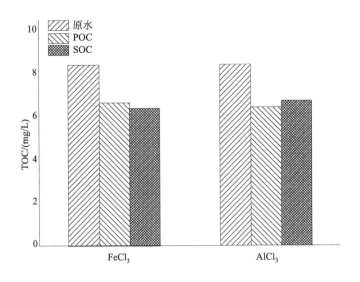

图 3-21　铁铝混凝剂对 TOC 去除结果对比

理。2017 年 Jin 等将臭氧与混凝在同一体系中进行耦合（hybrid ozonation-coagulation，HOC法），同时作用，在铝混凝剂催化作用下，提高废水中有机物的去除率。HOC 体系如图 3-22 所示，与传统的先进行臭氧氧化再进行混凝的处理方法相比，这种耦合体系能更有效地去除废水中溶解性有机物（DOC）。最佳处理条件为：臭氧投加量是 1mg O_3/mg DOC，pH 值可以为 5、7 和 9。这种方法既可集合多种处理方法的优势，又能避免多种处理技术简单串联造成的过度处理、能耗高等问题。

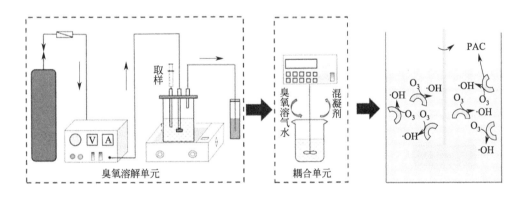

图 3-22　臭氧混凝耦合体系（HOC）

3.10.2　原理

如图 3-23 所示，水中臭氧分解产生自由基的过程为传统模式途径 1。而在 HOC 体系中为途径 2，聚合氯化铝（PAC）可水解生成多种水解铝，PAC 结合-OH、H_2O 等，与臭氧形成氢键，加强臭氧降解产生·OH。

为了进一步研究 HOC 处理法的机理，Jin 等研究了臭氧混凝串联法和臭氧混凝耦合法中

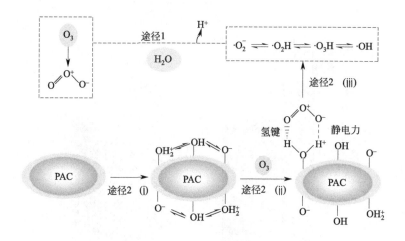

图 3-23　臭氧混凝耦合法机理

O_3 的降解速率。在臭氧混凝耦合体系中，臭氧降解速率较快，推测是混凝剂加速了臭氧分解产生·OH 的速率。为验证这一推论，投加了一种典型的·OH 猝灭剂——叔丁醇（*tert*-butanol），叔丁醇的投加抑制了臭氧的分解速率，说明两种体系下臭氧是通过链反应分解产生了强氧化剂·OH。

用电子顺磁共振技术（EPR），并以 5,5-二甲基-1-吡咯啉-*N*-氧化物（DMPO，$C_6H_{11}NO$）为自旋捕捉剂进行自由基检测。DMPO-OH 的 EPR 谱图特征峰 1∶2∶2∶1 是 αN 和 αH 的超精细耦合。如图 3-24 所示，在臭氧混凝串联法中几乎没有这个特征峰，说明 O_3 氧化过程中产生的·OH 很快被羟基猝灭剂消耗。与之相比，HOC 法中的特征峰显著，说明聚合氯化铝的加入强化了催化产·OH 过程，从而促进有机物的降解。聚合氯化铝能形成多种水解铝，而这种金属氧化物能有效催化分解臭氧产生羟基自由基。

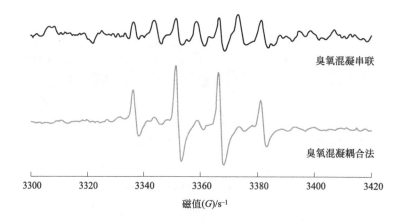

图 3-24　臭氧混凝串联和臭氧混凝耦合法的 EPR 谱图

3.10.3　特点

在处理废水中有机物时，臭氧混凝耦合法比传统臭氧混凝串联法更有效，混凝剂能起到催化作用，催化分解臭氧产生强氧化性能的羟基自由基，且羟基自由基在氧化降解有机物上没有选择性，提高有机物的去除率。具体特点如下。

① 集混合反应、絮凝、气浮、脱色、除臭、消毒于一体；
② 水力停留时间短，占地面积小；
③ 臭氧可高效溶解，传质效率大大提升，臭氧利用率增大；
④ 强化了体系的互促增效机制，自由基产生速率提升，凝聚性得到改善；
⑤ 采用电诱导时可实现不加药处理；
⑥ 处理水质满足再生景观用水及杂用要求。

3.10.4 应用

Jin 等在实验室条件下，用 500mL 间歇反应器，进行臭氧混凝耦合实验处理西安某污水处理厂的二沉池出水。反应器搅拌速率为 60r/min（$G=14.3s^{-1}$），反应时间为 30min。反应后进行沉淀 30min，取样检测溶解性有机物浓度。聚合氯化铝混凝剂投加量分别为 6mg/L、10mg/L 和 14mg/L，pH 值分别为 5、7 和 9，O_3/DOC 值为 0.5、1 和 1.5。HOC 过程对 DOC 去除率明显高于传统的臭氧-混凝串联法。在 pH 值为 5、7 和 9 条件下，DOC 降解率平均分别提高了 16.6%、17.0% 和 19.9%。

根据臭氧混凝多元耦合体系原理和实验室结果，金鹏康教授提出可推进一体化臭氧混凝气浮技术装备研制，将其应用于不同场景多种途径污水再生处理。图 3-25 为该工艺的主体设备，主要技术指标如表 3-5 所列。为促进其在油气田等现场作业产生废水中的应用，可推进车载移动式污水再生处理装备，主要设备外观和技术参数见图 3-26 和表 3-6。通过模块化组装式污水再生处理装备可以实现现场快速组装进行规模化处理，主要设备外观和技术参数见图3-27 和表 3-7。

图 3-25　一体化臭氧混凝气浮技术装备

▣ 表 3-5　一体化臭氧混凝气浮技术装备技术指标

指标	处理对象	HRT	吨水能耗	设施占地面积
参数	小型固定化场站	<40min	0.2~0.5kW·h/t	<0.3m²/m³

图 3-26　车载处理装置

⊡ 表 3-6　车载处理装置技术指标

指标	参数
处理方式	车载移动
规格	$5\sim20m^3/h$
HRT	120min
适用水质	油气田等现场作业废水
处理水质	满足压裂、钻井工作液配制要求
吨水能耗	$3\sim3.5kW\cdot h/t$
占地面积	$1.5m^2/m^3$
污泥含水率	$<98\%$
处理水回收率	$>85\%$

⊡ 表 3-7　模块化组装处理设备技术参数

指标	参数
规格	$5\sim20m^3/h$
HRT	120min
适用水质	油气田、印染等作业废水
处理水质	满足压裂、钻井工作液配制、回注地层等要求
吨水能耗	$1.25kW\cdot h/t$
占地面积	$1.5m^2/m^3$
污泥含水率	$<98\%$
处理水回收率	$>85\%$

(a)系列模块化组装式设备

(b)集中处理站

图 3-27　模块化组装处理设备

  HOC核心技术已广泛应用于陕西、甘肃、宁夏、内蒙古等 8 省区的城市污水、油气田污水、印染废水等多种污水处理与资源化利用工程，解决了极度缺水地区工业发展的瓶颈问题，缓解了城镇发展的供水矛盾，促进了污染治理和环境改善。

参考文献

[1]　陈建发，林诚，刘福权，等．MicroFA 四相催化氧化技术在二级生化处理出水深度处理的应用［J］．四川大学学报，2014，51（4）：797-803.

[2]　徐军富，王珏．一种四相催化氧化深度处理废水的方法［J］．中国，2010：11.

[3]　沈荣晨，谢君，向全军，等．镍基光催化产氢助催化剂［J］．催化学报，2019，40（3）：240-288.

[4]　Fujishima A，HONDA K．Electrochemical photolysis of water at a semiconductor electrode［J］．Nature，1972，238（5358）：37-38.

[5]　Agustina T E，Ang H M，Vareek V K．A Review of synergistic effect of photocatalysis and ozonation on wastewater treatment［J］．Journal of Photochemistry & Photobiology C Photochemistry Reviews，2005，6（4）：264-273.

[6]　Dionysiou D D，Khodadoust A P，Kern A M，et al．Continuous-mode photocatalytic degradation of chlorinated phenols and pesticides in water using a bench-scale TiO_{2} rotating disk reactor［J］．Applied Catalysis B Environmental，2000，24（3）：139-155.

[7]　Anipsitakis G P，Dionysiou D D．Degradation of organic contaminants in water with sulfate radicals generated by the conjunction of peroxymonosulfate with cobalt［J］．Environmental Science & Technology，2003，37（20）：4790-4797.

[8]　王文娟，晓罗，王婷，等．光催化氧化技术在化工废水处理中的应用［J］．河北化工，2009，32（5）：69-71.

[9]　李骏，甄胜利，刘泽军，等．一种循环式异相光催化氧化处理系统及处理方法：CN201810749125.2［P］．2018-11-30.

[10]　"石墨烯光催化氧化技术"通过国家级鉴定［J］．工程塑料应用，2017，1：122.

[11] 中国环境科学学会. 环保科技成果鉴定证书. 中国环境科学学会, 2016.

[12] 邹胜男, 军蒋, 徐秋军, 等. 石墨烯/TiO_2 光催化对黑臭水体治理的研究 [J]. 环境科学导刊, 2018, 37: 99-102.

[13] 邹胜男, 严晓立, 许亮, 等. 石墨烯光催化氧化技术在黑臭河道综合整治中的应用 [J]. 环境保护与循环经济, 2018, 6: 24-26.

[14] 华烨. 浅谈石墨烯光催化氧化技术在黑臭河道治理中的应用 [J]. 水污染防治, 2019, 9: 1-4.

[15] 谢裕颖, 陈祖良, 李兆龙, 等. 电子束辐照联合传统工艺深度处理印染废水的研究 [J]. 核科学与技术, 2018, 6 (3): 78-86.

[16] 廖玮, 廖传华, 朱廷风, 等. 超临界水氧化技术在环境治理中的应用 [J]. 印染助剂, 2019.

[17] Martino C J, Savage P E. Total organic carbon disappearance kinetics for the supercritical water oxidation of monosubstituted phenols [J]. Environmental Science & Technology, 1999, 33 (11): 1911-1915.

[18] Zainal S, Onwudili J A, Williams P T. Supercritical water oxidation of dioxins and furans in waste incinerator fly ash, sewage sludge and industrial soil [J]. Environmental Technology, 2014, 35 (14): 1823-1830.

[19] Gargantini I. Further applications of circular arithmetic - schroeder-like algorithms with error bounds for finding zeros of polynomials [J]. Siam Journal on Numerical Analysis, 1978, 15 (3): 497-510.

[20] Lee Y, Cho M, Kim J Y, et al. Chemistry of ferrate [Fe (Ⅵ)] in aqueous solution and its applications as a green chemical [J]. Journal of Industrial and Engineering Chemistry, 2004, 10 (1): 161-171.

[21] Eisenhauer H R. Oxidation of phenolic wastes [J]. Journal Water Pollution Control Federation, 1964, 36 (9): 1116-1128.

[22] Bielski B H J, Cabelli D E, Arudi R L, et al. Reactivity of HO_2/O_2^- radicals in aqueous-solution [J]. Journal of Physical and Chemical Reference Data, 1985, 14 (4): 1041-1100.

[23] Buxton G V, Greenstock C L, Helman W P, et al. Critical-review of rate constants for reactions of hydrated electrons, hydrogen-atoms and hydroxyl radicals (·OH/·O^-) in aqueous-solution [J]. Journal of Physical and Chemical Reference Data, 1988, 17 (2): 513-886.

[24] Walling C. Fentons reagent revisited [J]. Accounts of Chemical Research, 1975, 8 (4): 125-131.

[25] Walling C, Goosen A. Mechanism of ferric ion catalyzed decomposition of hydrogen-peroxide - effect of organic substrates [J]. Journal of the American Chemical Society, 1973, 95 (9): 2987-2991.

[26] Bacic G, Mojovic M. EPR spin trapping of oxygen radicals in plants - A methodological overview [J]. Biophysics from Molecules to Brain: In Memory of Radoslav K. Andjus, 2005, 1048: 230-243.

[27] Ozcan A, Sahin Y, Oturan M A. Complete removal of the insecticide azinphos-methyl from water by the electro-Fenton method - A kinetic and mechanistic study [J]. Water Research, 2013, 47 (3): 1470-1479.

[28] Pignatello J J, Oliveros E, MacKay A. Advanced oxidation processes for organic contaminant destruction based on the Fenton reaction and related chemistry [J]. Critical Reviews in Environmental Science and Technology, 2006, 36 (1): 1-84.

[29] Tang W Z, Tassos S. Oxidation kinetics and mechanisms of trihalomethanes by Fenton's reagent [J]. Water Research, 1997, 31 (5): 1117-1125.

[30] Lipczynska-Kochany E, Kochany J. Effect of humic substances on the Fenton treatment of wastewater at acidic and neutral pH [J]. Chemosphere, 2008, 73 (5): 745-750.

[31] Xu L J, Wang J L. Fenton-like degradation of 2, 4-dichlorophenol using Fe_3O_4 magnetic nanoparticles [J]. Applied Catalysis B-Environmental, 2012, 123: 117-126.

[32] Lin S S, Gurol M D. Catalytic decomposition of hydrogen peroxide on iron oxide: Kinetics, mechanism, and implications [J]. Environmental Science & Technology, 1998, 32 (10): 1417-1423.

[33] He J, Yang X F, Men B, et al. Interfacial mechanisms of heterogeneous Fenton reactions catalyzed by iron-based materials: A Review [J]. Journal of Environmental Sciences, 2016, 39: 97-109.

[34] Masomboon N, Ratanatamskul C, Lu M C. Chemical oxidation of 2, 6-dimethylaniline in the Fenton process

[J]．Environmental Science & Technology，2009，43（22）：8629-8634.

[35] Tang H Q，Xiang Q Q，Lei M，et al. Efficient degradation of perfluorooctanoic acid by UV-Fenton process [J]. Chemical Engineering Journal，2012，184：156-162.

[36] Lu M C，Chang Y F，Chen I M，et al. Effect of chloride ions on the oxidation of aniline by Fenton's reagent [J]. Journal of Environmental Management，2005，75（2）：177-182.

[37] Wang Y，Wei H，Liu P，et al. Effect of structural defects on activated carbon catalysts in catalytic wet peroxide oxidation of m-cresol [J].Catalysis Today，2015，258：120-131.

[38] Yu L，Liu Y K，Wei H Z，et al. Developing a high-quality catalyst from the pyrolysis of anaerobic granular sludge：Its application for m-cresol degradation [J].Chemosphere，2020，255：126939.

[39] Yang Y，Zhang H，Yan Y. The preparation of Fe_2O_3-ZSM-5 catalysts by metal-organic chemical vapour deposition method for catalytic wet peroxide oxidation of m-cresol [J].R Soc Open Sci，2018，5（3）：171731.

[40] Yu Y，Wei H，Yu L，et al. Sewage-sludge-derived carbonaceous materials for catalytic wet hydrogen peroxide oxidation of m-cresol in batch and continuous reactors [J].Environmental Technology，2016，37（2）：153-162.

[41] Yu Y，Wei H，Yu L，et al. Catalytic wet air oxidation of m-cresol over a surface-modified sewage sludge-derived carbonaceous catalyst [J].Catalysis Science & Technology，2016，6（4）：1085-1093.

[42] Wang Y，Wei H，Zhao Y，et al. The optimization, kinetics and mechanism of m-cresol degradation via catalytic wet peroxide oxidation with sludge-derived carbon catalyst [J].Journal of Hazardous materials，2017，326：36-46.

[43] 胡秀虹，汤承浩，吴林冬，等.Zr 掺杂 TiO_2 介孔材料光催化降解头孢氨苄 [J]．化工环保，2017，4（v.37；No.220）：90-95.

[44] Forough G，Jalilzadeh Y R，Akbar B A. Photocatalysis assisted by activated-carbon-impregnated magnetite composite for removal of cephalexin from aqueous solution [J].Korean Journal of Chemical Engineering，2018，35.

[45] 余丽，刘允康，Atti M，等.CWPO 体系中污泥炭催化降解头孢氨苄废水 [J]．环境化学，2020，39（5）：1262-1270.

[46] 刘允康，赵颖，侯作君，等.磷酸改性颗粒污泥炭催化降解头孢氨苄 [J]．环境工程学报，2021，15（5）：1539-1548.

[47] 杨祝红，黄文娟，吉远辉，等.高级氧化技术矿化水中痕量有机物能力的研究进展 [J]．南京工业大学学报（自然科学版），2011，33（2）：109-114.

[48] Andreozzi R. Advanced oxidation processes（AOPs）for water purification and recovery [J].Catalysis Today，1999，53（1）：51-59.

[49] Chang J，Chen Z L，Wang Z，et al. Oxidation of microcystin-LR in water by ozone combined with UV radiation：The removal and degradation pathway [J].Chemical Engineering Journal，2015，276：97-105.

[50] 杨子增.UV/O_3 降解水中磺胺嘧啶的效能和机理研究 [D]．哈尔滨：哈尔滨工业大学，2016.

[51] Glaze W H，Kang J W，Chapin D H. The chemistry of water treatment processes involving ozone，hydrogen peroxide and ultraviolet radiation [J].Ozone Science & Engineering，1987，9（4）：335-352.

[52] Xin Y，Li X. A numerical study of photochemical reaction mechanism of ozone variation in surface layer [J].Scientia Atmospherica Sinica，1999（4）：427-438.

[53] Lau T K，Chu W，Graham N. Reaction pathways and kinetics of butylated hydroxyanisole with UV，ozonation，and UV/O_3 processes [J].Water Research，2007，41（4）：1-774.

[54] Garrison Richard L，Mauk C E，Prengle H W. Cyanide disposal by ozone oxidation [J].U S National technical information service，1974，AD-775（152）.

[55] 孙德智.环境工程中的高级氧化技术 [M]．北京：化学工业出版社，2002.

[56] 陈颖，孙贤波，陈强.O_3/UV 和 O_3/H_2O_2 氧化法处理聚丙烯酰胺采油废水 [J]．华东理工大学学报（自然科学版），2016，42（5）：658-663.

[57] 张秀，赵泽盟，邵磊．O$_3$/UV 工艺处理罗丹明 B 染料废水的研究 [J]．现代化工，2019，39（1）：180-183，185.

[58] 刘盼，扶咏梅，顾效纲，等．农药及制药废水的处理技术及研究进展 [J]．化学试剂，2019.

[59] 李彦博，金晓玲，汪翠萍，等．UV-O$_3$ 工艺降解恩诺沙星效果研究 [J]．给水排水，2014，40（3）：132-137.

[60] 刘金泉，李天增，王发珍，等．O$_3$、H$_2$O$_2$/O$_3$ 及 UV/O$_3$ 在焦化废水深度处理中的应用 [J]．环境工程学报，2009，3（3）：501-505.

[61] Beltran F J, Rivas F J, Gimeno O. Comparison between photocatalytic ozonation and other oxidation processes for the removal of phenols from water [J]. Journal of Chemical Technology and Biotechnology, 2005, 80 (9): 973-984.

[62] Shang N C, Chen Y H, Ma H W, et al. Oxidation of methyl methacrylate from semiconductor wastewater by O$_3$ and O$_3$/UV processes [J]. Journal of Hazardous Materials, 2007, 147 (1-2): 307-312.

[63] Wang K, Guo J, Yang M, et al. Decomposition of two haloacetic acids in water using UV radiation, ozone and advanced oxidation processes [J]. Journal of Hazardous Materials, 2009, 162 (2-3): 1243-1248.

[64] 胡军．光催化-臭氧联用技术在环境工程中的应用研究 [D]．大连：大连理工大学，2004.

[65] 马晓敏，宋强，胡春，等．紫外、臭氧复合对饮用水的杀菌除微污染实验 [J]．环境科学，2002，23（5）：57-61.

[66] 朱灵峰，陈摇静，李国亭，等．紫外光在高级氧化技术中的应用综述 [J]．人民黄河，2010，32（12）：92-94.

[67] 胡军，周集体，张爱丽，等．光催化-臭氧联用技术降解苯胺研究 [J]．大连理工大学学报，2005，45（1）：26-30.

[68] Cernigoj U, Stangar U L, Trebse P. Degradation of neonicotinoid insecticides by different advanced oxidation processes and studying the effect of ozone on TiO$_2$ photocatalysis [J]. Applied Catalysis B-Environmental, 2007, 75 (3-4): 229-238.

[69] 卢敬霞，张彭义，何为军．臭氧光催化降解水中甲醛的研究 [J]．环境工程学报，2010，4（1）：29-32.

[70] Addamo M, Augugliaro V, Garcia-Lopez E, et al. Oxidation of oxalate ion in aqueous suspensions of TiO$_2$ by photocatalysis and ozonation [J]. Catalysis Today, 2005, 107-08: 612-618.

[71] 尚会建．非均相臭氧-光催化氧化高盐含氰废水的工艺研究 [D]．天津：天津大学，2016.

[72] 张然．紫外-微臭氧深度处理工艺去除微量难降解有机物的研究 [D]．南京：东南大学，2012.

[73] 吕锡武．紫外微臭氧饮用水净化的方法 [J]．中国，1996.

[74] 吕锡武，孔青春．紫外-微臭氧处理饮用水中有机优先污染物 [J]．中国环境科学，1997：90-93.

[75] 张然．紫外-微臭氧深度处理工艺去除微量难降解有机物的研究 [D]．南京：东南大学，2012.

[76] 田润稷，张静，刘春．UV 强化微气泡臭氧化处理酸性大红 3R 废水研究 [J]．工业水处理，2019，39（4）：53-57.

[77] 崔延瑞，肖颂娜，吴青，等．臭氧氧化难降解废水生化性改变研究评述 [J]．河南师范大学学报（自然科学版），2013，41（2）：78-84.

[78] 胡洁，王乔，周珉，等．芬顿和臭氧氧化法深度处理化工废水的对比研究 [J]．四川环境，2015，34（4）：23-26.

[79] Neyens E, Baeyens J. A Review of classic Fenton's peroxidation as an advanced oxidation technique [J]. Journal of hazardous materials, 2003, 98 (1): 33-50.

[80] 王服群，王力骞，张璐，等．芬顿臭氧联合应用于陈年垃圾渗滤液浓液处理的研究 [J]．工业安全与环保，2014，40（4）：21-23.

[81] 黄强，蒋伟群，高峰．O$_3$/Fenton 试剂复合氧化多菌灵废水实验 [J]．农药，2010，49（11）：807-808.

[82] 丁禄彬．臭氧和 Fenton 试剂处理石化电脱盐废水研究 [J]．试验研究，2015，15（3）：39-41.

[83] 钟晨．高级氧化与生化组合工艺处理造纸添加剂废水的研究 [D]．上海：华东理工大学，2008.

[84] 王斯靖，舒平．一种氧化和生化耦合一体化的水处理方法：CN201811017448.9 [P]．2018-12-21.

[85] 曹国民，盛梅，刘勇弟．高级氧化-生化组合工艺处理难降解有机废水的研究进展 [J]．化工环保，2010，30

（1）：1-7.

［86］ 王树涛，马军，田海，等 . 臭氧预氧化/曝气生物滤池污水深度处理特性研究［J］. 现代化工，2006，26（11）：32-36.

［87］ 汪晓军，顾晓扬，王炜 . 组合工艺处理高浓度日用化工废水［J］. 工业废水处理，2008，28（2）：78-80.

［88］ 钟理，陈建军，郭文静，等 . 高级氧化-生化耦合技术处理低浓度有机污水用作回用水实验研究［J］. 现代化工，2005，25（1）：39-42.

［89］ Kitis M，Adams，Craig D，et al. The effects of Fenton's reagent pretreatment on the biodegradability of nonionic surfactants［J］. Water Research，1999，33（11）：2561-2568.

［90］ Toor R，Mohseni M. UV-H$_2$O$_2$ based AOP and its integration with biological activated carbon treatment for DBP reduction in drinking water［J］. Chemosphere，2007，66（11）：2087-2095.

［91］ 李旺 . 生化-高级氧化法处理酸化油生产废水工艺设计［D］. 济南：齐鲁工业大学，2015.

［92］ 张燕，杨瑞雪 . 芬顿氧化在印染废水深度处理中的应用实验研究［J］. 广州化工，2019，47（17）：94-96.

［93］ 郭庆英，刘晓茜，李晶 . 芬顿高级氧化用于工业污水厂深度处理提标改造［J］. 中国给水排水，2019，35（10）：64-67.

［94］ 郭雪峰 . 混凝强化机理及其应用研究［D］. 太原：山西大学，2017.

［95］ Jin P K，Wang X C，Hu G. A dispersed-ozone flotation（DOF）separator for tertiary wastewater treatment［J］. Water Science and Technology，2006，53（9）：151-157.

［96］ Jin X，Jin P，Hou R，et al. Enhanced WWTP effluent organic matter removal in hybrid ozonation-coagulation（HOC）process catalyzed by Al-based coagulant［J］. Journal of Hazardous materials，2017，327：216-224.

［97］ Han S K，Ichikawa K，Utsumi H. Quantitative analysis for the enhancement of hydroxyl radical generation by phenols during ozonation of water［J］. Wat Res，1998，32（11）：3261-3266.

［98］ Lim H N，Choi H，Hwang T M，et al. Characterization of ozone decomposition in a soil slurry：Kinetics and mechanism［J］. Water Research，2002，36（1）：219-229.

［99］ Jun M A，Graham N J D. Degradation of atrazine by manganese-catalysed ozonation：Influence of humic substances［J］. Water Research，1999，33（3）：785-793.

［100］ 金鹏康 . 多元耦合一体化臭氧气浮技术装备开发与应用［J］. 青岛国际水大会报告，2020.

［101］ Pintar A，Levec J. Catalytic oxidation of aqueous p-chlorophenol andp-nitrophenol solutions［J］. Chem Eng Sci，1994，49：4391-4407.

［102］ 王金安，汪仁 . 甲醇燃料车尾气净化催化剂的研究（I）-单组分催化剂对甲醇的深度氧化［J］. 环境科学，1994，15：45-48.

第**4**章

水质膜分离和高级还原
处理新方法

4.1 膜分离法

膜分离由于没有相的变化（渗透蒸发膜除外），常温下即可操作，成为近年来迅速崛起的一种新方法。它通过半透性膜，在外加推动力的作用下，选择性地让混合液中的某种组分透过，达到分离的目的。膜过滤的主要类型有微滤（MF）、超滤（UF）、纳滤（NF）和反渗透（RO）等，其主要膜分离过程及传递机理见表 4-1。膜必须具有高通量、高污染物截留率、耐用性、耐化学腐蚀性的特点。无机膜易碎且价格昂贵，商业价值较低，有机聚合物是主要的商业用膜材料。膜处理法的优点是不需要化学药品，无需调节 pH 值，设备紧凑，自动化程度高和水质恒定。但存在膜成本高、膜的结垢和再生的问题。

▫ 表 4-1 主要膜分离过程及传递机理

膜过程	推动力	传递机理	透过物	截留物	膜类型
微滤	压力差	颗粒大小、形状	水、溶剂溶解物	悬浮物颗粒	纤维多孔膜
超滤	压力差	分子特性、大小、形状	水、溶剂小分子	胶体和超过截留分子量的分子	非对称膜
纳滤	压力差	离子大小及电荷	水、一价离子、多价离子	有机物	复合膜
反渗透	压力差	溶剂的扩散传递	水、溶剂	溶质、盐	非对称性复合膜

4.1.1 分类

(1) 微滤和超滤

超滤和微滤均是利用多孔材料的拦截能力，以物理截留的方式去除水中一定大小的杂质颗粒。在压力驱动下，溶液中水、有机低分子、无机离子等尺寸小的物质可通过纤维壁上的微孔到达膜的另一侧，溶液中菌体、胶体、颗粒物、有机大分子等大尺寸物质则不能透过纤维壁而被截留，从而达到筛分溶液中不同组分的目的。该过程为常温操作，无相态变化，不产生二次污染。微滤和超滤对溶质的截留被认为主要是机械筛分作用，属于低压驱动的膜分离方式。微滤膜孔径范围为 $0.05 \sim 5 \mu m$，超滤膜的孔径范围为 $0.01 \sim 0.1 \mu m$，可截留水中的微粒、胶体、细菌、大分子有机物和部分病毒，但无法截留无机离子和小分子物质。微滤和超滤也可作为反渗透或纳滤的预处理方法，降低后者的堵塞情况。微滤多用于给水预处理系统；超滤多应用于锅炉给水处理、工业废污水处理、饮用水的生产及高纯水制备等。

(2) 纳滤

纳滤分离作为一项新型的膜分离技术，技术原理近似机械筛分。但是纳滤膜本体带有电荷性，这是它在很低压力下仍具有较高脱盐性能和截留分子量为数百的膜也可脱除无机盐的重要原因。纳滤膜的截留分子量为 $200 \sim 1000$，与截留分子量相对应的膜孔径约为 $1 nm$，故称之为纳滤膜。和 MF 或 UF 相比，纳滤膜需要更大的外加压力才能使水从 NF 膜孔中通过。纳滤膜是荷电膜，能进行电性吸附。在相同的水质及环境下制水，纳滤膜所需的压力小于反渗透膜所需的压力。所以从分离原理上讲，纳滤和反渗透既有相似的一面，又有不同的一面。纳滤膜的孔径和表面特征决定了其独特的性能，对不同电荷和不同价数的离子又具有不同的电位。纳滤膜的分离机理为筛分和溶解扩散并存，同时又具有电荷排斥效应，可以有效地去除二价和多价离子，去除分子量大于 200 的各类物质，可部分去除单价离子和分子量低于 200 的物质。纳滤膜的分离性能明显优于超滤膜和微滤膜，而与反渗透膜相比具有部分去除单价离子、过程渗透压低、操作压力低、省能等优点。此外，纳滤膜可去除碱度，导致生成的水具有腐蚀性，因此必须采取措施增加流出液的碱度，以降低腐蚀性。纳滤膜的特点是对二价离子有很高的去除率，而对一价离子的去除率很低，因而可以用来去除水的硬度，也被称为软化膜。在 NF 之前必须进行水的软化，以避免硬度离子沉积在膜上。

纳滤膜具备亚纳米级可调的孔径分布和丰富的表面官能团，可以从水中选择性去除或保留目标溶质，近年来在饮用水安全保障、污/废水回用和有价资源高效回收领域引起了广泛关注。然而在许多应用场景，目前商品化纳滤膜的选择性很难达到分离需求，且存在水通量较低的情况，这些不足限制了纳滤膜在水处理领域的更广泛应用。实现纳滤膜的定制化最根本的是在制备过程中可控设计纳滤膜的结构和表面化学特征。一方面通过优化基膜结构、调控反应过程和对初生膜后处理等措施提高对传统界面聚合过程的控制，充分挖掘其潜能；另一方面利用新材料和新的可控反应过程实现纳滤膜结构的定向调控，如聚电解质层层组装纳滤膜、多酚共沉积纳滤膜、仿生水通道纳滤膜和层状材料纳滤膜等。

(3) 反渗透

反渗透又称逆渗透，是一种以压力差为推动力，从溶液中分离出溶剂的膜分离操作。对膜一侧的料液施加压力，当压力超过它的渗透压时，溶剂会逆着自然渗透的方向做反向渗透。反渗透膜能截留水中的各种无机离子、胶体物质和大分子溶质，从而取得净制的水，也可用于大分子有机物溶液的预浓缩。由于反渗透过程简单，能耗低，近 20 年来得到迅速发展，现已大规模应用于海水和苦咸水（卤水）淡化、锅炉用水软化和废水处理，并与离子交换结合制取高纯水。

与其他传统分离工程相比，反渗透分离过程有其独特的优势：a. 压力是反渗透分离过程的主动力，不经过能量密集交换的相变，能耗低；b. 反渗透不需要大量的沉淀剂和吸附剂，运行成本低；c. 反渗透分离工程设计和操作简单，建设周期短；d. 反渗透净化效率高，环境友好。

针对反渗透方法操作压力对废水浓缩倍数的限制，王樟新等使用低脱盐率组件组合成多级反渗透装置，一个 N 级的低脱盐率反渗透系统包括一个常规的反渗透组件和（N-1）个低脱盐率反渗透组件。在使用相同操作压力时，这种低脱盐率反渗透系统比传统的反渗透系统能更有效地提升浓缩倍数，从而减少浓盐水的体积，使产水量大大提升。当操作压力为 70bar（1bar＝10^5Pa，下同）时，二级低脱盐率反渗透系统的最终浓缩废水盐度为 1.89mol/L 左右，而第三级膜组件的引入能提高浓缩废水盐度至 2.6mol/L 左右，但能耗也会增加（图 4-1，书后另见彩图）。当浓缩废水盐度为 1.89mol/L 时，二级系统的能耗约为 3.4kW・h/m³，而三级系统的能耗高于 4kW・h/m³。因此，建议在满足浓缩倍率时尽量使用级数少的系统。

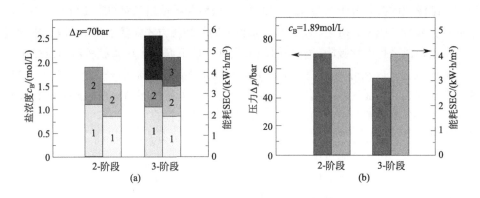

图 4-1 反渗透系统的性能分析（二级和三级脱盐率）

（4）电渗析

电渗析（ED）是另一种有前景的膜分离技术。在直流电场作用下，带电离子以电位差为推动力，利用离子交换膜的选择透过性，把电解质从溶液中分离出来，从而达到溶液的提纯、淡化等。ED 结构包括在阳极和阴极之间交替排列的阳离子交换膜（CEM）和阴离子交换膜（AEM），在直流电场作用下，溶液中的带电离子选择性地通过离子交换膜。ED 可应用于有机物、无机物、重金属和营养物回收。与 RO 相比，ED 工艺水回收率高、运行成本更低、操作简单以及膜寿命较长。然而，ED 无法去除病毒和细菌。与其他膜工艺相比，废水处理中的ED 技术还没有得到广泛应用。

除了传统的 ED 外，还提出了几种 ED 配置，包括双极膜电渗析（BMED）和电除盐（EDI）。BMED 中，阳离子交换膜和低压阴离子的组合有利于双极膜的形成。BMED 能够从进水中分别去除阴离子和阳离子。这些被去除的离子随后与 OH^- 和 H^+ 结合，形成碱性溶液和酸性溶液。使用 BMED 方法处理渗滤液，将阴极电解液和阳极电解液转化为碱性溶液和酸性溶液。在单膜电压为 25V 的情况下得到了最优化的处理条件。出水的 COD 从 7200mg/L 成功降低到 1920mg/L，而电导率降低到 1.97mS/cm。EDI 设备可以连续制备高纯水，由美国的Millipore 公司、Ionpure 公司和加拿大 E-Cell 公司等推出。电除盐系统代替传统的离子交换混合树脂床，生产去离子水。与离子交换不同，电除盐不会因为补充树脂或者化学再生而停机。因此，电除盐产水水质稳定，同时也最大限度地降低了设备投资和运行费用。

EDI 实际上就是在电渗析器的阴、阳离子膜隔室的脱盐室中加入树脂，作为脱盐隔室。在膜堆两端加直流电产生电位差，它使原水中的阳离子向阴极方向的阳离子交换膜移动并穿过阳膜，使阴离子向阳极方向移动并穿过阴膜，从而使阴、阳离子进入浓缩室随浓水排走。随着脱盐室水电阻率的升高，在近膜层发生极化，水被电离分解成 OH^- 和 H^+，脱盐室内的树脂经常处于再生状态，实现连续深度脱盐填充的离子交换树脂是一种特制高电导率的树脂，其导电能力要比低浓度水大得多。树脂颗粒不断发生离子交换作用从而构成离子通道，使脱盐室内电导率增大，从而减弱电渗析器的极化现象，提高了电渗析器的极限电流，亦即提高了脱盐能力。由于脱盐隔室添加了树脂，使水流搅拌作用增大，促进了离子扩散；使脱盐室电导率增大，提高了极限电流密度和电流效率，有助于深度除盐。当 EDI 设备的运行电流超过极限电流时，在膜和树脂附近的界面层会产生极化，水解产生 OH^- 和 H^+，可使树脂再生。EDI 设备在运行中，水中的盐分通过电渗析过程脱盐和通过阴、阳树脂交换脱盐，还会因树脂再生使水质变坏，经过调试选择适当条件就能产生高质量的纯水。这是一种环保型设备，再生不用酸或碱，已在全球各地得到了成功应用，总容量已超过 29500t/h，包括美国的核电站和电子工厂。

　　EDI 设备脱盐原理见图 4-2。EDI 设备采用电再生树脂而不是采用酸碱再生，可以代替混合离子交换器，出水水质可达 $18M\Omega \cdot cm$（25℃），SiO_2 和 TOC 去除率高。EDI 设备标准工艺设计参数见表 4-2，对给水水质要求见表 4-3，正常操作条件见表 4-4。

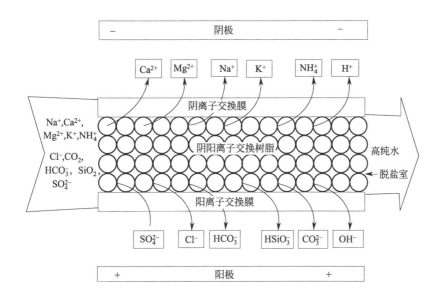

图 4-2　EDI 设备脱盐原理

　　EDI 技术特点包括：a. 除在脱盐室中加入离子交换树脂外，在浓水中也加入专利树脂，降低了膜块电阻，系统中不需加盐和不需浓水循环泵；b. 在淡水中填充分层排列专利树脂，有利于弱电解质的去除；c. 没有极水，水利用率高；d. 采用了橡胶 O 形圈多层密封，耐酸不漏水；e. 系统简单，仅需 3 支配管（进水、产品水和浓水）；f. 不需 PLC（可编程逻辑控制器）程控；g. 因不加盐故不产生氯气，不破坏内部结构。

☐ 表 4-2　EDI 设备标准工艺设计参数

型号	MK-3	MK-3Pharm	MK-3Mini
成品水流量/(t/h)	1.7～4.54(3.4)	1.7～4.54(3.4)	0.57～1.52(1.14)
正品水回收率/%	85～95	85～95	85～95
温度/℃	4.4～40	4.4～40	4.4～40

型号	MK-3	MK-3Pharm	MK-3Mini
进口水压/MPa	0.34～0.69	0.34～0.69	0.34～0.69
电压/V	400(直流,最大)	400(直流,最大)	400(直流,最大)

⊡ 表4-3 EDI设备对给水水质的要求

指标	单位	范围	指标	单位	范围
总阴离子量(包括CO_2)	mg/L(以$CaCO_3$计)	<25	氯总量	mg/L	<0.05
pH值	—	5.9	Fe、Mn、H_2S	mg/L	<0.01
硬度(以$CaCO_3$计)	mg/L	<1.0	SDI_{15}	—	<1.0
活性硅	mg/L	<1.0	浊度	NTU	<1.0
TOC	mg/L	<0.5	色度	APHA	<5.0

注：SDI指的是淤泥密度指数。

⊡ 表4-4 EDI设备的正常操作条件（设计参数）

型号			MK-3	MK-3Pharm	MK-3Mini
电耗	电流/A			≤5.2	
	电压(DC)/V			≤400	
出口成品水	标准流量/(t/h)		3.4	3.4	1.14
	流量范围/(t/h)		1.70～4.54	1.70～4.54	0.57～1.52
	水质/MΩ·cm		>16	>10	>16
	压降/MPa	标准流量		0.14～0.28	
		最小流量		0.07～0.14	
		最大流量		0.24～0.34	
极水	流量流量/(L/min)			1.33	
	pH量			7～9	
浓水排放	渣量			给水的5%～15%(由回收率确定)	
浓水电极入口	总流量/(t/h)		0.078～0.6	0.078～0.6	0.078～0.43
浓水补充水	流量		取决于回收率		
	水质		等同于给水	—	

(5) 导电分离膜

导电分离膜作为一种新型的功能膜，既具备膜的选择透过性能，又具备导电功能，已成为国际上膜科学领域研究的新热点。近年来，研究人员通过制备具有导电性能的分离膜，并将其与电化学技术进行耦合，利用静电排斥、电致气泡、电润湿、电化学氧化还原、电增强吸附、电致结构改变等原理，使膜在发挥分离特性的同时展示出新的优异性能，如抗污染、降解污染物以及调控膜的选择透过性等。目前，导电分离膜主要有以下几类。

① 无机导电膜。无机导电膜主要包括炭膜、亚氧化钛膜、陶瓷复合膜、导电金属膜等。炭膜具有导电性好、比表面积大、电容性大、制备成本较低、阳极稳定性不高等特点，通常在无氧条件下通过热解炭化工艺制备。亚氧化钛膜具有高导电性、较优的力学性能、低廉的制备成本，在电化学系统中既可以作阳极，也可以作阴极。陶瓷复合导电膜是以陶瓷膜为基底，在膜或膜孔表面构造一层导电材料。导电金属膜主要包括不锈钢膜、钛膜和镍膜等。不锈钢膜具有良好的导电性能、较好的抗腐蚀能力、使用寿命长等优点，但是目前所制备的不锈钢膜孔径还是微米级别，截留效果有限且加工成本较高。此外，也有少量的钛膜、镍膜等金属膜用于电化学辅助膜分离过程。

② 有机导电膜。有机导电膜是以导电有机物为基础制备的导电分离膜。目前研究较多的导电聚合物有聚乙炔、聚苯胺（PANI）、聚吡咯（PPY）、聚噻吩、聚苯乙烯等。有机导电膜相对于无机导电膜，材料成本低、制备工艺简单多样、膜孔径可控性好、膜柔韧性好、装填密度高，但是导电聚合物难以加工成型，制备的膜导电性较差，经掺杂后的膜机械强度会下降。

③ 有机/无机复合导电膜。有机/无机复合导电膜是近年来研究较多的导电膜类型。复合导电膜能够充分利用有机膜易于加工、成本低、装填密度高等优点，将有机聚合物与导电材料复合赋予膜导电的性能。目前关于有机/无机复合导电膜的研究大概可以分为 3 类，即导电颗粒与聚合物共混膜、导电基底与聚合物共混膜、表面涂层复合膜。

(6) 膜曝气生物膜反应器

① 来源。1972 年出现了用于细胞和组织培养的中空纤维氧化系统，Yeh 等于 1978 年首次提出并构建了膜曝气生物膜反应器（membrane aerated biofilm reactor，MABR），发现微孔膜曝气耦合微生物膜氧化方法可以有效降解废水中的有机质。1989 年，Côté 等提出无泡曝气的概念，论证了 MABR 在气体传质方面的优势。分子生物学技术的发展使 Yamigawa 等在 1994 年首次观察到 MABR 的生物膜群落存在分层结构。至此，MABR 正式进入研究者的视野。近 20 年来，膜曝气生物膜反应器作为一项颇具节能潜力的技术，凭借其高效脱氮、占地面积小等优势，在未来污水处理的节能减耗、污水厂的升级改造中显得尤为重要。

② 特点。传统鼓风曝气的活性污泥工艺中，40%～60% 的能耗被用于曝气，但是只有 5%～25% 的氧能够转移到水中，剩余气体会以气泡的形式逸出进入大气。而 MABR 系统利用疏水膜材料进行曝气，氧气在膜内外两侧氧分压差的作用下，通过膜扩散直接到达生物膜。在 MABR 中，氧传递到生物膜表面时不需要经过液相边界层，传质阻力变小，氧的传质速率（OTR）也得以提高。而且，MABR 中气体的氧分压不受液相深度的影响，即使在浅水处也可保持较大的氧浓度梯度。与传统曝气相比，膜曝气不产生气泡，所以扩散过膜的氧气可以完全被生物膜利用，氧的传递效率（OTE）最高可达到 100%，大幅节约能耗。同时，由于 MABR 的气相和液相在物理上是分离的，膜曝气系统可有效地分离曝气和混合功能，结合无泡曝气的高氧利用率，只需调节氧分压即可精准控制氧气供应量，不仅可以避免气体的浪费，而且可以间接控制生物膜中的氧气穿透深度，为各种耦合工艺的实现创造独有供氧条件。

③ 膜材料和膜组件。MABR 膜材料分为微孔膜和致密膜。微孔膜以聚偏氟乙烯（PVDF）、聚丙烯（PP）、聚乙烯（PE）等疏水材料制成，氧分子经由微孔传递；致密膜采用硅胶等致密材料，氧气直接通过分子扩散过膜。

膜组件通常分为中空纤维膜、管式膜和板式膜。中空纤维膜组件比表面积较大，能够附着的生物量更多，实际工程中常采用此膜组件来达到减小构筑物占地面积的目的。且中空纤维膜组件可模块化设计，安装简单，较板式曝气膜造价低，现已成为 MABR 的主流选择。

在处理低浓度污水或用于自养脱氮工艺时，由于进水负荷低、生物膜生长速率较慢，且硝化细菌等自养菌的胞外聚合物（EPS）产量低，形成的生物膜结构脆弱，因此膜材料的生物亲和性成为更重要的指标。一般来说，表面粗糙度高、疏水性好、带正电荷的膜材料生物亲和性更好，因此可以通过膜改性为膜表面附加基团，改善膜材料附着生物膜的能力。在膜表面引入含氨基的聚乙二醇链后，生物膜更易附着，更稳定。研究者利用二羟基苯丙氨酸对 PVDF 微孔膜进行了表面改性，改性后的表面粗糙度和亲和度提高，COD 和总氮的去除效果都明显提高。通过等离子法在聚四氟乙烯（PTFE）膜上接枝混合单体提高膜的生物亲和性和氧传质性能。但是制作复合膜的工艺复杂且成本较高，工程中又需要大量的膜面积以满足处理需要，使膜制备在整套工艺中成本比例过大。

4.1.2 应用

反渗透膜和纳滤膜均可在外加压力下脱出溶液中的无机盐和大分子物质，在透过水分子的同时截留无机盐、糖类、氨基酸及水中污染物，透过溶剂。反渗透膜对几乎全部物质具有高的脱除率，相比较而言纳滤膜对单价无机离子的脱除率较低，且膜材料带有电荷性，分离过程中产生道南作用，故而能在较低压力下实现多价离子的高脱除率，从而表现出对不同价态无机盐离子的选择性。反渗透膜和纳滤膜的这些性质使其在水处理方面得到广泛应用。

(1) 海水和苦咸水淡化

反渗透脱盐是获取淡水的主要途径，通过对海水和苦咸水脱盐，可解决饮用水的需求。中国早在 1968 年就在山东潮连岛利用反渗透技术淡化海水获取饮用水，大连市长海县拥有全国最大的反渗透海水淡化站，日产淡水 $1000m^3$，成本为 6 元$/m^3$。苦咸水淡化主要在西北地区得到应用，马莲河流域示范工程利用马莲河上游环江苦咸水资源，采用反渗透技术有效解决了环县城区 5 万户居民的饮水问题。在某些缺水国家，反渗透海水淡化也是获取饮用水的主要途径之一。2005 年，以色列在阿什克伦建造了当时全世界最大的反渗透海水淡化装置，占以色列全部水需求量的 15%。软化水处理是纳滤膜最大的应用市场。纳滤膜可用于水质软化、降低总溶解固体（TDS）浓度、去除色度和有机物。纳滤膜在低压下具有较高通量，对一、二价离子区分度较高，浓水中保留适当有用水分，故实际能耗和运行成本比反渗透膜低。美国已有超过 $1.0×10^6 t/d$ 规模的纳滤软化水装置在运转。利用 NF-70 膜处理佛罗里达的浅井水，原水中 TDS 和有机物质量浓度大于 $500mg/L$，在 0.69MPa 操作压力下，总硬度可以降低 92%。纳滤膜对物质的选择透过特性使其在海水、苦咸水资源利用方面前景广阔。

NF 膜也可用于海水/苦咸水淡化预处理工艺，针对目前 NF-海水淡化 RO（SWRO）工艺对总溶解固体（TDS）的去除率较低（30%～50%）、产水渗透压依旧较高、节能优势有待进一步提升的问题，周栋等采取高效 NF-低压 RO 的方法，使集成系统在较低压力下进行海水淡化，在给水浓度为 $34998mg/L$ 时，一级高效 NF 可脱除 82.74% 的盐分，在经由第二级低压 RO 后，可去除海水中 99.84% 的盐分。NF-SWRO 工艺产生的浓盐水可用于无机盐工业的生产，如 RO 浓水中主要含有的 NaCl 可用于氯碱行业中氯的生产，而 NF 浓水中的主要盐分 $MgSO_4$ 可用于镁金属行业。

海水和苦咸水淡化是反渗透技术的传统应用领域，存在的问题仍然是操作压力偏高，能耗较大，另外海水中的 Cl^- 对反渗透膜也有较大的污染，阻碍了反渗透技术在该领域的进一步推广。低压、低能耗、抗污染、抗氧化的反渗透膜正在积极地研发之中，以便从根本上解决现在存在的问题。

(2) 工业废水处理

① 电镀废水。电镀行业是工业生产中的一个重要行业，在电镀生产过程中会产生很多电镀废水，废水直接排放会对环境造成严重污染，给人们的健康带来威胁，在排放废水之前应该要加以处理。研究者在电镀镍漂洗水的处理过程中采用膜分离技术，通过对漂洗水进行浓缩以及回用发现，这种技术在电镀液中应用是可行的，膜分离技术可以对其中的镍离子进行有效截留，截留率大于 99%。在实验中选取的镍离子浓度为 $145mg/L$，经过膜分离技术浓缩

之后，浓缩液中的镍离子浓度达到 50g/L，而其余的透过液经过处理之后还能回收利用。这种工艺对金属液中的金属和水都能利用，但是由于采用两级反渗透，其消耗的能源较多，投资也比较大。

在膜分离技术中，膜是很关键的物质，膜的过滤效果会对金属液的处理效果产生直接影响，有的学者以异丙醇为主要原料，经酸解、除醇、干燥和烧结过程，制成了陶瓷超滤膜，在外界施加大约 0.2MPa 的压力，在此压力下进行超滤分离，并且经过沉淀处理，最终得到电镀废水的清澈液体。实验结果表明，膜的通过量会不断下降，而且下降速度比较快，比如开始过滤 10min 左右，膜的通过率大约为 2.61m³，而开始 70min 之后，膜的通透率变为 0.5m³。经过沉淀之后，电镀水中的金属离子主要以络合物、配合物的形式存在，可以通过孔径比较小的陶瓷超滤膜从而被截留。其中金属铜的去除率达到 70%，金属铬的去除率大约为 10%，在透过液中，铜、铬、镍的浓度分别是 0.0663mg/L、0.0051mg/L 和 0.0763mg/L。

有学者研究了膜处理电镀镍废水过程中 pH 值对分离过程的影响。研究结果表明，如果过滤方式为超滤，对于超滤膜而言，当液体的 pH 值小于 3.68 时，基本不能对金属离子进行截留，但是随着 pH 值的不断上升，其截留率会发生改变，当 pH 值为 6.6 的时候，截留率会达到 98.7%。对于反渗透膜而言，如果电镀废水中含有弱酸根离子，当电镀废水的 pH 值较低的时候，透过液的 pH 值要比原液高，当 pH 值达到 6.6 的时候，透过液的 pH 值比原液低，当原液的 pH 值为 6 的时候，透过液和原液 pH 的值相等，随着原液 pH 值的不断升高，膜的通量会降低。

② 纺织印染废水。印染行业产生的废水色度高、水量大，含有生物毒性物质和重金属元素，若直接排放会造成严重的环境污染。处理印染废水时，纳滤膜在较低压力下能获得较高通量，且抗污染能力较反渗透膜强，虽然纳滤膜对一价离子去除率较低，但两种膜对镁、钙等工业循环回用水中最关注的离子的去除率效果相当，反渗透和纳滤的处理成本分别为 1.82 元/m³ 和 1.53 元/m³，纳滤法成本较低。对活性炭吸附、臭氧处理、纳滤等方法进行对比，发现对纺织工厂废水处理效果最有效的是纳滤法。因此，在纺织印染废水处理方面，纳滤法经济高效，更具有优势。柳丽芬课题组在浸渍了石墨烯的滤布表面气相聚合 PPY 制备了导电膜，构建了阴极电芬顿膜反应器，该系统对亚甲基蓝的脱色率达到 90%。

③ 食品行业废水。食品加工行业产生的废水一般含有高浓度蛋白质、糖类等有价值的有机物，因此对这类废水处理的主要目的之一是回收利用其中的有机物。用微滤膜和纳滤膜对黄姜废水进行处理，可从废水中提取出纯度为 85%～90% 的葡萄糖溶液，COD 浓度从 82000mg/L 降至 4000mg/L，进一步生化处理可达到排放标准。相比于反渗透膜对全部物质几乎都有高截留率，纳滤膜允许一价盐通过，可在一定程度上将食品加工废水中的可用有机物与盐分离。用纳滤膜处理林可霉素废水，结果表明选择对 500mol/L 的氯化钠溶液的脱出率为 70%～80% 的纳滤膜效果较好。

④ 化工废水。化工废水的随意排放不仅是对环境的一大污染，还是对资源的浪费。石油化工废水成分复杂，除含有油、苯、酚、氰、环烷酸等有机物以外，还含有金属盐、反应残渣等，污染物浓度高且难降解，水量及酸碱度波动较大，传统的水处理工艺很难达到资源回收再利用的目的。

反渗透一般作为化工废水终端处理工艺，对水中的无机盐、有机物、重金属离子等都有很高的截留率，出水水质优良，可回用作冷却水或工艺用水循环利用，不仅节约了新鲜水的使用量，节约生产成本，还减少了污水的排放量，对环境保护和可持续发展都有重要意义，对缺水地区来说具有巨大的经济效益。

某钼酸铵生产改造项目中利用纳滤和反渗透联合技术处理钼酸铵废水，使废水中钼离子回收率达96％以上，废水得到净化并回用于生产。膜分离法本身绿色无污染，针对不同化工废水的特定组成，结合合适的预处理手段，在回收有用物质的同时可实现废水的净化。

⑤ 电厂循环废水。电厂循环冷却水系统对水的消耗量很大，占到纯火力发电厂用水的80％，热电厂用水的50％以上，对循环排放水进行回收处理，产水作为循环补充水或锅炉补给水系统的水源，不仅防止了对环境造成污染，还可以有效节约水资源，降低生产成本。

超滤＋反渗透技术联合操作对电厂循环排污水进行处理，投运以来，反渗透系统运行良好，产水量68m³/h，电导率小于35μS/cm，脱盐率高于97％。双膜法水处理工艺，经过超滤＋二级反渗透＋混床处理后的精脱盐水可供电厂锅炉及干熄焦使用，日产精脱盐水15000t。超滤-反渗透组合工艺处理循环冷却排污水做了现场试验，反渗透系统各段运行压力平稳，产水满足回用的要求。陈颖敏采用连续微滤＋反渗透技术对循环排污水进行预除盐，反渗透系统脱盐率达98％以上。

此外，采用反渗透或纳滤法处理垃圾场渗滤液、矿山废水等的研究均有报道。

反渗透膜和纳滤膜本身绿色无污染，对高价离子和大分子高截留率的特点使其在水处理的很多方面都能够得到应用。随着新型膜组件的开发以及与其他分离方式的联合使用，膜分离法在水处理中低成本、高效率的优势将更加凸显。

(3) 城镇污水处理

NF在城镇污水处理过程中需与MBR联用，令MBR发挥预处理的功能，从而实现NF的高品质出水和长效稳定运行。研究发现，相较于传统的活性污泥法-微滤分置式预处理（以新加坡NEWater示范工程为例），MBR作为预处理可使后续高压膜运行的膜通量提高30％，而出水水质相同甚至更为稳定。由此可见MBR作为NF预处理的必要性。

(4) 垃圾渗滤液处理

垃圾渗滤液具有成分复杂、有机物和氨氮浓度高等特点。垃圾渗滤液的高污染特征决定了前端需要采用生物法以及低压膜过滤法去除大部分有机物和悬浮物等污染物。前端对垃圾渗滤液去除效果较好的生物法为厌氧＋好氧组合工艺。目前，在我国建成的300多座渗滤液处理工程中，预处理＋MBR＋NF的组合工艺约占90％，具有处理效率高、运行简便、经济性好等优点。在工业废水处理领域，如在NF处理后出水水质仍有不达标问题，可在NF之后接上RO工段。但是，由于NF工艺的特性，在处理过程中不可避免地会产生占比为13％～25％的浓缩液。谢锦灯等采用二级UF＋NF的方法来处理上述浓缩液，在实现浓缩液无害化的同时回收浓缩液中的腐殖酸作为水溶肥料，具有良好的环境意义和经济性。杨姝君等采用NF＋NF浓缩液3级减量工艺，实现了浓缩液的大幅减量，系统产水率达到97％，出水水质稳定达到《生活垃圾填埋场污染控制标准》（GB 16889—2008）。

4.1.3 存在问题

(1) 膜污染

在实际应用中，纳滤膜和反渗透膜都会遇到污染问题。膜污染是由被截留的颗粒、胶粒、乳浊液、悬浮液、大分子和盐等在膜表面和膜内的不可逆或可逆吸附、堵孔、沉淀、结垢及形成滤饼等造成的。海水苦咸水中的钙盐、硫酸盐和硅酸盐，废水中的大量有机大分子物质均会导致膜污染，降低膜的分离性能。针对该问题，需要在膜分离操作前完善预处理，保证进水水质，分离操作后选择最佳的清洗剂和清洗方法，清除膜上残留的污染物。在膜分离操作过程中，应选择合适的运行条件降低膜表面的浓差极化程度，以避免浓差极化过大导致膜面溶质析出产生的膜污染。此外，新型材料以及新的制膜方法问世，使膜能够具有更强的抗污染性，使用范围得到扩展。

(2) 浓差极化

在膜分离过程中，由于膜的选择透过性，溶质大部分被截留，积累在膜高压侧表面，形成膜表面到溶液主体间的浓度梯度，该现象即为浓差极化。在膜分离过程中浓差极化是一个不可避免的现象，它可导致膜表面渗透压增高，致使溶剂通量减少而溶质通量增加，降低了分离效果，严重的浓差极化可致使膜表面积累的溶质浓度超过其溶解度形成沉淀堵塞膜孔。减小浓差极化，主要是改善膜表面流动条件，一种方法是通过优化和改变膜元件及膜系统结构设计，如在卷式膜组件中加设挡板、网栅、突起物等阻碍物作为湍流促进器，设计弯曲流道等；另一种方法是在膜分离的过程中采取一定的操作策略，如降低料液浓度、加入颗粒物或气泡、降低压力（或采用脉冲压力）或流速等方法。

(3) 成本

除膜污染外，反渗透和纳滤膜元件的成本也是影响其应用的主要原因。目前，中国国产膜元件性能难以达到要求，进口膜元件价格高昂，使膜分离技术在部分领域难以得到推广。反渗透系统中所配备的高压泵需要较高的能耗，这也是反渗透法所得产品成本较纳滤法高的原因之一。而纳滤膜可在较低压力下实现大部分高价盐和污染物质的高截留率，故在出水要求不很高的领域，使用纳滤膜代替反渗透膜，可以满足水质要求，降低能耗。

4.2 高级还原处理法

4.2.1 概述

(1) 特点

在废水治理领域，生物处理始终是主导工艺，废水中有机污染物的处理，除分离方法外，只能依靠生物氧化或化学氧化，使之彻底降解为无机物，因此，氧化方法一直被人们所关注。但工业废水中的毒害有机物和难降解有机物如硝基芳香烃类、偶氮类、高氯代烃和芳香烃类化合物，往往难以氧化，而大部分相对容易化学还原。将毒害有机物还原处理，是希望找到给电子能力很强的物质，营造还原环境，能够还原毒害有机物转化为无毒无害的有机物，使可生物降解性提高。

高级还原技术（advanced reduction processes，ARPs）是近年发展起来的新兴化学还原技术之一。它是利用活化手段产生强还原性自由基，从而还原无机污染物和难降解的有机污染物，具有反应迅速、原料来源广泛、操作简单、易与消毒工艺相结合的特点。ARPs 最初被用于去除溴酸盐，在随后的研究中发现该法已被证明应用于降解多种污染物，包括高氯酸盐、1,2 二氯乙烷、全氟辛酸、2,4-二氯苯酚（2,4-DCP）、卤代化合物、硝酸盐和金属（例如砷、硒等）。ARPs 产生高反应活性自由基的方式与高级氧化过程（AOPs）类似，不同的是自由基的类型，区别于 AOPs 产生的氧化性自由基（如·OH），ARPs 产生的是还原性自由基。与已被广泛深入研究的 AOPs 相比，ARPs 的研究方兴未艾。目前，被证明产生的还原性自由基有水合电子（e_{aq}^-）、氢原子（H·）、亚硫酸根自由基（$SO_3^{·-}$）、亚磺酰自由基（$SO_2^{·-}$）、二氧化碳离子自由基（$CO_2^{·-}$）等。在理论上，已探明的还原性自由基水合电子（e_{aq}^-）的标准还原电位为 $-2.9V$，满足大多数污染物还原降解的电位要求。对卤化物、不饱和键、酮类等具有高反应活性和选择性，通过 e_{aq}^- 进攻化学键，能使有机污染物转化为毒性更低或结构更简单的物质。此外，还能提高卤化物等难生物降解的污染物的可生化性。

（2）原理

高级还原技术是以一定的方式活化还原剂，产生一系列还原性自由基，去除目标污染物。目前，研究较多的活化方式主要有紫外线活化、微波活化、超声活化及高能电子束辐射等。ARPs 产生高反应活性自由基的方式与高级氧化过程（AOPs）类似，不同的是自由基的类型，ARPs 产生的是还原性自由基，区别于 AOPs 产生的氧化性自由基（如·OH）。自由基一般含有奇数个电子，因此结构中包含了一个未成对电子。自由基通常倾向于转变成不含未成对电子的相对稳定的结构，这样的转变可以通过释放原有结构中的未成对电子或者吸收一个外源电子来实现。因此，自由基可以在某些反应中有效地扮演还原剂（释放电子）或者氧化剂（吸收电子）的角色。许多还原性自由基与目标物的反应是非选择性的，这样的特性促使该类自由基能有效地应用于多种污水处理过程中。一些不能被生物体有效降解的有机污染物可以转化成可生物降解的中间产物，大大提高了污染物的整体降解效率。

目前研究最多的是紫外线活化体系。

紫外线（UV）是目前最为常用的活化方式，不同波长的紫外线（UV）能被应用于多种光反应过程中，其中应用比较多的主要是低压汞紫外（UV-L）灯和中压汞紫外（UV-M）灯。UV-L 灯释放的光主要为 254nm 的紫外线，而 UV-M 灯释放的主要为波长 200～400nm 的光线，波长范围比较宽。波长的选择取决于待活化还原剂的吸收光谱。研究者对不同波长的紫外线照射降解 BrO_3^- 的结果表明，UV-M 照射 BrO_3^- 引发的降解速率常数为 $0.051min^{-1}$，是 UV-L 速率（$0.017min^{-1}$）的 3 倍，认为降解速率常数的差异主要是由于 BrO_3^- 对两种不同波长的吸收强度不同。另一种类型的灯是窄带紫外（UV-N）灯，主要发射波长为 313nm 的紫外线，在活化连二亚硫酸盐等还原剂中具有较好的效果。

4.2.2 紫外/亚硫酸盐高级还原法

（1）来源

紫外/亚硫酸盐（UV/SO_3^{2-}）是一种基于紫外活化 SO_3^{2-} 生成还原性自由基——水合电子，降解目标污染物的高级还原工艺。Li 等于 2012 年首次提出基于紫外/亚硫酸盐的 ARP 工艺，并用于降解一氯乙酸，$45\mu mol/L$ 的一氯乙酸在 15min 内就可实现完全去除。

（2）原理

在紫外线的照射下，SO_3^{2-} 被激活后释放大量具有强还原性的自由基，包括水合电子（e_{aq}^-）、亚硫酸盐自由基（$SO_3^{·-}$）和氢自由基（H·）。同时 SO_3^{2-} 可发生链式反应，快速吸收破坏水中溶解氧，一定程度上抑制了氧化反应的进行，提升了 e_{aq}^- 的利用率。

SO_3^{2-} 经活化之后产生活性极高的 e_{aq}^- 和 $SO_3^{·-}$ ［式(4-1)］。

$$SO_3^{2-} \xrightarrow{h\nu} SO_3^{\cdot-} + e_{aq}^- \tag{4-1}$$

当 pH<10 时，部分 SO_3^{2-} 先转变为 HSO_3^-，而后 HSO_3^- 在 UV 的作用下又转变为氢自由基（$H\cdot$）和 SO_3^{2-}。

$$HSO_3^- \rightleftharpoons SO_3^{2-} + H^+ \tag{4-2}$$

$$HSO_3^- \xrightarrow{h\nu} SO_3^{\cdot-} + H\cdot \tag{4-3}$$

$SO_3^{\cdot-}$ 是弱氧化性物质，标准还原电位在 $0.63 \sim 0.84V$ 之间。而 $H\cdot$ 是一种与 e_{aq}^- 相似的强还原性物质，标准还原电位低至 $-2.3V$，在还原反应中起重要作用。

e_{aq}^- 在溶液中会发生几种转化：在氢离子（H^+）的作用下会生成具有还原性的 $H\cdot$ ［式 (4-4)］，e_{aq}^- 和水分子直接反应生成 $H\cdot$ 和 $\cdot OH$ ［式 (4-5)］；e_{aq}^- 还可以和 HSO_3^- 反应生成 SO_3^{2-} 和 $H\cdot$ ［式 (4-6)］，最终生成的 $H\cdot$ 和 $\cdot OH$ 结合成 H_2O，并释放 e_{aq}^- ［式 (4-7)］。

$$e_{aq}^- + H^+ \longrightarrow H\cdot \tag{4-4}$$

$$e_{aq}^- + H_2O \longrightarrow H\cdot + \cdot OH \tag{4-5}$$

$$e_{aq}^- + HSO_3^- \longrightarrow H\cdot + SO_3^{2-} \tag{4-6}$$

$$H\cdot + \cdot OH \longrightarrow e_{aq}^- + H_2O \tag{4-7}$$

产生还原性自由基的方式还有很多，UV 活化 SO_3^{2-} 还原降解全氟辛酸（PFOA）直接采用高能射线活化水 ［式 (4-8)］、高能电子轰击水 ［式 (4-9)］ 等都可以获得还原性自由基。

$$H_2O + 辐射 \longrightarrow 0.28\cdot OH + 0.06 H\cdot + 0.27 e_{aq}^- + 0.05 H_2 + 0.07 H_2O + 0.27 H^+ \tag{4-8}$$

$$H_2O \longrightarrow H_2O^+ + e_{aq}^- + 能量 \tag{4-9}$$

(3) 特点

可以破坏目标污染物，而不是转移到其他相，并将化学物质转化为对环境有利的化合物，具有较高的效率和较快的去除速率。

(4) 应用

1）去除无机污染物

① 降解高氯酸盐：其降解的最终产物是氯，但氯酸盐被检测为中间产物。其降解速率随着 pH 值和温度的增大而增大。

② 去除水/废水中的 Cr（Ⅵ）：在碱性亚硫酸盐条件下，通过紫外/亚硫酸盐法可以有效地将 Cr（Ⅵ）转化为 Cr（Ⅲ）。

③ 去除 Se（Ⅳ）：在亚硫酸盐/紫外反应过程中，以 e_{aq}^- 作为优势反应种，可以将 Se（Ⅵ）几乎完全还原为唯一的产物 Se（Ⅳ）。此外，在亚硫酸盐和硫酸盐的混合过程中，铁（Ⅲ）凝固可以有效地去除 Se（Ⅳ）。

④ 去除溴酸盐：紫外-亚硫酸盐 ARP 能有效地完全去除溴酸盐，其碱性下的去除动力学高于酸性和中性下。

2）去除有机污染物

① 去除三氯乙烯：亚硫酸盐与低压紫外线组合，在 254nm 处对三氯乙烯（TCE）的去除效率最高，其主要降解产物为氯离子。

② 降解氯乙烯（VC）：由于产生了活性物质，如亚硫酸盐自由基、水合电子和氢原子，因而降解速率更快。

③ 降解 1,2-二氯乙烷（1,2-DCA）：随着亚硫酸盐剂量和紫外线强度的增加，速率常数呈

线性增加，但初始1，2-DCA浓度越高，速率常数越低。

④ 去除全氟辛烷酸：在良好的pH条件下，利用高光子通量紫外/亚硫酸盐系统显著促进 e_{aq}^- 的产生，可以实现全氟辛烷酸（PFOA）的快速分解，且具有逐步分解机制。

⑤ 降解溴苯酚（4-BP）：可以保证溴化芳烃的完全脱卤作用，随着亚硫酸盐浓度、pH值（6.1～10）和温度的升高，4-BP的降解速度加快。

⑥ 降解双氯芬酸：由于与还原自由基的反应，显著提高双氯芬酸（DCF）-药物降解效率，且酸性条件下亚硫酸盐/紫外线对DCF的降解效率高于碱性条件下。

⑦ UV/SO$_3^{2-}$-ARP对敌百虫（TCF）化合物的还原和去除率显著。

⑧ 加速降解含碘造影剂泛影酸钠（DTZ），弱碱性或碱性水质可强化UV/SO$_3^{2-}$降解效率。

⑨ 快速降解一氯乙酸（MCAA）：MCAA中几乎所有的氯原子都以氯离子的形式释放，很容易实现完全脱氯。

3）还原氧化石墨烯

氧化石墨烯的还原归因于紫外照射下亚硫酸盐光解和氧化石墨烯光解产生的水合电子，由于可溶性亚硫酸盐是唯一的副产品，可以很容易地通过水冲洗获得高纯度的还原氧化石墨烯。

4.2.3　紫外/连二亚硫酸盐高级还原法

(1) 来源

紫外光（UV）是目前最为常用的活化方式，不同波长的紫外线（UV）能被应用于多种光反应过程中，其中应用比较多的主要是低压汞紫外（UV-L）灯和中压汞紫外（UV-M）灯。UV-L灯释放的光主要为254nm的紫外线，而UV-M灯释放的主要为波长200～400nm的光线，波长范围比较宽。波长的选择取决于待活化还原剂的吸收光谱。研究者对不同波长的紫外线照射降解BrO$_3^-$的结果表明，UV-M照射BrO$_3^-$引发的降解速率常数为0.051min^{-1}，是UV-L速率（0.017min^{-1}）的3倍，认为降解速率常数的差异主要是由于BrO$_3^-$对两种不同波长光的吸收强度不同。另一种类型的灯是窄带紫外（UV-N）灯，主要发射波长为313nm的紫外线，在活化连二亚硫酸盐等还原剂中具有较好的效果。

(2) 原理

S$_2$O$_4^{2-}$具有键长较长、键能较低的S—S键，能够断裂产生两个还原性极强的SO$_2^{\cdot-}$，标准还原电位-0.66V。S$_2$O$_4^{2-}$在波长为315nm的UV附近有吸收峰，因此采用该波长附近的UV照射能够使S—S键断裂产生活性自由基［式（4-10）～式（4-12）］。

$$S_2O_4^{2-} \xrightarrow{h\nu} 2\,SO_2^{\cdot-} \tag{4-10}$$

$$SO_2^{\cdot-} + H_2O \Longleftrightarrow SO_3^{2-} + H\cdot + H^+ \tag{4-11}$$

$$2H\cdot \Longleftrightarrow H_2 \tag{4-12}$$

(3) 特点

连二亚硫酸盐是一种生产量很大的化学品，成本较低。

(4) 应用

1）去除有机污染物。降解有机染料：采用紫外/连二亚硫酸钠工艺对酸性黄17进行降解反应，速率大幅提高，但矿化效果不佳。

2）去除无机污染物

① 还原氯酸盐：宽带 UVB 灯在 312nm 处照射二硫代盐后，氯酸盐去除率最高。在低 pH 值时，连二亚硫酸盐会衰变为亚硫酸盐、硫代硫酸盐和焦亚硫酸盐等产物。

② 有效快速去除亚砷酸盐［As（Ⅲ）］，较高剂量的连二亚硫酸盐导致可溶性 As 去除和少量分解。

③ 可用于去除水溶液中的砷，中性 pH 值时去除效率最高。

4.2.4 其他高级还原法

(1) 微波活化

微波属于非电离的电磁辐射，其频率范围为 $300MHz \sim 300GHz$。其主要原理是微波辐射或微波直接作用引起的快速升温使得目标污染物降解或者提高其降解效率。

(2) 超声活化

超声是 ARPs 中另外一种常用的活化方式。当超声作用于液体时，超声波会通过一系列压缩—膨胀—压缩—膨胀的循环在液体中形成大量的微气泡，同时产生局部高温，进而引起水分子的热分解，同时产生氧化性（·OH）和还原性（H·）自由基。Dodds 等认为超声波改变了颗粒尺寸分布，形成了较小的颗粒，有利于成核。

(3) 高能电子束辐射

高能电子束辐射（high-energy electron beam irradiation，HEEB）在电子束作用过程中，电子束引发的电离辐射会引起水分子间的电子转移，进而产生可以用于降解水溶性污染物的自由基。氧化性（·OH）和还原性（H·和 e_{aq}^-）自由基是电子束激发水分子分解产生的反应活性最高的几种产物粒子，这几种活性粒子的产率通常能决定污染物降解的速率。

(4) 特殊介质

紫外线活化特殊介质的水溶液也能产生还原性的自由基，如紫外线活化 $K_4Fe(CN)_6$ 等［式（4-13）］。也有研究者提出了电子束活化水产生还原性自由基更细致的机理［式（4-14）］。

$$Fe(CN)_6^{4-} + h\nu \longrightarrow Fe(CN)_6^{3-} + e_{aq}^- \qquad (4-13)$$

$$6.9H_2O \longrightarrow 2.8 \cdot OH + 0.6 H \cdot + 2.7e_{aq}^- + 0.47H_2 + 0.07 H_2O_2 + 2.7H_3O^+ \qquad (4-14)$$

Tian 等在黏土中间层中吸附 1,3-二硝基苯和吲哚来引发光还原反应，在光照射下，被激发的吲哚分子产生 e_{aq}^- 和吲哚自由基阳离子，见式（4-15），进而用 e_{aq}^- 降解含氟有机物。

$$吲哚 + h\nu \longrightarrow 吲哚 \cdot^+ + e_{aq}^- \qquad (4-15)$$

Sun 等用次氮基三乙酸（NTA）作为光敏剂促进水的光解，从而产生 e_{aq}^- 和·OH，由于 NTA 对·OH 有很高的反应性，减少了 e_{aq}^- 和·OH 的重组，进而提高了 e_{aq}^- 的利用率。

4.2.5 还原剂

(1) 均相

在 ARPs 中常用的均相还原剂主要包括无机四价硫 S（Ⅳ）、连二亚硫酸根（$S_2O_4^{2-}$）、硫化物（S^{2-}）和亚铁离子（Fe^{2+}）。

S（Ⅳ）主要以亚硫酸根（SO_3^{2-}）、亚硫酸氢根（HSO_3^-）及亚硫酸（H_2SO_3）三种形式存在于水溶液中。其中，SO_3^{2-} 具有最强的紫外吸收能力，且紫外吸收峰的位置在275nm处。当紫外线照射 SO_3^{2-} 水溶液时，e_{aq}^- 和亚硫酸根自由基阴离子（$SO_3^{\cdot-}$）都能在水溶液中产生，说明 e_{aq}^- 是一种强还原剂，而 $SO_3^{\cdot-}$ 则可以作为氧化剂或还原剂，主要是由于该自由基可以吸收一个电子返回 SO_3^{2-} 的存在形式（氧化剂），同时，它也可以释放一个电子，与水分子反应形成硫酸根（还原剂）。

连二亚硫酸根（$S_2O_4^{2-}$）结构中含有弱的 S—S 键，该 S—S 键容易发生断裂，从而能按 1∶2 的化学计量比产生两份二氧化硫自由基阴离子（$SO_2^{\cdot-}$）。$S_2O_4^{2-}$ 水溶液能吸收波长低于 400nm 的光子，且在 315nm 附近有一个明显的吸收峰，因此，波长在 315nm 附近的紫外线可以提高足够的能量来引起 $S_2O_4^{2-}$ 结构中弱 S—S 键的断裂，进而产生强还原性的 $SO_2^{\cdot-}$，此处 $SO_2^{\cdot-}$ 的标准还原电位为 -0.66V。

硫化物（S^{2-}）水溶液能吸收波长低于 290nm 的紫外线，且在 230nm 处会有一个紫外吸收峰。紫外线光解 S^{2-} 水溶液可以产生激发态的硫氢根（HS^-）、硫氢根自由基（HS·）及氢自由基（H·），如式（4-16）和式（4-17）所示。

$$HS^- + h\nu \longrightarrow HS^- \cdot \qquad (4\text{-}16)$$

$$H_2S + h\nu \longrightarrow HS \cdot + H \cdot \qquad (4\text{-}17)$$

亚铁离子（Fe^{2+}）水溶液在 220nm 处有一个强度最大的紫外吸收峰，紫外线光解 Fe^{2+} 水溶液能释放出 H· 或 e_{aq}^-，并且，Fe^{2+} 的还原效率受制于溶液的 pH 和水溶液中溶解氧的浓度。Liu 等指出 UV/Fe^{2+} 同样能引起氯乙酸的降解，且 e_{aq}^- 是降解过程中主要的活性粒子，具体的释放过程如式（4-18）所示。

$$Fe^{2+} + h\nu \longrightarrow Fe^{3+} + e_{aq}^- \qquad (4\text{-}18)$$

(2) 非均相

一些常见的非均相催化剂也能被应用于 ARPs 中。非均相催化剂主要是 N 型半导体，包括 TiO_2、ZnO、Fe_3O_4、CdS、SnO_2 及 WO_3 等。由于自身具有较高的反应活性和化学稳定性，TiO_2 可以被作为催化剂来引发一系列光化学反应，从而能够高效地将 BrO_3^- 转化为 Br^-。以 TiO_2 为光催化剂，在光催化还原 BrO_3^- 的反应过程中，影响反应效率的典型因素主要包括 TiO_2 的颗粒尺寸、贵金属掺杂及半导体涂层。颗粒尺寸决定了电子（e^-）和空穴（h^+）由 TiO_2 晶体内迁移至表面所需的时间，同时，颗粒越小，e^- 和 h^+ 相互猝灭的概率越低，进而能提高 BrO_3^- 的还原效率，且反应过程中会产生一些活性自由基。

4.2.6 反应影响因素

ARPs 中主要的几个影响因素包括光源、还原剂用量、pH 值、初始有机物浓度等。

(1) 光源

不同波长的紫外线对反应的影响不同。UV 活化 $S_2O_4^{2-}$ 去除 1,2-DCA 的反应中，使用窄带紫外线比中压汞灯的反应效果更佳，主要原因在于 UV-N 产生 315nm 左右波长的紫外线，其能量比 C—Cl 键能高，可以进行有效脱氯。也有人在使用 UV 活化 $S_2O_4^{2-}$ 降解水中的 BrO_3^- 时发现，使用 UV-M 活化的情况下污染物得到了完全的去除，效果最好，他们认为是因为采用 UV-M 时反应包含了多种不同的降解机理，其中包括 UV-M 产生 UV

进行直接降解、$S_2O_4^{2-}$ 或中间产物进行的化学反应以及自由基反应等。另外，他们也发现采用低压汞灯比 UV-N 更有效，认为原因在于 UV-L 产生紫外线的波长接近 $S_2O_4^{2-}$ 的最大吸收波长。

光照强度也会影响有机物的降解效率。如卤代有机物的降解速率常数随着光照强度的增加而增加，较高的紫外辐射可以提高自由基的产生速率，进而提高了污染物的可降解性。Liu 等研究了紫外联合高级还原技术对 1,2-二氯乙烷的降解作用，发现较高的紫外线强度会促进活性物质的产生，从而提高了 1,2-二氯乙烷的降解效率。研究紫外亚硫酸体系下不同紫外强度对全氟辛磺酸（PFOS）降解的影响，当紫外强度从 $100\%\ I_0$ 下降到 $30\%\ I_0$ 时，降解速率常数从 $0.118min^{-1}$ 下降到 $0.020min^{-1}$，脱氟率也相应降低。

（2）还原剂用量

用于光化学产生 e_{aq}^- 的化学溶质的剂量对于有机物（如卤代有机物）的还原模式至关重要，与 e_{aq}^- 的产率直接相关。有机物的降解效率通常随着溶质剂量的增加而增大，直至达到临界水平，超过该临界水平，有机物的降解效率将随着剂量的进一步增加而降低。这是因为最初随着溶质剂量的增加，在有足够光子能量的情况下产生的 e_{aq}^- 等还原性自由基越多，降解效率越高，当达到一定程度时产生的自由基彼此之间或与过程中产生的中间体反应，从而消耗了自由基，还原过程受到抑制。研究者在高级还原降解双氯芬酸的研究中发现当亚硫酸盐剂量从 0mmol/L 增加到 8mmol/L 时，力学常数从 $0.072min^{-1}$ 增加到 $0.154min^{-1}$，然而，当亚硫酸盐剂量从 8mmol/L 进一步增加到 32mmol/L 时，动力学常数从 $0.154min^{-1}$ 逐渐减小到 $0.1449min^{-1}$。研究人员还发现，碘离子浓度与 PFOA 浓度之比在 $0\sim12$ 之间时，初始全氟辛酸（PFOA）分解速率随着碘离子浓度的增加而增大，在碘离子浓度与 PFOA 浓度之比在 $12\sim28$ 之间时，分解速率随着碘离子浓度的增加而降低。

（3）初始 pH 值

初始 pH 值可以显著影响卤代有机物的降解。随着反应的进行，溶液 pH 值可能不断变化，例如 e_{aq}^- 的消耗、SO_3^{2-} 与 H^+ 反应形成 HSO_3^-，以及其他反应中产生的中间降解产物的浓度和种类等也可能影响水中 H^+ 的活性，因此，由于操作条件的不同，最终的 pH 值变化模式可能非常复杂。研究结果一致表明，在中性或者碱性条件下才能获得较高的去除率，增加 pH 值有利于卤代有机物的降解，最佳 pH 在碱性范围内，主要是因为随着 pH 值的增加，SO_3^{2-} 产生更多的还原性自由基，且有较少的 H^+ 清除 e_{aq}^-，因此卤代有机物的降解效率更高。而在酸性条件下，尤其是在 pH 值小于 4 的条件下去除效果很不理想。

UV/S^{2-} 降解氯乙烯过程中降解效率的最大值出现在溶液为中性时。溶液 pH 值为 3 时，硫化物的主要存在形式为 H_2S；而溶液 pH 值为 10 时，硫氢根（HS^-）为主要存在形式。这两种存在形式（H_2S 和 HS^-）分布分数相等处的溶液的 pH 值大约为 7。Borowska 的研究结果表明，在 UV/Fe^{2+} 体系中，溶液 pH 值在 9 左右时，UV/Fe^{2+} 释放氢气的速率达到最低值。在 UV 照射下，当溶液 pH 值较低时，由 Fe^{2+} 释放出氢气；当溶液 pH 值较高时，释放氢气的粒子变成了 $FeOH^+$。

（4）初始有机物浓度

通常，有机物的降解率随着初始有机物浓度的增加而降低，这是因为在反应过程中，反应溶液所吸收的光强是一定的，当有机物浓度升高时，光量子数成了限制因素，单位有机物所吸收的光子数减少，从而使反应速率常数减小，降解率降低。Sun 等发现当初始浓度从 20mg/L 降低至 10mg/L 时，PFOA 的降解率从 91％降低至 25％，PFOS（全氟辛烷磺酸盐）的降解率从 100％降低至 40％。而在 Liu 等对 1,2-二氯乙烷的降解研究中，当 1,2-二氯乙烷初始浓度从 0.02mmol/L 增加到 0.09mmol/L 时，拟一级速率常数从 $0.1min^{-1}$ 下降到 $0.02min^{-1}$。

（5）其他因素

天然有机物、目标污染物浓度、反应温度、添加剂、水合电子清扫剂、无机阴离子等都会对反应产生影响。天然有机物会与 SO_3^{2-} 竞争紫外线，并猝灭自由基，如天然有机物对紫外线活化 SO_3^{2-} 去除高氯酸盐具有抑制作用；采用 UV 活化 SO_3^{2-} 的 ARPs 降解高氯酸盐，发现提高温度有利于降解速率和效率的提高。Zhang 等研究了不同温度（293K、298K、313K）下 PFOA 在 e_{aq}^- 作用下的降解效率，发现随着温度的上升，PFOA 的降解效率提高。Moussavi 等用 UV 活化产生 e_{aq}^- 降解实际镀铬废水中的 Cr（Ⅵ），发现在水中增加有机添加剂甲醇能够促进反应。研究者采用 γ 辐射产生自由基去除农药硫丹，发现存在 e_{aq}^- 清扫剂（腐殖酸、N_2O、NO_3^-、Fe^{3+} 等）时不利于降解。Gu 等研究发现 Cl^-、NO_3^- 对紫外/过硫酸盐/甲酸盐体系降解 CCl_4 有明显抑制作用，认为 Cl^- 会抑制 CO_2^{-} 的产生，而 NO_3^- 和 CO_2^{-} 反应进而与 CCl_4 又形成竞争作用。腐殖质等天然有机物会吸收部分紫外线，抑制 e_{aq}^- 等还原性基团的产生，进而影响有机物的降解。溶解氧可能会和 e_{aq}^- 反应，消耗猝灭掉 e_{aq}^-。此外溶解氧还会吸收部分紫外线，降低 e_{aq}^- 产生量，进而影响有机物的降解率。

4.2.7 应用

（1）氯代有机物

高级还原体系降解氯化有机物过程遵循伪一级反应动力学模型，降解速率较快，降解率在 90％以上。参与反应的自由基主要有 SO_3^{-}、e_{aq}^-、$H\cdot$ 和 CO_2^{-}，其中 SO_3^{-} 和 e_{aq}^- 起主要作用，在不同体系中，由于目标污染物不同，它们所起的作用有所差异。

目前，研究者对三氯乙烯（TCE）、氯乙烯（VC）、1,2-二氯乙烷（1,2-DCA）等含氯有机物 ARPs 去除展开了一定的研究。

TCE 在紫外线的作用下转化为一氯乙炔［式（4-19）］，一氯乙炔在 e_{aq}^- 或者 SO_3^{-} 的作用下得以降解。虽然 TCE 能得到有效降解，但是，产物中仍有含氯化合物［式（4-20）和式（4-21）］。

$$TCE \xrightarrow{h\nu} HC\equiv CCl + Cl_2 \tag{4-19}$$

$$HC\equiv CCl + e_{aq}^- \longrightarrow HC\equiv C\cdot + Cl^- \tag{4-20}$$

$$HC\equiv CCl + SO_3^{-} \longrightarrow (SO_3^-)CH=C\cdot Cl \tag{4-21}$$

氯乙烯（VC）具有 C=C 双键，SO_3^{-} 可以加成到 VC 上［式（4-22）］，而后与 HSO_3^- 反应生成磺酸盐［式（4-23）］，e_{aq}^- 与 VC 直接反应，产生 $CH_2CH\cdot$ 和 Cl^-［式（4-24）］。

$$CH_2CHCl + SO_3^{-} \longrightarrow CHClCH_2SO_3^- \tag{4-22}$$

$$CHClCH_2SO_3^- + HSO_3^- \longrightarrow CH_2ClCH_2SO_3^- + SO_3^{-} \tag{4-23}$$

$$e_{aq}^- + H_2C=CHCl \longrightarrow CH_2CH\cdot + Cl^- \tag{4-24}$$

还原性自由基对脱氯起到重要作用。研究者采用一氧化二氮（N_2O）和硝酸盐（NO_3^-）进行猝灭反应，考察了不同自由基对 1,2-二氯乙烷（1,2-DCA）降解的贡献，结果表明 e_{aq}^- 对 1,2-DCA 的降解起主要作用。Ahmadreza 等在 UV/亚硫酸盐体系还原 2,4,6-三氯苯酚（TCP）的降解研究中发现 SO_3^{-} 比 e_{aq}^- 和 $H\cdot$ 对 TCP 的降解具有更高的能力。Liu 等也在研究中发现 e_{aq}^- 可能在对氯乙烯

（VC）的降解中起很小的作用，SO_3^{2-} 是 VC 降解的原因。而在 Liu 等进行的另一项研究中发现，e_{aq}^- 在 1,2-二氯乙烷的降解和脱氯中具有极其重要的作用。Gu 等用基于 $CO_2^{\cdot-}$ 的高级还原体系降解四氯化碳（CT），60min 内 CT 全部被降解，240min 后 Cl^- 释放率为 80.6%。

（2）氟代有机物

UV 活化 SO_3^{2-} 可还原降解氟代有机物，e_{aq}^- 被认为是还原降解氟代有机物的主要活性物质。氟原子具有很强的电负性，强烈吸引电子。由于其强大的电子亲合能，使得 e_{aq}^- 优先进攻氟原子，氟原子逐步得到脱除。

1）全氟辛酸（PFOA）

e_{aq}^- 还原降解 PFOA 遵循二级动力学反应模型。在初始反应阶段，PFOA 脱氟速率低于其降解速率，因为反应过程中，会产生含 F 中间产物，很难做到完全脱氟。在高级还原体系中 PFOA 降解率最高可以达到 100%，脱氟效率在 55%～98% 范围内变化。目前已经提出的用 e_{aq}^- 还原 PFOA 的两种主要的平行反应途径是 H/F 交换和碳链缩短。

2）全氟辛磺酸（PFOS）

与 PFOA 不同，PFOS 分子末端为磺酸基，更难被降解，且脱氟率更低。在高级还原体系中 PFOS 的最大降解率在 80%～100%，脱氟率在 50% 左右，e_{aq}^- 还原降解 PFOS 遵循伪一级动力学反应模型。反应途径包括脱硫、H/F 交换、碳链缩短。

3）其他多氟烷基物质

其他多氟烷基物质的还原机理基本都是遵循 H/F 交换和碳链缩短过程。研究者发现在 UV/亚硫酸盐体系中，随着链长的减少，不同的全氟磺酸的降解和脱氟速率会显著降低，三氟乙酸可以完全脱氟，而一氟乙酸和二氟乙酸不能完全脱氟。

全氟二元羧酸（两端都有 COO—）比相应的全氟一元羧酸（一个末端有 COO—）分解更快。与具有相同全氟烷基链长的全氟羧酸相比，含氟聚合物羧酸更难以还原或脱氟，随着它们的全氟烷基链长的缩短，含氟聚合物羧酸的反应性降低。

（3）碘代与溴代有机物

目前，关于高级还原体系降解溴代有机物的相关文献较少。Dong 等研究 UV/亚硫酸盐体系对多溴联苯醚的降解效果，发现多溴联苯醚的降解符合一级动力学模型，在 1h 内最佳降解效率为 89.25%。

（4）含氧酸盐

高氯酸（ClO_4^-）在 $SO_3^{\cdot-}$ 的作用下转化为氯酸盐（ClO_3^-）和硫酸根自由基（$SO_4^{\cdot-}$）。e_{aq}^- 和 BrO_3^- 反应，脱除氧气，同时将 BrO_3^- 降解为亚溴酸盐、次溴酸盐，最终溴化。其反应机理见式（4-25）～式（4-29）。

$$e_{aq}^- + BrO_3^- + 2H^+ \longrightarrow BrO_2^{\cdot-} + H_2O \qquad (4-25)$$

$$e_{aq}^- + BrO_2^{\cdot-} \longrightarrow BrO_2^- \qquad (4-26)$$

$$e_{aq}^- + BrO_2^- \longrightarrow BrO\cdot + 0.5O_2^- \qquad (4-27)$$

$$e_{aq}^- + BrO\cdot \longrightarrow BrO^- \qquad (4-28)$$

$$e_{aq}^- + BrO^- \longrightarrow Br^- + O^- \qquad (4-29)$$

（5）去除重金属

六价铬［Cr（Ⅵ）］无法通过氧化的方式去除，最典型的工艺是先将 Cr（Ⅵ）还原为三价铬［Cr（Ⅲ）］，而后在 pH 值为 8～9.5 之间采用沉淀法去除。研究者发现 ARPs 还原［Cr

（Ⅵ）］时，$HCrO_4^-$ 和 $Cr_2O_7^{2-}$ 中的六价铬相对而言有较高的氧化性，在强还原性自由基 e_{aq}^- 的作用下可以被还原为毒性较小的三价铬［Cr（Ⅲ）］，如式（4-30）和式（4-31）所示。

$$HCrO_4^- + 7H^+ + 3e_{aq}^- \longrightarrow Cr^{3+} + 4H_2O \qquad (4\text{-}30)$$

$$Cr_2O_7^{2-} + 14H^+ + 6e_{aq}^- \longrightarrow 2Cr^{3+} + 7H_2O \qquad (4\text{-}31)$$

研究者以连二亚硫酸钠为还原剂，在紫外线照射下，用高级还原技术降解水中 Cr（Ⅵ），在溶液 pH 值为 3、原水 Cr（Ⅵ）为 10mg/L、还原剂投加量为 0.1g/L 的最佳条件下，高级还原技术对 Cr（Ⅵ）的去除率达到 98.62%，反应过程符合二级动力学方程，高级还原技术大大加快了降解速率。

参考文献

［1］ 钱伯章. 膜技术的发展及应用［J］. 纺织导报，2012，8：98-101.

［2］ 谢正平，彭招兰，彭小海. 膜技术在水处理中的应用［J］. 化工进展，2009，2.

［3］ 康为清，时历杰，赵有璟，等. 水处理中膜分离技术的应用［J］. 无机盐工业，2014，46（5）：6-9.

［4］ 徐莉莉，王昆朋，李魁岭，导电分离膜的制备及其在水处理中的应用研究进展［J］. 膜科学与技术，2019（3）：157-168.

［5］ 冯敏. 现代水处理技术［M］. 2 版. 北京：化学工业出版社，2012.

［6］ Trellu C，Chaplin B P，Coetsier C，et al. Electro-oxidation of organic pollutants by reactive electrochemical membranes］J］. Chemosphere，2018，208：159—175.

［7］ Ho K C，Teow Y H，Mohammad A W，et al. Development of graphene oxide（GO）/multi-walled carbon nanotubes（MWCNTs）nanocomposite conductive membranes for electrically enhanced fouling mitigation［J］. J Membr Sci，2018，552：189-201.

［8］ Huang L，Li X，Ren Y，et al. Preparation of conductive microfiltration membrane and its performance in a coupled configuration of membrane bioreactor with microbial fuel cell［J］. RSC Adv，2017，7：20824-20832.

［9］ Xu L，Xu Y，Liu L，et al. Electrically responsive ultrafiltration polyaniline membrane to solve fouling under applied potential［J］. J Membr Sci，2019，572：442-452.

［10］ Du Yuhao，Wang Zhangxin，Nathanial J Cooper，et al. Module-scale analysis of low-salt-rejection reverse osmosis：Design guidelines and system performance［J］. Water Research，2022，209：117936.

［11］ 刘金瑞，林晓雪，张妍，等. 膜分离技术的研究进展［J］. 广州化工，2021，49（13）：27-29，71.

［12］ 杨哲，戴若彬，文越，等. 新型纳滤膜在水处理与水回用中的研究进展［J］. 环境工程，2021，39（7）：1-12.

［13］ Wang K，Wang X，Januszewski B，et al. Tailored design of nanofiltration membranes for water treatment based on synthesis-property-performance relationships［J］. Chemical Society Reviews，2021.

［14］ Feng D，Chen Y，Wang Z，et al. Janus membrane with a dense hydrophilic surface layer for robust fouling and wetting resistance in membrane distillation：New insights into wetting resistance［J］. Environmental Science & Technology，2021，55（20）：14156-14164.

［15］ Razaqpur A G，Wang Y，Liao X，et al. Progress of photothermal membrane distillation for decentralized desalination：A review［J］. Water Research，2021，201（17）：117299.

［16］ Liu J，Guo H，Sun Z，et al. Preparation of photothermal membrane for vacuum membrane distillation with excellent anti-fouling ability through surface spraying［J］. Journal of Membrane Science，2021，634：119434.

［17］ Boo C，Wang Y，Zucker I，et al. High performance nanofiltration membrane for effective removal of perfluoroalkyl substances at high water recovery［J］. Environmental Science &amp Technology，2018，52（13）：7279-7288.

［18］ Hou F，Li B，Xing M，et al. Surface modification of pvdf hollow fiber membrane and its application in membrane aerated biofilm reactor（MABR）[J]. Bioresource Technology, 2013, 140: 1-9.

[19] 康晓峰, 王黎声, 刘春, 等. 膜曝气生物膜反应器生物脱氮研究进展 [J]. 环境工程, 2021, 39 (7): 38-45.

[20] Lu D, Bai H, Kong F, et al. Recent advances in membrane aerated biofilm reactors [J]. Critical Reviews in Environmental Science and Technology, 2021, 51 (7): 649-703.

[21] 杨世迎, 张宜涛, 郑迪. 高级还原技术: 一种水处理新技术 [J]. 化学进展, 2016, 28: 934.

[22] Albukhari S M, Ismail M, Akhtar K, et al. Catalytic reduction of nitrophenols and dyes using silver nanoparticles@ cellulose polymer paper for the resolution of waste water treatment challenges [J]. Colloids and Surfaces A: Physicochemical and Engineering Aspects, 2019, 577: 548-561.

[23] Hu M, Liu Y, Yao Z, et al. Catalytic reduction for water treatment [J]. Frontiers of Environmental Science & Engineering, 2018, 12: 1-18.

[24] 黄嘉奕, 于水利. 均相高级还原体系在废水处理中的研究进展 [J]. 工业用水与废水, 2020, 51: 1-5.

[25] 王法路, 于水利, 蔡璐阳. 高级还原对饮用水中卤代有机物的还原效能与机制 [J]. 给水排水, 2020, 46: 173-181.

[26] 孙雪. 紫外高级还原技术对2,4,6-三氯苯酚脱氯的研究 [D]. 哈尔滨: 哈尔滨工业大学, 2016.

[27] 程爱华, 包乐. 高级还原技术降解水中 Cr (Ⅵ) 的性能及机理 [J]. 工业水处理, 2019, 39 (4): 37-40.

[28] Xiao Q, Yu S, Li L, et al. An overview of advanced reduction processes for bromate removal from drinking water: Reducing agents, activation methods, applications and mechanisms [J]. Journal of Hazardous Materials, 2016, 324 (PT. B): 230-240.

[29] Sun Z, Zhang C, Xing L, et al. UV/Nitrilotriacetic acid process as a novel strategy for efficient photoreductive degradation of perfluorooctanesulfonate [J]. Environmental Science & Technology, 2018, 52 (5): 2953-2962.

[30] Bentel M J, Yu Y, Xu L, et al. Defluorination of per- and polyfluoroalkyl substances (PFASs) with hydrated electrons: Structural dependence and implications to PFAS remediation and management [J]. Environmental Science & Technology, 2019, 53 (7): 3718-3728.

[31] Guo C, Zhang C, Sun Z, et al. Synergistic impact of humic acid on the photo-reductive decomposition of perfluorooctanoic acid [J]. Chemical Engineering Journal, 2019, 360: 1101-1110.

[32] Yu X, Cabooter D, Dewil R. Effects of process variables and kinetics on the degradation of 2, 4-dichlorophenol using Advanced Reduction Processes (ARP) [J]. Journal of Hazardous Materials, 2018, 357: 81-88.

[33] Qu Y, Zhang C J, Chen P, et al. Effect of initial solution pH on photo-induced reductive decomposition of perfluorooctanoic acid [J]. Chemosphere, 2014.

[34] Yu X, Cabooter D, Dewil R. Efficiency and mechanism of diclofenac degradation by sulfite/UV advanced reduction processes (ARPs) [J]. Science of The Total Environment, 2019, 688: 65-74.

[35] Liu X, Yoon S, Batchelor B, et al. Degradation of vinyl chloride (VC) by the sulfite/UV advanced reduction process (ARP): Effects of process variables and a kinetic model. Sci Total Environ, 2013, 7 (454-455): 578-583.

[36] Tian H, Gu C. Effects of different factors on photodefluorination of perfluorinated compounds by hydrated electrons in organo-montmorillonite system [J]. Chemosphere, 2018, 191: 280-287.

[37] Bhanu Prakash Vellanki, Bill Batchelor. Perchlorate reduction by the sulfite/ultraviolet light advanced reduction process [J]. Journal of Hazardous Materials, 2013, 262.

[38] Xie Bihuang, Shan Chao, Xu Zhe, et al. One-step removal of Cr (Ⅵ) at alkaline pH by UV/sulfite process: Reduction to Cr (Ⅲ) and in situ Cr (Ⅲ) precipitation [J]. Chemical Engineering Journal, 2017, 308.

[39] Wang Xing, Liu Hui, Shan Chao, et al. A novel combined process for efficient removal of Se (Ⅵ) from sulfate-rich water: Sulfite/UV/Fe (Ⅲ) coagulation [J]. Chemosphere, 2018, 211.

[40] Venkata Sai Vamsi Botlaguduru, Bill Batchelor, Ahmed Abdel-Wahab. Application of UV-sulfite advanced reduction process to bromate removal [J]. Journal of Water Process Engineering, 2015, 5.

[41] Bahngmi Jung, Hajar Farzaneh, Ahmed Khodary, et al. Photochemical degradation of trichloroethylene by sul-

fite-mediated UV irradiation [J]. Journal of Environmental Ch emical Engineering, 2015, 3 (3).

[42] Xu Liu, Sunhee Yoon, Bill Batchelor, et al. Degradation of vinyl chloride (VC) by the sulfite/UV advanced reduction process (ARP): Effects of process variables and a kinetic model [J]. Science of the Total Environment, 2013, 454-455.

[43] Xu Liu, Bhanu Prakash Vellanki, Bill Batchelor, et al. Degradation of 1, 2-dichloroethane with advanced reduction processes (ARPs): Effects of process variables and mechanisms [J]. Chemical Engineering Journal, 2014, 237.

[44] Gu Yurong, Liu Tongzhou, Zhang Qian, et al. Efficient decomposition of perfluorooctanoic acid by a high photon flux UV/sulfite process: Kinetics and associated toxicity [J]. Chemical Engineering Journal, 2017, 326.

[45] Xie Bihuang, Li Xuchun, Huang Xianfeng, et al. Enhanced debromination of 4-bromophenol by the UV/sulfite process: Efficiency and mechanism [J]. Journal of Environmental Sciences, 2017, 54 (4): 231-238.

[46] Yu Xingyue, Cabooter Deirdre, Dewil Raf. Efficiency and mechanism of diclofenac degradation by sulfite/UV advanced reduction processes (ARPs) [J]. Science of the Total Environment, 2019, 688.

[47] Jafari Bahareh, Godini Hatam, Soltani Reza Darvishi Cheshmeh, et al. Effectiveness of UV/SO$_3^{2-}$ advanced reduction process for degradation and mineralization of trichlorfon pesticide in water: Identification of intermediates and toxicity assessment [J]. Environmental science and pollution research international, 2021.

[48] 刘子奇，仇付国，赖曼婷，等. 紫外/亚硫酸盐高级还原工艺加速降解水中难降解含碘造影剂 [J]. 环境科学，2021, 42 (3): 8.

[49] Li Xuchun, Ma Jun, Liu Guifang, et al. Efficient reductive dechlorination of monochloroacetic acid by sulfite/UV process [J]. Environmental science &amp technology, 2012, 46 (13).

[50] Yin Ran, Shen Ping, Lu Zeyu. A green approach for the reduction of graphene oxide by the ultraviolet/sulfite process [J]. Journal of Colloid And Interface Science, 2019, 550.

[51] Li X, Ma J, Liu G, et al. Efficient reductive dechlorination of monochloroacetic acid by sulfite/UV process [J]. Environmental Science & Technology, 2012, 46 (13): 7342-7349.

[52] Yazdanbakhsh Ahmadreza, Eslami Akbar, Mahdipour Fayyaz, et al. Dye degradation in aqueous solution by dithionite/UV-C advanced reduction process (ARP): Kinetic study, dechlorination, degradation pathway and mechanism [J]. Journal of Photochemistry &amp Photobiology, A: Chemistry, 2021, 407.

[53] Jung B, Sivasubramanian R, Batchelor B, et al. Chlorate reduction by dithionite/UV advanced reduction process [J]. International Journal of Environmental Science and Technology, 2017, 14 (1).

[54] Bahngmi Jung, Aya Safan, Yuhang Duan, et al. Removal of arsenite by reductive precipitation in dithionite solution activated by UV light [J]. Journal of Environmental Sciences, 2018, 74 (12): 168-176.

[55] Vishakha Kaushik, Yuhang Duan, Bahngmi Jung, et al. Arsenic removal using advanced reduction process with dithionite/UV-A kinetic study [J]. Journal of Water Process Engineering, 2018, 23: 314-319.

第 **5** 章

水质处理电效应等新方法

5.1 电絮凝法

5.1.1 概述

早在 100 多年前电絮凝技术就已经被提出。1889 年，电絮凝法应用于英国伦敦某个处理海水和电解废液的车间。1906 年，德国人提出完整的电絮凝技术并在美国申请专利，美国人将此项技术应用于轮船船舱污水处理，电絮凝技术首次形成完整的体系。然而，电絮凝技术在初期阶段仍然存在很多弊端，例如耗能高、效率低、处理种类单一等。因此，电絮凝技术的发展与应用受到了限制。

随着社会经济的迅速发展，各类工业废水的排放量也在迅速增长，工业污水种类复杂多样，原有的污水处理技术已跟不上需求。工业废水的处理净化和重复利用一直是各个国家重视和关注的话题，资源的重复利用决定了一个国家的可持续发展道路能走多远。然而，工业废水种类日渐复杂和小型高效污水处理集成设备的需求量与日俱增。因为电絮凝法具有对工业废水的处理效率高等优势，电絮凝技术又逐渐成为研究热点。随着科学技术的发展，人们对电絮凝技术中的电力供应、絮凝剂的选择都进行完善改进，很好地解决了发展初期时存在的弊端。研究者在原有基础上对电絮凝技术进行升级发展，提高电絮凝污水处理效率，对更多类型的工业废水进行处理。

电絮凝又称电凝聚，是利用电的解离作用，在化学凝聚剂的协助下，除去废水中的污染物或将有毒物质降解为无毒物质的方法。电絮凝是以电化学为基础的净水方法，其吸附能力远高于一般絮凝剂，具有设备简单、操作方便、无污染、产泥量少、不需添加任何阴离子的特点。

5.1.2 原理

(1) 电解氧化

电解过程中的氧化作用分为直接氧化和间接氧化。直接氧化是污染物直接在阳极上失去电子而被氧化；间接氧化是溶液中电极电势较低的阴离子如 OH^-、Cl^-，在阳极失去电子，生成具有较强氧化性的活性物质如 [O]、[OH]、Cl_2 等，而这些强氧化性物质再氧化分解水中的 BOD_5、COD、NH_3-N 等。

(2) 电解还原

电解过程中的还原作用分为直接还原和间接还原。直接还原是污染物在阴极上得到电子而被还原；间接还原，污染物中的阳离子首先在阴极上得到电子，使得电解质中高价或低价金属阳离子在阴极上得到电子直接被还原为低价阳离子或金属沉淀物。

(3) 电解絮凝

以铝、铁等金属为阳极，在直流电作用下，阳极电解产生 Al^{3+}、Fe^{2+} 和 Fe^{3+} 等，再经过水解、聚合、亚铁的氧化等一系列反应，生成羟基络合物、多核羟基络合物及氢氧化物的混合物。这种铝或铁系絮凝剂吸附能力极强，絮凝效果优于普通絮凝剂，通过吸附架桥和网捕卷扫等作用，促进废水中的胶体或悬浮杂质凝聚并沉降，从而从废水中去除。此外，废水中的带电污染物在电场中由于电荷被中和而脱稳，发生沉降从而被去除。

(4) 电解气浮

在进行电絮凝过程中，还会产生电解气浮效果。水分子可电离产生氢气和氧气，氢气气泡为 $10 \sim 30 \mu m$，氧气气泡为 $20 \sim 60 \mu m$。电解产生的气泡分散度高，能更有效地黏附水中悬浮物，将污染物去除。

5.1.3　特点

电絮凝技术不仅能去除胶体和悬浮物杂质，还能去除废水中的重金属离子，同时降低盐含量。因此，电絮凝技术的应用范围较广，适用于化工园区混合废水处理。一次完成氧化、还原、絮凝、气浮等过程，也避免了采用膜分离技术对废水回用时，产生浓水而导致二次污染。化学学科和电力工业的发展促进了电絮凝技术的发展和应用，大大降低了电絮凝用于水处理的成本，增强了其竞争力。

电絮凝技术的优点如下：

a. 可去除的污染物范围广；b. 适用的 pH 值范围广；c. 形成的沉淀物密实，澄清效果好，产生的污泥量少且含水率低；d. 不需要添加化学药剂；e. 可控性强，只需改变外电场的电压就可控制运行条件；f. 投资费用和维护费用低，占地面积小；g. 处理时间短、效率高。

电絮凝是一种很有发展前途的水处理与净化技术。但电絮凝在实际应用中存在能耗较高的问题，这也是研究者在积极解决的重点问题。有研究表明，该问题可通过改进电源、开发新型电极或与其他技术联用等方法得到有效解决。

5.1.4　影响因素

(1) 极板

铁极板产生的絮体小而密实，沉降快速，但出水常呈黄色，断电时铁极板易继续锈蚀。而铝极板产生的絮体大而松散，沉降缓慢，但不产生色度且吸附能力强。

极板间距也会影响絮凝剂生长和后续絮凝效果。极板间距过大，会导致电解效率低，浓差极化增加。极板间距过小，易发生短路和絮团在极板间的堵塞，降低极板的有效电解面积。

（2）电流密度

在一定范围内，电流密度大，絮凝剂产生量多，电絮凝效率高。然而，电流密度过大，易引起电极过度极化，加速电极钝化，增加极板和电能消耗。

（3）pH 值

pH 值过低或过高都不利于絮凝剂的生成，聚铁、聚铝在中性或弱碱性（pH 值为 6～9）条件下，分别形成无定型 $[Al(H_2O)_3]$ 和无定型 $Fe(OH)_3$，其吸附能力强，混凝效果好。

（4）电解时间

如果电解时间小于最佳反应时间，则会导致电絮凝过程未产生足够的羟基配合物，与目标污染物没有充足的反应时间，处理效果会大大降低。如果电解时间超过最佳反应时间，能耗增加，而去除率几乎不变。

5.1.5 应用

电絮凝技术设备简单、操作简单，不会产生二次污染，能去除水中各种污染物。国内外正逐步将其应用于电镀、印染、制药等多种工业废水的处理和给水净化等领域。

（1）废水中 Cr（Ⅵ）的去除

高晨等采用电絮凝进行含 Cr（Ⅵ）废水处理的工艺技术方案探索，系统研究液相 pH、槽电压、电解质浓度及初始 Cr（Ⅵ）浓度对电絮凝 Cr（Ⅵ）去除效率的影响。通过对沉淀絮体的微观形貌、元素分布及物相组成进行分析，以阐明 Cr（Ⅵ）电絮凝沉淀去除机理。最佳反应条件为 pH=6.0，槽电压为 3.0V，Na_2SO_4 电解质浓度为 2.0%。在此条件下，初始浓度 10.0mg/L 的含铬废水，经过 12min 的电絮凝反应后，去除效率高达 99.98%，出水中 Cr（Ⅵ）的浓度为 0.018mg/L，满足饮用水 Cr（Ⅵ）排放限值要求。

通过对产生的沉淀絮体进行表征分析，得到 Cr（Ⅵ）的去除机理。Cr（Ⅵ）被 Fe^{2+} 还原为 Cr（Ⅲ）后，以 CrOOH 与 Cr（OH）$_3$ 的形式，经铁的氧化物/氢氧化物载带而沉淀，从废水中去除。沉淀絮体经烘干称重，处理每吨含 Cr（Ⅵ）废水产生的铁污泥质量为 150g，产生的污泥量较少，工艺稳定性较高，具有实际应用意义。

（2）燃煤电厂脱硫废水

随着废水处理技术的发展，燃煤电厂的绝大部分废水能够实现阶梯利用。然而，脱硫废水具有很高的含盐量和悬浮物、较大的钙镁硬度、一定量的重金属，特别是氯离子含量达到几千至两万毫克每升，具有较大腐蚀性，难以直接回用。因此，脱硫废水处理是燃煤电厂废水处理的难点，也是电厂"废水零排放"技术的研究重点。汪劲松等利用电絮凝多种复合的净化作用，开发了废水处理能力为 8t/h 的电絮凝处理装置，对某燃煤电厂排放的脱硫废水进行处理。电流密度为 4～8mA/cm² 时，悬浮物脱除效率较高，COD_{Cr} 和镉、铬、砷、铅等重金属有一定去除率，出口水质符合排放标准。

（3）造纸废水

目前国内外常用砂滤、活性炭过滤、多介质过滤等预处理工艺实现对造纸废水的深度处理，但这些工艺难以经济有效地去除废水中的有机污染物。电絮凝工艺已经被应用到不同工业废水的深度处理中，并表现出良好的污染物去除能力。宫晨皓等采用电絮凝法对造纸废水进行处理，探索了不同条件下废水的去除效果。在最优条件下，有机物的去除率可达 38.7%，类富里酸与类腐殖酸混合物被完全去除。在降解过程中，芳香类小分子有机污染物和类色氨酸有机物的荧光强度增加了510%和190%，表明降解过程中产生了这些中间产物。此外，电絮凝技术对废水中的重金属如锰、砷及硬度也有一定的去除作用。

5.2 电容去离子技术

5.2.1 概述

电容去离子（capacitive deionization，CDI）技术是去除水中带电粒子的新兴技术，通过对两个相对放置的多孔电极施加电压，使水中带电粒子在电场的作用下定向移动并被吸附于电极上，从而实现水的净化。CDI技术具有环保、节能、经济高效、无二次污染等特点，是一种极具优势的脱盐技术。

5.2.2 原理

CDI又称为电吸附技术，是一种基于双电层理论的脱盐技术。由两块平行放置的多孔炭电极板组成。当向电极板施加电压时，溶液从两极板间流过，带电荷的阴阳离子会在电场力的作用下向电性相反的两极移动。电极板上的碳材料由于比表面积大，在电极板与溶液边界形成双电层。电极板一侧通过施加的电压提供电荷，溶液一侧通过吸附大量相反电性的离子提供电荷，使得溶液中的离子浓度降低，达到脱盐或净化水体的目的。当电极吸附饱和时，将施加的电压撤去或施加反向的电压，被吸附在电极上的离子便解吸下来，重新回到溶液当中去。通过控制外加电场可实现溶液中离子的富集和解吸，电极材料易于循环再生从而被重复利用。电吸附技术原理如图5-1所示。

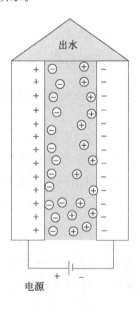

图5-1 电吸附技术原理

电吸附去除溶液中离子的作用机理主要是双电层理论。双电层理论模型发展至今，主要有 Helmholtz 模型、Gouy-Chapman 模型、Stern 模型、Grahame 模型四种模型（图 5-2）。

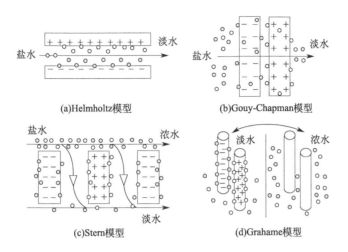

(a)Helmholtz模型 (b)Gouy-Chapman模型

(c)Stern模型 (d)Grahame模型

图 5-2　CDI 装置的常见脱盐模型

① Helmholtz 模型又称平板电容器模型，在电极板和溶液这两侧相接触的地方，正负电荷平行排列，从而构成一个平面。层与层间的距离约等于离子的半径，表面电势在双电层内呈直线下降趋势。

② Gouy-Chapman 模型是 Gouy 和 Chapman 在 Helmholtz 模型的基础上提出的模型，又称扩散双电层模型。由于离子热运动的影响，离子进行杂乱无章的运动，而不是固定排列，但其排列规律大致符合 Blotzmanna 方程。

③ Stern 模型是在 Gouy-Chapman 模型上进一步改进而来，分为牢固吸附于固体表面的紧密层和分散层，紧密层与 Helmholtz 模型相似，分散层与 Gouy-Chapman 模型相似。

④ Grahame 模型是以 Stern 模型为基础而改进的，将紧密层分为内 Helmholtz 层和外 Helmholtz 层。内层由未水化的离子组成，吸附在质点表面，随质点一起运动；外层由一部分水化离子组成，相当于 Stern 模型中的滑动面。Grahame 模型已经成为现代双电池理论的基础。

5.2.3　电极材料

影响电容吸附脱盐效果的主要因素有电极材料、极板电压、溶液浓度、溶液表面流速、集电板数量等。其中，最主要的影响因素是电极材料。电极材料的孔径分布、比表面积、比电容和电阻都对电容吸附效果有直接的影响。具备高比表面积、优良的导电性和化学稳定性等优点的多孔炭，成为人们的研究热点。多孔炭电极材料有活性炭粉末（ACs）、炭气凝胶（carbon aerogel）、碳纳米管（CNTs）、碳纳米纤维（ACF）和石墨烯（graphene）等。

(1) 活性炭

制作活性炭的材料十分广泛，包括秸秆、果壳、煤炭、木材等。活性炭来源多、价格低廉，被广泛用于电容去离子技术。活性炭的比表面积高达 $3500m^2/g$，孔径分布在 $1.08\sim$

$2.42nm$，电阻率为 $3.5\sim16.0\Omega\cdot cm$。为了提高活性炭的性能，研究者对活性炭进行了改性，包括调节活性炭的孔径分布、提高活性炭的导电性和亲水性、采用氧化物对活性炭进行修饰、改变活性炭表面官能团等。赵绍阶等通过 KOH 对活性炭进行改性，改变其孔径分布，改性后的活性炭比表面积从 $519.25m^2/g$ 增加到 $975.07m^2/g$，提高了 87.78%。中孔孔容占总孔孔容的百分比提高了 48.28%，改性后的活性炭吸附量增加，吸附和解吸时的速率也加快。KOH 主要通过刻蚀微孔达到扩孔的效果，中孔的孔径范围更适于离子的通过，从而达到提高脱盐效率的效果。Yan 等采用原位聚合法，以聚苯胺（PANI）修饰活性炭，炭表面的弱酸性官能团增大了 PANI 的导电性，因此改性活性炭的导电性比未改性的活性炭提高了 2 倍，其吸附量、吸附和解吸速率都得到了增加。

(2) 炭气凝胶

炭气凝胶是一种质轻、多孔、块状的纳米材料，具有三维网络结构，可在纳米尺寸下进行操控和裁剪，是一种新发现的气凝胶。其孔隙率可达 $80\%\sim98\%$，经典的孔隙尺寸均在 $50nm$ 以下，网状胶体直径为 $3\sim20nm$，比表面积可达 $600\sim1100m^2/g$。和现有技术相比，炭气凝胶吸脱附金属离子有显著优势，如可重复利用、减少二次污染、节省能量等。吸脱附量会随着溶液浓度、所加电压和比表面的增大而增大。

(3) 碳纳米管

碳纳米管具有优良的导电性和良好的化学惰性，是双电层的理想材料。碳纳米管具有优良的孔结构和很高的比表面积，且表面官能团很丰富，因此 CNTs 具有良好的吸附能力。研究者采用有机金属复合物，如碳、氮和金属催化源为前驱物，利用固体热解的方法合成了 N 掺杂碳纳米管，提高了锂硫电池正极的比放电容量，延长了电极的寿命，降低了电极正极材料的制作成本。

(4) 碳纳米纤维

碳纳米纤维是由多层石墨片卷曲而成的纤维状纳米碳材料，直径为 $10\sim500nm$，具有较好的导电和导热性能。研究者用碳纳米纤维做电极，对过渡金属离子进行分离和吸脱附研究，发现对硝酸根和亚硝酸根也有很好的吸脱附效果，亚硝酸根的去除率高达 60%。

(5) 石墨烯

石墨烯是 21 世纪最被广泛研究的碳材料。石墨烯具有特殊的二维结构，由碳原子排列形成一种单层的二维晶体结构。石墨烯有着非常高的理论比表面积（$2630m^2/g$），良好的电导率（$7200S/m$），优良的机械强度以及高的热导率，是一种理想的离子脱盐电极材料。但是由于石墨烯制备复杂、成本较高，石墨烯的相关电容吸附实验仍处于实验室研究阶段。石墨烯复合材料是近年来的研究热点。

(6) 有序介孔炭

多孔炭材料可分为微孔炭材料、介孔炭材料、大孔炭材料。其中，有序介孔材料因其高度有序的介孔分布，引起各国研究人员的关注。在电容去离子技术中，电极材料中孔的存在对离子的吸附量和吸附速率有显著影响，因此有序介孔炭材料也成为了电容去离子技术电极材料的研究热点。有序介孔炭材料孔径分布有序，比表面积可高达 $2500m^2/g$。Li 等采用溶胶-凝胶聚合的方法合成有序介孔炭，并在添加 $NiSO_4\cdot6H_2O$ 后，得到了更大的比表面积、更高的有序度及更小的中孔结构，在吸附性能上极为优越。有序介孔的制备方法包括硬模板法、软模板法和混合模板法，但有序介孔的制备方法比较复杂，且制备成本较高，因此限制了有序介孔炭用作电极材料的发展。

5.2.4　电极成型方式

（1）黏结剂黏结、压制、涂刷

对于颗粒状或粉末状材料，常通过向其中加入一定质量比的导电剂和黏结剂，混合均匀后涂刷于导电板上制成 CDI 电极。常用的导电剂有炭黑、石墨粉、乙炔黑。常用的黏结剂有聚四氟乙烯（PTFE）、聚偏氟乙烯（PVDF），常用的导电板有钛板或钛箔、镍板、石墨片等。导电板既有导电的作用，又有支撑电极的作用。

Li 等以质量比为石墨烯 72%、石墨粉 20%、黏结剂 PTFE 8% 制得石墨烯纳米薄膜，并涂敷于石墨片上。另一些研究者采用 PVDF 作为黏结剂制作类似的电极，之后又在制备多壁碳纳米管（MWCNT）和聚乙烯醇（PVA）的复合电极 MWCNT/PVA 过程中，将 PVA 与 MWCNT 按质量比 1∶1 混合干燥制得板状电极，聚乙烯醇不仅提高了碳纳米管的亲水性、有效比表面积和中孔比，还起到了黏结剂的作用，电极表现出比单纯加入 PVDF 的活性炭粉末更优良的吸附性能。

虽然导电剂和黏结剂的加入能有效地解决部分电极制作问题，但还存在较多问题，如具有较强的疏水性、容易堵塞电极孔隙，且 PTFE 易老化而增大电极电阻，增大离子运输与吸附的阻力。

（2）静电纺丝法

静电纺丝（eletrospinning）技术是一种制取纤维状或丝状材料的特殊工艺，将聚合物溶液或高温熔体在强电场中进行远距离喷射纺丝，通过控制喷丝口针头形状及电场强度等，可制作出不同参数的纤维。该方法在 CDI 领域已有较广泛的应用，如碳纤维电极或碳纳米纤维电极等，几乎都是采用这种方法制作。用该方法制得的纤维状材料牢固地缠绕在一起，并作为一整体直接粘贴在导电板上，而不用加入大量高分子黏结剂和导电剂。另外，以此方法制得的纤维状材料还具有很好的可修饰性，还能以纤维为骨架，负载其他吸附性能优良的材料制得复合电极。

（3）化学气相沉积法

化学气相沉积（chemical vapor deposition，CVD）是一种制备无机材料的新型气相生长方法，将一种或一定比例的多种气体供给基片，利用加热、紫外线以及激光等能源，通过气相作用或化学反应在基片上直接生长形成固态薄膜。其特点有适用范围广、高效，制得的薄膜厚度、密度、纯度等可控，与基片结合牢固，且均匀地生长在复杂基片上。

化学气相沉积技术在 CDI 中也有一定应用，如 Pan 等和 Gao 等采用低温低压热化学气相沉积法，将乙炔和氢气分别按 40mL（标）/min 和 200mL（标）/min 通入放有镍导电板和石墨片的反应室。其中，乙炔作碳原料，氢气作载波/稀释气体，在 550℃下反应 30min，直接在镍板和石墨片上制得了碳纳米管-碳纳米纤维（CNT-CNF）复合电极，孔隙主要为 6.8～7.9nm 的中孔，吸附能力远高于同条件下炭气凝胶。

与静电纺丝法相同，CVD 法也能有效避免对导电剂和黏结剂的依赖。但由于 CVD 法的原料必须是气体，而 CDI 中能直接用气体合成的电极材料很少，因而应用并不是特别广泛。

（4）电泳沉积法

电泳沉积法（electrophoretic deposition，EPD）是一种电化学材料制备方法，在稳定的悬浮液中，放置一对阴阳电极并施加电场，带电胶体在电场力作用下运动至电极发生电中和，并形成不溶解物质而沉淀于电极上。与气相沉积和其他电化学沉积等相比，电泳沉积可以实现准分子水平上材料微观结构的均匀分布，是制备功能薄膜材料的重要手段。

在制备 CDI 电极过程中，可直接将导电板置于电极悬浮液中，使电极沉积生长在导电板上。该方法具有沉积速率高、操作简单、电极分布均匀、厚度可控等优点，在超级电容器、透明导电薄膜等领域有较多应用。Nie 等采用电泳沉积法制得了碳纳米管电极，虽然其比表面积很小，但脱盐效果均优于相同条件下的有序介孔炭、活性炭、碳纳米管-碳纳米纤维电极。碳纳米管与聚丙烯酸（PAA）的复合电极薄膜，在超过 30 次的吸附解吸循环实验之后，依然保持着非常良好的吸附性能。

电泳沉积法的引入促进了 CDI 电极制备领域的发展，颗粒状电极材料几乎均可采用该方法或类似的电泳沉积方法制备。

5.2.5 应用

(1) 去除重金属

Gaikward 等以茶叶废弃物生物质制备得到活性炭材料，将其作为 CDI 电极材料，去除水中的 Cr^{6+} 和 F^-。在 1.2V 电压、进料质量浓度为 10mg/L 的条件下，Cr^{6+} 和 F^- 的去除量分别为 0.77mg/g 和 0.74mg/g，去除率分别为 88.5% 和 88.2%。

Chen 等在 900℃的条件下把氧化石墨烯（GO）和氰胺混合后进行简单热处理，制备得到氮掺杂的石墨烯（CNG），将 CNG 作为电极去除废水中的 Pb^{2+} 和 Cd^{2+}。反应条件为 1.2V 电压、10mL/min 体积流量、20mg/L 初始质量浓度，5min 内 Pb^{2+} 和 Cd^{2+} 的去除效率高达 95%，45min 后去除率达到 100%。对重金属 Pb^{2+}、Cd^{2+}、Ni^{2+}、Co^{2+}、Fe^{2+}、Cu^{2+}、Zn^{2+}、Mg^{2+} 和 Ca^{2+} 进行离子选择性吸附。在相同的初始条件下，CNG 制备的电极对 Fe^{2+} 的去除速率最快，15min 内可以去除 96%；对 Cd^{2+} 的去除效率最慢，30min 内可以去除 80%。

(2) 脱盐

Li 等制备了一种含有丰富杂原子（N、P 和 S 等）的核-壳碳纳米颗粒，具有丰富的微孔、介孔结构以及高导电性，对 NaCl 的脱除量高达 50.07mg/g。Deepa 等采用 $Na_2Ti_3O_7$-CNT/RGO 膜作为负极，AC/RGO 膜作为正极，组装的不对称 CDI 装置脱盐量高达 129mg/g。

Hou 等利用炭布作为生物燃料电池（MFC）的阳极电极材料，用炭布与 Fe（Ⅱ）酞菁、碳纳米颗粒混合物作为阴极电极材料，组装了 MFC，作为 CDI 装置电源，活性炭作为 CDI 电极材料。研究了单个 MFC、2 个串联 MFC 和 2 个并联 MFC 分别给 CDI 装置提供电源时的脱盐性能，发现 2 个并联的 MFC＞单个 MFC＞2 个串联 MFC 的脱盐性能。在 MFC 并联条件下，在质量浓度 100mg/L、50mg/L 时，脱盐能力分别为 346μg/g、150μg/g，脱盐效率均在 50% 以上。

5.3 电磁处理技术

5.3.1 概述

电磁水处理技术应用始于 20 世纪 70 年代末，美国国家航空和宇航局研制出电子水处理器，利用磁场或电场作用来防止水的结垢和设备腐蚀。其原理是在一定磁感应强度和电场强度下，通过改变水垢的结晶类型，生成松散泥渣而被水流带走。使用的磁场类型有电磁场和永磁体形成的磁场。

电磁水处理设备具有阻垢和防腐作用，还具有一定的杀菌灭藻功能。

5.3.2 电磁变频反应器原理

电磁变频净水器多是将直流脉冲变频技术应用于水处理过程，通过微电脑控制较宽范围的频率和功率变化，来满足防垢除垢、杀菌灭藻的一种反应器。水中钙、镁、硅酸盐等无机离子无规则运动，形成非晶型泥渣而除垢，并由于变频能量传递，可杀菌灭藻。

电磁变频反应器的基本原理是制造一个脉冲变频电磁场，脉冲电流在高电平转入低电平的瞬间，积聚在感应线圈的能量，由于电路的突然启闭，在线圈两端产生反冲高压，使管道中感应的电压瞬间猛增猛降，产生了一个很大的瞬间电流，加速了电磁场能量的传递，进行各种物理、化学和生物反应，完成水处理过程。

在脉冲变频电磁场中，水中的各种反应分别对应于某种频率的电场力，因而对多种污染物质均有去除作用。在水处理的复杂过程中，电磁场能量能以多种形式有效地参与各种物理、化学和生物反应，提高了水处理效果。

电磁变频水处理器在运行时，自动、周期性和规律性地产生各种频率的脉冲电磁场，并在水中产生各种极性离子。各种离子的微弱电能在反抗外加脉冲电场的过程中相互碰撞而消耗，各种离子的运动强度和运动方向被束缚。金属管壁接阴极，管内水为阳极，水中的各个质点与管壁形成一个脉冲电场。在这个脉冲电场作用下，水中各种离子分别组合成脉动的正负离子基团，形成易排除的松散水垢。同时，水的 pH 值、CO_2、活性氧及·OH 等的含量也发生了变化，水中物质发生相关的氧化还原反应，在阳极区附近产生一定量的氧化性物质，这些氧化性物质与细菌及藻类作用，破坏其正常的生理功能，使细胞膜过氧化而死亡，达到杀菌除藻的目的。因此，电磁脉冲变频场中既能完成除垢反应，又能杀菌灭藻。

脉冲电磁场还会引起一系列微弱的化学变化，在阴极区附近产生大量的钙镁碳酸盐微晶核，改变了结晶物的结构形态。脉动的离子对水管管壁上的老垢和水中结晶物的吸引，使结晶物被逐渐疏松分散成粉末状的老垢，而后被水带走，从而达到了除垢效果。直流脉冲电磁场还通过传感线圈在水体中感应出一系列脉冲正电压和金属管壁的负压，在水体和管壁间发生了电极效应，使管壁内表面形成氧化保护膜，防止了管道的腐蚀，延长了管道的使用寿命。

5.3.3 反应器运行的影响因素

反应器运行的影响因素与反应器类型和应用对象等有关。反应器类型主要是直流型，也可以是交流型。

(1) 直流脉冲变频电磁场水处理器

一般用于金属水管，管壁接地，也就是接阴极。当设备运行时，水管中的水分子感应成阳极，与管壁形成一个变频的脉冲电压。这种电压一方面使水中的离子产生电离现象，对水中的藻类和菌类起到杀伤作用，另一方面对管壁的污垢进行冲击和吸引，达到除垢和防垢的目的。

交流型一般用于非金属水管，也可用于金属水管。当设备运行时，管中的水分子感应成极性分子。极性分子的形成，改变了水中微生物的生存环境，达到杀菌除藻的目的。同时，设备的电磁场感应源是周期性地极化，产生吸引管壁污垢的作用，从而达到除垢防垢的效果。

(2) 电磁脉冲变频反应器的运行影响因素

1）反应器扫频范围与作用功能

① 交流型以除垢为主要目标，其扫频频率范围由低频至高频，频率范围较宽，为 20Hz～60kHz，扫描周期为 1.2s，载频频率为 1MHz。

② 直流型可分别用于除垢防垢和杀菌灭藻，根据其应用对象不同，所采用的扫频范围也不同。以杀菌灭藻为主、除垢为辅的反应器，其扫频范围由低频至高频，即 20Hz～60kHz，扫描周期为 1.2s，载频频率为 1MHz；以除垢为主、杀菌灭藻为辅的反应器，其扫频频率范围为中频至高频，即 400Hz～60kHz，扫描周期为 1.0s，载频频率为 1MHz。变频电磁反应器可以根据需要采用不同功率，功率最大的为 150W，一般为 20W，最小的为 5W。大中功率的设备一般用于工业系统，而小功率一般适于民用。一般情况下，反应器的输入电源电压为 220V，输出电源电压为 12V，使用环境温度为 $-10\sim55℃$。

2）其他影响因素

其他影响因素有管材，绕线圈数、粗细以及组数，管道尺寸等。管道材质对交直流反应器的影响不同。交流更适合于非金属材料的管道，而直流则更适合于金属材质的管道。绕线的粗细直径根据功率、电流而定，目前所使用的变频反应器一般最大功率 150W，相对应的绕线直径和股数为 $1\times7/0.2mm^2$（单线，7 股，截面积 $0.2mm^2$），20W 的为 $1\times7/0.1mm^2$，5W 的为 $1\times7/0.02mm^2$。管道尺寸越大。需采用的设备功率越大。一般来说，同一规格即同一功率设备，管径小的处理效果比管径大的好，其原因是水流紊动条件较好。

5.3.4 电磁变频技术的除垢与除藻

5.3.4.1 电磁变频反应器的防垢除垢作用

电磁防垢除垢效果与被处理的原水水质有很大的关系，特别是水中含有的较高浓度的无机离子和某些有机物，将影响电磁场的抑垢和除垢效果。

(1) Ca^{2+}、Mg^{2+} 总浓度的影响

随着 Ca^{2+}、Mg^{2+} 总浓度的增大，单位面积结垢量增加较快，电磁处理的抑垢率下降，并随其浓度的升高抑垢效率下降加速。一般来说，对于碳酸盐硬度的水（其硬度≥碱度，碱度主要存在形式为 HCO_3^-），脉冲电磁场的除垢效果总体较好，但 Ca^{2+}、Mg^{2+} 总浓度过高时，除垢率有所下降。这主要是由于电磁场能量不足，而 Ca^{2+}、Mg^{2+} 的沉积物形成过程过快。实际上，在特定功率和一定范围的扫频工作条件下，能抑制 Ca^{2+}、Mg^{2+} 成垢的最大能力是有限值的。当 Ca^{2+}、Mg^{2+} 过高时，将生成定形和无定形晶体，并以水垢为主。在这种情况下，电磁反应不能有效阻止 $CaCO_3$ 和 $Mg(OH)_2$ 晶核的生成，进而加速水垢的形成。因此，如果要提高 Ca^{2+}、Mg^{2+} 存在时的抑垢除垢效果，需根据实际水质情况调整电磁反应器的相关参数。

(2) Ca^{2+}、Mg^{2+} 浓度比值对抑垢除垢效果的影响

在总硬度一定的条件下，电磁场处理含 Ca^{2+} 较高的水，其抑垢效果较好。而对 Mg^{2+} 较高的水，抑垢效果较差。这种现象说明，变频式电磁水处理器对 $CaCO_3$ 的生成有更好的抑制作用。

(3) 碱度及 pH 值对抑垢效果的影响

随着水中 HCO_3^-、CO_3^{2-} 浓度的增加,与水中 Ca^{2+} 的有效碰撞概率增大,加速了 $CaCO_3$ 的生成,碱度越高这种反应进行得越快。同样,OH^- 浓度升高对 Mg^{2+} 成垢趋势的影响也遵循以上规律。过高的碱度与过高的 Ca^{2+}、Mg^{2+} 一样,都使有限的电磁场防垢能力不足,而导致抑垢效率下降。因此,在碱度较高的情况下,也应选择较大功率的变频电磁水处理反应器,以达到有效抑垢的效果。

(4) pH 值对电磁场抑垢效果的影响

规律与碱度对电磁场抑垢效果的影响规律类似。$pH \geqslant 9$ 时,无论经电磁场处理与否单位面积结垢量随 pH 值的提高而显著增加,抑垢除垢率明显下降。

(5) 管材对抑垢效果的影响

采用导电材料进行电磁处理防垢比采用绝缘材料时抑垢效率要明显提高。管道表面的光洁程度好,对防止结垢有非常明显的作用。

变频式电磁水处理器去除水垢的主要参数如下:电源为交流 220V,50Hz;电流 1～6A;工作电压,直流 12V;输出功率 20W;扫频范围(除垢防垢)20Hz～60kHz;扫描周期 1.2s;载频频率 1MHz;温度(25±5)℃;运行方式为连续工作;两组线圈并联。

内壁结垢的水管采用电磁变频水处理器进行除垢。垢厚约 1.5mm 的水管,处理 90d 后绝大部分水垢脱落,结垢水管绝大部分水管内壁露出了原体,水垢去除效果较为显著。

5.3.4.2 变频电磁反应器的杀菌除藻效能

(1) 变频方式对杀菌除藻效果的影响

采用交流变频式水处理器,其杀菌率为 45%,而直流脉冲式水处理器对细菌的去除率可达 76%。这说明直流脉冲式要比交流变频式的能量传递效率高,对水中的细菌具有更强的杀灭功能。

(2) 管材对杀菌除藻效果的影响

对于同样的直流脉冲式水处理器,采用金属管材取得了比 ABS 管材更好的除菌效果。如当原水中细菌数为 2×10^7 个/mL 时,铸铁管材中的细菌去除率达 87.3%,而 ABS 管材中的细菌去除率仅为 68.2%。

(3) 绕线圈数、粗细、组数对杀菌除藻效果的影响

采用变频电磁反应器对水进行净化时,一般要将水处理器通过导线缠绕于管道上产生电磁场。因此,导线的导电性质、环绕方式和圈数将对水处理效果产生重要的影响。

(4) 作用时间对杀菌效果的影响

细菌藻类数量的减少是电磁场能量直接作用的结果。在脉冲电场的作用下,激发感应电流破坏细胞,或改变离子通过细胞膜的途径使蛋白质变性或酶的活性遭到破坏,导致大部分细菌不能适应而死亡。同时,在脉冲电场下电极反应产生的活性物质也可氧化细胞膜,破坏其正常的生理功能,起到灭菌除藻作用。

(5) pH 值及水温对杀菌除藻效果的影响

pH 值是影响细菌藻类生长的重要因素之一。水的 pH 值对电磁场的能量传递与作用产生影响。细菌最适宜的 pH 值范围为 7.0～8.0。将不同 pH 值条件下的生活污水采用电磁水处理器进行处理,脉冲电磁场水处理器的杀菌率随 pH 值上升而提高。

温度是影响细菌藻类存活的主要环境因素之一。虽然在一定的范围内升高温度可促进细菌的生长和代谢，但同时升高温度也有利于电磁反应器中各种物理化学反应的进行。温度也对电磁场作用于水中细菌藻类的能力产生一定影响，将不同温度下的水样经电磁水处理器处理，发现温度升高有利于电磁杀菌除藻作用。

5.4 生物电化学系统强化处理

5.4.1 概述

生物电化学系统（bioelectrochemical system，BES）是一种近几年来兴起的污水处理及资源回收技术，在印染、化工、医药、食品加工等废水处理中取得了良好的效果，同时能以氢气、沼气、电能或者中水的形式高效回收资源。

5.4.2 原理

BES 是利用微生物的胞外电子转移从底物中获取能量，将生物能转化为电能，从而达到直接利用电能及降解污染物的目的。电子流动是微生物新陈代谢的固有特征。微生物将电子从电子供体（低电势）传递给电子受体（高电势）。该系统结合了生物技术和电化学还原/氧化技术的优势，在阳极产电，同时在阴极降解污染物和合成甲烷、氢气等物质。其本质为电化学活性菌（EAB）通过特定的细胞膜蛋白、细胞结构或可溶解性的氧化还原电子介质实现微生物与固态电极间的电子传递过程。BES 主要由 4 部分组成，即电极、微生物、基质和外电路。如图 5-3 所示，BES 基本构型及原理为附着在阳极上的微生物与溶液中基质（有机物）相互反应产生电子及氧化产物等，产生的电子经外电路传递到阴极，与阴极上的电子受体相结合，生成还原产物。

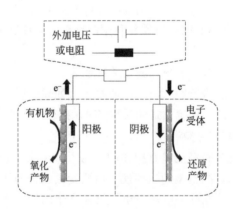

图 5-3　BES 基本构型和原理

在此过程中，BES 中基质被持续降解，从而在外电路上形成电流，完成生物能转化为电能的过程，从而实现以难降解污染物为电子受体的阴极还原。

5.4.3 处理效率的影响因素

(1) 电极

电极的选取是 BES 的核心。导电性、稳定性、生物相容性以及比表面积等因素都会影响电极的性能。

目前，常采用碳材料作为电极，常用的有炭纸、炭布、炭毡、炭纤维刷等。研究者采用石墨颗粒及石墨毡作为 BES 电极处理废水中的硝基酚类污染物（4-硝基酚、2,4-二硝基酚、2,4,6-三硝基酚），发现石墨颗粒作为电极的效能优于石墨毡。硝基酚的还原效果受电极材料的比表面积、内阻等因素影响，比表面积越大，内阻越小，相应的硝基酚还原效果越好。

此外，碳基电极存在导电性差等问题，通过引入纳米粒子提高其表面性能。在炭布表面沉积 Fe/Fe_2O_3 纳米粒子制成一种新型 MFC 电极，并用于处理实际工业废水。这种新型电极的表面润湿性和微生物在电极表面的黏附性均有所提高，产电功率提高了 38.5%，COD 去除率由 60% 提高至 88.5%。与碳基电极相比，不锈钢电极具有良好的电化学稳定性与经济性，也可作为 BES 电极。研究者将活性炭、不锈钢网和防水透气膜的复合材料作为 MFC 的阴极（AC-WBM），与传统铂炭布阴极（Pt-CC）对比发现，AC-WBM 阴极的最大电流密度为 6.5A/m²，Pt-CC 阴极的最大电流密度为 7.35A/m²。二者的最大电流密度差距不大，但 AC-WBM 阴极由于价格低廉而更具经济性。

(2) 外加电压

外加电压是微生物电解池（MEC）效能的重要影响因素。在 MEC 中，阴极表面还原反应的电势低于阳极表面氧化反应的电势，电池反应的电势差小于零，相对应的吉布斯自由能大于零，导致氧化还原反应不能自发进行，需要外电路提供电势差保证反应的发生。此外，外加电压的高低可以影响微生物的活性、电极表面的氧化还原反应程度及电子传递速率。

研究者采用升流式生物电化学反应器（UBER）处理硝基苯废水。当外加电压控制在 0.3~0.5V 时，硝基苯去除率均超过 93%；当外加电压为 0.2V 时，硝基苯去除率仅为 36%。这说明阳极的产电微生物没有足够的驱动力将电子转移到阴极降解硝基苯，导致去除率较低。以乳酸脱氢酶（LDH）和三磷酸腺苷（ATP）评价外加电压对微生物活性的影响。当外加电压为 0~0.8V 时，与对照组（无外加电压）相比，LDH 和 ATP 含量几乎不变。而当外加电压提升至 1V 和 2V 时，LDH 含量分别为对照组的 1.14 倍和 1.10 倍，ATP 含量仅为对照组的 27% 和 55%。因此，外加电压越高，细胞破裂程度越大，代谢活性越低。

(3) 盐度

难降解废水通常具有较高的盐度，含盐量一般以氯化钠计。无机盐在水溶液中呈离子状态存在，阴阳离子通过外加电场的作用，可以定向移动形成电流，使得高盐废水具有很好的导电性能。高盐废水一定程度上会增加电化学系统中电流的传递，强化电化学处理效能。但过高的盐分会直接造成厌氧微生物的细胞脱水，引起原生质的分离，降低厌氧微生物活性甚至导致其死亡。

BES 对废水中氟硝基苯（p-FNB）的还原效能及微生物的耐盐性研究表明，在 40g/L 的 NaCl 胁迫下，p-FNB 的还原率下降 40%。低盐度可以加快还原速率，当盐度为 15g/L 时，还原速率可达到最佳的 $0.125h^{-1}$。采用 BES 处理废水中的氯霉素，在低盐度（0~2%）下，氯霉素去除率能维持在 80% 以上。当盐度上升至 6% 时，其去除率下降至 49.5%，这是由于高盐度下微生物丰度较低，抑制了对氯霉素的去除作用。

因此，在保证微生物活性的前提下，调控合适的盐度范围，可以加速微生物与电极间的电子传递速率，促进 BES 对难降解污染物的处理效能。

(4) 微生物群落

1) 阳极群落

BES 阳极和阴极的微生物群落具有高度的生物多样性。可以进行或参加细胞外电子传递的微生物几乎遍及所有的细菌门，尤其是变形杆菌门（Proteobacteria）和硬壁菌门（Firmicutes）在 BES 阳极中的丰度较高。研究最多的微生物有地杆菌属的 *Geobacter sulfurreducen* 和希瓦菌属的 *Shewanella oneidensis* MR-1。但是，近几年人们分离出了大量其他种类的微生物，并且获得了越来越多的涉及代谢过程或基因组的信息。较为典型的例子有绿脓假单胞菌（*Pseudomonas aeruginosa*）、沼泽红假单胞菌（*Rhodopseudomonas palustris*）、梭菌属的 *Clostridium acetobutylicum* 和 *Thermincola* sp.。

虽然表面上看来阳极的还原反应与金属的还原反应是一致的，但是事实并非如此。暗杆菌属的 *Pelobacter carbinolicus* 虽能还原三价铁，但是不能还原阳极。阳极的生物膜是一个复杂的食物网，它将电化学活性菌（EAB）、发酵微生物、古细菌和产甲烷菌联系起来。由此可见，将来对生物群落特别是针对古细菌（*Archaea*）的存在及活性的分析是十分必要的。

2) 阴极群落

尽管阳极微生物群落被广泛研究，但是阴极生物催化却是近几年才出现的。仅有少量研究对阴极生物膜微生物群落进行过分析。氧气生物催化过程中起关键作用的微生物主要是拟杆菌门（Bacteroidetes）（如鞘氨醇杆菌属 *Sphingobacterium*）和变形杆菌门（Proteobacteria）（如不动细菌属 *Acinetobacter*）。一些纯培养菌种能在一定程度上促进阴极的催化作用。地杆菌属的 *Geobacter metallireducen*，可以利用阴极作为电子供体，并且将硝酸盐还原为亚硝酸盐，或是将延胡索酸盐还原为琥珀酸盐。

5.4.4　应用

(1) 染料废水

工业废水（主要来自染料制造和纺织工业）中含有大量的合成化学染料。染料废水色度大、成分复杂、生物毒性大、处理难度大，若直接排放会对环境造成严重污染，必须对其进行处理。微生物电化学系统处理染料废水是一种既节能环保又高效的废水处理技术。

Mu 等研究了 BES 对偶氮染料 AO7 的脱色机理。不同进水浓度下，AO7 的还原产物磺胺酸（SA）的库仑效率均大于 80%，表明阴极中大部分电子用于还原 AO7 的偶氮键，从而使偶氮染料脱色。姚楠构建了非均相生物电 Fenton 系统、双室 MEC、单室 MEC 3 种 BES，考察了其对偶氮染料甲基橙（MO）降解脱色的效能。在双室 MEC 中，当外加电压为 0.7V 时，10h 内 MO 脱色率达到 92.2%，能耗仅为 0.879kW·h/mol MO。在相同运行条件下，非均相生物电 Fenton 系统 10h 内的 MO 脱色率为 96.5%。相较于前两者，单室 MEC 进一步提高了对 MO 的降解效能，当外加电压为 0.2V 时，相同负荷下的 MO 在 10h 内的脱色率达到了96.6%。可见，3 种 BES 对甲基橙的脱色效果为：单室 MEC＞非均相生物电 Fenton 系统＞双室 MEC。相对于系统构型，电极材料的影响也不容忽视。

（2）含重金属废水

电镀、皮革、采矿和钢铁行业排放的废水中含有大量的有毒重金属，例如镉、钴、铜、铬、铁、铅、银和锌等。含重金属废水对环境和公共健康的风险增加。同时，富含重金属的废水也具有很高的价值。微生物燃料电池技术因其对重金属具有高去除率和回收率受到了广泛的关注。

阳极通过生物电修复可产生生物电能。这种生物电可用于还原阴极上具有高氧化还原电势的金属离子，例如 Cu（Ⅱ）、Cr（Ⅱ）和 Ag。对于还原电位较低的金属［例如 Cd（Ⅱ）、Ni（Ⅱ）、Pb（Ⅱ）和 Zn（Ⅱ）］而言，所需的额外电势可以通过外部电源来提供。

（3）硝基芳烃类废水

硝基芳烃化合物是炸药、医药、化工等行业的重要原材料及中间产物。由于其产量巨大，且具有难降解性和毒性等特性，已经成为污染物处理领域的热点和难点。对于采用 BES 降解硝基芳烃化合物的研究已有大量报道。

Wang 等采用升流式无隔膜单室 BES 处理硝基苯废水，以炭刷和石墨颗粒分别作为阳极和阴极材料。当外加电压为 0.5V，以乙酸钠作为电子供体，阳极电位维持在 −480mV 以下，进水硝基苯质量浓度为 50～200mg/L 时，硝基苯去除率均达到 98% 以上，且所需能耗低于 0.075kW·h/mol 硝基苯。

Guo 等对比研究了 BES 和厌氧生物法对废水中 4-氯硝基苯的去除效能。两种方法对 4-氯硝基苯的去除率分别为 93.7% 和 88.4%，BES 相对于厌氧生物法表现出更佳的去除效能。温青等采用以炭纸为阳极的 MFC 降解废水中的对硝基苯酚，其以葡萄糖作为碳源。当对硝基苯酚初始质量浓度为 400mg/L 时，4d 内的对硝基苯酚去除率为 74.1%，而 6d 内的对硝基苯酚去除率高达 82.1%，同时对应的输出功率密度达到 56.5mW/m^3。

为了进一步研究 BES 对硝基芳烃化合物的降解机理，Xu 等提出了一种间接电刺激微生物代谢机制，并设置了电化学系统、开路状态下的生物系统以及 MEC3 组系统，用来评价其对氟硝基苯的降解效能。在 10h 内，BES 中的氟硝基苯去除率达到 100%，电化学系统和开路状态下的生物系统则分别耗时 500h 和 35h。这表明对氟硝基苯的去除，是在电刺激下通过电极生物膜和浮游微生物的协同作用来实现的。由于硝基具有很强的电子亲和力，硝基芳烃化合物难以降解，而通过 BES 中的还原反应可将其还原为苯胺。此外，由于此类污染物具有较强毒性，故 BES 反应器的构型设计仍值得商讨。

（4）脱盐

通过淡化和中水回用可以提高淡水资源的利用率。含盐废水约占一般工业废水的 5%。例如食品加工、渔业、皮革、纺织品和石油企业都会排放含盐量较高的废水。高盐废水如不经处理排入环境会迅速污染土壤和水资源。高盐分废水很难通过常规生物工艺进行处理，因为它们会影响微生物的生长环境。尽管目前已有可用于海水淡化和废水处理的技术，如反渗透等，但通常都是高能耗的。

微生物脱盐槽（MDC）是一种有效的新兴技术，可在单个反应器中进行废水处理和脱盐处理。通过三室设置，可将 MFC 变成 MDC。这些腔室通过阴离子交换膜（AEM）和阳离子交换膜（CEM）彼此分隔。中间腔室用于盐水，其通过 CEM 与阴极腔室分开，通过 AEM 与阳极腔室分开。有机物在阳极被培养的微生物分解，同时在阳极室内释放电子和质子。电子通过外部电路流向阴极室，从而减少了氧或铁氰化物等最终电子受体，阳离子和阴离子分别通过 CEM 和 AEM 从中间腔室移动到阴极腔室和阳极腔室。因此，中间腔室中水的盐度被极大地降低。

MDC 已成功地用于批量除盐，在连续模式下，上向流 MDC 以 $30.8W/m^3$ 的功率密度运行 4d 后，可去除 99% 初始浓度为 30g/L 的氯化钠。除了海水淡化和发电以外，研究人员还致力于提高 MDC 对废水中 COD 的去除效率。用常规的三腔 MDC 处理污水污泥，COD 的去除率达 87%。当平均电压和功率密度分别为 0.71V 和 $47W/m^3$ 时，脱盐效率约为 70%。当具有高氧化还原电位的化合物（如臭氧）进入阴极室作为终端电极受体时，相比氧气，开路电压几乎翻了 1 倍，功率密度约为 11 倍，去除了 74% 初始浓度为 20g/L 的氯化钠。

(5) 市政或生活污水

目前城市生活污水处理厂通常采用好氧活性污泥法进行污水处理，在曝气阶段对电能需求较大且工艺最终会产生大量剩余污泥，又因其排放量大，污水厂运行成本较大。而 MFC 可弥补传统处理技术的不足，符合废物资源化原则。生物阴极型 MFC 成为了近年来研究的热点。

Puig 等建立并使用空气阴极的单室 MFC 系统模型处理生活污水，功率输出为 1.14W/m^3，COD 去除率为 80.0%。Rodrigo 等采用双室 MFC，COD 去除率为 30.0%，最大功率密度为 $25mW/m^2$。Li 等将短程硝化和反硝化结合采用三室 MFC，其 TN 去除率高达 99.9%，净产电量为 $0.007kW\cdot h/m^3$。Xie 等采用好氧与缺氧生物阴极两三室 MFC 复合运行，其 TN 去除率高达 97.3%。崔心水等构建了三室双阴极 MFC 系统，结果显示该 MFC 系统对 COD 和 NH_4^+-N 具有良好的去除效果，去除率分别高达 98% 和 95% 以上，厌氧阳极、缺氧阴极和好氧阴极的最大功率密度分别达到 $1.88W/m^3$、$0.74W/m^3$ 和 $0.59W/m^3$。

(6) 农业废水

动物粪便废水是农业废水的主要成分，其中含有大量有机物、悬浮物、氮、磷，并散发恶臭气体，水量大且排放集中，对环境和水体造成严重污染，因此必须对农业废水进行处理，解决水污染和气味问题。而能净化富含有机质的农业水并产生电能的 MFC 系统是处理农业废水的新方向。

Min 等最先将双室液相阴极型和单室空气阴极型 MFC 技术应用于猪场废水处理研究。双室 MFC 处理溶解性化学需氧量为 8320mg/L 的猪场废水可获得最大的功率密度为 $45mW/m^2$。而单室 MFC 处理更高浓度的猪场废水时，可获得最大功率密度为 $261mW/m^2$，氨氮的去除率达到了 83%。

Yokoyama 等采用单室空气阴极反应器对牛粪便进行了处理，COD 和生化需氧量去除率分别为 70% 和 84%，最大功率密度为 $0.34mW/m^2$。MFC 在降解养殖废水中所含有机物的同时获得了电能，保护了环境和水体不受污染，这项技术对农业废水的处理提供了很大的帮助。

(7) 食品加工废水

食品工业废水中有机物质和悬浮物含量高，一般毒性不大，主要有制糖废水、淀粉加工废水、啤酒酿造废水、乳业废水等。许多研究人员已经运用 MFC 系统进行发电并对其进行了处理。

Kapadnis 等第一次使用活性污泥为微生物源，以巧克力工业废水为底物，构建双室型 MFC，处理后废水 TS（处理前 2344mg/L，处理后 754mg/L）、BOD_5（处理前 640mg/L，处理后 230mg/L）、COD（处理前 1459mg/L，处理后 368mg/L）都有了明显的下降。温青等第一次构建了双极室连续流联合处理啤酒废水的 MFC，研究表明，采用双极室连续流 MFC 可以大大提高废水的处理效果，对啤酒废水化学需氧量（COD）的总去除率可达 92.2%～95.1%。赵海等最先采用空气阴极 MFC 处理甘薯燃料乙醇废水，以 COD 为 5000mg/L 的废水作底物，获得的最大电功率为 334.1mW/m²，库仑效率为 10.1%，COD 去除率为 92.9%。

5.4.5 用于污水处理时的限制因素

(1) 占地面积和能量效率

占地面积和能量效率是 BES 用于污水处理重要的评价指标。活性污泥系统的处理能力为每天 0.5～2kg COD/m³ 反应器容积，厌氧系统的处理能力为 8～20kg COD/m³。BES 在比表面积为 100m²/m³ 时，电流密度为 10A/m²，它的处理能力可以达到 7kg COD/（m³·d）。

高比表面积的反应器有平板设计（图 5-4）和管状设计（图 5-5）。前者的阳极、隔膜和阴极在一个电池系统中呈平行排列，平板间的距离很小，若一个电池的厚度为 1cm，则比表面积可达 100m²/m³。后者的隔膜呈管状，阳极在里，阴极在外。反之亦然，管的直径越小，每个单元中管的数量越多，则比表面积就越大。假设阴极和阳极的体积相等，则管的直径应为 2cm。膜生物反应器的经验已经证实管状设计有更大的比表面积。

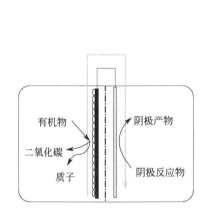

图 5-4　平板 BES 设计

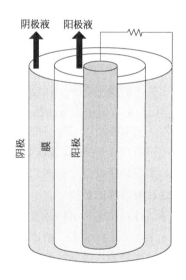

图 5-5　管状 BES 的基本布局

BES 的主要优点是利用来自废水中的有机物质产生能量，但也正因如此，BESs 与厌氧消化产生了直接竞争，尤其是 MFC。厌氧消化与气体内燃机相结合，其利用有机物产电的效率为 30%～35%，而 MFC 的能量效率取决于库仑效率和电压效率。

库仑效率是有机物产生的电子总数的函数（库仑效率＝电路中总的电子数/转化有机物产生的电子数），由于其他生物过程的存在，如产甲烷过程和生物量增长过程，电子量和库仑效率都会降低，因此用于产电的能量也有所损耗。库仑效率随着反应器设计的类型、废水类型和温度等因素的变化而变化，但是库仑效率的范围通常为 5%～38%，但人工模拟废水的库仑效率要高得多，可达到 100%。

电压效率反映了有机物中最终转化成电能的化学能的大小。从理论上讲，电压与热力学决定的能量能级应相等。但实际中，由于 MFC 内部存在各种损失，所以电能要比热力学决定的电子能级低。例如，利用乙酸作底物的 MFC 理论上电压可达到 1.1V，但这个系统运行时的电压为 0.5V，表明它的电压效率为 50%。电压效率是系统功率密度的函数。BES 想要与厌氧消化相竞争，电压效率和库仑效率都必须很高。

提高库仑效率就是要减少用于生成甲烷和生物量增长的电子，如何控制电子流向是生物膜微生物研究的一个重要方面。此外，电压效率是由设计所决定的，所以电压效率的设计也是规模化的关键问题。

（2）电导率的影响

BESs 内部有两个电荷流，一个是从阳极流向阴极的电子流，另一个是用于补偿电极电子流的离子流。因此 BESs 的欧姆损失可分为两种：一是电子通过电极、导线和内部连接点时的欧姆损耗；二是离子通过膜、阳极和阴极时的欧姆损失。

BESs 处理废水的过程中，阳极损失也是废水处理过程的一部分。阳极由被处理的废水组成，因此阳极电导率由废水的电导率决定。用电压损失表征能量损失。溶液中的电压损失（ΔE_s）由电流密度（I）、离子传递距离（L）和溶液电导 ρ_s 决定，电压损失按欧姆定律计算如公式(5-1)：

$$\Delta E_s = I \frac{L}{\rho_s} \tag{5-1}$$

废水的来源不同，电导率也不同。工业废水的电导率较高，生活污水的电导率较低，约为 1mS/cm。在相应的电流密度下，电导率越低（<1mS/cm），允许的最小距离就越小（<1mm）。BES 规模化后，如果通过外加盐的方法来提高废水的电导率，会导致成本非常高，因此，减小电极间距极为重要。在电导率较低的废水中，可以采用膜电极（MEA）来减小电极距离，在 MEA 中，阴极直接涂覆在膜上，离子就不需要通过电极的边界层，而是在膜表面直接反应。在无膜 BES 中，阳极和阴极的阻力相同；但在有离子交换膜的 BES 中，阴极阻力由阴阳两极的运行方式(序批式或连续流)以及使用的离子交换膜决定。例如，阳极以连续流的形式运行，阴极以序批式的形式运行，则盐分在阴极积累，阴极的电导率上升，使阻力下降。

（3）缓冲液浓度的影响

电化学活性菌氧化有机物的反应是产酸反应，每产生一个电子，就会生成一个质子，氧分子接受 4 个电子还原成水，所以 1mmol/L COD（32mg COD）可以产生 4mmol/L H^+，这表明电流与从生物阳极流向溶液中的质子流相关，为防止酸化，必须向溶液中加入质子。因此，通常在阴阳两极加入缓冲液来维持中性 pH，以保证生物阳极的电化学活性微生物正常生长。

此外，缓冲溶液的加入也提高了电极的电导率，但是，在序批式系统中（例如阴极），缓冲液仅能在短时间内维持 pH 为中性。另外，在 BESs 的实际应用中添加缓冲溶液是不可行的，不仅成本高，也不符合污水排放法，因此，规模化 BESs 的缓冲液浓度受废水中已存在的碱度所限制，BES 的碳酸盐碱度是由电化学活性微生物氧化有机物产生的。

（4）膜分隔的设置

尽管无膜的 BES 被越来越多地应用，但大多数 BESs 还是采用有膜结构，将阴阳两极分开。当有膜存在时，电荷会穿过阴阳两极之间的膜去补偿外电路的电流。最初的 BESs 采用阳离子交换膜（CEM），但是，废水中的阳离子浓度比质子浓度高很多，会代替质子通过膜，阴极消耗的质子就不能得到补充，于是阴极 pH 值上升，阳极 pH 值下降，膜两边形成 pH 值梯度，导致系统电压损失。这种由 pH 值梯度导致的电压损失是 BES 实际应用中面临的一个非常严重的问题，尤其在连续流系统中，pH 值梯度随时间增大，添加高浓度缓冲液不是经济可行的方法。为了避免 pH 值上升，BES 系统也尝试了其他种类的膜，包括离子交换膜、电荷镶嵌膜、双极膜和超滤膜，但这些膜都不能防止阴极 pH 值上升。

5.5 铁碳微电解法

5.5.1 概述

微电解法是处理高浓度有机废水的一种理想工艺，又称为内电解法、零价铁法、铁屑过滤法或铁碳法，是近 30 年来，被广泛用于染料、印染、重金属、农药废水处理的一种新兴电化学方法。

20 世纪 70 年代初，Gillham 将铁碳微电解技术用于地下水处理领域。20 世纪 70 年代中期，开始了该技术的机理研究。20 世纪 80 年代，开发了铁碳微电解新型技术，从地下水修复逐渐扩展到印染、石化、焦化、制药等工业废水处理领域。传统铁碳微电解技术主要存在填料易板结、废水适宜 pH 值局限在 3.0～5.0、反应器结构缺陷等问题。针对这些问题，研究者从填料、反应器及工艺等方面进行优化，从而促进该技术的推广与应用。例如，向填料中添加聚四氟乙烯或黏土等组分部分包裹铁料，改变铁、碳接触形式，减缓铁料溶解速率。设计新型结构微电解反应器如图 5-6 所示。废水进入反应器后，在内循环管中与空气充分混合，再由布水板均匀布水，废水上升过程与铁碳填料充分接触，废水处理后由溢流堰流出。失活的铁碳填料由内循环管内汽包活化，在气体泵作用下经洗涤后回到填料床上层。Han 等采用新反应器处理印染废水，COD、色度去除率由原来的 23%、40%分别提高至 73%、98.5%。

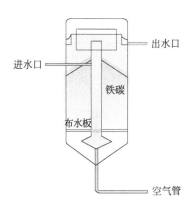

图 5-6　新型结构微电解反应器

5.5.2 原理

该方法的作用原理是基于电化学、氧化还原、物理吸附和絮凝沉淀的共同作用对废水进行处理。在不通电的情况下，利用填充在废水中的微电解材料自身产生 1.2V 电位差对废水进行电解处理，达到降解污染物的目的。当处理系统通水后，设备内会形成无数的微电池系统，在其作用空间构成一个电场。电极材料一般采用铸铁屑和活性炭或焦炭，当电极材料浸没在废水中时形成了内部和外部两种电解反应：

① 铸铁含有微量的碳化铁，碳化铁作为阴极，纯铁作为阳极，形成许多微电池；

② 铸铁屑和周围的炭粉又形成较大的原电池。

在处理过程中产生新生态［H］、Fe^{2+} 等，能与废水中污染物发生氧化还原反应，Fe^{3+} 可生成氢氧化铁胶体，吸附水中的微小颗粒物、大分子等。铁碳微电解法的反应机理和阴阳极反应如图 5-7 和表 5-1 所示。

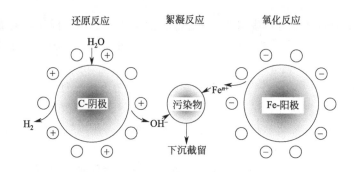

图 5-7　铁碳微电解技术的反应机理

表 5-1　铁碳微电解技术的阴阳极反应

不同条件	阴极反应	阳极反应
厌氧条件	$2H^+ + 2e^- \longrightarrow H_2, E^0_{H^+/H_2} = 0V$	—
酸性有氧条件	$O_2 + 4H^+ + 4e^- \longrightarrow 2H_2O, E^0_{O_2/H_2O} = 1.23V$	$Fe - 2e^- \longrightarrow Fe^{2+}, E^0_{Fe^{2+}/Fe} = -0.44V$
酸性有氧条件	$O_2 + 2 + 2e^- \longrightarrow H_2O_2, E^0_{O_2/H_2O_2} = 0.68V$	$Fe^{2+} - e^- \longrightarrow Fe^{3+}, E^0_{Fe^{3+}/Fe^{2+}} = 0.77V$
中性或碱性有氧条件	$O_2 + 2H_2O + 4e^- \longrightarrow 4OH^-, E^0_{O_2/OH} = 0.4V$	—

5.5.3　特点

① 反应速率快，一般工业废水只需要半小时至数小时。

② 适用范围广，如碳双键、硝基、卤代基结构的难降解有机污染物等。

③ 工艺流程简单、处理效果好、成本低廉、操作维护方便、不需要消耗电力资源，处理过程只需要少量的微电解反应剂。

④ 废水经微电解处理后能生成原生态的 Fe^{2+} 或 Fe^{3+}，具有比普通混凝剂更好的混凝作用，无需再加铁盐等混凝剂，不会产生二次污染。

⑤ 色度、COD 去除率高，可显著提高废水的可生化性，还可达到化学除磷效果并去除重金属。

在实际生产实践中，普通铁碳微电解工艺经常会出现启动初期运行良好，几个月后反应速率显著降低，填料易板结、钝化从而造成反应难以连续进行等问题。在工程中，通常采用优化曝气、增加内循环、改性填料等方法延缓板结、钝化的发生。

5.5.4 应用

(1) 在酸洗废水改造工程中的应用

江苏省某生产不锈钢企业产生的酸洗废水 30m³/d，由于生产过程中使用硝酸、氢氟酸等清洗金属表面，导致废水 pH 值低，且含有氟化物和大量金属离子等，此外废水还含有一定有机物。传统工艺采用石灰石沉淀、硫酸调节 pH 值进行处理，工艺流程简单、投入稳定，但是，用浓硫酸调节 pH 值具有一定的危险性，加入石灰石后污泥产量增高。企业采用铁碳微电解法作为酸洗废水的预处理方法，处理后出水水质达到《污水综合排放标准》（GB 8978—1996）中相关排放要求，具体如表 5-2 所列。该项目调试稳定运行 2 个月，出水各项指标满足市政污水三级接管标准，并通过验收。采用微电解工艺对降低废水中的总铅、总镍以及 COD 的效果很好，都在 60% 以上，污泥产量减少了 48.3%。设备按一天 8h 运行，全年 300 天工作时间，每天微电解装置运行费用为 78.04 元，与原工艺相比每天节约了近 800 元。

▫ 表 5-2 废水进水水质和排放标准

项目	SS/(mg/L)	COD/(mg/L)	总铬/(mg/L)	总镍/(mg/L)	总锰/(mg/L)	氟化物/(mg/L)	pH 值
进水	80	<200	50~55	40~45	4.6~5.5	166	1~3
排放标准		60	1.5	1.0	2.0	10	6~9

(2) 预处理煤化工废水

陕西省某煤化工企业生产链，产生煤化工废水成分复杂、COD 和色度很高，含有酚类、氰化物、稠环芳烃等有毒有害物质，具体水质指标如表 5-3 所示。在实验室研究铁碳微电解技术对废水的预处理效果。废水经 pH 调节后进入铁碳微电解反应器，之后与 Fenton 反应器联用，强化处理。在最佳反应条件 pH=3，反应时间 3h，铁碳质量比为 1:2，铁粉投加量为 50g/L 时，铁碳微电解技术处理后 COD 去除率为 25%，Fenton 技术处理后 COD 去除率增加到 30%。铁碳微电解联用 Fenton 氧化法比两种方法单独处理效果好，但由于实际废水成分复杂，实际废水的 COD 去除率约为模拟废水的 1/2。

▫ 表 5-3 煤化工废水水质

pH 值	COD/(mg/L)	BOD$_5$/(mg/L)	NH$_3$-N/(mg/L)	SS/(mg/L)	色度/倍
≤9	5000~6000	≤1700	≤80	≤900	420~500

焦化废水是炼焦炭或制煤气过程中产生的难生物降解的高浓度有机废水。焦化废水水质成分复杂，包括高浓度氨氮、酚类化合物及含氮、氧、硫的杂环化合物等。目前，国内焦化废水处理普遍都采用传统活性污泥法，但酚类和杂环化合物难以通过生化法去除。而微电解反应过程中产生的新生态 [H] 和 Fe^{2+} 具有较强的氧化还原特性，能改变上述难降解有机物的结果，从而改善废水的可生化性。

(3) 预处理印染废水

吉林省吉林市某毛纺厂，主要经营产品有毛呢、精纺呢绒、毛线等，印染废水取自漂洗车间，水质见表 5-4。铁屑经 NaOH 浸泡去除油污，经 HCl 浸泡去除表面氧化物。将焦油活性炭置于印染废水中浸泡，减小吸附作用。铁碳微电解反应器如图 5-8 所示，有效容积为 20L，高 1200mm，内径 150mm，壁厚 2mm，采用机械混合，搅拌速率为 150r/min。采用响应面法优化反应条件，pH=3.53、铁投加量为 83.92%、铁碳质量比为 0.82、反应时间为

78.48min 时，COD 去除率为 75.48%，BOD_5/COD_{Cr} 值从 0.151 升至 0.416，能有效降低印染废水的生物毒性，提高其可生化性。

表 5-4 实际印染废水水质指标

颜色	COD /(mg/L)	TOC /(mg/L)	NH_3-N /(mg/L)	浊度 /NTU	色度 /倍	BOD_5/COD_{Cr} 值	pH 值	气味
鲜红色	1288±100	107.8±10	10.9±4	112.4±3.2	345.2±15	0.151	4.58±1	刺激性酸臭味

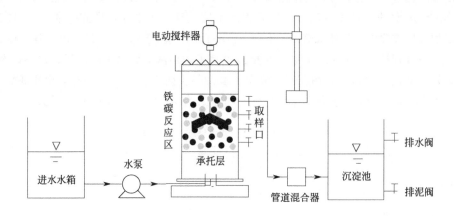

图 5-8 铁碳微电解反应器

参考文献

[1] 周敏.电絮凝法应用于含煤废水处理研究 [J].区域治理，2020，13：158，222.

[2] 高晨，陈萍，包准，等.电絮凝废水中 Cr（Ⅵ）高效去除工艺条件及机理研究 [J].有色金属，2021，2：106-113.

[3] 汪劲松，刘志超，陶雷行，等.燃煤电厂脱硫废水电絮凝处理工艺研究 [J].电力与能源，2020，41（1）：120-123.

[4] 彭思伟，薛侨，刘康乐，等.电絮凝技术在水处理领域的研究进展 [J].煤炭与化工，2020，3：133-137，144.

[5] 张林生，卢永，陶昱明.水的深度处理与回用技术 [M].3 版.北京：化学工业出版社，2016.

[6] 吴旭冉，贾志军，马洪运，等.电化学基础(Ⅲ)——双电层模型及其发展 [J].储能科学与技术，2013，2（2）：152-156.

[7] 赵西源，李晓东，周旭健，等.适于吸附二噁英的中孔活性炭的改性 [J].浙江大学学报（工学版），2015，49（10）：1842-1848.

[8] Gamby J，Taberna P L，Simon P，et al.Studies and characterisati——Ons of various activated carbons used for carbonsupercapacitors [J].Joumal of Power Sources，2001，101（1）：109-116.

[9] 蒋绍阶，马丹丹，盛贵尚，等.KOH 改性活性炭涂层电极的电容去离子性能研究 [J].工业水处理，2015，35（9）：53-56.

[10] Hou Chia Hung，Liu Nei Ling，Hsu Hsin Lan.Development of multi-walled carbon nanotube/poly（vinyl alcohol）composite as electrode for capacitive deionization [J].Separation & Purification Technology，2014，130.

［11］ Zou Linda，Song Huaihe，Li Lixia. Ordered mesoporous carbons synthesized by a modified sol-gel process for elec trosorptive removal of sodium chloride ［J］. Carbon：An International Journal Sponsored by the American Carbon Society，2009，47（3）.

［12］ Chen Y，Yue M，Huang Z H，et al. Electrospun carbon nanofiber networks from phenolic resin for capacitive deionization ［J］. Chemical Engineering Journal，2014，252：30-37.

［13］ Pan L，Wang X，Yang G，et al. Electrosorption of anions with carbon nanotube and nanofibre composite film electrodes ［J］. Desalination，2009，244（1）：139-143.

［14］ Yang G，Pan L，Li H B，et al. Electrosorption behavior of cations with carbon nanotubes and carbon nanofibres composite film electrodes ［J］. Thin Solid Films，2009，517（5）：1616-1619.

［15］ Li H，Zou L，Pan L，et al. Using graphene nano-flakes as electrodes to remove ferric ions by capacitive deionization ［J］. Separation & Purification Technology，2010，75（1）：8-14.

［16］ Hou C H，Huang J F，Lin H R，et al. Preparation of activated carbon sheet electrode assisted electrosorption process ［J］. Journal of the Taiwan Institute of Chemical Engineers，2012，43（3）：473-479.

［17］ Wang G，Pan C，Wang L，et al. Activated carbon nanofiber webs made by electrospinning for capacitive deionization ［J］. Electrochimica Acta，2012，69（none）：65 - 70.

［18］ Hou C H，Liu N L，Hsu H L，et al. Development of multi-walled carbon nanotube/poly（vinyl alcohol）composite as electrode for capacitive deionization ［J］. Separation & Purification Technology，2014，130：7-14.

［19］ Zou L，Li L，Song H，et al. Using mesoporous carbon electrodes for brackish water desalination ［J］. Water Research，2008，42（8-9）：2340-2348.

［20］ Yang J，Zou L. Recycle of calcium waste into mesoporous carbons as sustainable electrode materials for capacitive deionization ［J］. Microporous & Mesoporous Materials，2014，183：91-98.

［21］ 杨西，杨玉华. 化学气相沉积技术的研究与应用进展 ［J］. 甘肃水利水电技术，2008（3）：3.

［22］ Cao G. Template-based growth of nanorod arrays by solution methods ［J］. Proc Spie，2004，5593：185-199.

［23］ Nie C，Pan L，Yong L，et al. Electrophoretic deposition of carbon nanotube/polyacrylic acid composite film electrode for capacitive deionization ［J］. Electrochim，2012，66（none）：106-109.

［24］ Gaikw Ad M S，Balom Ajumder C. Simultaneous electrosorptive removal of chromium（Ⅵ）and fluoride ions by capacitive deionization（CDI）：Multicomponent isotherm modeling and kinetic study ［J］. Separation & Purification Technology，2017，186：272-281.

［25］ Gaikw Ad M S，Balom Ajumder C. Tea waste biomass activated carbon electrode for simultaneous removal of Cr（Ⅵ）and fluoride by capacitive deionization ［J］. Chemosphere，2017，184：1141-1149.

［26］ Chen M M，Wei D，Chu W，et al. One-pot synthesis of O-doped BN nanosheets as capacitive deionization electrode for efficient removal of heavy metal ions from water ［J］. Journal of Materials Chemistry A，2017，5（32）：17029-17039.

［27］ Feng C，Hou C H，Chen S，et al. A microbial fuel cell driven capacitive deionization technology for removal of low level dissolved ions ［J］. Chemosphere，2013，91（5）：623-628.

［28］ 王爱杰，任南琪，陶虎春. 生物电化学系统：从胞外电子传递到生物技术应用 ［M］. Ke xue chu ban she，2012.

［29］ 谢嘉玮，朱国营，常尧枫，等. 难降解废水生物电化学系统强化处理的研究进展 ［J］. 工业水处理，2020，40：1-7.

［30］ Porada S，Zhao R，Van Der Wal A，et al. Review on the science and technology of water desalination by capacitive deionization ［J］. Progress in Materials Science，2013，58（8）：1388-1442.

［31］ 张文莉，李杰. 微生物燃料电池在废水处理中的应用研究 ［J］. 绿色科技，2020（4）：11-13.

［32］ Hou C H，Huang，C Y. A comparative study of electrosorption selectivity of ions by activated carbon electrodes in capacitive deionization ［J］. Desalination，2013，314：124-129.

［33］ 贾雪茹，胡程月，王昭玉，等. 电容去离子技术在水处理领域的研究进展 ［J］. 四川化工，2019，4.

［34］ 刘彦吉，邱俐鑫，王子平，等．电容去离子技术研究［J］．现代盐化工，2017：4-5.

［35］ 张须媚，王霜，高娟娟，等．电容去离子技术在水处理中的应用［J］．水处理技术，2018（9）：16-21.

［36］ 黄宽，唐浩，刘丹阳，等．电容去离子技术综述（一）：理论基础［J］．环境工程，2016，34（S1）：82-88.

［37］ 黄宽，唐浩，刘丹阳，等．电容去离子技术综述（二）：电极材料［J］．环境工程，2016，34（S1）：89-100.

［38］ Tang W，He D，Zhang C，et al. Comparison of faradaic reactions in capacitive deionization（CDI）and membrane capacitive deionization（MCDI）water treatment processes［J］．Water Research，2017，120（sep. 1）：229.

［39］ Freguia S，Rabaey K，Yuan Z G，et al. Sequential anodecathode configuration improves cathodic oxygen reduction and effluent quality of microbial fuel cells［J］．Water Res，2008，42（6-7）：1387-1396.

［40］ Puig S，Serra M，Coma M，et al. Simultaneous domestic wastewater treatment and renewable energy production using microbial fuel cells（MFCs）［J］．Water science and technology：a journal of the International Association on Water Pollution Research，2011，64（4）．

［41］ Xie s，Liang P，Chen Y，et al. Simultaneous carbon and nitrogen removal using anoxic/anoxic-biocathode microbial fuel cells coupled system［J］．Bioresource Technology，2011，102（1）：348-354.

［42］ 崔心水，赵剑强，薛腾，等．微生物燃料电池同步硝化反硝化脱氮产电研究［J］．应用化工，2018，47（4）：646-650，655. DOI：10. 16581/j. cnki. issn1671-3206. 2018. 04. 002.

［43］ Maekawa T，Liao C M，Feng X D. Nitrogen and phosphorus removal for swine wastewater using intermittent aeration batch reactor followed by ammonium crystallization process［J］．Water Res，1995（29）：2643～50.

［44］ 樊立萍，苗晓慧．微生物燃料电池处理餐饮废水及同步发电性能研究［J］．燃料化学学报，2014，42（12）：1506-1512.

［45］ 王美聪，刘婷婷，张学军，等．阳极改性对微生物燃料电池处理秸秆水解物性能影响［J］．燃料化学学报，2017，45（9）：1146-1152.

［46］ Min B，Kim J R，Oh S E，et al. Electricity generation from swine wastewater using microbial fuel cells［J］．Water Research，2005，39（20）：4961-4968.

［47］ Yokoyama H，Ohmoi H，Ishida M，et al. Treatment of cow-waste slurry by a microbial fuel cell and the properties of the treated slurry as a liquid manure［J］．Animal Science Journal，2006，77（6）：634-638.

［48］ Patils A，Surakasi V P，Kouls，et al. Electricity generation using chocolate industry wastewater and its treatment in activated sludge based microbial fuel cell and analysis of developed microbial community in the an ode chamber［J］．Bioresource Technology，2009，100（21）：5132-5139.

［49］ Cheng X，He L，Lu H W，et al. Optimal water resources management and system benefit for the marcellus shale gas reservoir in pennsylvania and west virginia［J］．Journal of Hydrology，2016，540：412-422.

［50］ Rabaey K，Angenent L，Schroder U，et al. Bioelectrochemical systems：From extracellular electron transfer to biotechnological application［M］．London：IWA Publishing，2011：1-488.

［51］ 刘鼎．微生物电化学系统生物阴极的构建及其在难降解有机废水处理中的应用［D］．杭州：浙江大学，2014.

［52］ Omar M H，Obaid M，Poo K M，et al. Fe/Fe$_2$O$_3$ nanoparticles as anode catalyst for exclusive power generation and degradation of organic compounds using microbial fuel cell［J］．Chemical Engineering Journal，2018，349：800-807.

［53］ 庄汇川．阴极材料对微生物燃料电池性能与微生物群落结构的影响［D］．哈尔滨：哈尔滨工业大学，2015.

［54］ 宋振辉，李鹏，王爱杰，等．升流式生物催化电解反应器（UBER）处理硝基苯废水试验研究［J］．安全与环境学报，2019，19（1）：270-275.

［55］ Ding Aqiang，Yang Yu，Sun Guodong，et al. Impact of applied voltage on methane generation and microbial activities in an anaerobic microbial electrolysis cell（MEC）［J］．Chemical Engineering Journal，2016，283：260-265.

［56］ Feng Huajun，Zhang Xueqin，Guo Kun，et al. Electrical stimulation improves microbial salinity resistance and organofluorine removal in bioelectrochemical systems［J］．Applied and Environmental Microbiology，2015，81（11）：3737-3744.

［57］ Guo Ning，Wang Yunkun，Tong Tiezheng. The fate of antibiotic resistance genes and their potential hosts during bioelectrochemical treatment of high-salinity pharmaceutical wastewater [J]. Water Research, 2018, 133: 79-86.

[58] Mu Yang, Rabaey K, Rozendal R A, et al. Decolorization of azo dyes in bioelectrochemical systems [J]. Environmental Science & Technology, 2009, 43 (13): 5137-5143.

[59] 姚楠. 生物电化学系统处理偶氮染料废水的实验研究 [D]. 哈尔滨: 哈尔滨工业大学, 2012.

[60] Wang Aijie, Cui Dan, Cheng Haoyi, et al. A membrane-free, continuously feeding, single chamber up-flow biocatalyzed electrolysis reactor for nitrobenzene reduction [J]. Journal of Hazardous Materials, 2012, 199 (200): 401-409.

[61] Guo Wanqian, Guo Shuang, Yin Renli, et al. Reduction of 4-chloronitrobenzene in a bioelectrochemical reactor with biocathode at ambient temperature for a long-term operation [J]. Journal of the Taiwan Institute of Chemical Engineers, 2015, 46: 119-124.

[62] 温青, 孙茜, 赵立新, 等. 微生物燃料电池对废水中对硝基苯酚的去除 [J]. 现代化工, 2009, 29 (4): 40-42.

[63] Xu Yingfeng, Ge Zhipeng, Zhang Xueqin, et al. Validation of effective roles of non-electroactive microbes on recalcitrant contaminant degradation in bioelectrochemical systems [J]. Environmental Pollution, 2019, 249: 794-800.

[64] Gillham R W. Enhanced degradation of halogenated aliphatics by zero-valent iron [J]. Groundwater, 1994, 32 (6): 958-967.

[65] Feitz A J, Joo S H, Guan J, et al. Oxidative transformation of contaminants using colloidal zero-valent iron [J]. Colloids & Surfaces A Physicochemical & Engineering Aspects, 2005, 265 (1-3): 88-94.

[66] Liu W W, Tu X Y, Wang X P, et al. Pretreatment of coking wastewater by acid out, micro-electrolysis process with in situ electrochemical peroxidation reaction [J]. Chemical Engineering Journal, 2012, 200-202: 720-728.

[67] Ren L, Dong J, Chi Z, et al. Reduced graphene oxide-nano zero value iron (rGO-nZVI) micro-electrolysis accelerating Cr (Ⅵ) removal in aquifer [J]. Journal of environmental ences (China), 2018, 73 (11): 96.

[68] Yi H D, Yan Y Q, Fang F K, et al. Application for acrylonitrile wastewater treatment by new micro-electrolysis ceramic fillers [J]. Desalination & Water Treatment, 2016.

[69] Zhong J Y, Feng Z Y, Wei L. Micro-electrolysis technology for industrial wastewater treatment [J]. Journal of Environmental ences, 2003, 15 (3): 334.

[70] Han Y, Li H, Liu M, et al. Purification treatment of dyes wastewater with a novel micro-electrolysis reactor [J]. Separation and Purification Technology, 2016, 170: 241-247.

[71] 程言妍, 成伟东. Fe/C 微电解技术处理工业废水研究进展 [J]. 化学与生物工程, 2020, 37 (3): 15-24.

[72] 王涛, 杨栋, 王宇, 等. 简述铁碳微电解工艺改进 [J]. 化工管理, 2019, 17: 191-192.

[73] 胡志伟. 微电解技术在酸洗废水改造工程中的应用 [J]. 资源节约与环保, 2020, 6: 107, 110.

[74] 马宁, 周稳, 鲁腾飞. 铁碳微电解联用 Fenton 氧化法预处理煤化工废水研究 [J]. 西安航空学院学报, 2020, 38 (3): 31-38.

[75] 贾艳萍, 张真, 毕朕豪, 等. 铁碳微电解处理印染废水的效能及生物毒性变化 [J]. 化工进展, 2020, 39 (2): 790-797.

第**6**章

水质处理磁效应等新方法

6.1 磁絮凝法

6.1.1 概述

混凝是传统水处理的重要处理工序之一，通过投加破乳剂、絮凝剂和助凝剂等，让水中的胶体粒子和悬浮物脱稳、聚集、形成沉淀，最终使水得到净化。混凝法具有操作相对简单、成本经济等优点，但也存在产生的污泥难处理、处理效率低和占地面积大等问题。因此，为解决混凝法存在的问题，在传统混凝法的基础上对其进行改进，形成了一种新方法，即重介质混凝法。此技术通过投加高密度（$2\sim8g/cm^3$）、易分离材料作为沉淀核心，使沉淀大而密实，大幅提高了沉淀速度，从而使水中的悬浮物、胶体等得到快速沉降。与传统混凝法相比，重介质混凝法具有占地面积小、反应时间短、处理成本低和出水水质稳定等优点，易于老污水处理厂改造，更适合应用到焦化废水深度处理过程中。常见的重介质分磁性物质（如磁铁粉、铁矿粉等）和非磁性物质（如石英砂、瓷砂等）。以非磁性物质作为重介质时，存在设备磨损严重、分离效果差、能量损失大和难操控等缺点，在实际工程中应用较少。以磁性物质作为重介质的混凝处理法称为磁混凝处理法，即在传统混凝沉淀处理工艺中同步加入磁粉，使之与污染物絮凝结合成一体，加强混凝、絮凝的效果，使之生成的絮体密度更大、更结实，根据沉淀具有磁性的特征，通过外加磁场使水中的絮凝物得到迅速沉降，极大缩短了沉降时间。

6.1.2 机理

根据混凝机理，加入混凝剂主要是通过改变胶体或悬浮颗粒的表面性质，使胶体或絮团的吸引能大于排斥能从而促进凝聚过程，而加入絮凝剂的作用主要是通过架桥作用使颗粒聚集增大的。含磁絮团的形成与不含磁絮团的形成过程一样，都是在混凝剂的作用下完成的。对磁粉的 ζ 电位的测试结果表明，磁粉表面呈负电性（$\zeta=-10.5mV$）。由此可以推断，含磁絮团的形成过程如下：首先，混凝剂水解产生的正离子由于吸附电中和作用聚集于带负电荷的胶体颗粒和磁粉颗粒周围；然后，由于静电斥力的消失，胶体颗粒与磁粉颗粒之间以及它们自身之间通过范德华引力长大；最后，通过絮凝剂的架桥作用，进一步将凝聚体絮凝成大絮团而沉淀。由此可见，有磁粉参与的磁絮凝反应与没有磁粉参与的絮凝反应没有本质区别，磁粉与其他的细微悬浮颗粒一样，混凝剂的作用机理对它同样起作用，已有的混凝理论对磁絮凝反应同样具有指导意义，所有的强化混凝措施都将促进磁絮凝反应的进行。

6.1.3 特点

与传统混凝法相比，应用磁混凝处理法时的沉降时间至少缩短为原来的 1/4。以前，磁混凝法在水处理工程中应用很少，主要问题是磁粉难以高效回收。然而，这一问题已被成功解决，利用超磁分离系统作为磁粉回收装置，可使磁粉回收效率达 95%～99%，可节省土地面积 50% 以上，对老污水处理厂改造或新建水厂的空间使用将十分有利。磁混凝工艺对水体中固体颗粒物的去除十分高效，SS 的去除率可达 90%，还可去除约 50% 的 COD 和 8%～85% 的水体有机物。磁混凝工艺可不设沉淀池，具有短流程、低成本和长期稳定等优点。磁混凝工艺对低温低浊和高浊水的处理均十分高效，抗冲击负荷能力强。因此，磁混凝处理法的技术优势和经济优势得到了充分体现，在国内外也得到了越来越多的应用。

6.1.4 应用

磁混凝沉淀技术能减少基建费用，节约土地资源，与普通初沉池大小相当；还能减少污水处理成本，需要投加的药剂较少、水力负荷较高，经济效益显著，这也是磁混凝沉淀技术被广泛应用在高磷废水处理、河道水处理、中水回用以及城市污水处理中的主要原因。该新兴的水处理方法具有较好的应用前景和推广价值，市场容量较大，主要体现在：a. 生活饮用水供水处理的初级处理、污泥浓缩上清液/滤池反冲洗水回收；b. 生活污水处理的一级提标改造、污泥浓缩池上清液除磷；c. 黑臭河道和景观水治理中对 SS、TP、COD 等指标的快速减量；d. 工业污水处理中高磷、高 SS 初级处理及生化出水深度处理等。

（1）焦化废水

何绪文等将磁混凝技术用于某焦化厂焦化废水生化出水的实际工程中。研究结果表明，该工艺稳定运行 3 年，出水水质稳定，处理后的 COD 满足国家焦化废水相关排放标准。磁混凝技术作为焦化废水深度处理技术正在受到越来越多的关注，但是，磁混凝工艺在实际运行过程中存在的问题不容小觑，如磁粉流失、污染物降解不彻底、运行成本高、管理复杂以及污泥难处理等，应继续加强对高效混凝药剂、性能优良的重介质材料和短流程工艺的研究开发。

（2）木材加工行业废水

在处理纤维板废水时，用接触氧化结合混凝气浮的方法，COD、色度以及悬浮物的去除效率可达 99.28%、93.83% 和 96.8%。但在混凝气浮预处理中，该工艺的色度、悬浮物和 COD 的去除率分别为 36.33%、60.5% 和 37.79%，可见在预处理过程中混凝工艺的作用较差，对整个处理工艺的稳定性有直接影响。而在处理纤维板废水过程中，采用磁混凝技术效果较好，其投加的磁粉能对混凝剂的吸附架桥作用进行显著提升，并产生磁凝聚力，使处理中的絮体更加结实和紧密。

（3）城市生活污水

城市生活污水进入混合池，在混合池中投加混凝剂，污水与混凝剂在混合池中充分接触。

再将磁粉加入混合池中，使磁粉与污泥形成絮团，并在沉淀池中加入絮凝物进行沉降处理。污水经沉淀处理后，可回流处理部分污泥，这对于处置污泥是非常有利的，而磁粉回收也应在后续继续进行，进而优化反应池。

城市生活污水会受亲水性能、带电性能以及化学组成成分等多种因素影响，在使用磁混凝技术过程中，应注意 pH 值的范围。结合不同混凝剂对水质的影响，不同 pH 值铝盐水解的产物形态也存在一定差异，其在水中能以离子形式存在。同时，水温也会影响混凝效果。此外，在城市生活污水处理中应用磁混凝技术，在处理废水与给水时，絮凝剂对固液分离起关键性作用，应重视水体富养化程度，以此来解决我国水体污染现象。当前在社会发展中，磁混凝技术占据非常重要的位置，其具有绿色、无公害、低毒、高效的特点。未来磁混凝技术还应朝着多功能方向发展，结合我国城市生活污水的实际情况，明确研发方向，将其绿色安全无污染的优势最大化发挥出来。

6.1.5 耦合技术

非均相臭氧催化氧化技术、磁混凝技术等都是绿色的深度处理法，效率高、过程简单、操作方便、运行稳定，将两种或两种以上的方法进行有序结合，可发挥各自的优势，如混凝、分离、有机物矿化等。与现有深度处理工艺相比，这种联合处理法可使废水中污染物指标大幅度降低，且节约运行成本，可实现经济效益、环境效益和社会效益。

磁混凝耦合非均相臭氧催化氧化技术具有以下优点。

① 可解决磁混凝技术矿化不彻底和二次污染等问题。

② 可进一步降低非均相臭氧催化氧化技术的运行成本。

③ 在此耦合工艺中，磁混凝工艺流失的磁粉被二次利用作为非均相臭氧催化剂促进污染物降解，部分溶解的磁粉可在臭氧催化体系中起到均相催化、沉淀和吸附等作用，提高废水的处理效果。

④ 利用磁混凝工艺预先去除焦化废水中大分子有机物和悬浮物，利用非均相臭氧催化氧化技术对难沉降有机污染物和小分子有机污染物深度矿化，可梯级去除污染物，工艺搭配合理，大幅提高废水去除效率。

将两种新型单元工艺耦合可在保证焦化废水稳定达标的情况下，大幅降低成本和提高处理效率，工艺流程如图 6-1 所示。该耦合工艺已在工程中得到应用，并获优良效果，工程应用前景广阔。

对广西某焦化厂焦化废水二级出水进行中试试验。该厂的焦化废水为综合废水，成分复杂，包括炼焦废水、生活污水、熄焦废水和炼钢废水等，出水 COD 质量浓度为 300～350mg/L，该厂原有深度处理工艺为强制混凝工艺，处理后出水水质较差。分别利用非均相臭氧催化氧化技术和磁混凝耦合非均相臭氧催化氧化工艺处理此废水，结果表明，单独利用非均相臭氧催化氧化工艺时，使废水达标所需的水力停留时间较长（3～4h），电耗运行成本为 4～5 元/t，成本较高。而利用磁混凝耦合非均相臭氧催化氧化工艺后，处理效率明显提高。磁混凝工艺先将废水 COD 处理至 100～150mg/L，然后利用非均相臭氧催化氧化工艺将废水 COD 降解至标准限值（80mg/L），水力停留时间仅为 1.0～1.5h，该耦合工艺运行成本为 1～3 元/t，极大程度地降低了运行成本。由以上结果可知，虽然两种处理方法均能解决原有工艺中废水难以稳定达标的问题，但考虑到运行成本问题，在该工程案例中宜选择磁混凝耦合非均相臭氧催化氧化

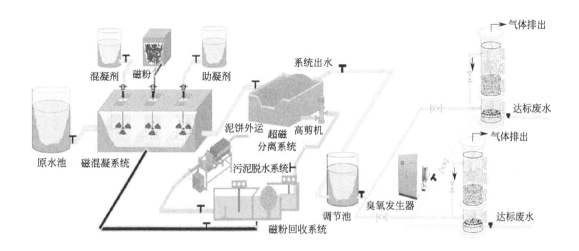

图 6-1 磁混凝耦合非均相臭氧催化氧化工艺流程

工艺。

对内蒙古某焦化厂焦化废水进行处理。该厂生化处理后出水 COD 浓度为 160～200mg/L，利用聚合氯化铝（PAC）、聚丙烯酰胺（PAM）分别作为混凝剂和助凝剂，加入磁粉作为重介质，混凝过程和沉淀过程用时显著减少，磁混凝工艺出水 COD 浓度降低至 110mg/L 左右。磁混凝系统出水进入非均相臭氧催化氧化系统进行污染物降解，最终可使废水中 COD 质量浓度稳定降至 80mg/L 以下。该工艺运行稳定，满足国家焦化废水排放标准。磁混凝耦合非均相臭氧催化氧化技术作为新型深度处理技术，显著增加了焦化废水的降解效率，降低了焦化废水的降解成本，受到业界的广泛关注。

6.2 超导磁分离技术

6.2.1 概述

磁分离技术是一种将物质进行磁场处理的技术，随着磁体技术的发展，磁分离技术的发展也经历了：弱磁选、强磁选、常规高梯度磁选和超导磁选阶段四大阶段。超导磁分离技术（superconducting magnetic separation system，SMSS）是 20 世纪 70 年代初步发展起来的新型技术，采用超导磁体代替常规磁分离装置中的常规磁体，SMSS 可产生较高的磁场（>2T），具有体积小、质量轻、投资小、处理周期短、生产能力大、二次污染少、分离效率高等独特优势，可解决普通磁分离技术难以解决的许多问题，例如微细颗粒（粒度小到 $1\mu m$）、弱磁性颗粒（磁化率低到 10^{-6}）的分离等。由于超导体在临界温度以下无电阻，因此，运行时耗电极低。它在较大的空间范围内提供强磁场及高梯度磁场，因而可提高处理量。目前，该技术已经拓展到给水处理、废水处理、废气治理、废渣处理等环境保护领域。作为一种能够发挥巨大经济效益的、洁净节能的新型技术，超导磁分离技术的应用研究具有重要的社会意义。

6.2.2 原理

磁分离就是通过外加磁场的作用使具备磁性的物质得到分离。流体中的颗粒在磁场中受到它本身的重力、浮力、流体黏滞力、磁场力等力的作用。其中重力与浮力的合力、流体黏滞力分别为式(6-1)和式(6-2)：

$$F = \frac{4}{3} \left[\pi b^3 (\rho_p - \rho_f) g \right] \tag{6-1}$$

$$F_c = 6\pi \eta v b \tag{6-2}$$

式中，b 为颗粒半径；ρ_p 为颗粒密度；ρ_f 为流体密度；g 为重力加速度；η 为流体黏度系数；v 为流体和颗粒的相对速度。当磁场力大于其他几个力的合力时，污水中的颗粒就能被磁场捕捉。颗粒在磁场中的受力见式(6-3)。

$$F_m = -\nabla(\Delta U_p) = -\nabla \left(\frac{V_p \mu_0 \overline{M_p} \, \overline{H}}{2} - \frac{V_p \mu_0 \overline{M_f} \, \overline{H}}{2} \right) \tag{6-3}$$

式中，V_p 为颗粒体积；$\overline{M_f}$ 为颗粒磁化强度；$\overline{M_f}$ 为颗粒所在介质（液体）的磁化强度；$\overline{H}$ 为外磁场强度。考虑体积磁化率为 x_p、磁化强度为 $\overline{M_p}$ 的球形颗粒，可得式(6-4)和式(6-5)。

$$F_{m\xi} = V_p M^* \mu_0 \nabla_\xi H \qquad \xi \equiv x, y, z \tag{6-4}$$

$$M^* = H_0 \frac{9(x_p - x_f)}{(3 + x_p)(3 + x_f)} \tag{6-5}$$

式中，x_f 为介质的体积磁化率；M^* 为颗粒与介质间相对磁化强度；H_0 为外磁场。

6.2.3 特点

常规磁分离技术按照磁场来源分为永磁技术和电磁技术两种。永磁体产生的最大磁场较小，加铁芯的常规电磁体产生的最大磁场受到饱和磁化强度限制，很难超过 2T；而不用铁芯的常规电磁体要获得大磁场需要非常大的电能励磁，同时使用大量的冷却水来防止绕组熔化，运行成本极高。而超导磁分离技术是使用超导磁体作为磁分离磁场来源，无论超导磁体是使用超导块材还是超导线制作，本身几乎不消耗电能，只需很小的维持低温条件的电能就能获得强磁场，不需铁芯，也没有水冷问题，有很大的发展前途。

超导磁分离技术按照使用超导材料不同，分为低温超导磁分离和高温超导磁分离。低温超导技术已经较为成熟，现有超导磁分离系统多使用低温超导磁分离技术。但是低温超导技术需要极低的环境温度，实现这个工作温度需要使用液氦冷却（4.2K），成本很高。而高温超导材料临界温度高，使用液氮（77K）制冷即可。空气的主要成分是氮气，将空气冷却至 77K 便液化，因而液氮成本很低。高温超导磁体的临界磁场和临界电流密度与温度有关，只要使用制冷机降温至 20K 左右，就能大幅提高其产生的磁场，使得性能大幅提高。

6.2.4 应用

日本大阪大学成功制出超导高梯度场磁分离污水的原型样机，利用超导磁分离技术进行污水处理时在污水中加入了 Fe_3O_4 "磁种子"和絮凝剂，实现污水中有害物质的絮凝，污水中污染物经磁分离后，COD 由 1000mg/L 降为 20mg/L，去除率达到了 80%。

（1）造纸废水

造纸工业生产过程中多个工序都排放污染物，其中主要污染源来自蒸煮工序中的黑液或红液，占总污染负荷 80% 以上，主要污染物（指标）包括 SS、BOD、COD、着色物质和其他有毒物质，多数为有机物，磁化率极低，色度为 3500~4500 度。同时，废液中还有少量非磁性的 Al^{3+}、Ca^{2+} 等阳离子和 SO_4^{2-}、CO_3^{2-} 等阴离子。此外，造纸厂污水具有黏度大、悬浮物高等特点，废水中污染物为便于磁分离，必须在纸厂废水中添加"磁种"。采用溶液浸泡法、化学共沉淀法、溶胶-凝胶法等方法在 Fe_2O_3 或 Fe_3O_4 铁磁性粒子上沉积一层带官能团的有机物，通过表面改性覆膜，获得均匀厚度的薄膜，可反复循环使用。

2004 年日本已研制成日处理 500t 纸厂废水的超导高梯度磁分离设备。此设备磁场强度为 3T，过滤筛直径 400mm，在长 2000mm 距离上并排 47 个过滤筛（图 6-2），工艺流程见图 6-3。超导高梯度磁分离造纸厂污水处理的基本过程是先在污水中加入磁种，磁种与污水中的污染物结合并在凝絮剂的作用下体积增大，形成以磁种为核的浆团。其中部分大颗粒团会直接沉淀，其余废液通过超导高梯度磁分离设备中的超导磁体，强磁场产生的磁力将这些浆团吸附到多重金属筛网，通过筛网的连续更换流程达到连续净化污水的目的。陈显利等研制的制冷机直接冷却高温超导磁体技术成功应用于小型造纸厂，经磁分离处理集水池废水 COD 浓度由 1780mg/L 降至 147mg/L。

图 6-2　超导高梯度磁分离设备

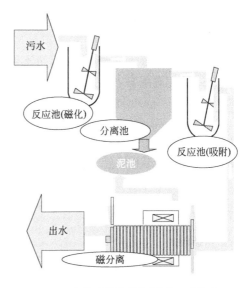

图 6-3　超导高梯度磁分离设备工艺流程

（2）含重金属废水

Qi 等通过应用超导高梯度磁分离（HGMS）技术，构建了去除 As、Sb 的原位固液分离微米级磁分离设备。吸附剂可以将 As 或 Sb 降低到低于美国 EPA 的饮用水标准。天然水中 As 和 Sb 的去除效率分别达到 94.6% 和 76.8%。林峰等利用脉冲电絮凝加载磁絮凝技术对车间镀锌、铜等综合污水进行处理，处理后各项指标均达排放标准，其中六价铬离子、锌离子、铜离子去除率均在 99% 以上。此外，研究者通过 HGMS 与光催化技术的结合（HGMS-UV/TiO_2）去除大肠杆菌，细菌去除率大大提高。

6.3 纳米气泡技术-水力空化法

6.3.1 纳米气泡技术

(1) 概述

随着扫描隧道显微镜（STM）、原子力显微镜（AFM）、透射电子显微镜（TEM）和频振动光谱（SFG）等新技术的发展，界面单个分子间的动力学行为、固体表面亲疏水性质、盐离子、相变影响弛豫过程的本质、界面水、含离子溶液的界面性质等研究将逐一开展。不同维度的纳米界面水，即单分子链水、碳纳米管中水的流动等一维受限界面水、"分子尺度厚水层"、微观亲疏水性等二维受限界面水，纳米水滴、纳米气泡等三维受限界面水。其中，一维受限空间水的流动奇异特性使得碳纳米管膜有可能导致水处理技术革命，而三维受限空间水——"纳米气泡"研究正在迅速成为一个前沿新兴领域。

现有的微纳米气泡发生技术主要有加压溶气法、水力空化法、叶轮剪切法、膜法，其具有的特性有：a. 巨大的比表面积有利于气液传质；b. 表面荷电（$-50\sim-30mV$）；c. 在水体中上升速度非常缓慢，长时间停留；d. 气液界面的表面张力导致气泡内部压力高于外部。现阶段主要采用高速摄像显微系统、动态光散射法、原子力显微镜、透射扫描电子显微镜、超高压电子显微镜的方法来评价微纳米气泡的尺寸/浓度、电位和气泡内物质。

(2) 应用

目前，氧气主要用于水体修复、污水处理和养殖，臭氧主要用于灭菌、难降解废水、污泥减量，二氧化碳主要用于灭菌、抑制管道内生物膜，氢气主要用于医疗和化学。微纳米气泡在水处理中的应用主要体现在：a. 强化气液传质，可以有效地提高气液传质速率（100 倍以上），但是需要能耗；b. 微纳米气泡的高级氧化技术，强制水力爆破微纳米气泡可以有效地去除水中的难降解有机物；c. 针对富营养化水体的微纳米气泡修复，微纳米气泡爆破可以抑制藻类生长。

6.3.2 水力空化法

(1) 概述

1753 年，柯乃普等首次预测了液体中可以发生空化现象的前提条件。20 世纪 90 年代，Pandit 等首次用水力空化技术进行了水解脂肪油试验，证明水力空化能促进脂肪油的水解，与超声空化相比更加节能。21 世纪，随着科学技术的不断进步与试验手段的完善，研究者意识到空化过程中产生并释放的巨大能量可为众多特殊的物理化学反应提供有利条件，开始利用水力空化技术，并逐步发展为一项较为前沿的水处理技术。目前，水力空化技术仍停留在探索发展的初期阶段，但其在污水处理和消毒杀菌等方面具有较好的应用潜力，为水处理行业提供了一种新的方法。随着研究不断深入、技术不断改进，会不断推进该项技术在水处理行业中的实际应用。

(2) 原理

空化效应是发生在液体内部的一种极其复杂多变的流体物理现象，而水力空化正是由于液流系统中的局部低压作用使液体蒸发而引起的气核爆发性生长、发展和溃灭的现象。水力空化在水处理领域中的重要应用就是降解有毒有害物质，降解机理包括以下三个方面，即"水相燃烧"反应机理、自由基反应机理和机械作用机理，其中以自由基反应机理为主，另外两种机理为辅。

1）"水相燃烧"反应机理

在气泡周围形成的局部"热点"效应能够产生极端高温高压环境，可以将气泡气体与液体界面的介质加热分解，间接促进反应。

2）自由基反应机理

由于在空化产生的高温高压环境下，水被分解，发生链式反应，反应方程如下。生成强氧化性的羟基自由基等，可与气相中的挥发性有机物反应，或在废水中与有机物发生氧化反应，实现水体净化：

$$H_2O \longrightarrow \cdot H + \cdot OH$$
$$O + H_2O \longrightarrow \cdot OH + \cdot OH$$
$$\cdot OH + \cdot OH \longrightarrow H_2O_2$$
$$2 \cdot H \longrightarrow H_2$$

3）机械作用机理

空泡溃灭时在流体中产生了巨大的水剪切力、压力等，从而强化反应过程中的热量、动量与质量的传递速率。同时剪切力能使大分子上的碳键断裂，并破坏微生物细胞壁，从而实现有机物降解和微生物灭活的作用，提高废水处理效率。

（3）特点

一般来说空化的产生方法共有超声空化、水力空化、光空化和粒子空化四种。空化研究中最为普遍的是前两种方式，然而在超声空化的总耗能中仅有不到10％被用于发生空化反应，其他能量用于提升系统温度，导致其难以产业规模化。光空化和粒子空化由于工作条件与场地等因素的限制，在工业上很难实现广泛应用。作为一项新型水处理方法，与其他空化方式相比，水力空化具有能源消耗相对较小、可反复循环使用、处理效果较好、操作方便、反应设备相对简易、维护成本少、较易实现产业化与规模化等特点。因此，发展水力空化技术更具有现实意义。

水力空化技术研究时间较短，在理论和实际应用中都存在较多问题。因此，发展该项技术还应着力解决存在的问题和完善应用技术研究。例如，通过数值计算与实验结合建立气泡动力学与物化反应的关系，研究水质对空化效应的影响，并探究提高水力空化效率的方法。

（4）应用

1）有机污染物降解

黄永春等在实验室研究了水力空化深度处理焦化废水的效果，废水为来自柳钢混焦化厂经缺氧/好氧生物处理工艺后二沉池的出水，废水水质如表 6-1 所列，其中 UV_{254} 为有机物在 254nm 处的吸光度，能反映水体不饱和和芳香族类化合物及腐殖质类大分子有机物的含量，Vis_{380} 反映有色物质的含量。经过研究影响因素，得到最佳处理条件是 pH=2.12，温度52℃，循环时间为 48.15min，焦化废水的 UV_{254}、Vis_{380} 和 COD 去除率分别为 47.47％、67.53％和 23.63％。

▫ 表 6-1　焦化废水水质

水温/℃	pH 值	COD/(mg/L)	UV_{254}	Vis_{380}
27±2	6.8～7.8	230～330	2.04～2.78	0.34～0.56

2）杀菌消毒

加氯消毒会生成以三氯甲烷和卤乙酸为主的"三致"（致畸、致癌、致突变）消毒副产物，危害人类健康。紫外消毒没有持续杀菌能力，可能存在光复活现象。臭氧消毒能力强，无二次污染，但存在易分解、价格高等缺点。与之相比，水力空化消毒无需添加化学试剂，是一种具有潜力的消毒技术。20世纪末，Save等首次证实了水力空化技术有加快微生物细胞分解的效果。张晓冬等以文丘里管为空化发生器的水力空化装置，对含有大肠杆菌的水体进行灭菌处理，结果表明水力空化产生的能量效应可以对水中微生物产生灭活作用，实现了含菌污水的灭菌消毒处理，具有高效节能和环保的特点，通过优化空化器结构、提高入口压力、增加处理时间等，有利于提高灭菌效果。杨杰等改进了水力空化装置，联用圆孔扩孔板与文丘里管（图6-4），研究不同组合对原水中病原微生物杀灭的影响，通过提高孔口流速和喉部流速、延长运行时间、降低空化数、增多孔口数量、改进孔口排布、选取合适配比浓度、延长喉部长度增加大肠杆菌和菌落总数的杀灭率。

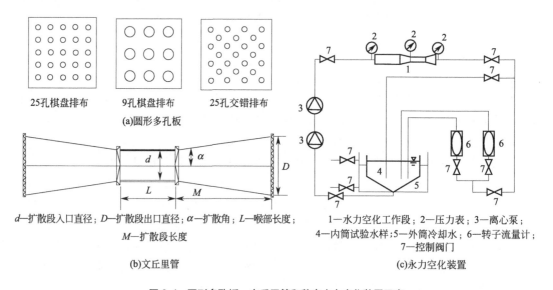

25孔棋盘排布　　9孔棋盘排布　　25孔交错排布

(a)圆形多孔板

d—扩散段入口直径；D—扩散段出口直径；α—扩散角；L—喉部长度；M—扩散段长度

(b)文丘里管

1—水力空化工作段；2—压力表；3—离心泵；4—内筒试验水样；5—外筒冷却水；6—转子流量计；7—控制阀门

(c)永力空化装置

图6-4　圆形多孔板、文丘里管和整套水力空化装置示意

6.4　低温等离子技术

6.4.1　概述

低温等离子体技术是近几年来处理废水的新技术，在外加电场的作用下，介质放电产生大量高能电子轰击污染物分子，使其电离、解离和激发，引发一系列反应，降解污染物。该技术是一种集高能电子辐射、臭氧氧化和光化学催化氧化三种作用于一体的废水处理技术，特别是在对难降解有机废水的处理方面有较好效果。

6.4.2　特点

等离子体是呈电中性的完全电离气体，是除气态、液态及固态之外的第四种物质存在形式，是由激发态原子、正负离子、电子、自由基及中性粒子组成的导电流体，受到磁场的影响与支配。一般等离子体可分为平衡等离子体（热等离子体）和非平衡等离子体（低温等离子体）两大类。由于低温等离子体较热等离子体更易在常温常压下产生，因而与现代工业生产的关系更为密切。采用低温等离子体技术与相关技术相结合处理如苯酚、甲基橙染料等难处理废水，去除率都可达到90%以上。

6.4.3 应用

工业废水中含有大量难降解有机物，单纯生物法处理难以一次性处理达标排放。低温等离子体不同于一般中性气体。它的体系主要以带电粒子为主，受外加电场、磁场和电磁场的影响。等离子体与固体和液体表面之间存在着各种基本过程和相互作用，具有光、热、电等独特的物理特性，可以产生各种物理过程和化学反应，从而实现对废水中用生物法难以降解的有机物的处理。目前，应用于处理废水的低温等离子体产生方法主要有脉冲电晕放电法、介质阻挡放电法、辉光放电法和滑动弧放电法。

(1) 脉冲电晕放电等离子体水处理技术

脉冲电晕放电等离子体水处理是在难降解有机废水处理反应系统中周期性地施加脉冲宽度仅几十至几百纳秒、上升时间极短的超窄高压脉冲，产生重复的脉冲电晕放电，可在常压下获得离子温度及中性粒子温度很低而电子温度很高的低温等离子体。由脉冲产生的电子在其自由行程中可以获得高能量。当该类电子与水分子碰撞时，将具有与电子辐射相似的效果，产生氧化性的·OH 和还原性的水生电子（e_{aq}^-），同时在水溶液中形成强烈的重复冲击波。电子加速到一定程度后，会使 O_2 变成 O_3，电极间电晕放电改变气体分子的激发状态并产生紫外线，可达到处理废水中难降解有机物的目的。

(2) 介质阻挡放电（dielectric barrier discharge，DBD）等离子体水处理技术

介质阻挡放电又称无声放电，是将介质覆盖在电极或悬挂在放电空间里，通过两个电极之间产生放电，获得高气压下低温等离子体的一种途径。这种放电可在标准大气压条件下进行，并且没有像其他放电那样发出剧烈的响声。其放电装置的结构组件是电极表面至少一个或者两个电极被绝缘介质所覆盖。常见的 DBD 分为体 DBD、面 DBD 和共板 DBD 3 种基本类型。DBD 可以形成富集粒子、电子、自由基以及激发态原子、分子等高活性粒子的等离子体空间。其在放电过程中产生的大量高能电子与难降解有机废水中的分子、原子会发生非弹性碰撞，将能量转化为基态分子的内能，进而引发离解和电离等一系列反应。

(3) 辉光放电等离子体水处理技术

辉光放电电解，是在直流放电中产生等离子体的一种特殊的放电方法，属于非平衡等离子体中直流辉光放电的范畴。利用外加电场作用，在特定的电化学反应器内，当两极间的电压足够高时，阳极针状电极与溶剂迅速汽化而形成稳定的蒸汽鞘，持续产生等离子体，与周围电解液之间产生辉光、紫外线、冲击波，使周围的溶剂迅速汽化而形成稳定的蒸汽鞘，持续产生如 H·、·OH 和 H_2O_2 等高活性粒子。这些高活性粒子在普通的电化学电解反应中不易得到，但在辉光放电中可源源不断地产生。它们很容易被输送到电极附近的溶液中，可使难降解有机废水中的物质彻底降解为 CO_2、H_2O 和简单无机盐，特别适用于有机废水的消毒和净化。

(4) 滑动弧放电等离子体水处理技术

滑动弧放电是一种可在常压下产生非平衡等离子体的新型低温等离子体技术，利用大气流形成等离子体流，并转化为能量更高的等离子体（转化率可达75%～80%），产生更多的活性粒子。滑动弧等离子体放电技术集高能电子轰击、化学氧化、光氧化等高级氧化工艺技术于一体，放电过程中产生物理效应和化学效应。物理效应主要包括紫外线、高压激波等，其强度取决于放电形式的强烈程度。化学过程主要包括过氧化氢、臭氧、羟基自由基等活性粒子的作用，其中羟基自由基对有机物的降解被认为是体系中有机污染物降解的主要原因。目前用于废水处理的滑动弧放电等离子体反应装置主要有液相和气相两种类型。

6.5 气凝胶吸附技术

6.5.1 概述

气凝胶可由很多材料以单质或者与其他物质复合的形式进行制备。每种材料的物理、化学、机械和生物特性最终决定了气凝胶的特性。气凝胶的前驱体材料可分为生物质气凝胶、无机碳基气凝胶、无机聚合物基气凝胶、硅基气凝胶和金属氧化物基气凝胶五大类。

(1) 生物质气凝胶

生物质是最丰富和最具成本效益的前驱体材料，已被用于气凝胶合成的不同应用中。这些前驱体包括纤维素、壳聚糖、单宁、藻酸盐等，基于生物质的气凝胶具有环境友好、可回收性和高吸收性等独特优势，可以自身降解而不会造成二次环境污染。

(2) 无机碳基气凝胶

主要由碳同素异形体组成，包括无定形碳、碳纳米管、金刚石、石墨和石墨烯。与从其他材料获得的气凝胶相比，它们也具有优异的力学性能。

(3) 无机聚合物基气凝胶

多组分气凝胶逐渐被用来满足人们对高性能和多功能的需求。根据聚合物类型和制造条件的不同，聚合物气凝胶的结构可以从胶体状纳米颗粒转变为纳米纤维/微纤维网络，甚至是片状骨架。聚合物气凝胶通常在各种应用中表现出更好的力学稳定性和环境稳定性，特别是在极端环境中。

(4) 硅基气凝胶

二氧化硅气凝胶的高生产成本和较差的力学性能在阻碍其广泛使用的同时也促进了其他硅基杂化材料的产生，如将二氧化硅分别用棉和聚对苯二甲酸乙二醇酯（PET）、纤维素等浸渍，可显著提高材料性能。

(5) 金属氧化物基气凝胶

各种氧化物气凝胶，由氧化铁、氧化铝和氧化锆以及其他优先价为3的材料组成。金属氧化物通常与不同的材料结合，以增强或生产具有特殊性能的新型组合，如通过结合氧化铝的韧性和氧化锆的硬度，可创造一种高性能的气凝胶。

6.5.2 原理

气凝胶的高比表面积可以被修饰，以集成更多的表面官能团，成为不同水污染物如重金属、油类、有机物质、农药、除草剂、有毒物质和医药物质的超级吸附剂。

6.5.3 特点

气凝胶比表面积大，容易放大和高吸附效率。化学性质非常灵活，其孔径和比表面积是可以调整的。此外，可以结合不同的官能团，以提供所需的机械和物理化学性质。

6.5.4 应用

(1) 吸附重金属离子

以吡咯和四乙基四胺（TEPA）为交联剂，氮源为氨基官能团，通过一锅水热自组装法制备的一种新型氮掺杂超轻氧化石墨烯气凝胶，可用于去除水中的 Cr（Ⅵ）；采用原位交联和冷冻干燥法制备的有序多孔海藻酸钠/氧化石墨烯（SAGO）气凝胶有优异的机械强度和良好的弹性，对 Cu^{2+} 和 Pb^{2+} 有很强的吸附量；以改性海藻酸钠、壳聚糖和三聚氰胺为原料合成的一种具有多孔结构的新型球状纳米吸附剂海藻酸盐/三聚氰胺/壳聚糖气凝胶，是一种高效、可再生的 Pb（Ⅱ）离子吸附剂；由石墨烯薄片和硅藻二氧化硅（DE）颗粒组成，表面装饰有 α-FeOOH 纳米颗粒，形成一个坚固且相互连接的三维网络，汞的吸附等温线符合 Langmuir 模型，吸附量>500mg/g，是一种有效的高浓度汞脱除吸附剂；采用水热法合成的单宁还原石墨烯气凝胶（TRGA），可作为一种竞争性吸附剂用于处理各类废水中的 Pb（Ⅱ）和 Cd（Ⅱ）。壳聚糖-二氧化硅复合气凝胶已被用于去除水中的镉离子，首先将聚多巴胺（PDA）作为氧化石墨烯的表面改性剂，然后将形成的 GO@PDA 与壳聚糖（CS）交联，组装成三维（3D）多孔 GO@PDA/CS 气凝胶，可用于吸附铀（Ⅵ）。

(2) 去除染料和有机污染物

通过将柔性碳纳米管直接组装在石墨烯表面，制备的石墨烯-碳纳米管气凝胶具有良好的去除水溶液中有机染料的性能；以羧甲基纤维素纳米晶体（C-CNC）作为起始材料，半胱氨酸的氨基（—NH₂）在活化后可与 CCNC 上的羧基（—COOH）发生反应，然后，纤维素链上的硫醇被 H_2O_2 氧化，形成二硫交联水凝胶，可用作水溶液中染料的吸附剂，其在还原剂的作用下，在温和的条件下可释放出来。以改性海藻酸钠、壳聚糖和三聚氰胺为原料合成的一种具有多孔结构的新型球状纳米吸附剂（SA/ME/CS 气凝胶）可作为一种高效、可再生的 Pb（Ⅱ）离子吸附剂。通过在石墨烯片中引入醋酸纤维素纳米纤维来防止它们之间的过度堆积，并增强细胞壁的连通性，开发的通用型氧化石墨烯/纳米纤维气凝胶（GNA），具有较高的吸附能力和选择性，可作为阳离子染料的有效吸附剂。石墨烯和氧化钼制备的 rGO-MoO₃ 复合气凝胶异质结在可见光的激发下会产生大量强氧化能力的自由基，这些自由基会氧化吸附在其表面的有机染料分子并使其降解为无害的 CO_2 和水。采用简单的冷冻干燥和原位凝胶法制备的海藻酸钠-单宁酸气凝胶具有优异的抗油污性能且对亚甲基蓝具有良好的吸附性能。

(3) 吸油

以微晶纤维素和氢氧化钠/尿素溶液为前驱体，采用溶胶-凝胶法和烷基化疏水凝固浴法制备的疏水微晶纤维素气凝胶，具有优良的吸附性能，处理油品污染简单、快速、有效，适用于油品吸附，且具有重复使用性能；采用水热法制备的聚多巴胺（PDA）功能化的石墨烯气凝胶（SGA），可吸附各种具有巨大吸附能力的油液。超疏水石墨烯气凝胶（GA）在油品中非常稳定，可反复用于油水分离；通过两步水热还原法制备多孔、弹性石墨烯气凝胶，加入微量有机添加剂（EDA）和无机水溶液（$NH_3 \cdot H_2O$），可直接用于油水分离；以正硅氧烷

（TEOS）为低成本前驱体，采用两步溶胶-凝胶法制备的超疏水二氧化硅气凝胶可以作为高效的有机液体和油的安全处置的吸收体；以氧化石墨烯为前驱体制备的碳纳米管/石墨烯复合气凝胶，由于碳材料的多孔结构和固有的疏水特性，对油具有良好的吸附选择性，且具有合理的可回收性；采用疏水硅烷气相沉积的方法在超孔纳米纤维素气凝胶上制备一种新型的海绵状分离油水混合液材料，非极性液体可以被吸收到气凝胶中，材料的吸收能力达到其自身重量的 45 倍，气凝胶可重复使用多次，吸附/解吸后体积变化不明显，材料是超疏水的，因此可以漂浮在水上，同时吸收非极性液体作为分离介质；采用明胶作为三维支架材料，纳米 TiO_2 分散在明胶骨架中，然后通过戊二醛的作用将支化聚乙烯亚胺（PEI）交联在其上，经过冷冻干燥工艺制备的复合明胶气凝胶（GTP 气凝胶），对无油/水混合物和油水乳液具有良好的油水分离性能；以纤维素为主要材料制备的纤维素复合气凝胶具有杰出的油水分离能力且对于染料有很强的吸附作用。

6.6　超声波技术

6.6.1　概述

频率高于 20kHz 的声波称为超声波。1927 年超声波的化学效应由美国学者 Richards 和 Loomis 首次报道。20 世纪 80 年代以后，超声波化学作为一门边缘学科兴起，它是利用超声波加速化学反应、提高化学反应速率的一门新兴的交叉学科。对于快速分解水中的化学污染物，尤其是针对难降解有机物，超声波空化技术是一种潜在的处理方法，在造纸废水、焦化废水、印染废水和切削液废水等方面也有一定的应用。研究的热点主要聚焦在超声反应条件的优化和超声联用其他技术共同降解污染物。

6.6.2　原理

超声波对水中有机物的降解反应基于以下效应。

（1）空化效应

超声波辐射加速有机物的氧化分解，主要是因为超声波的空化作用。在超声的作用下液体中的微小泡核被激化，在声波的负压作用下形成许多微泡（空穴），随后受声波正压作用，微泡迅速瞬间破裂。即在超声波的作用下，水中产生了空穴的振荡、生长、收缩乃至崩溃等系列过程。空穴在破裂的瞬间产生很大的冲击波，在液体内部产生了异常的高温（5000K）和高压（高于 30MPa）的局部环境，在这样的条件下有机物可以发生化学键断裂、水相燃烧等降解反应。

（2）自由基效应

在空化时伴随发生的高温、高压，进入微泡中的水分子的化学键发生断裂，可以产生 H· 和 HO· 。

$$H_2O \longrightarrow H\cdot + HO\cdot \qquad\qquad (6\text{-}6)$$

$$O + H_2O \longrightarrow HO\cdot + HO\cdot \qquad\qquad (6\text{-}7)$$

$$HO\cdot + HO\cdot \longrightarrow H_2O_2 \qquad\qquad (6\text{-}8)$$

$$H \cdot + H \cdot \longrightarrow H_2 \tag{6-9}$$

空穴崩溃产生的冲击波和射流，使 $HO \cdot$ 和 H_2O_2 进入整个溶液中与水中有机物发生反应。$HO \cdot$ 是已发现的仅次于 F 的强氧化剂，氧化还原电势达到 2.8V，性质极为活泼，可以与几乎所有物质发生反应，可以使常规条件下难分解的有机污染物降解。

（3）热效应

热效应就是超声波在水中传播时，超声波的声能被水不断吸收并转化为热能致使水的温度升高，在超声发生空化效应时，不仅产生了氧化能力较好的自由基，还会形成高温热解和瞬态超临界水，这些反应对有机物的去除也具有一定的效果。

（4）机械效应

机械效应就是超声波在水中传播时会形成微扰和湍动，并产生线性效变的振动，导致了声压幅值变化率加快和质点加速度变大，改变了传质表面积和微孔结构，而这种效应就称为机械效应。

（5）化学效应

超声波在水中传播时，增加了反应体系中分子间的接触机会，提高了反应链断裂速度及聚合物降解速率。

（6）其他

在实际反应的过程中，体系中不仅会发生上述的效应，还会因分子间的振动对反应体系产生搅拌的作用，使得体系混合得更加均匀，增强了各相之间的物质传递。不仅如此，由于物质之间的接触频率大大增加还可以促进混凝絮凝作用。

6.6.3 特点

① 在处理含难降解有机污染物的废水时，超声波可以无选择性地处理有机污染物，适用范围广泛，降解效果优良。

② 超声技术可以优化反应条件，提高降解效率，通过空化效应可以促进某些难进行的化学反应发生。

③ 在长时间处理之后，由于空化作用会导致水样的温度升高，所以超声反应装置通常需要配备相应的温控系统。

④ 超声技术经济环保、操作容易、设备简单、不产生二次污染，是一种具有良好应用前景的污水处理技术。

6.6.4 影响因素

① 超声波功率强度。超声波降解反应的速率随功率强度的增大而增加。

② 超声波频率。$HO \cdot$ 的产率随声源频率的增加而增加。

③ 超声波反应器结构。反应器中发生超声波的工作方式分为间歇式和连续式两种，超声波发生元件可以置于反应器的内部或外部。对于采用多个超声波发生器的装置，超声波可以是同频的或是异频的。这些都能影响其混响强度和空化效果。

④ 溶解气体的影响。溶解气体对空化气泡的性质和空化强度有重要影响。

⑤ 液体的性质。液体的性质如表面张力、黏度、pH 值及盐效应都会影响溶液的超声空化

效果。

⑥温度。温度对超声空化的强度和动力学过程具有非常重要的影响，从而造成超声降解的速率和程度的变化。

6.6.5 应用

超声波空化技术降解有机物与其他方法相比较，具有成本低、无污染的优点，具有良好的应用前景。目前超声波水处理技术尚处于研制和小规模试用阶段，应用的方式有：a. 单独采用超声波；b. 超声波与臭氧联用；c. 超声波与催化剂联用等。

近些年，超声技术在水处理中的应用非常广泛，常被用于处理难降解的有机废水，并取得了较好的应用成果。研究人员已经单独使用超声技术对多环芳烃、氯代烃、对硝基苯酚、对硝基苯乙酸酯、氯酚、苯酚、腐殖酸、有机酸、对硫磷、氯氟代烃和醇类等单一有机物进行了降解实验，后来又使用超声联用其他技术处理焦化废水、造纸废水、切削液废水和印染废水等工业废水，取得了较好的降解效果。

超声技术可以单独对某些单一有机物进行降解。Shilpil 等应用超声技术去除水中的有机磷农药谷硫磷和毒死蜱，为此，研究和阐明了初始农药浓度、pH 值、处理时间、电功率和超声频率等影响参数对谷硫磷和毒死蜱超声降解的影响，结果表明：超声波技术可有效快速地降解谷硫磷和毒死蜱；在初始农药浓度 1mg/L、初始 pH 值为 9、处理时间 20min、电功率 500W 和超声频率 130kHz 的最佳条件下，谷硫磷降解 78.50%，毒死蜱降解 98.96%。Li 等研究了高频超声去除藻蓝蛋白的效率、影响因素、作用及机理。结果表明：在高频超声 180min 后，藻蓝蛋白可以降解到水样中几乎检测不到的程度；虽然在整个超声处理过程中（240min）总氮（TN）浓度保持一致，但约 78.9% 的溶解有机氮（DON）被氧化成无机氮；超声频率极大地影响超声效应，由于·OH 的大量产生，在 200kHz 时具有最高的去除性能。

6.7 压缩蒸发法

6.7.1 概述

MVR 是机械式蒸汽再压缩技术（mechanical vapor recompression）的简称，是利用蒸发系统自身产生的二次蒸汽及其能量，将低品位的蒸汽经压缩机的机械做功提升为高品位的蒸汽热源，循环向蒸发系统提供热能，而减少对外界热源消耗的一种节能技术。

早在 1834 年就有人提出 MVR 热泵的构想，1917 年由瑞士一家企业制造了该项技术的产品。20 世纪 70 年代石油问题造成了能源危机，在节能降耗的大趋势下，MVR 热泵得到了迅速发展。20 世纪 80 年代，我国张家坝制盐化工厂首次引进机械热压缩工艺进行制盐生产。2010 年，中盐金坛引进了生产能力为 120 万吨/年的精制盐 MVR 装置。MVR 现已广泛应用于食品、化工、医药、海水淡化和污水治理等领域。

6.7.2 原理

MVR 的工作原理是蒸发器产生的二次蒸汽经机械式热能压缩机作用后，温度升高，返回用于蒸发器的加热热源，新鲜蒸汽仅用于补充热损失和补充进出料热焓，大幅度地降低蒸发器对额外新鲜蒸汽的消耗。在整个设备中，热能得到充分提升（图 6-5）。通过温度和压力作用，反复循环形成二次蒸汽，不断提供热源。同时，蒸汽放热后，进行冷凝，回收高纯度水。在蒸发过程中，还可以对原料进行浓缩，再经蒸发器排放。整个设备对二次蒸汽进行回收利用，不断提升能源的利用效率。

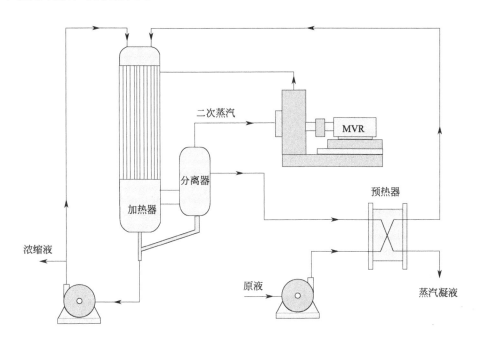

图 6-5 MVR 蒸发系统工艺流程

6.7.3 特点

MVR 蒸发工艺主要利用二次蒸汽的热量以达到节能目的，是一种非常先进的蒸发工艺，与传统的蒸发法相比具有很大的优势，可以实现电能和热能的转换，因此 MVR 蒸发工艺已在多种行业中得到广泛应用。

（1）节能效果显著

MVR 蒸发综合考虑预热与降温过程中热量的二次利用，采用 MVR 蒸汽压缩机，将低品位的二次蒸汽通过电能转换为高品位的蒸汽，有效实现节能环保。使用 MVR 设备耗电量较少，整个系统可以维持稳定运行。蒸发水量按 10t/h 计，MVR 技术节能优势如表 6-2 所列。

⊡ **表 6-2 MVR 系统与单效、三效顺流蒸发系统运行费用粗略对比**　　　单位：万元

方式	单效	三效	MVR
电费	—	—	191.52
蒸汽费用	1728.00	604.80	0
冷却水费用	1098.65	367.85	29.33
年运行费用合计	2826.65	972.65	220.85
MVR 年节省的费用	2605.80	751.80	

注：按工作时间 7200h/a、蒸汽价 200 元/t、电价 0.7 元/（kW·h）、冷却水 1.4 元/t 计。

(2) 设备操作简单

整个 MVR 设备占地面积较少，对操作人员的专业技术水平要求较低，受到了较多项目的青睐。

6.7.4 应用

高盐废水主要是指含盐量超过 1‰的含盐废水，包括高盐生活废水和高盐工业废水，主要来源于直接利用海水的工业生产、食品加工、制药、化工生产等。这些废水含有大量的无机盐如 SO_4^{2-}、Cl^-、Na^+、Ca^{2+} 等，还含有较多的有机物且难生物降解。由于盐分含量较高，对微生物产生抑制或毒害作用，不利于采用生化方法处理，是污水处理行业公认的高难度处理废水。

(1) 高盐化工有机废水

光引发剂项目高盐有机废水、噻唑烷酮项目高盐有机废水等可生化性较差，废水中 COD、难降解有毒污染物浓度高。根据废水特点，优先去除盐分，解决常规生化处理工艺抗冲击性差的问题。废水通过 MVR 得到浓缩盐水，再经薄膜刮板蒸发固盐，蒸发冷凝液再通过生化法去除 COD、氨氮等污染物，最终使废水经过处理后水质达标排放，执行《化工园区主要水污染物排放标准》，其中没有规定的指标执行《污水综合排放标准》（GB 8978—1996）一级标准。

(2) 医药废水

浙江某医药化工企业羟基纤维素醚废水总处理量为 $1000m^3/d$，其中高浓度 MVR 废水处理规模 $200m^3/d$，废水性质为温度高、盐分含量高、COD 浓度高、可生化性差等，具体指标如表 6-3 所列。采用 MVR 蒸发浓缩-膜生物反应器（MBR）组合工艺对其进行处理。出水水质满足《污水综合排放标准》（GB 8978—1996）中三级排放标准。$200m^3/d$ 的高盐废水［含盐量（质量分数）≥10％］经 MVR 浓缩后产生 $20m^3/d$ 的废水，出水水质 COD≤50000mg/L、Cl^-≤3000mg/L。之后混入其他纤维素综合废水再经过水解池、好氧池、二沉池、芬顿氧化池等，最后进入 MBR 池处理达标排放。

▣ 表 6-3　高浓度 MVR 废水指标

COD/(mg/L)	Cl^-/(mg/L)	pH 值
100000	60000	6～7

(3) 含氯废水

某企业偏二氯乙烯装置生产过程中产生了大量含有氯化钙的皂化清液［$CaCl_2$，12％～17％；$CaCO_3$，少量；$Ca(OH)_2$，1％］，必须要提高质量分数至 35％以上，使其成为皂化母液，然后加工为固体工业氯化钙。根据废水特点，采用 MVR 和多效蒸发组合工艺。根据氯化钙理化参数测算，浓缩终点在质量分数为 30％时，溶液沸点升高 10℃，蒸发 1t 水，压缩机能耗为 48kW；浓缩终点在质量分数为 35％时，溶液沸点升高 15℃，蒸发 1t 水，压缩机能耗为 60kW。因此，浓缩终点定为质量分数为 30％时，经济性较高。皂化清液 MVR 蒸发浓缩装置经 2016 年 1 月水联动试车、化工投料试车，并在稳定运行后，进行装置 72h 满负荷性能测试，皂化清液 MVR 蒸发工艺的设计参数与实测值如表 6-4 所列。MVR 系统主要设备压缩机、强制循环泵等运行稳定，无明显振动等，自动化程度高，主要运行参数符合设计要求，产能和各项消耗都能达到设计指标，MVR技术已成功应用于高沸点物料——氯化钙废水的蒸发提浓生产（工艺设计参数与实测值见表6-4）。

⊡ 表6-4 皂化清液MVR蒸发工艺设计参数与实测值

名称	进料量 /(kg/h)	进料平均质量分数/%	蒸发量 /(kg/h)	出料量 /(kg/h)	压缩机进口气压/kPa	压缩机出口气压/kPa	压缩机进口气体温度/℃	压缩机出口蒸汽温度/℃
设计值	13000	12~17	6500	6500	70	140	90	110
实测值	14200	15	6880	7320	—	—	91	112

（4）贵金属回收工业废水

某企业是从事贵金属提纯、装置加工、贵金属盐类生产的中日合资企业，在贵金属提纯加工过程中排放出一定量的废气和废水，其中废水成分复杂、盐分含量高、重金属含量高、氟和氨氮浓度高。废水来源主要有四种，如表6-5所列。要求处理后，重金属执行《电镀污染物排放标准》表2的要求，其他指标执行《污水排入城镇下水道水质标准》和《污水综合排放标准》。表6-6列出了部分水质指标。

⊡ 表6-5 废水来源与主要成分

序号	来源	主要成分	折算每周排放量/m³
1	精制车间化学车间	铑还原后废水、金提纯废水、钯还原后废水、含Zn废液、盐酸联氨还原后废液等（NH_3：1.5g/L；Zn：20g/L；Cl^-：20g/L；K^+：0.9g/L；Na^+：1g/L）	15
2	洗涤塔	氧化塔废水、还原塔废水、氯气吸收塔废水、氨吸收塔废水（Na^+：10g/L；Cl^-：5g/L；SO_4^{2-}：10g/L；NH_3：5g/L）	12
3	回收车间	硝酸溶解铜废液、硝酸溶解镍废液（Cu^{2+}：75g/L；Ni^+：25g/L）	0.1
4	精制车间	HF（1%~3%）	3
总计	废水1+废水2+废水3+废水4		30.1

⊡ 表6-6 部分水质指标   单位：mg/L（pH值除外）

TDS	NH_3-N	总锌	总铜	总镍	TN	F^-	COD	pH值
2000	45	1.5	0.5	0.5	70	20	500	6~9

四种废水中污染物的浓度非常高，属于超高浓度废水，废水混合后的TDS为40g/L，远超过了《污水排入城镇下水道水质标准》2000mg/L的要求，必须要进行脱盐处理。脱盐工艺中的电渗析和膜法等工艺对水质和预处理要求较高，产生的浓水的处理又成了新难题。因此，考虑到废水成分的复杂性，宜选用蒸发结晶法，由于企业没有足够的蒸汽，宜选择MVR法。最后选择的工艺为：预处理＋MVR工艺＋深度处理。项目稳定运行后，出水水质均达标，TDS为491mg/L，NH_3-N为15.5mg/L，COD为24mg/L，氟化物为1.56mg/L，总锌、总铜、总镍等重金属均未检出。

MVR系统每周连续运行4d，平均每周处理水量约为35t，产生重金属污泥（70%含水率）约1.3t，产生含氟污泥（65%含水率）约0.35t，废盐（20%含水率）约1.8t。

参考文献

[1] 何绪文，员润，吴姁，等.焦化废水深度处理新技术及其相互耦合特征研究[J].煤炭科学技术，2021，49

（1）：175-182.

［2］ 马宏英，谢可飞，黄永澎，等．磁混凝技术在水处理中的研究进展［J］．智能建筑与工程机械，2020，2（3）：106-107.

［3］ 何莉娜．超导磁分离技术的应用研究［J］．超导技术，2013，41（12）：55-58.

［4］ 王宏，黄传军，李来风．超导高梯度磁分离造纸厂污水处理［J］．西南大学学报，2009，31（3）：61-66.

［5］ Qi Zenglu，Joshi Tista Prasai，Liu Ruiping，et al. Adsorption combined with superconducting high gradient magnetic separation technique used for removal of arsenic and antimony［J］. Journal of hazardous materials，2018，343：36-48.

［6］ 段晚晴，姜向东，王豫，等．超导磁分离技术综述［J］．矿产综合利用，2014（1）：1-5.

［7］ 罗延歆．矿井水超磁分离净化技术研究与应用［J］．煤炭工程，2017，49（6）：72-74.

［8］ Lu Z，Zhang K，Shi Y，et al. Efficient removal of escherichia coli from ballast water using a combined high-gradient magnetic separation-ultraviolet photocatalysis（hgms-UV/TiO$_2$）system［J］. Water，Air，& Soil Pollution，2018，229：1-8.

［9］ 谢海深，孙风江，张嘉欣，等．低温超导磁分离技术在深度处理焦化废水的研究与应用［J］．工程建设，2018，50（12）：65-69.

［10］ Zhang Teng，Dai Shaotao，Mo Siming，et al. Magnetic ion-exchange resins for superconducting magnetic separation system：kinetics，isotherm，and mechanism of heavy metals removal［J］. IOP Conference Series：Materials Science and Engineering，2019，490（2）.

［11］ Zeng Hua，Li Yiran，Xu Fengyu，et al. Feasibility of turbidity removal by high-gradient superconducting magnetic separation［J］. Environmental Technology，2015，36（19）：2495-2501.

［12］ Qi Z，Joshi T P，Liu R，et al. Adsorption combined with superconducting high gradient magnetic separation technique used for removal of arsenic and antimony［J］. Journal of hazardous materials，2018，343：36-48.

［13］ Pandit A B，Joshi J B. Hydrolysis of fatty oils：Effect of cavitation［J］. Chemical Engineering ence，1993，48（19）：3440-3442.

［14］ 朱孟府，曾艳，邓橙，等．水力空化在水处理中的应用与研究进展［J］．环境科学与技术，2010，32（S2）：445-449.

［15］ 古颖龙，王海燕，吴羽，等．空化微流体在生物医学方面的应用［J］．激光生物学报，2014，23（4）：289-293.

［16］ Gogate P R. Cavitation：An auxiliary technique in wastewater treatment schemes［J］. Advances in Environmental Research，2002，6（3）：335-358.

［17］ Vogel A W L，Timm R. Optical and acoustic investigations of the dynamics of laser-produced cavitation bubbles near a solid boundary［J］. Journal of Fluid Mechanics，1989，206：299-338.

［18］ Gogate P R，Pandit A B. A review and assessment of hydrodynamic cavitation as a technology for the future［J］. Ultrasonics Sonochemistry，2005，12（1-2）：21-27.

［19］ 程效锐，张舒研，涂艺萱，等．水力空化在水处理领域的应用研究进展［J］．净水技术，2019，38（1）：31-37.

［20］ 黄永春，李晴，邓冬梅，等．水力空化深度处理焦化废水的实验研究［J］．工业水处理，2017，37（4）：53-57.

［21］ Jiang W X，Zhang W，Li B J，et al. Combined fenton oxidation and biological activated carbon process for recycling of coking plant effluent［J］. Journal of Hazardous materials，2011，189（1-2）：308-314.

［22］ 刘佳，黄翔峰，沈捷，等．污水紫外消毒微生物光复活原理及其控制技术［J］．环境污染与防治，2007，29（11）：841-843，869.

［23］ Save S S，Pandit A B，Joshi J B. Use of hydrodynamic cavitation for large scale microbial cell disruption［J］. Food & Bioproducts Processing，1997，75（1）：41-49.

［24］ 张晓冬，杨会中，李志义，等．水力空化对水中微生物的灭活作用及特性［J］．化学工程，2007，35（10）：

53-56.

[25] 杨杰，董志勇，柳文菁，等.孔板与文丘里组合空化杀灭水中病原微生物［J］.中国环境科学，2018，38 (10)：3755-3760.

[26] 徐文慧，周锦云，张俊.低温等离子体技术处理难降解有机废水研究进展［J］.江西化工，2018 (3)：4.

[27] 张晓健，黄霞.水和废水物化处理的原理与工艺［M］.北京：清华大学出版社，2011.

[28] 许旅强，蒋培军，刘响响，等.MVR 蒸发浓缩-A/O-芬顿＋膜生物反应器组合工艺处理纤维素醚废水的工程研究［J］.绿色科技，2020，2：111-116.

[29] 江泳，吴兴东.MVR 技术在含氯废水治理中的应用［J］.氯碱工业，2019，55 (3)：26-31.

[30] Mariana Mariana, Abdul Khalil H P S, Esam Bashir Yahya, et al, Recent trends and future prospects of nano-structured aerogels in water treatment applications［J］.Journal of Water Process Engineering, Volume 45, 2022, 102481, ISSN 2214-7144,

[31] 何静娴，张政，韩景新，等.生物质气凝胶吸收剂在油/水分离中的应用研究［J］.化工新型材料，2020，48 (6)：29-32.

[32] Sang Nguyen, David B Anthony, Hui Qian, et al. Mechanical and physical performance of carbon aerogel reinforced carbon fibre hierarchical composites［J］.Composites Science and Technology, 2019, 182.

[33] Zuo Lizeng, Zhang Youfang, Zhang Longsheng, et al. Polymer/carbon-based hybrid aerogels：Preparation, properties and applications［J］.Materials, 2015, 8 (10).

[34] Joanna C H Wong, Hicret Kaymak, Samuel Brunner, et al. Mechanical properties of monolithic silica aerogels made from polyethoxydisiloxanes［J］.Microporous and Mesoporous Materials, 2014, 183.

[35] Jing Yan, Hyeong Yeol Choi, Young Ki Hong, et al. Thermal insulation performance of cotton and PET-based hybrid fabrics impregnated with silica aerogel via a facile dip-dry process［J］.Fibers and Polymers, 2018, 19 (4).

[36] Jingduo Feng, Duyen Le, Son T Nguyen, et al. Silica cellulose hybrid aerogels for thermal and acoustic insulation applications［J］.Colloids and Surfaces A：Physicochemical and Engineering Aspects, 2016, 506.

[37] Benad A, et al. Mechanical properties of metal oxide aerogels［J］.Chem Mater, 2018, 30 (1)：145-152.

[38] Liang Qianwei, Luo Hanjin, Geng Junjie, et al. Facile one-pot preparation of nitrogen-doped ultra-light graphene oxide aerogel and its prominent adsorption performance of Cr(Ⅵ)［J］.Chemical Engineering Journal, 2018, 338.

[39] Jiao Chenlu, Xiong Jiaqing, Tao Jin, et al. Sodium alginate/graphene oxide aerogel with enhanced strength－toughness and its heavy metal adsorption study［J］.International Journal of Biological Macromolecules, 2016, 83.

[40] Gao Ce, Wang Xue lian, An Qing da, et al. Synergistic preparation of modified alginate aerogel with melamine/chitosan for efficiently selective adsorption of lead ions［J］.Carbohydrate Polymers, 2021, 256.

[41] Maryam Hasanpour, Mohammad Hatami. Application of three dimensional porous aerogels as adsorbent for removal of heavy metal ions from water/wastewater：A review study［J］.Advances in Colloid and Interface Science, 2020, 284.

[42] Zhu Ya hong, Zhang Qiang, Sun Guo tao, et al. The synthesis of tannin-based graphene aerogel by hydrothermal treatment for removal of heavy metal ions［J］.Industrial Crops &amp, Products, 2022, 176.

[43] Kelechi Ebisike, Afamefuna Elvis Okoronkwo, Kenneth Kanayo Alaneme. Adsorption of Cd（Ⅱ）on chitosan－silica hybrid aerogel from aqueous solution［J］.Environmental Technology &amp, Innovation, 2019, 14.

[44] Liao Yun, Wang Meng, Chen Dajun. Preparation of polydopamine-modified graphene oxide/chitosan aerogel for uranium（Ⅵ）adsorption［J］.Industrial &amp, Engineering Chemistry Research, 2018, 57 (25).

[45] Lunhong Ai, Jing Jiang. Removal of methylene blue from aqueous solution with self-assembled cylindrical graphene－carbon nanotube hybrid［J］.Chemical Engineering Journal, 2012, 192.

[46] Li Yuchen, Hou Xiaobang, Pan Yuanfeng, et al. Redox-responsive carboxymethyl cellulose hydrogel for adsorption and controlled release of dye［J］.European Polymer Journal, 2020, 123 (C).

[47] Gao Ce, Wang Xue lian, An Qing da, et al. Synergistic preparation of modified alginate aerogel with melamine/

chitosan for efficiently selective adsorption of lead ions [J]. Carbohydrate Polymers，2021，256.

［48］ Xiao Jianliang，Lv Weiyang，Song Yihu，et al. Graphene/nanofiber aerogels：Performance regulation towards multiple applications in dye adsorption and oil/water separation [J]. Chemical Engineering Journal，2018，338.

［49］ 张芸芸. 还原氧化石墨烯基复合气凝胶的制备及其在废水处理中的应用 [D]. 广州：暨南大学，2018.

［50］ Wang Yuqi，He Yi，Fan Yi，et al. A robust anti-fouling multifunctional aerogel inspired by seaweed for efficient water purification [J]. Separation and Purification Technology，2021，259.

［51］ Zhao Yifan，Zhong Kai，Liu Wei，et al. Preparation and oil adsorption properties of hydrophobic microcrystalline cellulose aerogel [J]. Cellulose，2020，27（13）.

［52］ Wang Hui，Wang Chunchun，Liu Shuai，et al. Superhydrophobic and superoleophilic graphene aerogel for adsorption of oil pollutants from water [J]. RSC Advances，2019.

［53］ Huang J，et al. Graphene aerogel prepared through double hydrothermal reduction as high-performance oil adsorbent Mater [J]. Sci Eng B，2017，226：141-150.

［54］ Jyoti L Gurav，Venkateswara Rao A，Nadargi D Y，et al. Ambient pressure dried TEOS-based silica aerogels：good absorbents of organic liquids [J]. Journal of Materials Science，2010，45（2）.

［55］ Wang Chunchun，Yang Sudong，Ma Qing，et al. Preparation of carbon nanotubes/graphene hybrid aerogel and its application for the adsorption of organic compounds [J]. Carbon，2017，118.

［56］ Nicholas Tchang Cervin，Christian Aulin，Per Tomas Larsson，et al. Ultra porous nanocellulose aerogels as separation medium for mixtures of oil/water liquids [J]. Cellulose，2012，19（2）.

［57］ Jiang Jingxian，Zhang Qinghua，Zhan Xiaoli，et al. A multifunctional gelatin-based aerogel with superior pollutants adsorption，oil/water separation and photocatalytic properties [J]. Chemical Engineering Journal，2018，358.

［58］ 王勇，黄婷，韦枭，等. 基于纤维素气凝胶的吸附光催化降解材料及其污水处理研究 [C]. 中国化学会第一届全国纤维素学术研讨会，2019.

［59］ 赵林燕. 功能型纤维素基复合气凝胶的制备及其在有机污水处理中的应用 [D]. 石河子：石河子大学，2018.

第7章

水质处理的新工艺流程

通常将多种水处理基本单元互相串联配合，组成一个水处理工艺，称为水处理工艺流程。针对不同的原水及处理后的水质要求会形成各种不同的水处理工艺流程。

7.1 给水处理工艺系统

给水水源主要有地下水和地表水两大类。

选择给水水源时，宜优先选择地下水。在以地下水为水源时，饮用水常规处理的主要对象是去除水中可能存在的病原微生物。对于不含有特殊有害物质（如过量铁、锰等）的地下水，只需要进行消毒处理就可以达到饮用水质要求，其处理工艺流程见图 7-1。

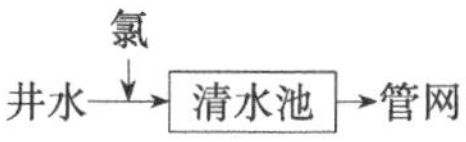

氯
井水 → 清水池 → 管网

图 7-1 典型的地下水处理工艺

7.1.1 水源为地表水的处理工艺

在以地表水为水源时，饮用水常规处理的主要去除对象是水中的悬浮物质、胶体物质和病原微生物，所采用的技术包括混凝、沉淀、过滤、消毒，被称为第一代饮用水净化工艺。其中混凝、沉淀和过滤的主要作用是去除浑浊物质，称为澄清工艺。

(1) 去除浊度的地表水处理工艺

图 7-2 所示为去除浊度的地表水处理工艺流程。

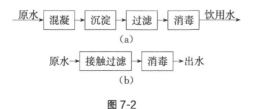

原水 → 混凝 → 沉淀 → 过滤 → 消毒 → 饮用水
(a)

原水 → 接触过滤 → 消毒 → 出水
(b)

图 7-2

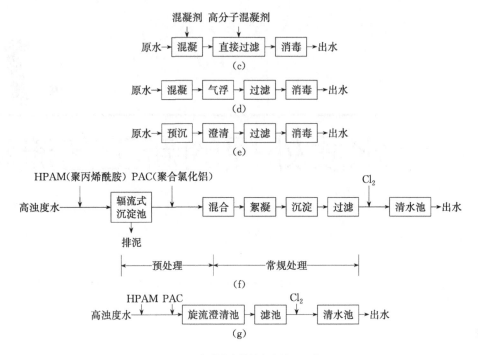

图 7-2　去除浊度的地表水处理工艺

图 7-2（a）工艺适用于进水浊度不大于 2000～3000NTU，短时间内可达 5000～10000NTU 的水质。

图 7-2（b）工艺适用于原水浊度较低（一般≤25NTU），未受污废水污染，水质变化不大且无藻类繁殖的情况，可省略混凝沉淀构筑物，只采用絮凝药剂接触过滤。

为提高过滤效果，可投加高分子助凝剂，原水采用双层滤料或均匀滤料直接过滤，其工艺流程见图 7-2（c）。

图 7-2（d）工艺适用于原水经常浊度较低，短时间内不超过 100NTU 的情况。

当原水浊度高、含砂量大时，为了达到预期的混凝沉淀（或澄清）效果，减少混凝剂用量，可增设预沉池或沉砂池，工艺流程见图 7-2（e）和（f）。

对于中、小水厂，高浊度水处理可采用澄清池，将预处理和常规沉淀集合于一个净水构筑物，简化了处理流程，降低了建设费用，工艺流程见图 7-2（g）。

(2) 去除藻类的地表水处理工艺

当水中氮、磷含量较高时，在富营养条件下水中藻类易于大量繁殖，目前常用的除藻处理工艺主要包括混凝除藻、气浮除藻、直接过滤除藻等。此外，氧化法除藻（如二氧化氯除藻、臭氧氧化除藻、紫外线除藻、折点加氯除藻等）适用于藻类浓度不大的原水处理，或配合混凝气浮处理。

图 7-3 所示为去除藻类的地表水处理工艺流程。

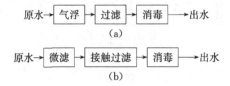

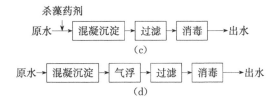

图 7-3 去除藻类的地表水处理工艺流程

湖泊和水库水，通常是浊度较低（一般≤100NTU）而含藻类物质较高，可采用如图 7-3 （a）和（b）所示的除藻工艺流程。

图 7-3（c）工艺适用于原水中含藻类不十分严重的情况。

图 7-3（d）工艺适用于原水中浊度较高，且含藻类量较大的情况。

图 7-4 为国内外所采用的去除藻类的给水处理工艺流程。

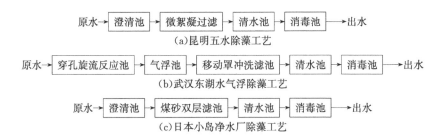

图 7-4　国内外采用的去除藻类的给水处理工艺流程

7.1.2　特种水质水源的处理工艺

特种水质水源，是指水中含有过量的某种杂质的水源，一般指含过量的铁、锰、氟、藻类等物质的水源。对于特殊水源水的处理，应在常规水处理工艺的基础上，根据水质的实际情况，确定合适的工艺，如采取除铁、除锰或除氟措施。

(1) 除铁工艺

铁在水中的存在形态主要有 Fe^{2+} 和 Fe^{3+} 两种。Fe^{3+} 在 pH>5.0 的水中溶解度极小，况且地层又有过滤作用，所以中性含铁地下水主要含 Fe^{2+}，并且一般为重碳酸亚铁 $Fe(HCO_3)_2$。

① 去除地下水中铁质的方法常用氧化法，即将水中的 Fe^{2+} 氧化成 Fe^{3+}，从水中析出，再用固液分离的方法去除。地下水除铁的氧化剂有氧气（O_2）、氯气（Cl_2）和高锰酸钾（$KMnO_4$）等。

Ⅰ. 利用空气中的 O_2 为氧化剂的除铁方法，称为曝气自然氧化法除铁，其工艺流程如图 7-5 所示。

图 7-5　曝气自然氧化除铁工艺流程

Ⅱ. 用天然锰砂作滤料除铁时，对水中 Fe^{2+} 的氧化反应有很强的接触催化作用，能大大加快 Fe^{2+} 的氧化反应速率。曝气接触氧化除铁工艺流程见图 7-6。

Ⅲ. 利用 Cl₂ 为氧化剂的除铁工艺流程如图 7-7 所示。该工艺适用于各种含量地下水除铁。

图 7-6　曝气接触氧化除铁工艺流程　　　　　图 7-7　Cl₂ 氧化除铁工艺流程

② 如图 7-8 所示为臭氧（O_3）除铁的 Crissey 设备，包括：a. 一个位于臭氧罐之上的分级曝气系统，最初的氧化由臭氧罐释放出的残余 O_3 来完成；b. 用于氧化铁的臭氧罐；c. 用于提高絮凝质量的藻朊酸盐注射系统；d. 过滤系统由两层介质的过滤器组成。

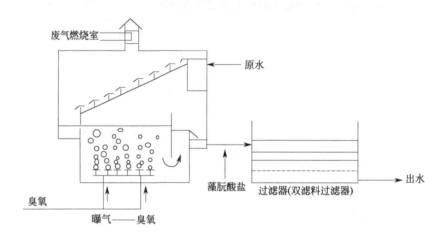

图 7-8　法国的 Crissey 设备（流量 300m³/d）

③ 在自然曝气地下水除铁生产滤池中，能够检测出多种铁细菌。铁细菌具有特殊的酶，能加速水中溶解氧对 Fe^{2+} 的氧化，其工艺流程如图 7-9 所示。

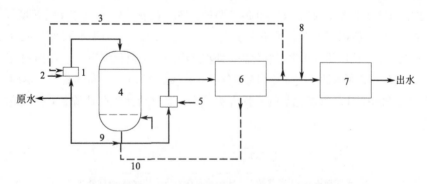

图 7-9　法国中部 Villermain 电厂加压生物除铁工艺（流量 35m³/h）
1—曝气系统；2—空气注射器；3—循环水；4—Ferazur 反应器；5—附加曝气系统；
6—未加氯的清洗水箱；7—水箱；8—加氯装置；9—原水；10—成品水

(2) 除锰工艺

天然地下水中溶解状态的锰主要是二价锰（Mn^{2+}），并且在中性天然地下水中主要为重碳酸亚锰 $Mn(CO_3)_2$。地下水除锰以氧化法为主，即将水中的 Mn^{2+} 氧化成 Mn^{4+}，从水中析出，再用固液分离的方法去除。地下水除锰的氧化剂有氧气（O_2）、氯气（Cl_2）和高锰酸钾（$KMnO_4$）等。

① 采用氧化剂（Cl_2 或 $KMnO_4$）除锰的给水处理工艺流程见图7-10。

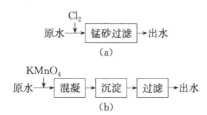

图7-10　采用 Cl_2 或 $KMnO_4$ 除锰工艺流程

② 用臭氧（O_3）来氧化 Mn^{2+} 是一个快速的过程，反应如式(7-1)所示。

$$Mn^{2+} + O_3 + H_2O \longrightarrow MnO_2 + O_2 + 2H^+ \tag{7-1}$$

法国的 Jonchay 设备就依据这一原理设计，其流程见图7-11。

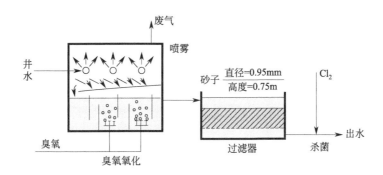

图7-11　法国 Jonchay 设备的除锰工艺（流量 600m³/h）

③ 图7-12为含有大量有机物的有色软化地表水的除锰工艺流程。

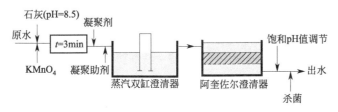

图7-12　含有大量有机物的有色软化地表水的除锰工艺流程

④ 锰可以被好氧细菌氧化。图7-13为法国南部 Sorgues 电厂除锰工艺流程，生物除锰细菌的生长要比除铁细菌慢，因此设备的启动时间较长，要花3个月的时间。

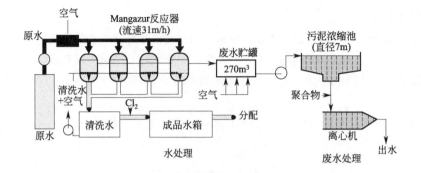

图 7-13　法国南部 Sorgues 电厂除锰工艺流程（流量 1200m³/h）

(3) 除铁除锰工艺

铁和锰的化学性质相似，在地下水中常常同时含有铁和锰。

① 铁的氧化还原电位比锰低，Fe^{2+} 能阻碍 Mn^{2+} 的氧化，所以在地下水中铁和锰共存时，应先除铁后除锰。图 7-14 为一种先除铁后除锰的两级曝气两级过滤工艺流程。

图 7-14　两级曝气两级过滤除铁除锰工艺流程

② 采用氧化剂（Cl_2 或 $KMnO_4$）除铁除锰的工艺流程如图 7-15 所示。

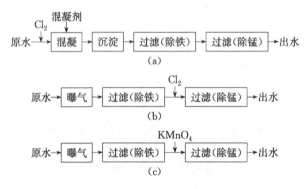

图 7-15　采用 Cl_2 或 $KMnO_4$ 除铁除锰工艺流程

③ 在土壤中存在大量能够氧化 Fe^{2+} 和 Mn^{2+} 的微生物。其中铁细菌不仅可以氧化 Fe^{2+}，还可以氧化 Mn^{2+}。滤池除铁除锰的效率随着滤层中铁细菌的增多而提高。生物法除铁除锰工艺如图 7-16 所示。

图 7-16　生物法除铁除锰工艺

④ 当地下水中含铁量大于 10mg/L、含锰量大于 1mg/L 时，采用图 7-17 所示的工艺进行同时除铁除锰。

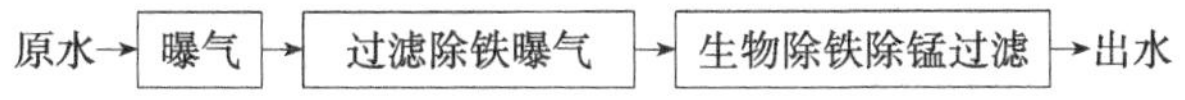

原水 → 曝气 → 过滤除铁曝气 → 生物除铁除锰过滤 → 出水

图 7-17　铁锰含量较高的地下水除铁除锰工艺

⑤ 石灰软化法会引起 pH 值升高，但有益于铁、锰的去除。在 pH 值为 8.0 左右时，部分碳酸盐（CO_3^{2-}）去除，可以使铁全部去除。在某些情况下，当有碳酸盐去除装置（如 Gyrazur 装置）的催化时，在同样的 pH 值下，除锰也可以达到满意的效果，而理论上锰和碳酸盐的联合去除 pH 值为 9.5～10。这一理论应用在德国的 Ratingen 处理设备上，工艺流程见图 7-18，该工艺可起到去除部分碳酸盐、铁、锰和硝化的作用。

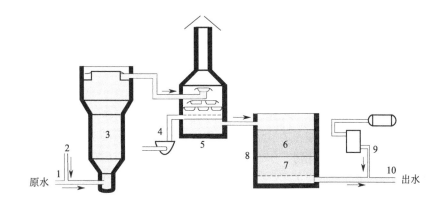

图 7-18　德国 Ratingen 设备除铁除锰工艺流程（流量 1000m³/h）

1—原水入口；2—Ca（OH）₂；3—脱碳器；4—风扇；5—曝气池；
6—无烟煤；7—砂子；8—过滤器（双介质）；9—Cl₂；10—出水

⑥ 除铁和除锰细菌生长的氧化还原电位不同。当铁、锰同时存在于水中时，通常需要两个过滤阶段，如图 7-19 所示。生物除铁在低压下进行，生物除锰在重力作用下发生。投加的高锰酸盐可用来启动设备，并且刺激结晶。

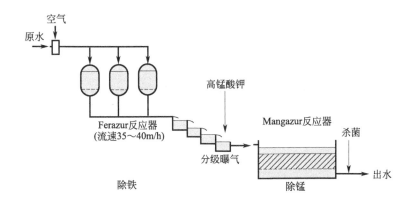

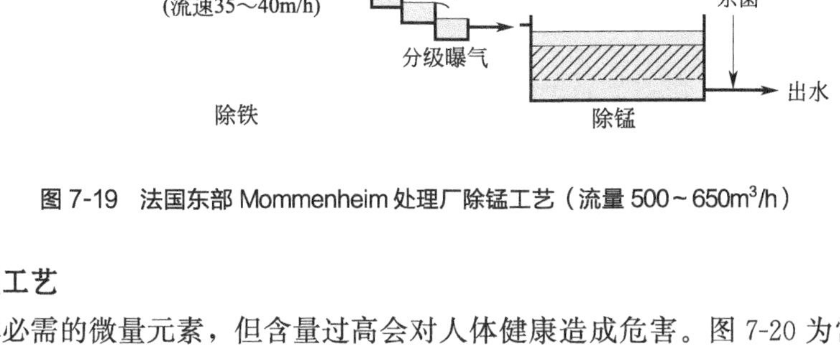

图 7-19　法国东部 Mommenheim 处理厂除锰工艺（流量 500～650m³/h）

（4）除氟工艺

氟是人体必需的微量元素，但含量过高会对人体健康造成危害。图 7-20 为常见的地下水除氟工艺流程。

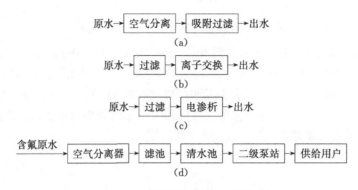

图 7-20 常见的地下水除氟工艺流程

7.1.3 微污染水源水的处理工艺

微污染水质水源，是指水源水的物理、化学和生物学等指标，劣于《生活饮用水水源水质标准》或《地表水环境质量标准》中作为饮用水水质要求的水源。微污染水源水的单项指标，如浊度、色度、嗅味、硫化物、氮氧化物、有毒有害物质、病原微生物等均有超标现象，同时多数情况下是以有机物微量污染为主。当水源受到有机污染时，需要增加预处理或深度处理单元。

7.1.3.1 微污染水预处理工艺

微污染水预处理方法包括物理吸附法、化学氧化法和生物氧化法等。

(1) 物理吸附预处理

目前用于水源水预处理的吸附剂有活性炭（AC）、硅藻土、二氧化硅（SiO_2）、活性氧化铝（Al_2O_3）、沸石。其中使用最多的是活性炭，用于吸附降解小分子有机物及其他有害有毒物质。活性炭预处理微污染水的工艺见图 7-21。

原水 → 粉末活性炭 → 絮凝沉淀 → 砂滤 → 消毒 → 出水

图 7-21 微污染水的物理吸附预处理工艺

(2) 化学氧化预处理

化学氧化预处理方法包括：预臭氧氧化（O_3）、预氯化（Cl_2）、预高锰酸钾氧化（$KMnO_4$）和预紫外线氧化（UV）等。臭氧可以氧化分解水中的嗅、味、色度物质、有机物及还原态铁锰。微污染水的化学氧化预处理工艺流程见图 7-22。

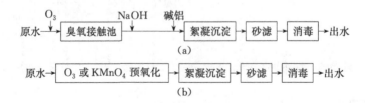

图 7-22 微污染水的化学氧化预处理工艺流程

(3) 生物氧化预处理

生物氧化预处理常用方法有曝气生物滤池（BAF）、生物接触氧化池（BCO）、生物活性炭（BAC）和膜生物反应器（MBR）等。这些处理技术可有效去除有机碳及消毒副产物的前体物，并可大幅度降低氨氮（NH_3-N），对铁、锰、酚、浊度、色、嗅、味均有较好的去除效果，费用较低，可完全代替预氯化。常用的生物预处理微污染水工艺见图7-23。

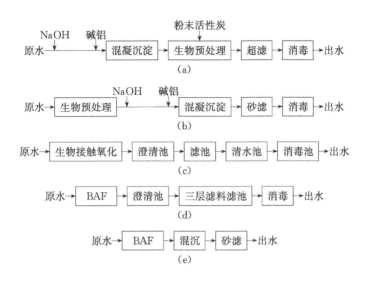

图7-23 微污染水的生物氧化预处理工艺

7.1.3.2 微污染水深度处理工艺

(1) 第二代饮用水净化工艺

将臭氧-活性炭置于第一代工艺之后，形成了第二代饮用水净化工艺。目前，微污染水源深度处理技术有活性炭（AC）吸附、臭氧（O_3）氧化、生物活性炭（BAC）吸附、生物接触氧化（BCO）、膜分离技术、膜生物反应器（MBR）等。典型微污染、水深度处理工艺流程见图7-24。

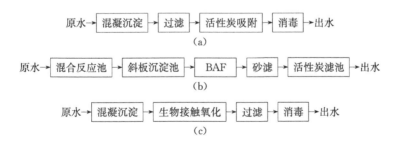

图7-24 典型微污染水深度处理工艺

臭氧（O_3）和活性炭（AC）联用处理工艺中，O_3氧化分解水中嗅、味、色度物质、有机物及还原态铁锰，AC用于吸附降解O_3氧化后的小分子有机物及其他有毒有害物质，提高了污染物的可生物降解性，强化AC吸附、氧化有机物的能力，加强对饮用水中嗅味、三卤甲烷等物质的去除。工艺流程见图7-25。

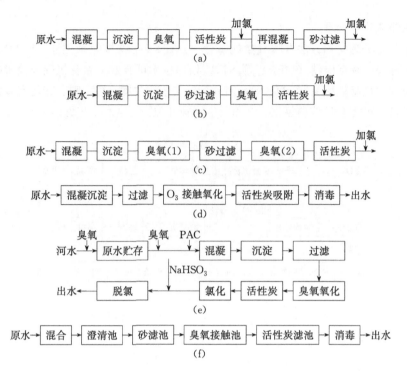

图 7-25 臭氧+ 活性炭（O₃+ AC）深度处理工艺

国内部分给水厂微污染水的深度处理工艺流程见图 7-26。

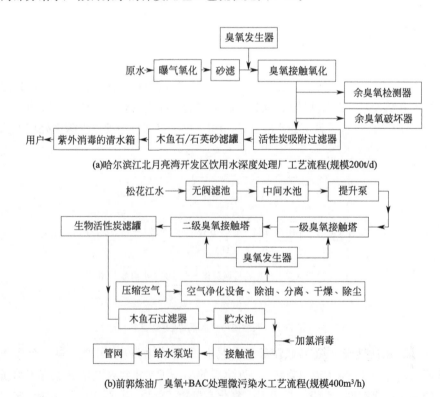

(a)哈尔滨江北月亮湾开发区饮用水深度处理厂工艺流程(规模200t/d)

(b)前郭炼油厂臭氧+BAC处理微污染水工艺流程(规模400m³/h)

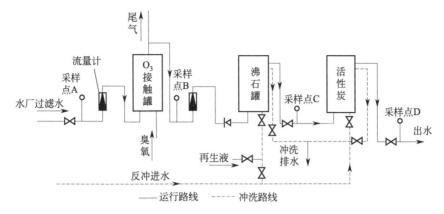

(c)常州自来水公司第二水厂处理工艺流程(规模$8\times10^4m^3/d$)

图 7-26　国内部分给水厂微污染水的深度处理工艺流程

图 7-26（c）中采用"臭氧＋沸石＋颗粒活性炭（GAC）"工艺，其中沸石的功能主要是交换吸附水中的 NH_3-N。

(2) 第三代饮用水净化工艺

将膜分离技术（如微滤、超滤、纳滤及反渗透）用于饮用水净化处理，形成了第三代饮用水净化工艺，工艺流程见图 7-27。

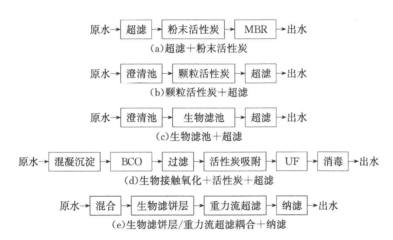

图 7-27　采用膜分离技术深度处理饮用水工艺

图 7-27（a）和（b）的工艺可去除高浓度氨氮并实现低温（$\leqslant2℃$）条件下水中氨氮和有机物的有效去除。图 7-27（c）和（d）的工艺用于处理有机物和氨氮污染的原水。图 7-27（e）的工艺可处理高硬度水及水中新型污染物。

7.1.3.3　微污染水源综合处理工艺

图 7-28 为典型的微污染水源水处理工艺流程。

图 7-29 为近几年发展起来的增加预处理和深度处理的微污染水源水处理工艺流程。

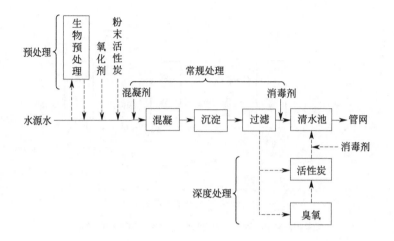

图 7-28 典型的微污染水源水处理工艺流程

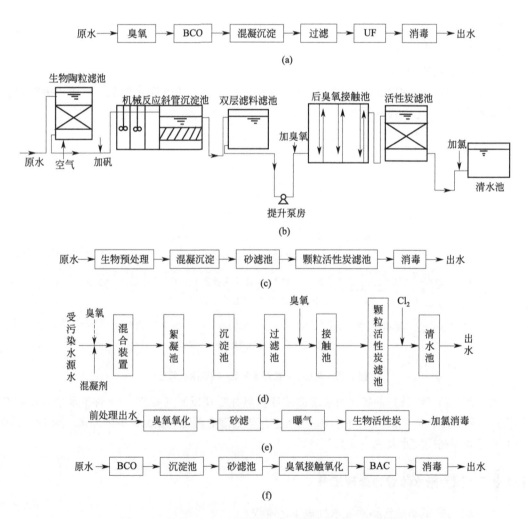

图 7-29 增加预处理和深度处理的微污染水源水处理工艺流程

图 7-29（a）～（d）的工艺采用"生物预处理＋深度处理"技术处理微污染水，其中生物预处理具有对大分子有机物的分解作用，可以提高水中有机污染物质的去除效果。

图 7-29（e）和（f）的工艺在深度处理部分采用了生物活性炭（BAC），比单独采用活性炭吸附的优点在于：完成生物硝化作用，将 NH_4^+-N 转化为 NO_3^-，从而减少了后氯化的投氯量，降低了三卤甲烷的生成量；可以提高水中溶解性有机物的去除效率，保证出水水质；延长了活性炭的再生周期，减少了运行费用。

7.1.3.4 国内外给水处理工艺的工程实例

(1) 国内部分净水厂工艺流程

图 7-30 至图 7-40 为国内部分净水厂的处理工艺流程。

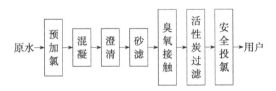

图 7-30 北京田村山水厂工艺流程

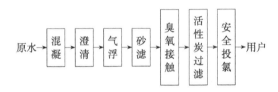

图 7-31 兰州铁路水厂工艺流程

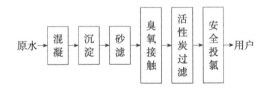

图 7-32 哈尔滨某水厂工艺流程

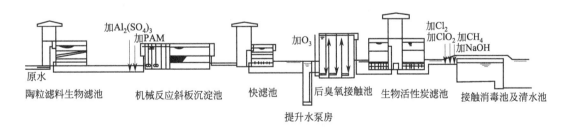

图 7-33 周家渡水厂深度处理工艺流程（规模 $2 \times 10^4 m^3/d$）

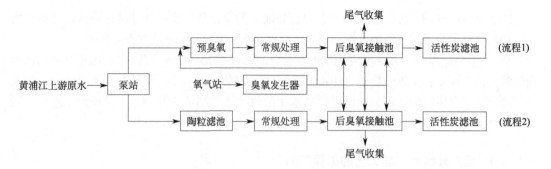

图 7-34 上海某水厂处理工艺流程

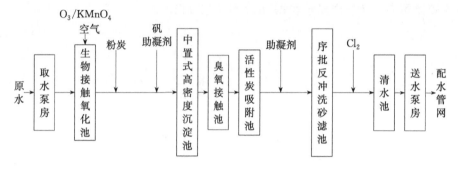

图 7-35 嘉兴贯径港水厂工艺流程（规模 15×10⁴m³/d）

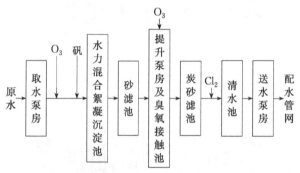

图 7-36 杭州南星水厂一期工艺流程（规模 10×10⁴m³/d）

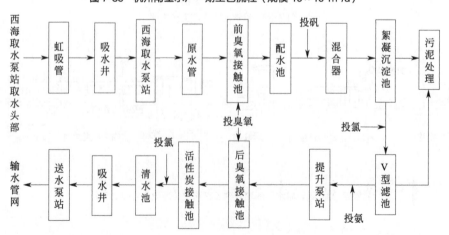

图 7-37 广州南州水厂工艺流程（规模 100×10⁴m³/d）

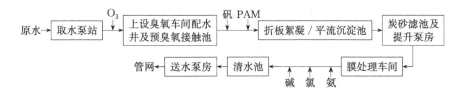

图 7-38　杭州清泰水厂工艺流程（规模 30×10⁴m³/d）

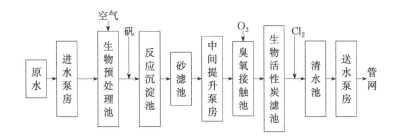

图 7-39　桐乡市果园桥水厂工艺流程

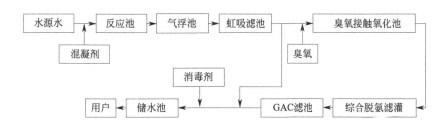

图 7-40　阜阳铁路水厂工艺流程

桐乡市果园桥水厂采用生物接触氧化预处理和 O₃＋BAC 深度处理工艺（图 7-39），水厂主要水质运行指标见表 7-1。

▫ 表 7-1　桐乡市果园桥水厂预处理和深度处理工艺去除率及进出水水质

项目	原水水质(平均值)	生物预处理去除率/%	常规处理去除率/%	深度处理去除率/%	出厂水质(平均值)	项目	原水水质(平均值)	生物预处理去除率/%	常规处理去除率/%	深度处理去除率/%	出厂水质(平均值)
浊度/NTU	144.4	27	99	22	0.08	亚硝酸盐/(mg/L)	0.368	23	60	82	0.02
色度/度	24	20	70	30	<5	铁/(mg/L)	1.95	22	96		<0.05
COD$_{Mn}$/(mg/L)	6.5	10	44	40	1.96	锰/(mg/L)	0.28	56	75	7	0.029
氨氮/(mg/L)	1.71	91	10	79	0.029	UV$_{254}$	0.51	18	73	63	0.040

阜阳铁路水厂采用气浮法除藻，以及臭氧氧化、活性炭联用的深度处理工艺（图 7-40），工艺中气浮池的弹性生物填料和综合脱氨滤罐的活化沸石滤料颗粒上都生长着大量的微生物，在它们的新陈代谢作用下，水中部分有机物被分解去除。水厂进出水水质见表 7-2。

指标	水源水	臭氧接触 氧化池出水	GAC滤池 出水	指标	水源水	臭氧接触 氧化池出水	GAC滤池 出水
色度/倍	25	2	0	亚硝酸盐氮/(mg/L)	0.117	0.375	0.042
嗅和味	较明显	无	无	硝酸盐氮/(mg/L)	4.78	5.01	0.201
肉眼可见物	浮游微生物	无	无	Ca^{2+}/(mg/L)	68.8	63.2	28.3
氨氮/(mg/L)	2.25	1.37	0.08	Mg^{2+}/(mg/L)	37.8	36.5	29.9

(2) 国外部分净水厂工艺流程

图 7-41～图 7-46 为国外部分净水厂的处理工艺流程。

图 7-41　德国缪尔霍姆水厂工艺流程　　　　图 7-42　法国乔斯莱诺水厂工艺流程

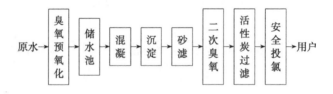

图 7-43　法国麦瑞休奥斯水厂工艺流程

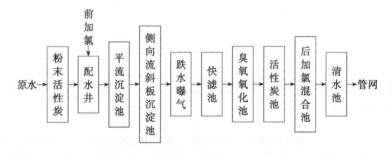

图 7-44　日本千叶县柏井净水厂工艺流程

图 7-45　德国慕尼黑市 Dohne 水厂工艺流程

图 7-46　法国 Choisy-Le-Rei 水厂工艺流程

图 7-41~图 7-44 的工艺中都采用了"臭氧+活性炭"技术，主要特点是通过 O_3 氧化降解、氧化絮凝和助凝等反应有效地去除多种有机物，充分利用 AC 的吸附容量，促进砂滤；同时，活性炭床在 O_3 和砂滤的辅助下，可显著提高对有机物的吸附容量。图 7-45 和图 7-46 的工艺中采用"臭氧+生物活性炭"技术，BAC 的生物氧化再生又大幅度地延长了活性炭使用寿命，降低了处理费用。

7.2 饮用纯净水处理工艺

7.2.1 纯净水水源与处理目标

饮用纯净水的生产大都使用地下水或地表水制成的自来水，原水水质一般满足我国《生活饮用水卫生标准》（GB 5749—2006），虽然如此，由于城市管网、供水系统、二次供水等原因，无论是地下水还是自来水，仍然都不同程度地含有多种物质，即悬浮物质（细菌、藻类及原生物、泥沙、黏土及其他不溶物质）、胶体物质（硅酸及铁、铝的某些化合物，腐殖胶体）、溶解性固体、微量有机物以及消毒剩余的氯气等。饮用纯净水的生产就是对自来水（或地下水）进行深度处理，进一步去除水中的各类杂质，提高感观性状，保证毒理学、细菌学指标，特别是去除水中溶解性固体（无机盐），以提高纯净水的口感，制备出可以直接饮用的优质水。

7.2.2 纯净水处理工艺

由于纯净水的生产关键是除盐，可采用的方法有蒸馏、反渗透（RO）、电渗析（ED）、离子交换（IX）。

① 我国第一条饮用纯净水生产线于 1991 年在深圳建成投产，反渗透膜采用国产 HRC-220 型 8" 中空纤维 CTA 组件，微滤（MF）采用国产 JJ 型折叠式滤芯，其制水能力为 5m³/h。多年来运行正常，水质符合国家饮用纯净水标准，从而拉开了我国纯净水市场的帷幕。图 7-47 是我国第一条纯净水生产线工艺流程。该工艺的特点是既采用了反渗透、微孔过滤、臭氧等新技术，又保留了离子交换的传统除盐方法，出水水质稳定有保证，但操作较复杂，离子交换树脂再生有酸碱废液排放，污染环境。

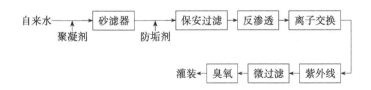

图 7-47 我国第一条纯净水生产线（RO-IX-MF）工艺流程

② 饮用纯净水的生产工艺还有电渗析-离子交换-超滤联合工艺，如图 7-48 所示，该工艺的特点是运行低压化；电渗析-反渗透联合制纯净水工艺如图 7-49 所示，该工艺对污染程度较高的地表水适应性较强。

图 7-48 电渗析-离子交换-超滤（ED-IX-UF）制纯净水工艺

图 7-49 电渗析-反渗透（ED-RO）制纯净水工艺

在制取纯水的过程中，通常采用反渗透-离子交换-超滤组成的处理系统，工艺流程如图 7-50 所示。

图 7-50 反渗透-离子交换-超滤（RO-IX-UF）系统工艺流程

③ 以我国多数城市自来水为设计依据，研究开发的二级反渗透制取纯净水工艺如图 7-51 所示。该工艺技术已在许多著名的纯净水制造企业中应用，系统可长期稳定 24h 连续运行，制造的纯净水透明度高，口感佳，微生物指标控制安全稳定。

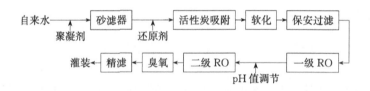

图 7-51 二级反渗透（RO-RO）制纯净水工艺

④ 纳滤是介于反渗透和超滤之间的一种新型分子级膜分离技术，对高价离子具有与反渗透接近的去除效果，为此在新的纯净水处理工艺中可以利用纳滤代替一级反渗透，即组成纳滤-反渗透纯净水系统（图 7-52），在某种程度上优于二级反渗透系统，如运行压力略低、对原水的适应性较强。

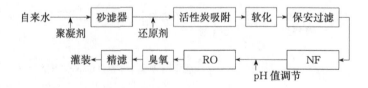

图 7-52 纳滤-反渗透（NF-RO）制纯净水工艺

⑤ 纯净水生产线的组成和一般流程。纯净水生产线由水处理系统和灌装系统组成，其中水处理系统可分为预处理（多介质过滤、活性炭吸附、预软化）、中段处理（保安过滤、高压泵、一级或二级反渗透）和终端处理（臭氧消毒、终端过滤）三大部分。

瓶装饮用纯净水生产的流程如图 7-53 所示。

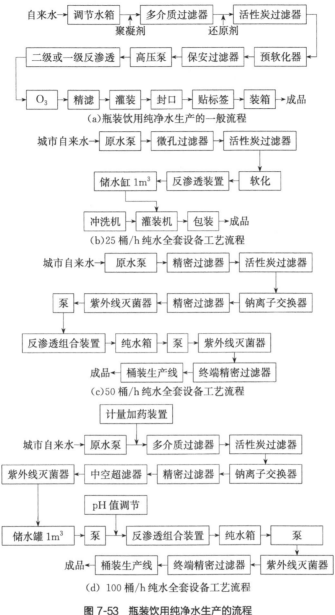

图 7-53　瓶装饮用纯净水生产的流程

7.3　水的除盐工艺系统

7.3.1　水的除盐工艺概述

水中全部阳离子和阴离子等溶解性离子含量的总和称为含盐量。降低或消除水中所含各种盐类、游离酸和碱的水处理方法是去离子法，一般统称为除盐（脱盐）。除盐处理的目的是满足中高压锅炉、医药工业、电子工业等的用水要求（除盐水、纯水、高纯水等），满足饮用纯水的要求（饮用纯净水）等；某些只要求部分去除水中溶解性离子、降低含盐量的除盐处理又称为淡化，如海水淡化、苦咸水淡化等。水的除盐系统流程见图7-54。

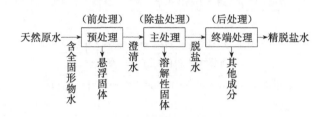

图7-54　水的除盐系统流程

7.3.2　水的除盐工艺类型

除盐的方法有热力法除盐、化学法除盐、电-膜法除盐、压力-膜法除盐、电吸附法除盐、反渗透法除盐等。

7.3.2.1　热力法除盐工艺

热力法除盐的基本原理是将原料水进行相变，进而获取淡水，主要用于少量蒸馏水的生产和制糖工业的料液浓缩。热力法除盐主要类型有蒸馏法和冷冻法。

（1）蒸馏法

缺水问题已成为制约我国经济增长与持续发展的重要因素。在其他淡水资源受到越来越多条件限制的情况下，开发利用海水、苦咸水及其他高含盐水资源，成为解决淡水资源紧缺的有效途径。蒸馏法是世界上应用最多的海水淡化技术，包括多效蒸馏法（MED）、多级闪蒸法（MSF）、压汽蒸馏法（VC）、太阳能蒸馏等。

① 图7-55所示为多效蒸馏法除盐处理工艺，是将加热后的原料水在多个串联的蒸馏器中蒸馏，前一个蒸馏器蒸馏出来的蒸汽作为下一级蒸馏器的热源，并冷凝为淡水。多效蒸馏法在技术和经济上具有很大优势，正在成为海水淡化的主流技术。

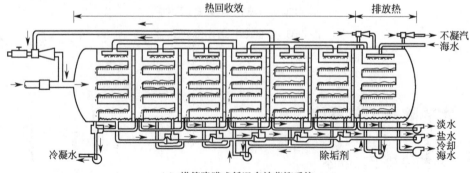

（a）横管降膜式低温多效蒸馏系统

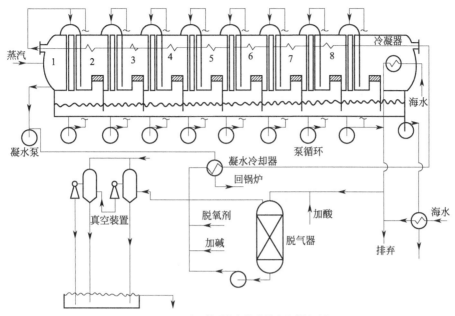

(b) 水平排列的竖管降膜多效蒸馏系统

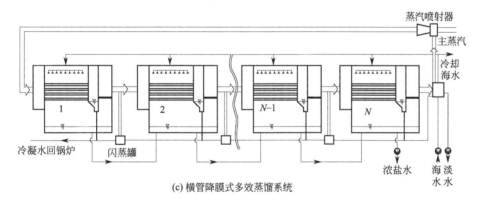

(c) 横管降膜式多效蒸馏系统

图 7-55　多效蒸馏法除盐处理工艺

② 闪蒸处理过程是原料水的减压气化过程，在降低能耗及防结垢问题方面有独到的优越性，在大型海水淡化装置上应用较多。图 7-56 是多级闪蒸装置工艺系统。

③ 压汽蒸馏法是根据任何气体被压缩时温度升高这一特点，将蒸发器中海水蒸发出来的二次蒸汽通过压缩机的绝热压缩，提高其压力、温度及热熔后再回到加热室，作为加热热源使用，蒸汽的潜热得到反复利用，提高了热功效率，节约了能源，通常适用于小型海水淡化装置。图 7-57 为低温多效压汽蒸馏工艺系统。

④ 太阳能蒸馏法是直接从太阳能中采集热量，使海水加热蒸发的方法。蒸馏器结构简单，运行费用低，维护管理方便且比较适宜在气温高、日照时间长的地区应用。图 7-58 为太阳能蒸馏法的工艺系统。

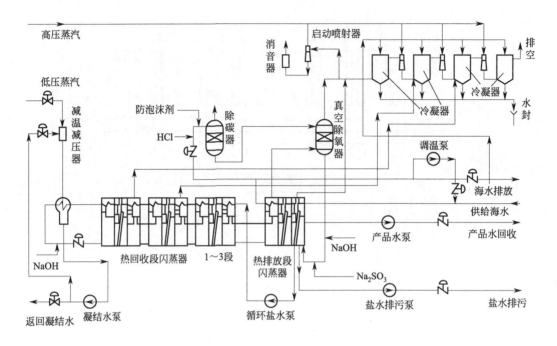

图 7-56　大连电厂多级闪蒸装置工艺系统

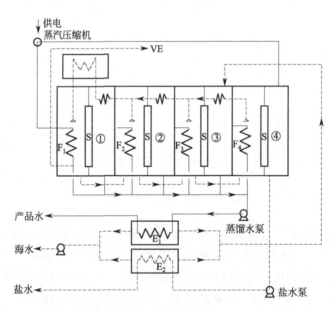

图 7-57　低温多效压汽蒸馏工艺系统（流量 1500m³/d）

VE—蒸发器；F—变频器；S—蒸汽压缩机；E—信号传输器

（2）冷冻法

冷冻法和蒸馏法类似，都是通过相变化取得淡水的脱盐方法。当盐溶液的温度在冰点时，若继续冷冻就会生成不含盐的纯水冰。这时，溶质盐仍留在剩下的被浓缩的盐水溶液中。若从浓盐水中分离出所生成的纯水冰晶，用纯水洗涤晶体周围附着的盐水，然后将冰融化，就可得到所需要的淡水。冷冻法具有能耗低、污染少、腐蚀结垢轻以及适用的原水浓度范围广等特点。图 7-59 为冷冻法除盐工艺。

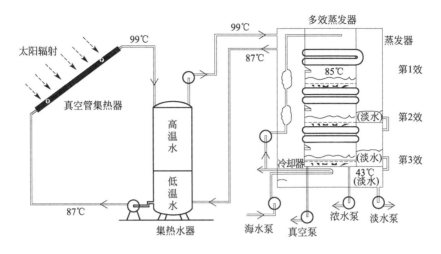

（a）太阳能多效蒸发系统

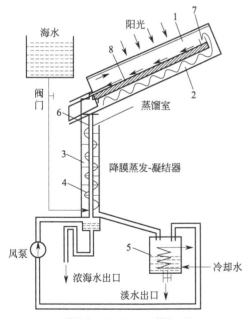

（b）膜蒸发-凝结式太阳能蒸馏系统

1—蒸馏室上部；2—蒸馏室下部；
3—竖管式凝结器；4—紫铜管；
5—气液分离器；6—降膜蒸发器竖管；
7—分配槽；8—蒸发膜

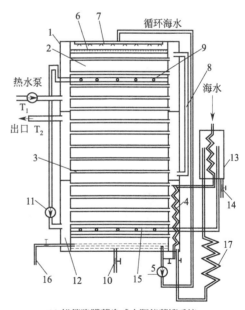

（c）横管降膜蒸发式太阳能蒸馏系统

1—壳体上部；2—蒸发腔；3—分配腔；4—出口腔；
5—循环水泵；6—水平管；7—分配器；8—连通管；
9—分液孔板；10—排空器；11—空气泵；
12—壳体下部；13—气水分离器；14—水阀；
15—孔板；16—水管；17—外冷凝器

图 7-58　太阳能蒸馏法的工艺系统

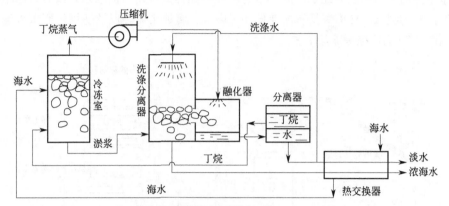

(a) 冷媒直接接触冷冻法除盐工艺

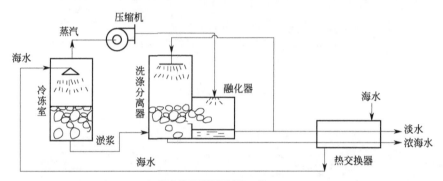

(b) 真空冷冻蒸汽压缩法工艺

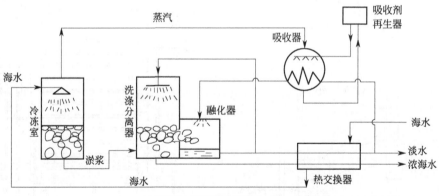

(c) 真空冷冻蒸汽吸收法除盐工艺

图 7-59　冷冻法除盐工艺

7.3.2.2　化学法除盐工艺

化学法除盐就是利用化学置换、萃取、沉淀等原理将水中的溶解性盐类物质去除或降低的过程。离子交换法是目前应用最多、技术最成熟的化学除盐方法，可用于各种规模的水量处理。

离子交换法除盐需要经过阴、阳两种离子交换反应，因此最简单的离子交换除盐系统为一级除盐系统，包括一级强酸阳离子交换器、除 CO_2 器和一级强碱阴离子交换器。一级复床除盐系统构成如图 7-60 所示。一级除盐系统中，阳床位于前，除碳器位于中间，阴床位于后。一级除盐系统要求进水含盐量小于 500mg/L，否则应在前面增加膜法（反渗透或电渗析）进行初步除盐。

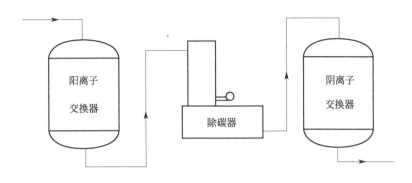

图 7-60　一级复床除盐系统

若每种离子交换器均在两台以上，系统可以是单元制串联系统，或是母管制并联系统。串联系统和并联系统如图 7-61 所示。

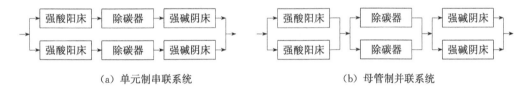

（a）单元制串联系统　　　　　　　　　　（b）母管制并联系统

图 7-61　复床系统组合形式

混合床是将阳离子树脂和阴离子树脂装在一个交换器内。再生前通过反冲洗，依靠阴阳树脂的密度差把树脂分层，分别再生；然后在运行前用压缩空气把两种树脂进行搅拌，形成混合床。水从混合床中流过，相当于通过无数级的复床。

7.3.2.3　电-膜法除盐工艺

水的电-膜法除盐属于膜分离技术，是利用离子交换膜对溶质离子的选择透过特性，以电场力为推动力，在专门的装置中使电解质溶质与溶剂得到分离、提纯和浓缩。电-膜法除盐技术包括电渗析法、电去离子法等。

（1）电渗析法

电渗析（ED）是一种相当成熟的膜分离技术，主要用途是淡化苦咸水、生产饮用水、浓缩海水制盐以及从体系中脱除电解质，适用于小规模的水量处理。电渗析除盐技术是目前所有膜分离过程中唯一涉及化学变化的分离过程，可有效地将生产过程与产品的分离过程融合起来，与传统工艺相比工序简单、应用灵活、能耗低、产率高，无环境污染，材料抗腐蚀性良好，使用寿命长。图 7-62 是电渗析装置（EDR）流程。

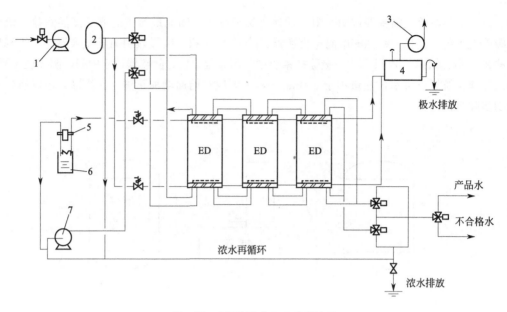

图 7-62 多级连续式 EDR 装置流程

1—给水泵；2—10μm 过滤器；3—排风机；4—极水箱；5—注酸泵；
6—浓 HCl 箱；7—浓水泵

(2) 电去离子法

电去离子法（EDI）主要应用于深度除盐，替代离子交换混床制取高纯水，将电渗析和离子交换有机结合，无需酸碱再生，能连续制取高品质的纯水，既利用了电渗析可以连续除盐和离子交换可以深度除盐的优点，又克服了电渗析浓差极化的负面影响及离子交换树脂需要酸碱再生、不能连续工作的缺陷。图 7-63 是电去离子法除盐系统流程。

图 7-64 为 EDI 典型系统工艺。其工艺特点为：通过二级 RO 技术同时解决 EDI 的负荷指标和结垢污染类指标；通过加碱，将 CO_2 转变为 HCO_3^-，然后通过 RO 去除；通过软化解决 EDI 的进水硬度条件；通过鼓风脱气或者膜脱气将 CO_2 降低到较低的水平。

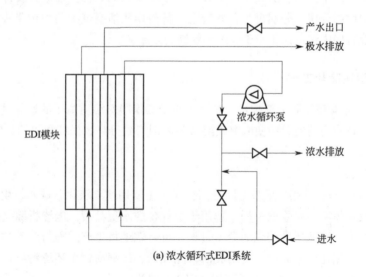

(a) 浓水循环式EDI系统

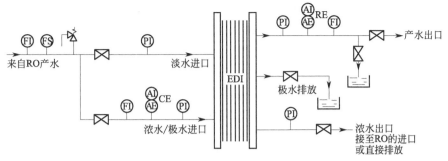

图例符号：(PI)压力表；(FI)流量计；(FS)流量开关；(AI)(AE)CE电导率表；(AI)(AE)RE电阻率仪

(b) 浓水直排式EDI系统

图7-63 电去离子法除盐系统流程

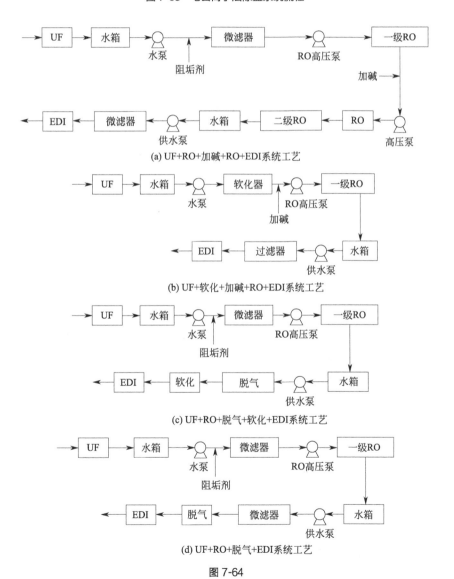

(a) UF+RO+加碱+RO+EDI系统工艺

(b) UF+软化+加碱+RO+EDI系统工艺

(c) UF+RO+脱气+软化+EDI系统工艺

(d) UF+RO+脱气+EDI系统工艺

图7-64

UF
水箱
水泵
阻垢剂
微滤器
高压泵
一级RO
水箱
供水泵
微滤器
EDI

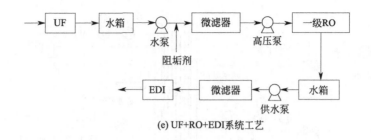

(e) UF+RO+EDI系统工艺

图 7-64　EDI 典型系统工艺

7.3.2.4　压力-膜法除盐工艺

水的压力-膜法除盐属于膜分离除盐技术，是一种以外部压力为推动力，利用空隙致密膜的选择透过性，使水溶液的溶质与溶剂相分离的水质处理方法。水的压力-膜法除盐包括反渗透（RO）膜法和纳滤（NF）膜法两种；前者可深度除盐，后者可局部除盐。

(1) 反渗透除盐

图 7-65 为典型的反渗透除盐工艺流程。

源水
多介质过滤器
活性炭过滤器
软化器
精过滤器
高压泵
RO 膜机组
纯水箱
纯水

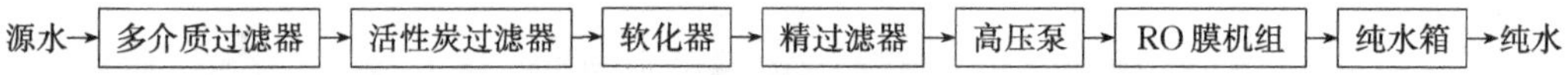

图 7-65　典型的反渗透除盐工艺流程

根据水质和用户的要求，反渗透可采用一级一段、一级多段、多级多段的配置方式组成处理系统。图 7-66 为一级一段连续式系统，这种方式水的回收率不高。为提高水的回收率，将部分浓缩液返回液槽，再次通过膜组件进行分离，这样会使透过的水质有所下降。图 7-67 为一级一段循环式系统。

料液
浓缩液
透过液
料液槽
泵
膜组件

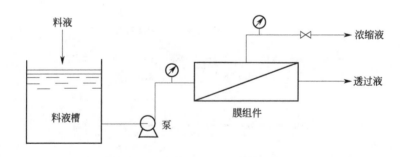

图 7-66　一级一段连续式系统

图 7-68 为一级多段连续式系统，适合大处理量的场合，这种方式最大的优点是水回收率提高，浓缩液的量减少。许多除盐生产中采用一级两段式系统，如图 7-69 所示。

多级多段循环式系统如图 7-70 所示，既提高了水的回收率，又提高了透过水的水质，因而有较高的实用价值，实际工程中应用最多。

图 7-71～图 7-75 为我国部分厂区除盐工艺流程。

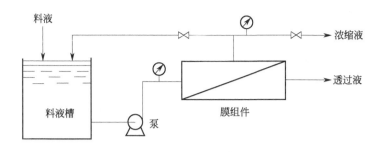

图 7-67　一级一段循环式系统

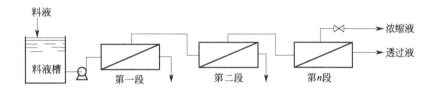

图 7-68　一级多段连续式系统

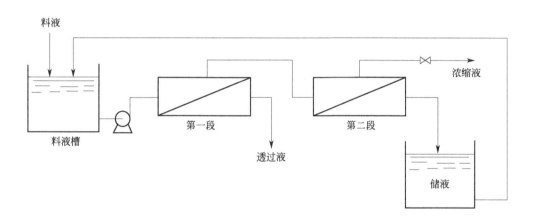

图 7-69　一级两段式循环系统

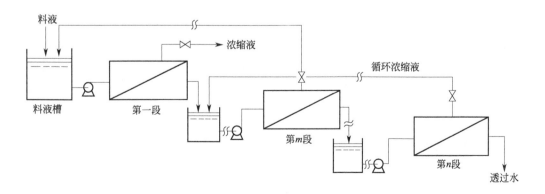

图 7-70　多级多段循环式系统

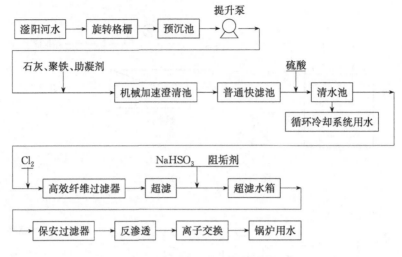

图 7-71　邯郸热电厂反渗透除盐工艺流程

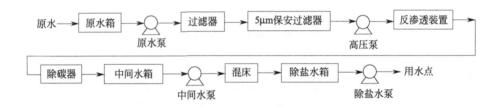

图 7-72　洛阳石化工大化纤工程除盐水站工艺流程

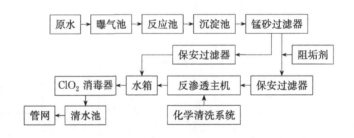

图 7-73　汾西曙光矿井水处理工艺流程

（2）纳滤除盐

纳滤是介于反渗透和超滤之间的一种以压力差为驱动力的膜分离过程。与超滤膜相比，纳滤膜具有截留低分子量物质能力强的特点，对许多中等分子量的溶质如消毒副产物的前驱物、农药等微量有机物、致突变物等杂质能有效去除。图 7-76 和图 7-77 为实际废水纳滤除盐工艺流程图。

7.3.2.5　电吸附法除盐工艺

电吸附（EST）技术，又称电容性除盐技术，其基本原理是基于电化学中的双电层理论，利用带电电极表面的电化学特性来实现水中带电粒子的去除、有机物的分解等目的。图 7-78 为电吸附除盐工艺流程图。电吸附法具有水利用率高、无二次污染、抗结垢和油类污染、使用寿命长、运行成本低等优点，不足之处是其除盐率（一般为 85％）有待进一步提高。

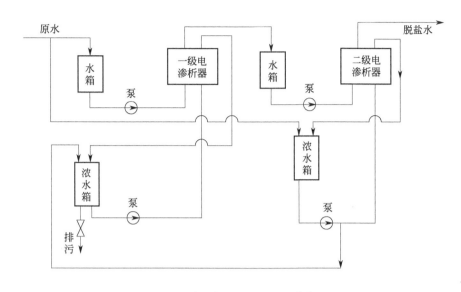

图 7-74　多级串联电渗析除盐工艺流程

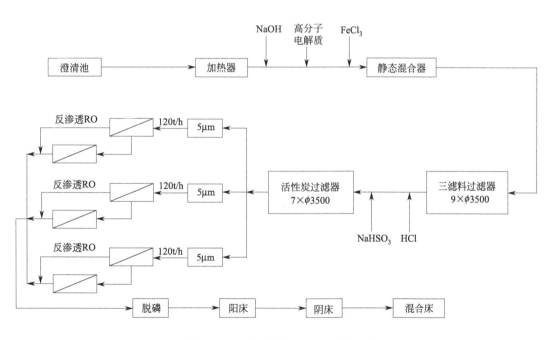

图 7-75　杨树浦电厂（反渗透除盐）水处理工艺流程（3×120t/d）

混凝、气浮 → 一级多介质 → 两级氧化塔 → 生物活性炭 → 二级多介质 → 保安过滤器 → 纳滤回用处理系统

图 7-76　新疆某炼油厂废水深度处理回用工艺流程

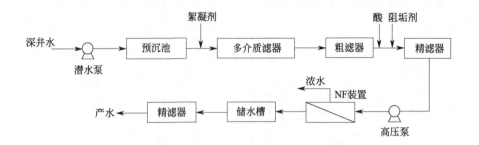

图 7-77 山东长岛南隍城纳滤水厂工艺流程

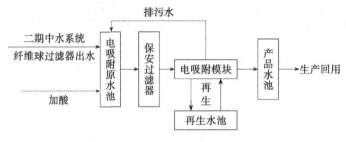

（a）电吸附除盐一般工艺流程

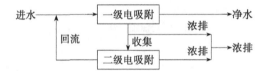

（b）浓水二级电吸附除盐工艺流程

图 7-78 电吸附除盐工艺流程

现在的纯水制备，通常是将反渗透、离子交换及超滤进行组合，图 7-79 即是组合除盐工艺系统。

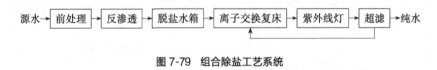

图 7-79 组合除盐工艺系统

7.4 强化污水一级处理工艺

普通的一级处理对有机物的去除率较低（BOD_5 的去除率仅为 20%～30%），难以有效地控制水环境污染。为提高一级处理对污染物质的去除率，需强化一级处理效果。强化一级处理工艺是在普通一级处理的基础上，采取强化处理措施，能较大限度地提高污染物的去除率，削减总污染负荷，降低去除单位污染物的费用。

常见的强化一级处理方法有吸附生物降解法（AB法）的 A 段、水解（酸化）工艺和化学-生物联合混凝沉淀工艺等。

7.4.1 AB法的A段

AB法（adsorption biodegradation）是吸附-生物降解工艺的简称，是在常规活性污泥法和两段活性污泥法基础上发展起来的一种污水处理工艺。其主要特点是不设初沉池，A段和B段的污泥回流系统严格分开，其工艺流程见图7-80。

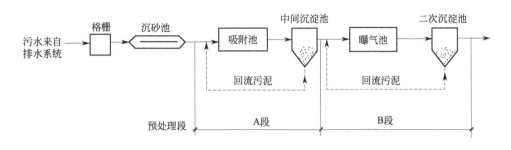

图7-80　AB法工艺流程

AB法处理工艺具有较强的抗冲击负荷能力，对进水的pH值、有毒物质以及水量水质等冲击具有很好的缓冲作用。

AB法工艺中的A段为高负荷［通常污泥负荷为2～6kg/(kg·d)］的生物吸附段，利用活性污泥的吸附、絮凝能力将污水中有机物吸附于活性污泥上，进而将其部分降解，产生大量的生物污泥。A段污泥具有很强的吸附、絮凝能力和良好的分解、沉淀性能，同时可去除50%～60%的有机物，且A段对有机物的去除不是以细菌快速增殖和降解作用为主，而是以细菌的絮凝吸附作用为主。所以，A段属于高负荷活性污泥系统的一级强化处理。B段以低负荷［污泥负荷为0.15～0.30kg/(kg·d)］运行，经A段处理后污水中的有机物继续被氧化甚至硝化，以保证较高的运行稳定性和污水处理效率（BOD去除率可达90%～98%）。

AB法处理工艺见图7-81和图7-82。

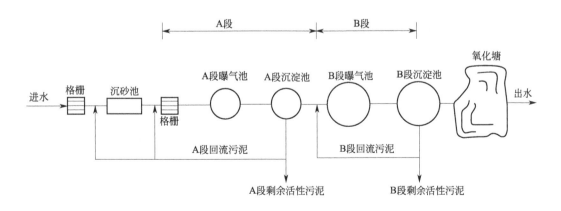

图7-81　德国Neuenkirchen污水处理厂工艺

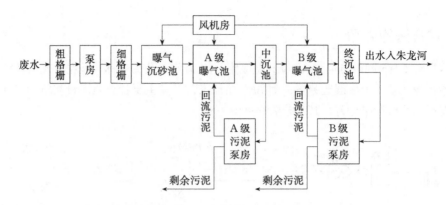

图 7-82 山东淄博污水处理厂工艺（规模 14 × 10⁴m³/d）

7.4.2 水解（酸化）工艺

水解（酸化）工艺是将厌氧发酵阶段过程控制在水解与产酸阶段。水解池多采用改进的升流式厌氧污泥床反应器（UASB），但不设三相分离器，不需要封闭构筑物，不需要搅拌器，降低了造价。

水解工艺对于城市污水，可将原水中的非溶解态有机物截留并逐步转变为溶解态有机物；对于工业废水，主要是将其中难生物降解物质转变为易生物降解物质，提高废水的可生化性，以利于后续的好氧生物处理。

在水解-好氧处理工艺中，水解池作为预处理的生物反应器，可以组成不同的好氧处理工艺，如水解-活性污泥法、水解-接触氧化工艺、水解-氧化沟工艺、水解-SBR 工艺等。图 7-83～图 7-85 为几种典型的水解（酸化）强化一级处理工艺流程。

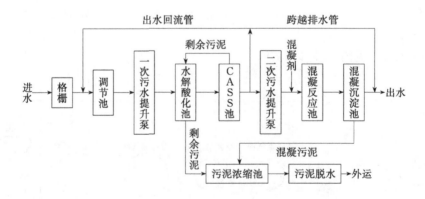

图 7-83 水解酸化 + CASS 工艺流程

图 7-86～图 7-92 是国内一些采用水解（酸化）强化一级处理工艺的工程实例。

7.4.3 化学-生物联合絮凝沉淀工艺

化学絮凝强化一级处理（chemically enhanced primary treatment，CEPT）是向污水中投加絮凝剂以提高沉淀处理效果的一级强化处理技术。化学絮凝强化一级处理典型工艺流程如图 7-93 所示。

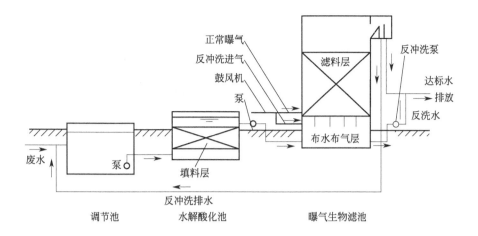

（a）水解酸化＋BAF一般工艺流程

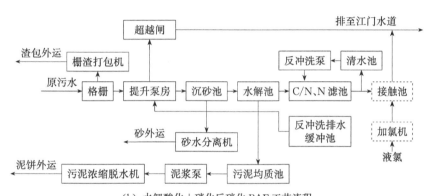

（b）水解酸化＋硝化反硝化 BAF 工艺流程

图 7-84　水解酸化+ BAF 工艺流程

图 7-85　水解酸化+ 气浮+ BAF 工艺流程

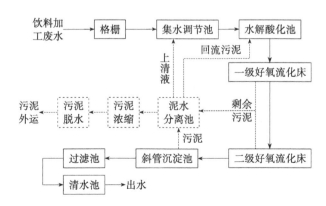

图 7-86　百事可乐（中国）有限公司水解酸化+ 好氧流化床处理工艺

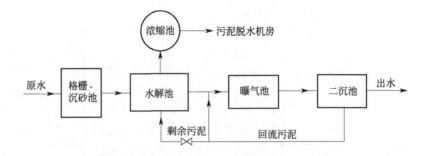

图 7-87　高碑店污水处理厂水解-好氧生物处理工艺（规模 1800m³/d）

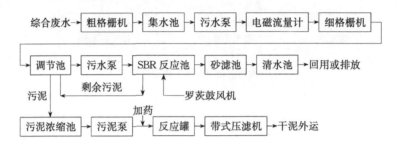

图 7-88　广州某肉联厂综合废水水解酸化+ SBR 处理工艺

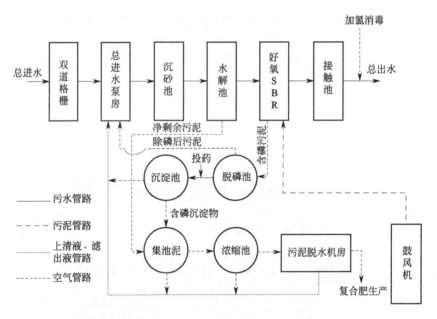

图 7-89　密云污水处理厂二期工程水解酸化+ SBR 工艺

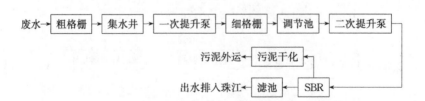

图 7-90　广州磨碟沙屠宰场废水水解酸化+ SBR 处理工艺

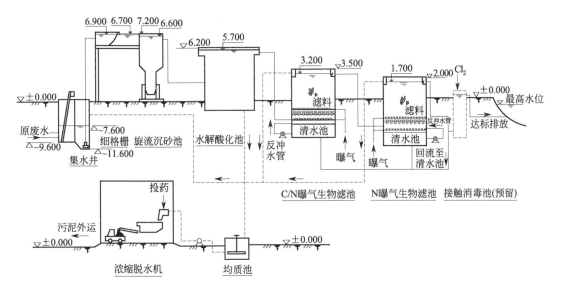

图 7-91 广东省新会市东效污水处理厂水解酸化+ BAF 工艺

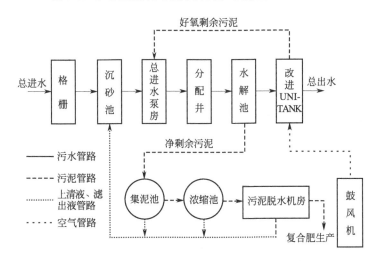

图 7-92 新疆阿克苏市污水处理厂水解+ UNITANK 工艺

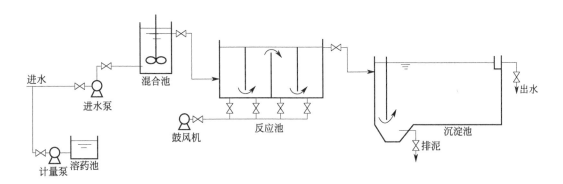

图 7-93 化学絮凝强化一级处理工艺流程

化学-生物联合絮凝沉淀工艺,主要是利用活性污泥的絮凝吸附作用,来提高沉淀池对废水中非溶解性有机污染物的去除效果,可以节省药剂 20%。由于药剂消耗量减少和空气混合絮凝反应过程的生物氧化作用,使污泥量有较明显的降低,从而使污泥固体总量减少 20% 以上。其工艺流程见图 7-94。

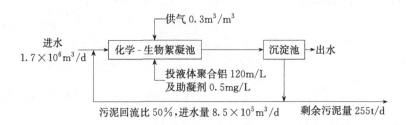

图 7-94 上海市合流污水二期工程强化一级处理工艺

该工艺的主要特点有:a. 可以减少药剂投加量;b. 系统运行方式灵活,可按 3 种方式运行,即化学絮凝沉淀一级强化处理、化学-生物联合絮凝沉淀一级强化处理、生物絮凝沉淀一级强化处理;c. 系统通过污泥回流和保持较高的反应池污泥浓度,提高了化学药剂的有效利用率,同时明显改善悬浮物的沉淀去除效果;d. 在空气混合絮凝反应情况下,增加污泥回流和生物絮凝作用可以明显改善絮凝反应条件。

7.5 污水常规处理新工艺流程

7.5.1 百乐卡工艺

BIOLAK 在处理污水过程中通常不设置初沉池,且多采用延时曝气工艺,该工艺耐冲击负荷能力强,剩余污泥量小,并具有一定的脱氮作用(见图 7-95)。

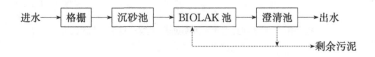

图 7-95 BIOLAK 处理工艺流程

图 7-96~图 7-99 为国内外采用 BIOLAK 工艺处理污水的工程实例。

图 7-99 中的 BIOLAK 工艺在同一构筑物中设置了多个 A/O 段,使污水经过多次缺氧与好氧过程,强化了污泥的活性并兼有脱氮效果,同时在 BIOLAK 反应池前设置除磷池,提高了除磷效果。

7.5.2 复合生物处理工艺

移动床生物膜反应器(MBBR)工艺既具有活性污泥法的高效性和运转灵活性,又具有传统生物膜法耐冲击负荷、泥龄长、剩余污泥少的特点。

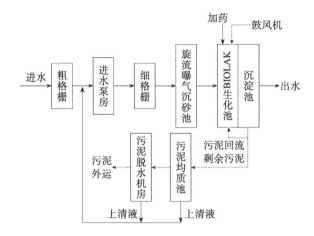

图 7-96 山东诸城市污水处理厂 BIOLAK 工艺（规模 $10 \times 10^4 m^3/d$）

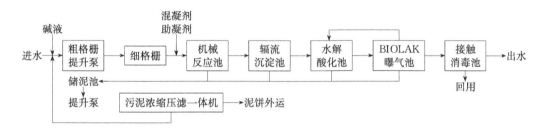

图 7-97 华北地区某城市污水处理厂 BIOLAK 工艺（规模 $1 \times 10^4 m^3/d$）

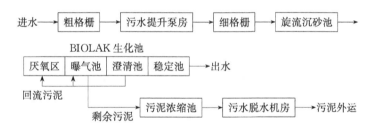

图 7-98 辽宁省某县城污水处理厂 BIOLAK 工艺（规模 $4 \times 10^4 m^3/d$）

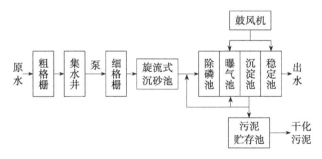

（a）山东省安丘市污水处理厂 BIOLAK 工艺流程（规模 $3 \times 10^4 m^3/d$）

图 7-99

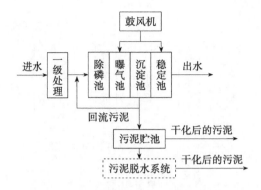

（b）美国 Franklin 污水处理厂 BIOLAK 工艺流程（规模 $1.5 \times 10^4 \mathrm{m}^3/\mathrm{d}$）

图 7-99　多个 A/O 段的 BIOLAK 工艺

图 7-100 所示为 LINPOR-C MBBR 工艺的流程图。该工艺适用于对超负荷运行的城市污水和工业废水活性污泥法处理厂的改造。

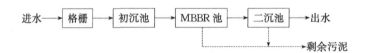

图 7-100　LINPOR-C MBBR 工艺流程

图 7-101 所示为 LINPOR-C/N MBBR 工艺流程图。该工艺具有同时去除废水中有机物和氮的双重功能。

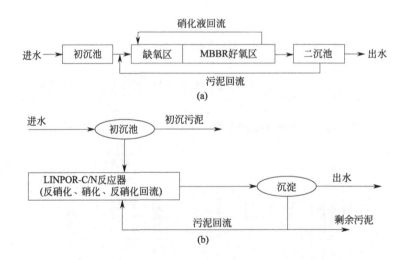

图 7-101　LINPOR-C/N MBBR 工艺流程

图 7-102 所示为 LINPOR-N MBBR 工艺流程图。该工艺常用于经二级处理后工业废水和城市污水的深度处理。

图 7-102 LINPOR-N MBBR 工艺流程

7.5.3 曝气生物滤池工艺

曝气生物滤池（BAF）是接触氧化和过滤相结合的工艺，是集生物降解、固液分离于一体的污水处理设备。该工艺容积负荷高，抗冲击负荷能力强，处理效果好，其工艺流程如图 7-103～图 7-108 所示。

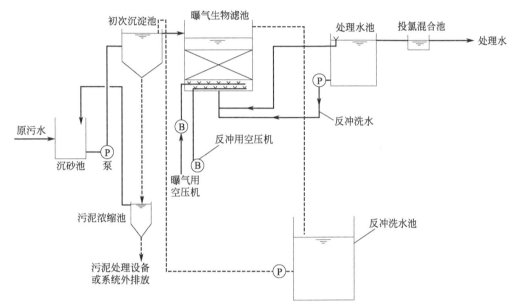

图 7-103 采用 BAF 的污水处理工艺流程

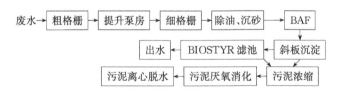

图 7-104 BIOSTYR 深度处理工艺流程

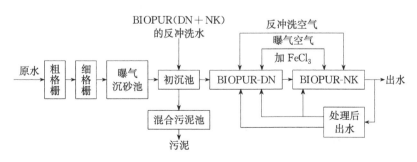

图 7-105 BIOPUR 法处理污水的工艺流程

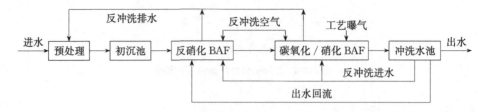

图 7-106 BAF 脱氮工艺流程

图 7-107 为法国巴黎 Acheresh Seire Aval 废水处理厂采用 BAF 进行废水硝化除氨氮的工艺。BAF 进水水质为：BOD_5 25mg/L，COD 75mg/L，TKN（总凯氏氮）25mg/L，SS 26mg/L，NH_3-N 24mg/L，温度 18℃。BAF 工艺处理后的出水水质为：BOD_5 6mg/L，去除率 68%；COD 38mg/L，去除率 51%；SS 8mg/L，去除率 65%；NH_3-N 1.5mg/L，去除率 94%。NH_3-N 最大去除负荷达 2.5kgNH_3-N/(m³·d)，去除率达 90%。

图 7-107 法国巴黎 Acheresh Seire Aval 废水处理厂 BAF 工艺流程

图 7-108 为韩国电子工业废水处理工艺，BAF 的硝化效率达 95%，TN 去除率大于 90%。

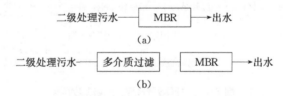

图 7-108 韩国电子工业废水处理工艺流程（规模 16000m³/d）

7.5.4 膜生物反应器工艺

MBR 工艺使用膜分离系统来取代好氧生物处理工艺中的二沉池，提高泥水分离效果和出水水质。随着新型膜组件技术的不断发展，MBR 工艺在水处理系统中也得到了越来越广泛的推广和应用。采用 MBR 技术处理城市污水的工艺流程如图 7-109 所示。

二级处理污水 ——→ MBR ——→出水

(a)

二级处理污水 ——→ 多介质过滤 ——→ MBR ——→出水

(b)

图 7-109 MBR 技术处理城市污水的工艺流程

国内外采用 MBR 工艺的部分水厂的流程见图 7-110～图 7-113。

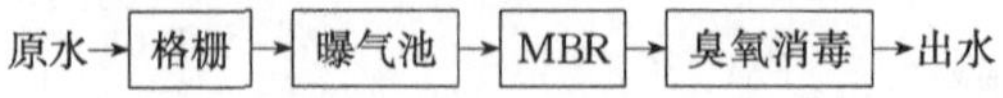

原水→格栅→曝气池→MBR→臭氧消毒→出水

图 7-110 北京密云某中水回用工程 MBR 工艺流程（规模 3×10⁴m³/d）

① 北京密云某中水回用工程流程如图 7-110 所示。该工程原水取自原污水处理厂的二沉池出水，经处理后监测出水 COD 为 30mg/L，BOD_5 为 4.8mg/L，SS 为 6mg/L，NH_3-N 为 0.28mg/L，TP 为 0.06mg/L。再生水主要用于河道景观补充水、冲厕、洗车、绿化、工业用

水等，运行成本<0.7元/m³。

② 沈阳某食品废水处理工艺流程如图 7-111 所示。运行参数为：HRT 8～9 h；MLVSS 8000～11000mg/L。处理水的进出水水质情况见表 7-3。

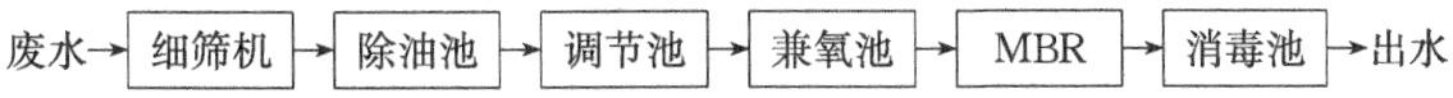

废水→ 细筛机 → 除油池 → 调节池 → 兼氧池 → MBR → 消毒池 →出水

图 7-111　沈阳某食品废水处理工艺流程（规模 1000m³/d）

表 7-3　沈阳某食品废水处理进出水水质

项目	COD_{Cr}/(mg/L)	BOD_5/(mg/L)	SS/(mg/L)	NH_3-N/(mg/L)
进水	1200	780	300	70
出水	<50	<20	<2	<10

③ 广州某污水处理厂工艺流程如图 7-112 所示。该污水处理厂的处理水进出水水质见表 7-4。

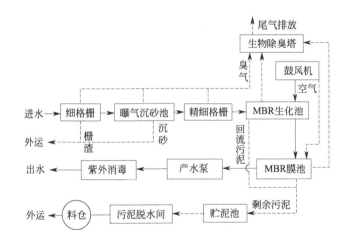

图 7-112　广州某污水处理厂 MBR 工艺流程（设计规模 10×10⁴m³/d）

表 7-4　广州某污水处理厂工程设计进出水水质

项目	BOD_5	COD	SS	NH_4^+-N	TN	TP	粪大肠菌群数
进水/(mg/L)	160	270	220	30	35	4.5	
出水/(mg/L)	10	40	10	5	15	0.5	10^4 个/L
去除率/%	93.8	85.2	95.5	83.3	57.1	88.9	

④ 英国 PORLOCK MBR 污水处理厂采用 Kubota 膜生物反应器处理城市污水，处理厂包括管道、建筑物、泵和电器设备的总基建投资约为 400 万美元。该处理厂最大处理能力为 1900m³/d。工艺流程见图 7-113。

该工程采用 Kubota 膜生物反应器，与传统工艺相比的优势在于：a. 处理工艺中，污泥浓度（MLSS）提高了数倍，大大减小了占地面积；b. 出水水质好，优于一级 A，可直接回用，

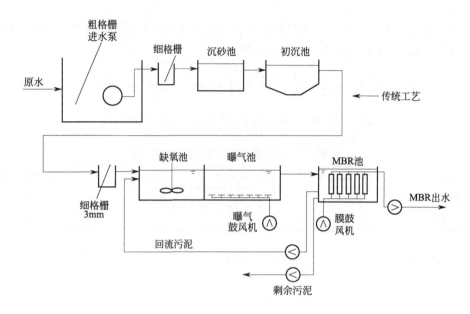

图 7-113 PORLOCK MBR 污水处理厂工艺

出水中 SS 低于检测限（1mg/L 以下），$BOD_5 < 2mg/L$，$COD < 30mg/L$，氨氮小于 1mg/L；c. 污泥产量少（约为传统工艺的 50% 以下），降低了污泥处置的费用；d. 可用于高浓度有机废水（$BOD > 800mg/L$，$COD > 1500mg/L$）的处理，出水水质同样达标；e. 使用寿命长，膜组件的寿命达到 10 年以上；f. 维护工作量小，日常无需维护和清洗；g. 清洗方法简单，在线清洗，费用小，效率高。

该工艺具体运行效能见表 7-5。

表 7-5　PORLOCK 污水厂运行效能

污染物	进水范围	进水平均值	出水平均值	去除率/%
悬浮物/(mg/L)	30～800	230		>99.5
浊度/NTU	>100	—	<0.4	>99.5
BOD/(mg/L)	30～650	224	<4.0	>97.2
粪便大肠菌群/(10^5CFU/100mL)	0.9～64	10.1	<0.00002	>99.9998
粪便链球菌/(10^6CFU/100mL)	0.1～30	1.32	<0.00001	>99.9993
大肠杆菌噬菌体/(10^4PFU/100mL)	29～6320	811	<0.19	>99.98

7.5.5　厌氧生物处理工艺

厌氧生物处理法与好氧生物处理法相比较，具有的优点有：有机物负荷高，污泥产量低，能耗低，营养需求少，产生可再生能源（沼气）等，处理高、中、低不同浓度的有机废水，可以在 4～20℃低温下应用，也可以在 50～70℃高温下运行，处理废水的适用范围广。图 7-114～图 7-119 为我国部分废水采用的厌氧生物处理工艺流程。

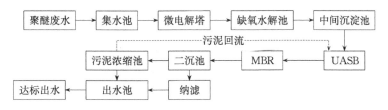

图 7-114 江苏某化工企业废水 UASB+ MBR 处理工艺流程（规模 80m³/d）

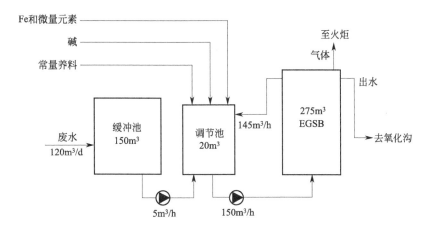

图 7-115 荷兰某化工厂甲醛废水 EGSB 处理工艺流程

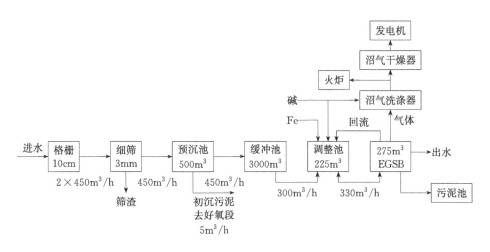

图 7-116 荷兰某啤酒厂废水 EGSB 处理工艺流程

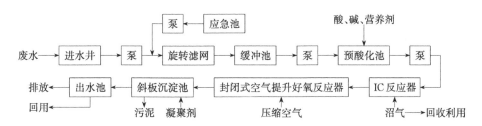

图 7-117 上海富士达酿酒公司啤酒废水 IC 反应器处理工艺流程

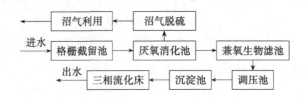

图 7-118 泸州市污水处理厂兼氧生物滤池+厌氧流化床工艺流程（规模 5×10⁴m³/d）

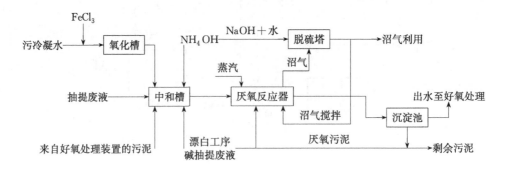

图 7-119 高温厌氧处理工艺流程

7.5.6 厌氧-好氧生物处理联合工艺

研究者发现，厌氧消化处理系统与好氧生物处理系统结合后，可以满足可持续发展的水质处理标准。其中，厌氧处理反应器包括升流式厌氧污泥床反应器（UASB）、厌氧膨胀颗粒污泥床反应器（EGSB）、内循环反应器（IC）、厌氧生物滤池、厌氧折流板反应器（ABR）、厌氧流化床反应器（AF）等；好氧生物处理系统包括活性污泥法、生物接触氧化、曝气生物滤池等。

① 图 7-120 为厌氧消化-好氧接触氧化联合处理工艺流程。图 7-120（a）为以链霉素为主要产品的国内某制药公司的废水处理工艺流程图，其中 COD 浓度在 8000mg/L 左右，SO_4^{2-} 浓度在 750mg/L 左右。根据环保部门的要求，公司排水需要达到生物制药行业二级标准。

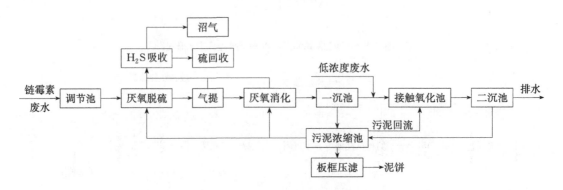

（a）某制药公司链霉素废水厌氧-好氧生化处理工艺（规模 1500m³/d）

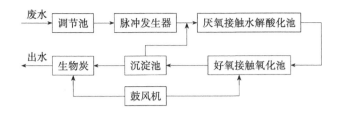

（b）厌氧水解酸化＋好氧接触氧化＋生物活性炭（AABC）处理工艺

（c）某抗生素废水厌氧酸化＋生物接触氧化处理工艺

图 7-120 厌氧消化-好氧接触氧化联合处理工艺流程

② 图 7-121 为以 UASB 为主体厌氧反应器的处理工艺。图 7-121（a）为典型的厌氧-好氧生物处理工艺流程，该工艺中经厌氧处理的废水水质稳定，为好氧生物处理创造了良好的条件，剩余污泥量比单独好氧处理工艺少，好氧反应器需氧量减少，节约能源。图 7-121（b）为常温厌氧 UASB＋新型生物接触氧化法处理啤酒废水的工艺流程。图 7-121（c）为厌氧 UASB 结合好氧生化池和接触氧化池的处理工艺，两级好氧处理保证了有机物的高效去除。图 7-121（d）为 UASB＋O/A/O 处理工艺，该工艺省略了传统的厌氧段，废水直接进入好氧段，利用好氧段富集的聚磷菌（PAO）超量吸收水体中的磷酸盐，实现废水生物除磷，在随后的缺氧区实现生物反硝化脱氮。图 7-121（e）为 UASB-两级 A/O-生态塘组合处理工艺，将厌氧-好氧生物处理、人工-自然处理相结合，提高处理效果，节省能耗。图 7-121（f）为微电解-UASB-生物接触氧化处理工艺，微电解预处理降低了有机负荷，提高了有机物去除率。

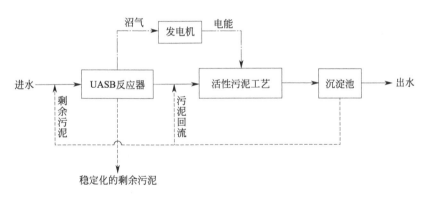

（a）厌氧-好氧生物处理法工艺流程示意

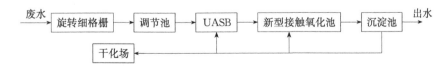

（b）厌氧 UASB＋新型生物接触氧化工艺

图 7-121

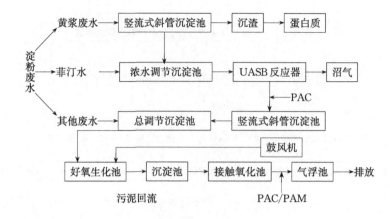

（c）某淀粉废水 UASB 处理工艺

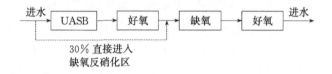

（d）某猪场养殖废水 UASB+O/A/O 处理工艺

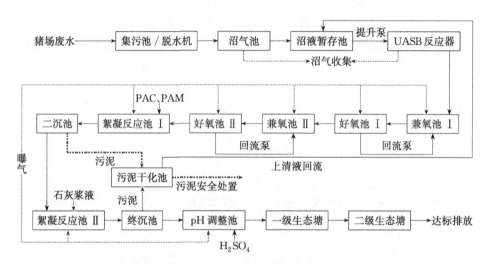

（e）江西某养猪场废水 UASB-两级 A/O-生态塘组合处理工艺（规模 60m³/d）

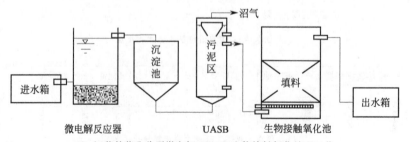

（f）江苏某药业公司微电解-UASB-生物接触氧化处理工艺

图 7-121 以 UASB 为主体厌氧反应器的处理工艺

③ 图 7-122 为以 EGSB 为主体厌氧反应器的处理工艺。图 7-122(a) 为采用连续的厌氧-好氧序批反应器处理偶氮染料媒黄 10 的工艺流程。厌氧反应器采用 EGSB 反应器，好氧反应器采用活性污泥反应器。工艺运行良好，偶氮染料媒黄 10 完全脱色。

图 7-122(e) 的工艺设计方案采用两级 EGSB 反应器作为厌氧生物处理工艺。当进水 COD 负荷高时，两座 EGSB 反应器串联使用；当进水 COD 负荷较低、水量较大时，两座 EGSB 反应器并联使用。这种灵活的组合方式，可以有效抵抗水质、水量变化带来的冲击负荷，大幅度削减废水的 COD、BOD_5，同时提高了废水的可生化性，降低了后续处理的难度。Fenton 氧化使难降解有机物发生开环、断链等反应，使废水中残留的大分子难生物降解有机污染物转化成小分子物质，甚至直接实现矿化效应。多介质过滤器能够进一步降低出水浊度，吸附截留水中小分子污染物，达到对尾水深度净化的目的。

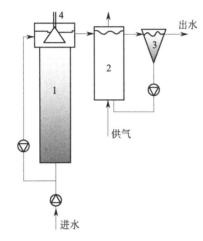

(a) 序批 EGSB 厌氧反应器和活性污泥好氧反应器示意
1—EGSB 反应器；2—好氧反应器；3—沉淀池；4—气液分离装置

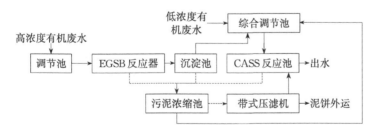

(b) 深圳某制药企业废水 EGSB+CASS 处理工艺

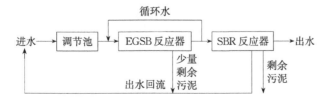

(c) 邯郸某小区生活污水 EGSB+SBR 处理工艺

图 7-122

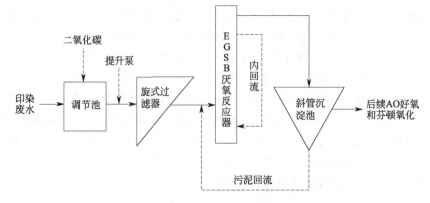

（d）江苏某印染厂 EGSB 处理工艺

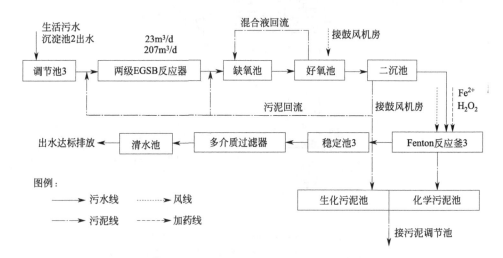

（e）江苏某农药化工厂废水的两级 EGSB＋AO＋Fenton 组合深度处理工艺

图 7-122　以 EGSB 为主体厌氧反应器的处理工艺

④ 图 7-123 为以 IC 反应器为主体厌氧生物反应器的工艺流程。

⑤ 图 7-124 为以厌氧生物滤池为主体厌氧反应器的处理工艺流程。

⑥ 图 7-125 为以厌氧折流板反应器为主体厌氧生物反应器的工艺流程。图 7-125（b）为 ABR-UASB- A/O 组合工艺流程。通过 ABR-UASB- A/O 工艺联用，突破了高固体悬浮物和溶解酶对生物所产生的抑制作用，解决了由于调节池过小所带来的较大负荷冲击问题。

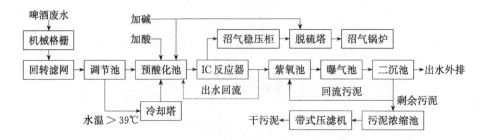

（a）珠海某啤酒公司废水处理工艺流程（规模 6000m³/d）

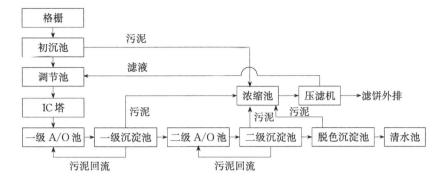

（b）江苏某中成药制药公司废水处理工艺流程（规模 $120×10^4 m^3/d$）

图 7-123　以 IC 反应器为主体厌氧生物反应器的工艺流程

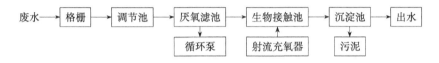

（a）厌氧滤池＋好氧接触氧化法工艺

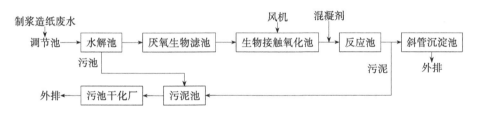

（b）水解＋厌氧滤池＋生物接触氧化工艺

图 7-124　以厌氧生物滤池为主体厌氧反应器的处理工艺流程

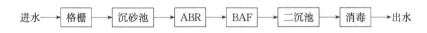

（a）某制革综合废水 ABR＋BAF 处理工艺流程

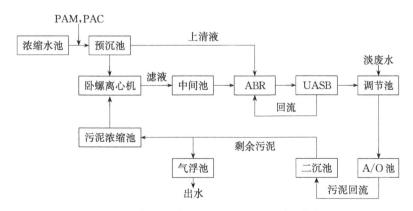

（b）某制药废水处理的 ABR-UASB-A/O 组合工艺流程

图 7-125　以厌氧折流板反应器为主体厌氧生物反应器的工艺流程

7.5.7 生物膜与活性污泥的联合处理工艺

生物膜与活性污泥联合处理工艺具备生物膜法抗冲击负荷能力强、维护管理方便和活性污泥工艺出水水质好、硝化效果好的特点，得到了广泛的重视，其工艺流程如图 7-126 所示。

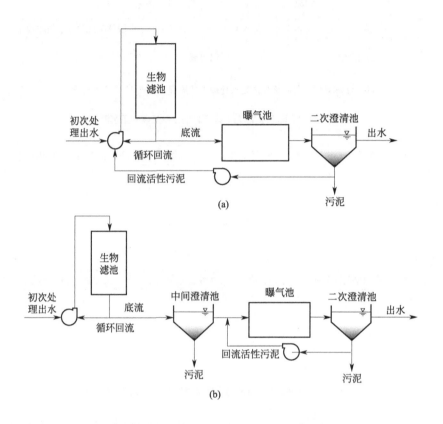

图 7-126 生物膜与活性污泥的联合处理工艺

7.6 高级氧化处理工艺流程

7.6.1 臭氧氧化工艺

在水处理中，O_3 氧化主要用于消毒、饮用水净化和工业废水的氧化处理，其工艺流程见图 7-127。图 7-127(a) 为 O_3 氧化处理印染废水工艺流程。O_3 用于处理印染废水，主要用来脱色，O_3 氧化能将含活性染料、阳离子染料、酸性染料、直接染料等水溶性染料的废水几乎完全脱色，对不溶于水的分散染料也具有良好的脱色效果。图 7-127(b) 为 O_3 氧化处理含氰废水工艺流程，其中 O_3 将 CN^- 氧化为毒性大大降低的 CNO^-。

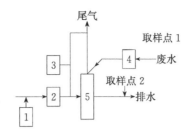

（a）臭氧处理印染废水的工艺流程

1—流量计；2—臭氧发生器；3—臭氧浓度测试段；4—砂滤器；5—反应器

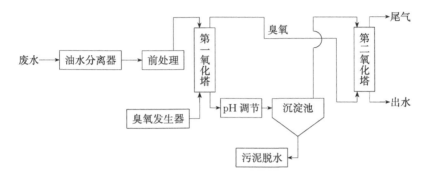

（b）臭氧氧化法处理含氰废水工艺流程

图 7-127 臭氧氧化工艺流程

7.6.2 光化学氧化工艺

光化学氧化是通过氧化剂（如 O_3、H_2O_2 等）在光辐射下产生强氧化能力的羟基自由基（·OH）降解有机物。

（1）UV-H_2O_2 联合工艺

UV-H_2O_2 联合作用是以产生 ·OH，进而通过 ·OH 反应来降解污染物为主，同时也存在 H_2O_2 对污染物的直接化学氧化和紫外线的直接光解作用。

UV-H_2O_2 联合工艺能有效地降解水中难以生物降解的有机物，如低浓度的多种脂肪烃和芳香烃有机污染物；用于脱色处理，对单偶氮染料的处理效果最佳；用于去除水中天然存在的有机物；处理漂白纸浆及石油炼制的废水；处理纺织业废水等。采用 UV-H_2O_2 联合处理比只采用 UV 处理时反应速率约快 50 倍。有研究发现，反应速率与 pH 值有关，酸性越强，反应速率越快。

图 7-128 为 UV-H_2O_2 联合处理工艺流程图。该工艺由氧化单元、H_2O_2 供应单元、酸供应单元和碱供应单元 4 个可移动单元组成。氧化单元由 6 个连续的反应器组成，每个反应器装有一个 15kW 的紫外灯，反应器总体积为 55L。每个紫外灯安装在一个紫外线可透过的石英管内部，处在反应器的中央，水沿着石英管流动。在废水流进第一个反应器前加入 H_2O_2，也可以用一个喷淋头同时给 6 个反应器投加 H_2O_2。根据需要，加酸以降低入水的 pH 值，去除碳酸氢根、碳酸根，防止其对 ·OH 的捕获。加入 H_2O_2 后的废水经过一个静态混合器进入反应器。为了满足排放标准的需要，需在氧化单元出水中加入碱，以调整处理后废水的 pH 值。石

英管上装备了清洗器，可以定期进行清洗，以减小沉积固体对反应的影响。

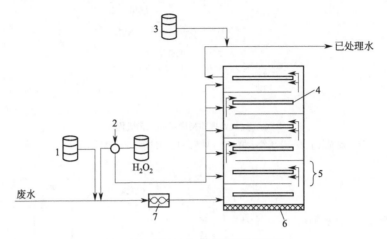

图 7-128　UV-H_2O_2 联合处理工艺流程

1—硫酸；2—H_2O_2 分流器；3—氢氧化钠；4—UV 灯；5—反应器；6—氧化单元；7—静态混合器

(2) UV-O_3 联合工艺

UV-O_3 联合工艺是将臭氧和紫外线辐射相结合，其降解效率比单独使用 UV 和 O_3 都要高。其氧化过程涉及 O_3 的直接氧化和 ·OH 的氧化作用，不仅能对有毒的难降解有机物、细菌、病毒进行有效的氧化和降解，而且还可以用于造纸工业漂白废水的脱色。

加拿大的 Solar Environmental System 中使用的 UV-O_3 联合工艺如图 7-129 所示，由两个同心石英卷筒组成的氙灯（外径 30mm，内径 17mm，辐射波长 250nm），安装在圆筒形反应器中心轴的位置上（外径 50mm，长 300mm）。圆筒反应器为 3L，辐射溶液由泵形成间歇式循环。O_3 由恒定流速的 O_2 气流流经光源内管时辐射产生，与紫外光源协同对污水进行净化。

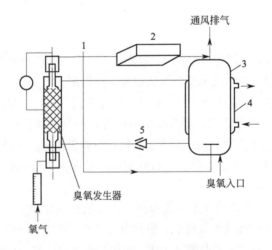

图 7-129　UV-O_3 联合处理工艺流程

1—三向阀；2—分光光度计；3—贮罐；4—温度控制；5—水泵

(3) UV-O_3-H_2O_2 联合工艺

对紫外辐照、H_2O_2 和 O_3 联合的高级氧化技术的研究表明，UV-O_3-H_2O_2 能够高速产生·OH。该系统对有机物的降解利用了氧化和光解作用，包括 O_3 的直接氧化，O_3 和 H_2O_2 分解产生·OH 的氧化，以及 O_3 和 H_2O_2 的光解、离解作用。UV-O_3-H_2O_2 联合工艺在处理多种工业废水和受污染地下水方面的应用已有报道，可用于多种农药［如五氯吡啶（PCP）、滴滴涕（DDT）等］和其他化合物的处理。在成分复杂的废水中，某些反应可能受到抑制，UV-O_3-H_2O_2 显示出优越性，受废水中色度和浊度的影响程度较低，适用于更广的 pH 值范围。

UV-O_3-H_2O_2 工艺流程如图 7-130 所示，由 UV 氧化反应器、O_3 发生器、H_2O_2 供给池及 O_3 分布器等构成。反应器总体积 600L，被 5 个垂直的挡板分成 6 个室。每室安装 4 盏 65W 的低压汞灯，垂直置于反应器石英套管内。每个反应器底部设置有不锈钢曝气头，均匀地将 O_3 分散入水中。管道静态混合器用于废水和 H_2O_2 的混合。

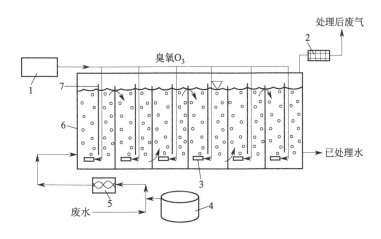

图 7-130　UV-H_2O_2-O_3 联合处理工艺流程
1—O_3 发生器；2—O_3 吸收单元；3—O_3 分布器；4—H_2O_2 供给池；
5—静态混合器；6—反应器；7—UV 灯

7.6.3　湿式氧化工艺

湿式氧化工艺是在高温（150～350℃）和高压（0.5～20MPa）下，在液相中利用氧气或空气作为氧化剂，氧化水中的有机物或还原态的无机物的一种处理方法，一般最终产物是 CO_2 和 H_2O。典型的湿式氧化工艺流程如图 7-131 所示。废水由高压泵从储存罐打入热交换器，与反应后的高温氧化液体进行换热，使温度上升到接近反应温度后进入反应器。在高温高压下，废水中的有机物与 O_2 发生反应，被氧化成 CO_2 和 H_2O，或低级有机酸等中间产物。反应后的气液混合物经分离器分离，液相经热交换器预热原废水，回收热能。该工艺不仅处理了废水，而且对能量进行逐级利用，减少了有效能量的损失。

7.6.4　超临界水氧化工艺

当将水的温度和压力升高到临界点（$T_c=374.3℃$，$p_c=22.05MPa$）以上时，即处于超临界状态。超临界水氧化的主要原理是利用超临界水作为介质来氧化分解有机物，通常反应完全彻底，有机碳转化为 CO_2，氢转化为 H_2O，卤素原子转化为卤化物的离子，硫和磷分别

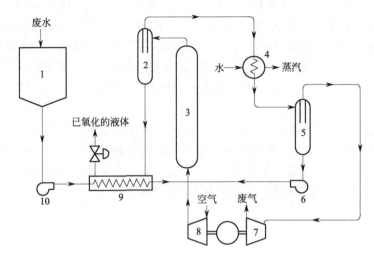

图 7-131　典型湿式氧化工艺流程

1—贮罐；2，5—分离器；3—反应器；4—再沸器；

6—循环器；7—透平机；8—空压机；9—热交换器；10—高压泵

转化为硫酸盐和磷酸盐，氮转化为硝酸根离子和亚硝酸根离子或 N_2。目前对许多化合物，包括硝基苯、尿素、氰化物、酚类、乙酸和氨等进行试验，证实全都有效。

图 7-132 为超临界水氧化的工艺流程。废水先由泵打入反应器，在此与循环反应物直接混合而加热，以提高反应温度。空压机将空气增压，通过循环用喷射泵把上述循环反应物一并打入反应器。有害有机物与氧在反应器的超临界水相中迅速反应，氧化释放出的热量足以将反应器内的所有物料加热至超临界状态。从反应器出来的物料进入固体分离器，将反应中生成的无机盐等固体物质从流体相中沉淀析出。固体分离器出来的物料一分为二：一部分循环进入反应器；另一部分作为高温高压流体先通过蒸汽发生器，产生高压蒸汽，再通过高压气液分离器，在此 N_2 及大部分 CO_2 气体得到分离，进入透平机，为空气压缩机提供动力。液体物料（主要是水和溶在水中的 CO_2）经减压阀减压，进入低压气液分离器，进一步分离气体

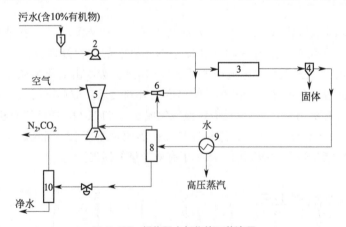

图 7-132　超临界水氧化的工艺流程

1—污水槽；2—污水泵；3—氧化反应器；4—固体分离器；5—空气压缩机；6—循环用喷射泵；

7—膨胀透平机；8—高压气液分离器；9—蒸汽发生器；10—低压气液分离器

（主要是 CO_2）后作为清洁水排放。

7.6.5 Fenton 氧化工艺

Fenton 氧化法能在常温常压条件下产生氧化还原电位极强的羟基自由基（•OH），非选择性地将有机物降解矿化，与其他高级氧化法相比较，更简单有效，能满足造纸废水深度降低 COD 的处理目标要求，工艺流程如图 7-133 所示。

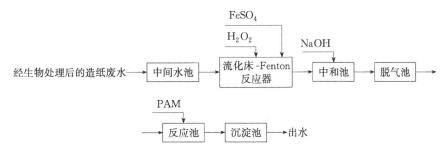

图 7-133　流化床-Fenton 法处理造纸废水工艺流程

7.6.6 高梯度磁分离工艺

对于废水中具有磁性的污染物，可直接采用高梯度磁分离方法进行去除，工艺流程如图 7-134 所示。

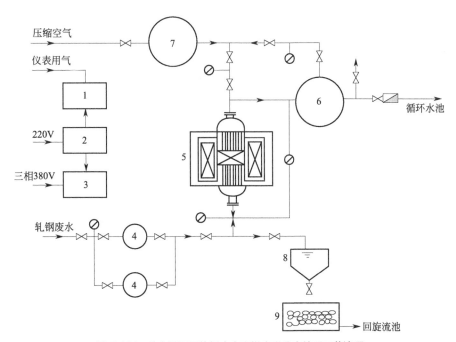

图 7-134　北京某钢厂轧钢废水高梯度磁分离处理工艺流程

1—电磁阀箱；2—控制柜；3—SCR 整流电源；4—前过滤器；5—高梯度磁分离器；6—反冲洗水槽；
7—储气罐；8—反洗污水槽；9—氧化铁皮滤池；⊘—压力表；▱—流量计

7.7 污水脱氮除磷工艺流程

7.7.1 改良 Bardenpho 工艺

改良 Bardenpho 同步脱氮除磷工艺如图 7-135 所示。本工艺脱氮除磷效果好,脱氮率达 90%~95%,除磷率达 97%。但是工艺复杂、反应器单元多、运行烦琐、成本高是本工艺的主要缺点。

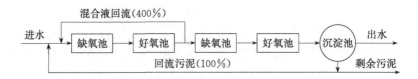

(a) 四段改良 Bardenpho 脱氮除磷工艺

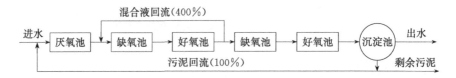

(b) 五段改良 Bardenpho 脱氮除磷工艺

图 7-135 改良 Bardenpho 同步脱氮除磷工艺

在五段改良 Bardenpho 工艺中的第四段缺氧池和第五段好氧池之间增加混合液回流,即为 Phoredox 工艺,如图 7-136 所示。

该五段系统有厌氧、缺氧、好氧三个池子用于除磷、脱氮和碳氧化,第二个缺氧段主要用于进一步的反硝化。利用好氧段所产生的硝酸盐作为电子受体,有机碳作为电子供体。混合液两次从好氧区回流到缺氧区。该工艺的泥龄长(30~40d),增加了碳氧化的能力,二次反硝化脱氮效果好。

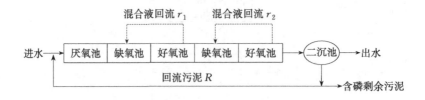

图 7-136 Phoredox 工艺

7.7.2 改良 A^2/O 工艺

传统 A^2/O 工艺中,当回流污泥进入厌氧池时,由于携带 NO_3^--N,将优先夺取污水中易生物降解的有机物,使聚磷菌失去竞争优势,影响了生物除磷效果。改良 A^2/O 工艺主要有 $A+A^2/O$ 工艺和倒置型 A^2/O 工艺。

（1）A＋A²/O工艺

A＋A²/O工艺即预反硝化-厌氧-缺氧-好氧活性污泥法，是在传统的A²/O工艺的厌氧池之前增设了回流污泥预反硝化区，达到提高生物除磷效果的目的。该工艺是将来自二沉池的回流污泥和部分进水首先进入预反硝化区（另外一部分进水直接进入厌氧池），微生物利用进水中的有机物作为碳源进行反硝化，去除由回流污泥带入的$NO_3^- -N$，消除了其对厌氧除磷的不利影响，提高了系统的生物除磷能力。其工艺流程如图7-137所示。

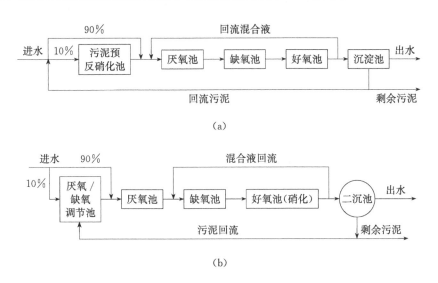

图7-137　A+ A²/O工艺流程

（2）倒置型A²/O工艺

一般的A²/O工艺都是厌氧反应器在前，缺氧反应器在后，便于聚磷菌优先利用废水中的易生物降解有机物，而反硝化菌可以利用更多形态的有机物。

同济大学高廷耀、张波等认为，传统A²/O工艺厌氧区、缺氧区、好氧区的布置，在碳源分配上总是优先照顾释磷的需要，把厌氧区放在工艺的前部，缺氧区置后，这种作法是以牺牲系统的反硝化速率为前提的。基于以上认识，对A²/O除磷脱氮工艺提出一种新的碳源分配方式，即缺氧区倒置A²/O工艺，如图7-138所示。

图7-138　倒置型A²/O工艺

该工艺的特点为：

① 聚磷菌经厌氧释磷后直接进入好氧环境，可以更加充分地利用其在厌氧条件下形成的吸磷动力，具有"饥饿效应"优势；

② 允许所有参与回流的污泥全部经历完整的释磷、吸磷过程，故在除磷方面具有"群体效应"优势；

③ 缺氧区位于工艺的首端，允许反硝化优先获得碳源，进一步加强了系统的脱氮能力；

④ 工程上采取适当措施可以将污泥回流和混合液回流合并为一个回流系统，因而流程简捷。

7.7.3 UCT工艺

① UCT工艺（见图7-139）的设计目的是减小污水进入厌氧接触区时硝酸盐的影响。UCT工艺与A^2/O工艺十分类似，不同之处在于：回流活性污泥被循环至缺氧区而不是厌氧区，而且内循环是从缺氧区回流至厌氧区。通过将活性污泥回流至缺氧区，进入厌氧区的硝酸盐含量减少，因而改善了厌氧区磷的吸收。内循环为增加厌氧区对有机物的利用提供了保证。缺氧区的混合液中含有大量溶解性BOD_5，但没有硝酸盐，缺氧区混合液的循环为厌氧区的发酵吸收提供了最佳条件。

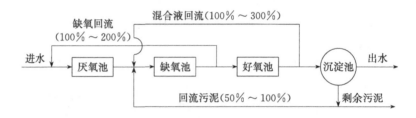

图 7-139 UCT工艺

② 改良型UCT工艺（见图7-140）是在UCT工艺基础上增设一个缺氧池，回流活性污泥直接进入缺氧反应器，不接纳内部循环硝酸盐。在这个反应器中硝酸盐浓度被降低，其内混合液被循环至厌氧反应器。在第一个缺氧反应器后是第二个缺氧反应器，接纳来自曝气池的内部硝酸盐回流量，从而去除大量硝酸盐。该工艺可通过提高好氧池至第二缺氧池混合液回流比来提高系统脱氮率，由第一缺氧池至厌氧池的回流则强化了除磷效果。

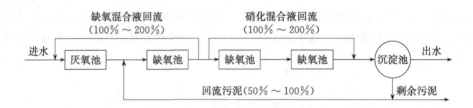

图 7-140 改良型UCT工艺

7.7.4 VIP工艺

VIP工艺（见图7-141）除了回流方式不同外，其余比较类似于A^2/O和UCT工艺。在VIP工艺中，所有区都为分段式，各段由至少两个完全混合单元串联形成。回流污泥与来自好氧段的硝化循环流一起进入缺氧区的首端，而缺氧区中的混合污泥被回流至厌氧区的首端。VIP工艺也可被设计成高效反应系统，采用较短的SRT，使生物除磷效率达到最大。

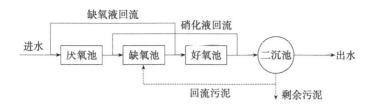

图 7-141 VIP 工艺

在 VIP 工艺中，厌氧段的硝酸盐负荷被降低，因而增加了除磷能力；污泥沉降性好；需要比 UCT 更低的 BOD/P 值。然而，它的运行复杂，需要额外的循环系统，分段运行需要更多的设备。

7.7.5 BCFS 工艺

BCFS 工艺是一种变型的 UCT 工艺，根据反硝化除磷机理，在单一活性污泥系统中，宜设置前置反硝化段（前缺氧段），从好氧段末端流出的富含硝酸盐的活性污泥回流到前置反硝化段，厌氧段与前置缺氧段相连接接受进水和来自前置缺氧段硝酸盐含量很少的污泥流（类似于 UCT 工艺）。BCFS 工艺由 5 个功能独立的反应器（厌氧池、选择池或称接触池、缺氧池、混合池、好氧池）及 3 个循环系统构成（如图 7-142 所示）。循环 A 是为了提供释磷条件，即硝酸盐＜0.1mg/L。因为回流污泥被直接引入选择池，所以，从好氧池设置内循环 B 到缺氧池十分重要，它起到辅助回流污泥向缺氧池补充硝酸氮的作用。循环 C 的设置是在好氧池与混合池之间建立循环，以增加硝化或同步硝化与反硝化的机会，为获得良好的出水氮浓度创造条件。

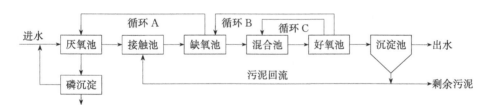

图 7-142 BCFS 工艺流程

该工艺中 50％的磷均由聚磷菌去除，通过控制反应器之间的 3 个循环来优化各反应器内细菌的生存环境，充分利用了聚磷菌的缺氧反硝化除磷作用，实现了磷的完全去除和氮的最佳去除。充分利用了磷细菌对磷酸盐的亲和性，将生物摄磷与富磷上清液（来自厌氧释放）离线化学沉淀有机结合，使系统能获得良好的出水水质。

7.7.6 氧化沟工艺

氧化沟（oxidation ditch，OD），又称循环混合曝气池，在延时曝气条件下运行，水力停留时间和污泥龄长，有机负荷低，处理效果好。

常用的氧化沟类型有帕斯维尔氧化沟（Pasveer）、卡鲁塞尔氧化沟（Carrousel）、奥贝尔氧化沟（Orbal）、一体化氧化沟（合建式氧化沟）等。

（1）Pasveer 氧化沟

Pasveer 氧化沟在 20 世纪 50 年代由荷兰的帕斯维尔（I. A. Pasveer）博士所开发。该氧化沟采用单环路，同时具有完全混合和推流两种流态特征，有利于克服短流现象和提高缓冲能力。氧化沟采用卧式转刷曝气器，其工艺流程如图 7-143 所示。

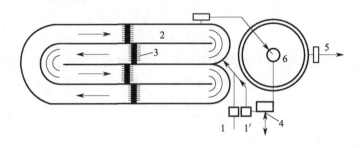

图 7-143　Pasveer 氧化沟工艺流程
1—污水泵站；1′—回流污泥泵站；2—氧化沟；3—转刷曝气器；
4—剩余污泥排放；5—处理水排放；6—二次沉淀池

（2）改良型 Carrousal 氧化沟

为了进一步提高卡鲁塞尔氧化沟工艺系统净化功能的稳定性和脱氮、除磷效果，DHV 公司及其美国的专利特许公司 EIMCO 公司在卡鲁塞尔氧化沟工艺系统的基础上，进行了多层次的改进与开发，使卡鲁塞尔氧化沟工艺系统发生了多层次的演变，提高了其处理功能，降低了运行能耗。

1）AC 卡鲁塞尔氧化沟

该氧化沟在传统卡鲁塞尔氧化沟前设厌氧池，可产生下列效应：

① 抑制活性污泥膨胀；

② 为生物除磷创造条件，进行磷的先行释放，继而进行聚磷菌对磷的过量摄取，提高系统的除磷效果，可使处理水的磷含量降至 2mg/L 以下。

AC 卡鲁塞尔氧化沟工艺流程见图 7-144。

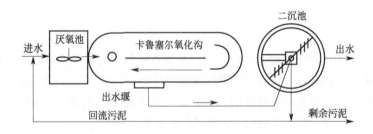

图 7-144　AC 卡鲁塞尔氧化沟工艺流程

2）卡鲁塞尔 2000 型氧化沟

卡鲁塞尔 2000 型氧化沟是在传统 Carrousal 氧化沟基础上设置了专门的前置预反硝化脱氮区（约为总容积的 15%），并在传统氧化沟出水段与反硝化区之间设置了内回流渠（图 7-145）。

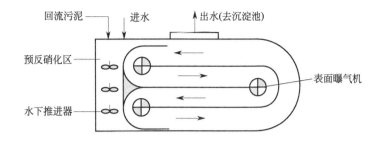

图 7-145 卡鲁塞尔 2000 型氧化沟

3）A²C/卡鲁塞尔 2000 型氧化沟

A²C/卡鲁塞尔 2000 型氧化沟是在卡鲁塞尔 2000 型氧化沟工艺系统的基础上，再增设一个前置厌氧反应区，以取得脱氮除磷的双重处理效果。其工艺流程见图 7-146。

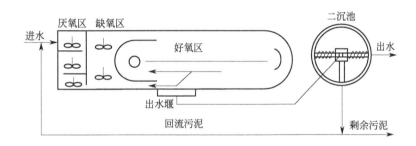

图 7-146 A²C/卡鲁塞尔 2000 型氧化沟工艺流程

4）卡鲁塞尔 3000 型氧化沟

卡鲁塞尔 3000 型氧化沟是一种占地面积小、运行高度灵活的卡鲁塞尔氧化沟系统。该氧化沟外观呈 4 层同心圆形，各项反应工艺单元集中于一体。原污水及回流污泥形成的混合液相继进入生物选择区、厌氧区、前置预反硝化区和设表面曝气器的卡鲁塞尔 2000 型氧化沟。其工艺流程见图 7-147。

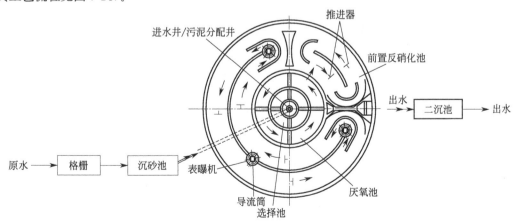

图 7-147 卡鲁塞尔 3000 型氧化沟工艺流程

(3) Orbal 氧化沟

Orbal 氧化沟工艺系统在 20 世纪 60 年代于南非开发,70 年代开始在美国应用并得到推广。该氧化沟是同心圆或椭圆组成的多级氧化沟,原污水首先进入氧化沟最外层的沟渠第 1 沟,在循环流动的同时,通过水下的传输孔道进入下一层沟渠的第 2 沟,依次再进入下一道的第 3 沟,最后混合液由氧化沟中心的中心岛排出,进入二沉池。溶解氧在第 1~第 3 各沟渠内的浓度保持着 0mg/L~1.0mg/L~2.0mg/L。沉砂池出水进入外沟,在其中以缺氧状态运行,促进同时硝化和反硝化过程。其工艺系统和流程见图 7-148。

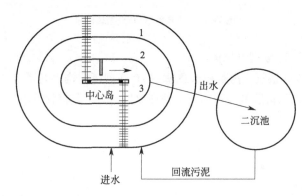

(a) Orbal 氧化沟处理工艺系统

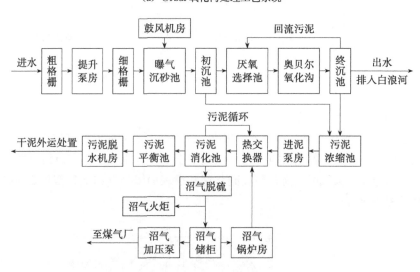

(b) Orbal 氧化沟处理工艺流程

图 7-148 Orbal 氧化沟处理工艺系统和流程

(4) 交替式工作氧化沟

交替式工作氧化沟由丹麦 Kruger 公司开发创建。根据运行方式和沟的数量分为双沟(D型)和三沟(T型)两种形式。这一类氧化沟主要是为了去除 BOD,如果要同时除磷脱氮,对于双沟型就要在氧化沟前后分别设置厌氧池和沉淀池,即成为 DE 型氧化沟。而三沟式氧化沟除磷脱氮可在同一反应器中完成。

交替式工作氧化沟系统没有单独设置反硝化区,通过在运行过程中设置停曝期来进行反硝化，从而获得较高的氮去除率。

1）DE 型氧化沟

由容积相同的 A、B 两池组成，串联运行，交替地作为曝气池和沉淀池，一般以 8h 为一个运行周期（图 7-149）。该系统出水水质好，污泥稳定，不需设污泥回流装置，但是最大的缺点是曝气设施利用率仅为 37.5%。

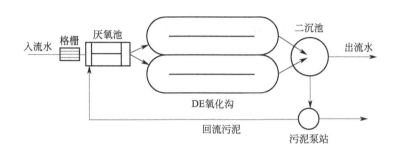

图 7-149　DE 型氧化沟处理工艺系统

2）双沟交替工作氧化沟（VR 型）

在原 D 型氧化沟的基础上开发出来，是将曝气沟渠分为 A、B 两部分，其间有单向活扳门相连（图 7-150）。定时改变曝气转刷的旋转方向，以改变沟渠中的水流方向，使 A、B 两部分交替地作为曝气区和沉淀区，无需污泥回流系统。通常一个完整的运行周期为 8h。

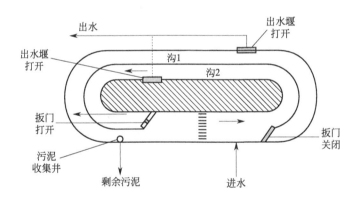

图 7-150　VR 型氧化沟处理工艺系统

3）三沟式氧化沟

是由 3 个相同的氧化沟组建在一起作为一个单元运行（图 7-151）。3 个氧化沟之间相互双双连通，两侧氧化沟可起曝气和沉淀双重作用，中间氧化沟一直为曝气池，原污水交替地进入两侧氧化沟，处理水则相应地从作为沉淀池的两侧氧化沟中流出，这样提高了曝气设备的利用率（可达 58%），另外也有利于生物脱氮。

(5) 一体化氧化沟

一体化氧化沟工艺系统于 20 世纪 70 年代在美国开始开发，我国于 20 世纪 80 年代引进并

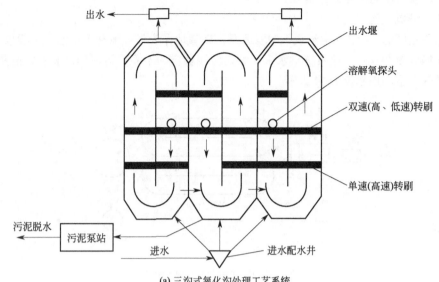

(a) 三沟式氧化沟处理工艺系统

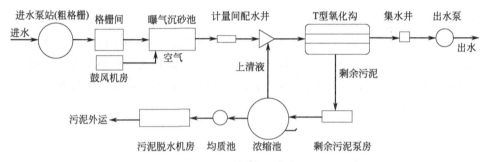

(b) 邯郸市东污水处理厂T型氧化沟工艺流程(规模10×10^4m³/d)

图 7-151 三沟式氧化沟

研发，取得一定效果。该氧化沟是将泥水分离及污泥回流等项功能集中建于统一的氧化沟内，不另建二次沉淀池和污泥回流系统，工艺流程简短，处理效果良好、稳定。代表性的一体化氧化沟类型有 BMTS 一体化氧化沟（图 7-152）和船式一体化氧化沟（图 7-153）。一体化氧化沟工艺流程见图 7-154。

7.7.7 SBR 变形工艺

SBR 系统变形工艺都可以通过调整运行方式，使反应器内交替形成好氧、缺氧或厌氧条件，使其具有脱氮和除磷功能。

(1) ICEAS 工艺

ICEAS 工艺的特点是在 SBR 反应器前增加一个生物选择器，采用连续进水间歇排水的运行方式，可以减少运行操作的复杂性。反应池的构造见图 7-155。

我国采用 ICEAS 工艺的部分水厂的工艺流程如图 7-156～图 7-158 所示。

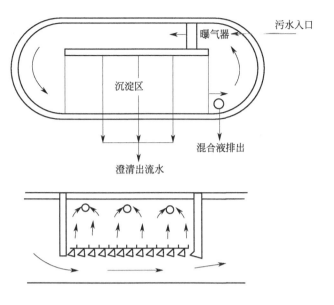

图 7-152　BMTS 一体化氧化沟

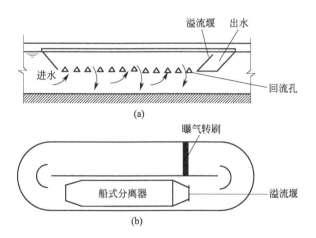

图 7-153　船式一体化氧化沟

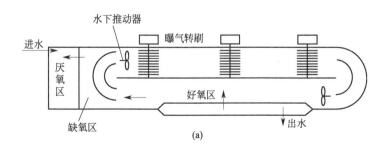

图 7-154

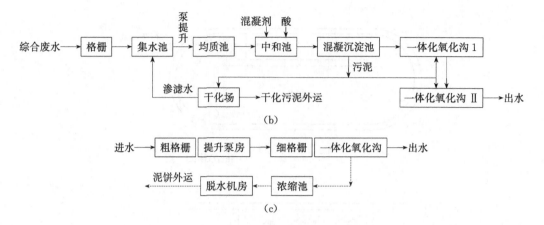

（b）

（c）

图 7-154　一体化氧化沟工艺流程

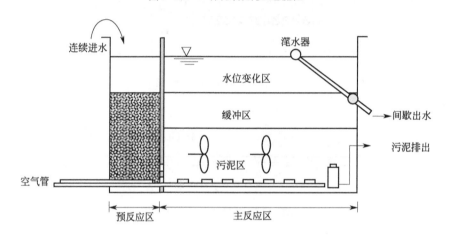

图 7-155　ICEAS 工艺反应池的构造

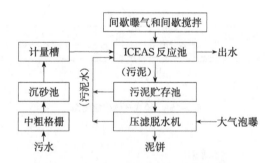

图 7-156　某污水处理厂 ICEAS 工艺流程

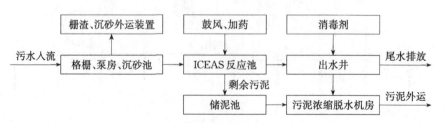

图 7-157　金山污水处理厂 ICEAS 工艺流程

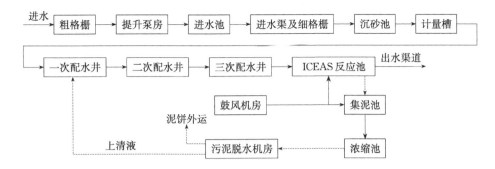

图 7-158　昆明第三污水处理厂 ICEAS 工艺流程（规模 10×10⁴m³/d）

图 7-157 工艺中 ICEAS 池的设计污泥负荷（BOD_5/MLSS）为 0.08kg/(kg·d)，MLSS 为 3000～4600mg/L，HRT 为 13.7h，一个周期的运行时间（T）为 4.8h（其中曝气 2h，搅拌 0.8h，沉淀 1h，滗水 1h），每天运行 5 个周期。

昆明第三污水处理厂进出水水质及去除率见表 7-6。

表 7-6　昆明第三污水处理厂的进出水水质及去除率

水质指标	设计进水水质	实际出水水质	去除率/%
COD_{Cr}/(mg/L)	—	<25	85～89
BOD_5/(mg/L)	100	<10	93～96
SS/(mg/L)	200	<15	89～97
TN/(mg/L)	30	<15	51～60
TP/(mg/L)	4	<1	62～84

(2) CASS（CAST）工艺流程

CASS（又称 CAST）工艺是将生物选择器与 SBR 反应器相结合，增加了污泥回流，加大了缺氧区容积，从而加大了对溶解性底物的去除和对难降解有机物的水解作用，强化了氮、磷的去除。CASS 工艺的每个运行周期可分成 4 个阶段，见图 7-159。

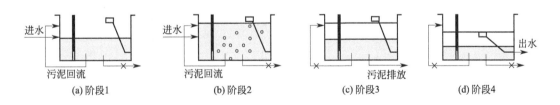

图 7-159　CASS 工艺流程

我国采用 CASS 工艺的部分水厂的工艺流程如图 7-160～图 7-165 所示。

图 7-160　某生活小区污水处理 CASS 工艺流程

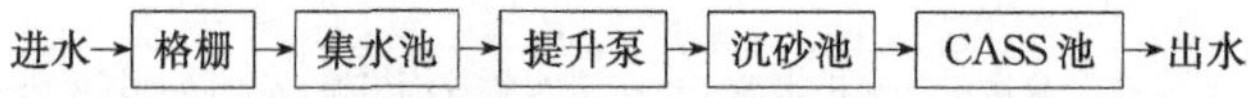

进水 → 格栅 → 集水池 → 提升泵 → 沉砂池 → CASS 池 → 出水

图 7-161　北京航天城污水处理厂 CASS 工艺流程（规模 14400m³/d）

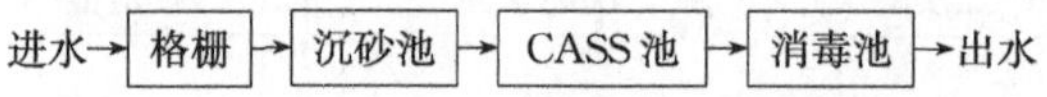

进水 → 格栅 → 沉砂池 → CASS 池 → 消毒池 → 出水

图 7-162　浙江省湖州市碧浪小区生活污水处理 CASS 工艺流程（规模 1×10⁴m³/d）

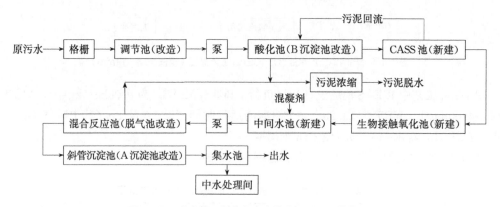

图 7-163　北京第三制药厂废水处理 CASS 工艺流程

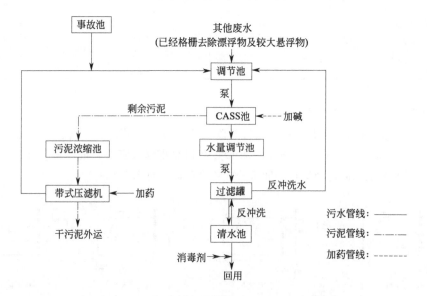

图 7-164　三明化工总厂含氨废水处理 CASS 工艺流程

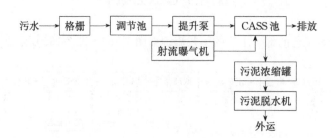

图 7-165　同仁堂中药五厂污水处理 CASS 工艺流程

(3) DAT-IAT 工艺

DAT-IAT 工艺是一种连续进水、连续曝气的 SBR 工艺。该工艺主体由需氧池（DAT）和间歇曝气池（IAT）串联组成，其中 DAT 池是一种更加灵活、完备的预反应器，从而使 DAT 池与 IAT 池能够保持较长的污泥龄和很高的 MLSS 浓度，使系统具有较强的抗冲击负荷能力。DAT-IAT 工艺同时具有 SBR 工艺和传统活性污泥法的特点，脱氮除磷效果良好，其工艺流程见图 7-166～图 7-168。

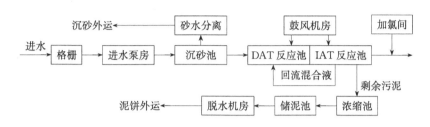

图 7-166　典型的 DAT-IAT 工艺流程

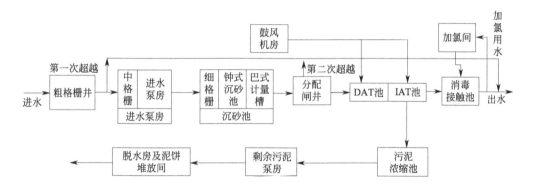

图 7-167　抚顺市三宝屯污水处理厂 DAT-IAT 工艺流程

图 7-168　天津经济技术开发区污水处理厂 DAT-IAT 工艺流程（规模 10×10⁴m³/d）

(4) UNITANK 工艺

UNITANK 工艺是一体化活性污泥工艺，采用三个池子的标准系统，通过池壁上的开孔水力相连，不需要泵来输送。该系统在恒定水位下连续运行，集合了 SBR 工艺、三沟式氧化沟和传统活性污泥法的特点，其优点是池型构造简单，采用固定堰出水，排水简单，不需要污泥回流。其工艺流程见图 7-169～图 7-173。

(5) MSBR 工艺

MSBR（modified SBR）工艺，即改良型 SBR 工艺，系美国 Aqua-Acrobic Inc 的专利技术。MSBR 系统实质上是由 A²/O 工艺与 SBR 系统串联而成，具有生物除磷功能，可以连续进水、连续出水，与传统 SBR 有很大的区别。其工艺流程见图 7-174。

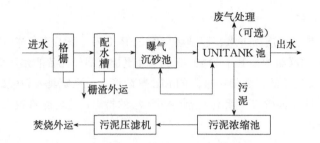

图 7-169　典型的 UNITANK 工艺流程

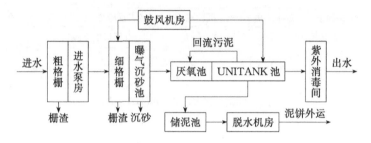

图 7-170　大沥污水处理厂 UNITANK 工艺流程

图 7-171　新加坡 Jurong 岛城市污水处理厂 ＵＮＩＴＡＮＫ 工艺流程（规模 1.08×10⁴m³/d）

进水→ 格栅 → 沉砂池 → 一级好氧 UNITANK 池 → 二级好氧 UNITANK 池 →出水

图 7-172　马丁斯酒厂（Brewerg Mactens）废水处理 ＵＮＩＴＡＮＫ 工艺流程（规模 2000m³/d）

废水预处理→ 一级厌氧 UNITANK 池 → 二级好氧 UNITANK 池 → 三级精制处理 →出水

图 7-173　埃及哈旺第阿（Hawandia）综合工业区废水处理厂 UNITANK 工艺流程（规模 1500m³/d）

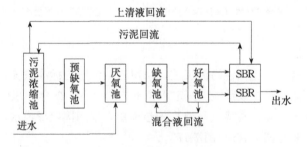

图 7-174　MSBR 工艺流程

该工艺的主要特点有：

① A²/O 反应池加 SBR 反应池，既保留了 A²/O 同步脱氮除磷的优势，又发挥了 SBR 的长处，与经典 SBR 相比出水水质显著提高；

② 在 A²/O 反应池之前设置了回流污泥浓缩池，回流污泥经过浓缩后进入 A²/O 反应池，

提高了生物反应池中的污泥浓度和容积利用效率；

③ 省去了二沉池，降低了工程建设费用，节省了占地面积。

图 7-175 为五里坨污水处理厂 MSBR 工艺流程。

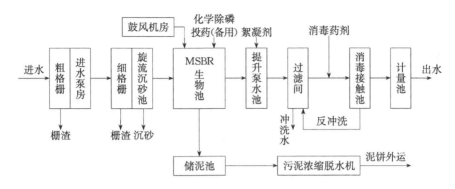

图 7-175　五里坨污水处理厂 MSBR 工艺流程

（6）A_2N-SBR 工艺

基于缺氧吸磷的理论而开发的 A_2N（anaerobic anoxic nitrification)-SBR 连续流反硝化除磷脱氮工艺，是将生物膜法和活性污泥法相结合的双污泥系统（见图 7-176）。在该工艺中，反硝化除磷菌悬浮生长在一个反应器中，而硝化菌呈生物膜固着生长在另一个反应器中，两者的分离解决了传统单污泥系统中除磷菌和硝化菌的竞争性矛盾，使它们各自在最佳的环境中生长，有利于除磷和脱氮系统的稳定和高效。与传统的生物除磷脱氮工艺相比较，A_2N 工艺具有"一碳两用"、节省曝气、回流所耗费的能量少、污泥产量低以及各种不同菌群各自分开培养的优点。A_2N 工艺最适合碳氮比较低的情形，颇受污水处理行业的重视。

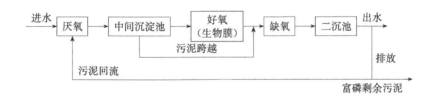

图 7-176　A_2N 反硝化除磷脱氮工艺

（7）AOA-SBR 工艺

AOA-SBR 法就是将厌氧/好氧/缺氧（简称 AOA）工艺应用于 SBR 中，充分利用了反硝化聚磷菌（DPB）在缺氧且没有碳源的条件下能同时进行脱氮除磷的特性，使反硝化过程在没有碳源的缺氧段进行，不需要好氧池和缺氧池之间的循环，达到氮磷在单一的 SBR 中同时去除的目的。采用此工艺处理碳氮质量比低于 10 的合成废水可以得到良好的脱氮除磷效果，平均氮、磷去除率分别为 83％、92％。此工艺不仅可以富集 DPB，而且使 DPB 在除磷脱氮过程中起主要作用。试验结果显示在 AOA-SBR 工艺中 DPB 占总聚磷菌的比例是 44％，远比常规工艺 A/O-SBR（13％）和 A^2/O 工艺（21％）要高。

AOA-SBR 工艺有 2 个特点：

① 在好氧期开始时加入适量碳源以抑制好氧吸磷，此试验中好氧期加入最佳碳源量是

40mg/L；

② 在此工艺中，亚硝酸盐可以作吸磷的电子受体。

7.7.8 改良型 AB 法工艺

(1) AB（BAF）工艺

AB（BAF）工艺即是以具有高容积负荷的曝气生物滤池（BAF）代替 AB 法中的 B 段，形成生物吸附-曝气滤池串联工艺，其工艺流程见图 7-177。

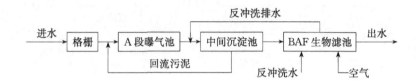

图 7-177　AB（BAF）工艺流程

BAF 中的活性污泥不仅在滤料表面形成生物膜，同时在滤料间的空隙中形成污泥滤层，在吸附、降解污水中的有机物时还能起到很好的吸附过滤作用，从而省去了 B 段中的二次沉淀池。且 BAF 的停留时间短，只占 B 段的 1/4，即容积负荷为 B 段的 2.8 倍，与 B 段相比，节省造价 40%，节省运行费用 50%，减少占地面积 60%。

(2) AB（A/O）工艺

AB（A/O）工艺是将典型 AB 法中的 B 段改为 A/O 法，其工艺流程见图 7-178。

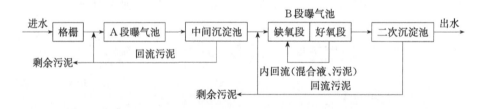

图 7-178　AB（A/O）工艺流程

污水经 A 段去除部分有机物后，进入 A/O 工艺。缺氧池（A 池）利用污水中的有机物，由异养型反硝化菌将 NO_3^- 还原为 N_2 从水中逸出；好氧池利用自养型硝化菌将 NH_4^+ 氧化为 NO_3^-；好氧池的混合液回流至缺氧池形成内回流。AB（A/O）工艺比 A/O 工艺节省能耗，运行稳定，总脱氮效率可提高到 85%。

图 7-179 为德国 Krefeld 污水处理厂 AB（A/O）工艺流程。

(3) AB（A²/O）工艺

AB（A²/O）工艺是将 AB 法工艺中的 B 段改为 A²/O 法，其工艺流程见图 7-180。

该方法既具有 AB 法进水负荷高、耐冲击的优点，又具有 A²/O 工艺对有机物、氮、磷等同时高效去除的优点，且运行灵活、稳定。

国外应用的 AB 法工艺流程见图 7-181。

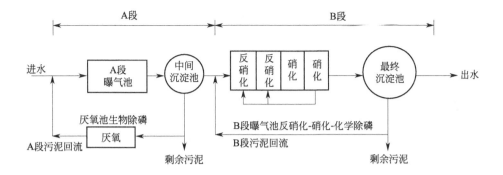

图 7-179　德国 Krefeld 污水处理厂 AB（A/O）工艺流程

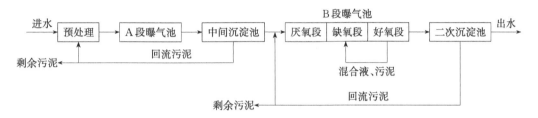

图 7-180　AB（A²/O）工艺流程

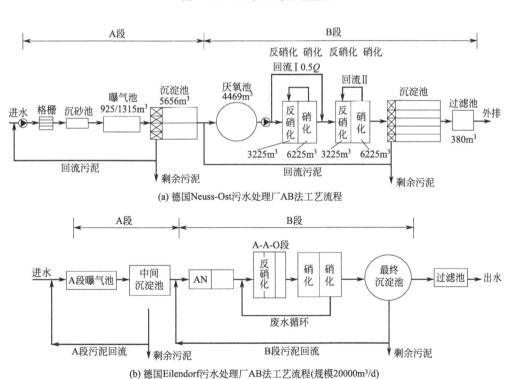

(a) 德国Neuss-Ost污水处理厂AB法工艺流程

(b) 德国Eilendorf污水处理厂AB法工艺流程(规模20000m³/d)

图 7-181　国外 AB 法工艺流程

(4) AB（氧化沟）工艺

AB（氧化沟）工艺是将 AB 法工艺中的 A 段与氧化沟相结合的工艺，大多用于改建或扩建现有的污水处理厂，达到提高出水水质的目的。其工艺流程见图 7-182。

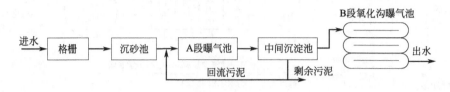

图 7-182　AB（氧化沟）工艺流程

(5) AB（SBR）工艺

AB（SBR）工艺是将 AB 法工艺中的 A 段与 SBR 相结合的工艺，通常适用于新建、改建或扩建现有的污水处理厂。B 段为 SBR 系统，不仅可以达到脱氮除磷的效果，同时还可实现污水处理系统的自动化管理控制，从而提高出水水质。其工艺流程见图 7-183。

图 7-183　AB（SBR）工艺流程

(6) AB（OCO）工艺

AB（OCO）工艺将 AB 法工艺中的 B 段改为 OCO 法。

图 7-184 为德国 Eschweiler 污水处理厂 AB（OCO）工艺流程。

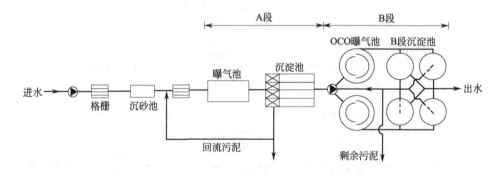

图 7-184　德国 Eschweiler 污水处理厂 AB（OCO）工艺流程

7.8　污（废）水深度处理回用工艺流程

水资源短缺和水污染加剧的现象日益严重，导致了全球性的水危机。目前，污（废）水再生利用已经成为世界上不少国家解决水资源不足的战略性对策，我国也越来越重视污（废）

水的再生利用问题，并积累了一定的经验。

7.8.1 城市污水深度处理回用工艺

城市污水经处理净化后，在水资源严重不足的地区可以用作生活饮用水，其他情况下主要回用于农业、工业、地下水回灌、市政用水等。

(1) 城市污水回用作生活饮用水处理工艺

城市污水经处理后如用作生活饮用水源时，对水质要求很高，尤其对水中的病毒、有机物及重金属等要求十分严格。图 7-185 为目前国外以城市污水二级处理出水经高级氧化处理回用作生活饮用水源的典型处理流程。

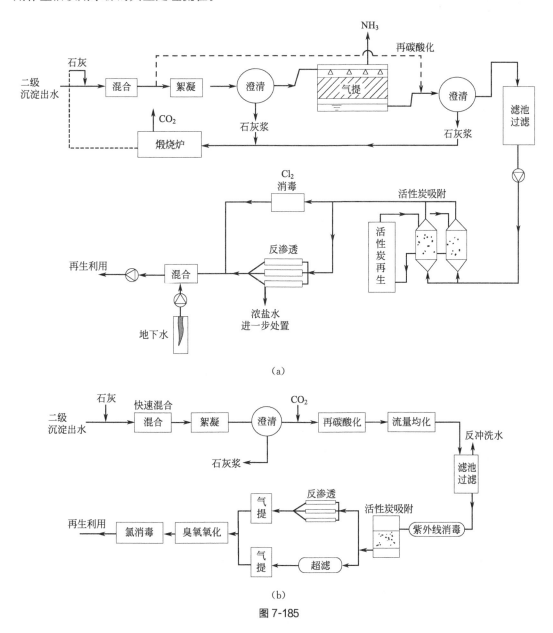

图 7-185

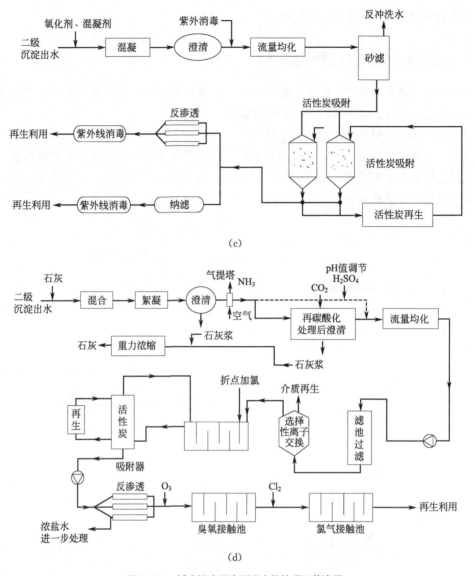

图 7-185　城市污水再生利用高级处理工艺流程

图 7-185 所示的高级处理工艺中，采用选择性离子交换去除水中有害金属离子如 Ca^{2+}、Ni^{2+}、Cu^{2+} 等；折点加氯是去除水中残存的 NH_3；活性炭吸附去除水中残余的含氯有机物；反渗透（或纳滤、超滤）去除低分子有机物并能除盐；出水经臭氧氧化及氯消毒，既彻底氧化有害物，又消毒杀菌、杀死病毒。

国外部分城市污水再生回用工程实例见图 7-186。

二级出水 → 氯消毒 → 膜滤 → 反渗透 → UV 消毒 → 臭氧氧化 → 回用

（a）美国加利福尼亚 Padre Dam 深度水净化示范工程工艺流程（规模 $10\times10^4\,\mathrm{m^3/d}$）

二级出水 → 微滤 → 反渗透 → UV 消毒 → H_2O_2 氧化 → 回用

（b）美国加州 21 世纪水厂污水再生回用工艺流程（规模 $50\times10^4\,\mathrm{m^3/d}$）

（c）美国科罗拉多州丹佛污水厂深度处理回用工艺流程（规模 $31.5 \times 10^4 m^3/d$）

图 7-186　国外部分城市污水再生回用工程实例

(2) 城市污水回用作杂用水处理工艺

1）AC/BAC 深度处理工艺

该工艺不采用预氯化或其他预氧化过程，利用 AC 或 BAC 提供了较大的比表面积和吸附能，为微生物氧化降解水中的微量有机物创造了良好的条件，处理效果稳定（见图 7-187）。

（a）活性炭吸附深度处理回用工艺流程

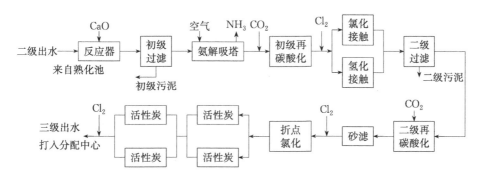

（b）纳米比亚温德和克再生水厂工艺流程

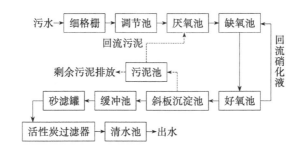

（c）山西大学商务学院再生水回用工程工艺流程（规模 $1000 m^3/d$）

图 7-187　AC/BAC 深度处理工艺及实例

2）O_3-BAC（OBAC）联合工艺

O_3 氧化和 BAC 吸附联合工艺可以更大限度地强化有机污染物的去除，工艺流程见图 7-188。

$$二级出水 \rightarrow 臭氧 \rightarrow 生物活性炭 \rightarrow 微滤 \rightarrow 消毒$$

图 7-188　O_3-BAC 深度处理回用工艺流程

图 7-189 为日本芝山住宅区的污水处理工艺流程。区内污水采用活性污泥法和混凝法处理。处理后出水的 75%~80% 排放，20%~25% 经过 O_3 氧化、活性炭吸附和消毒后作为中水回用。污水处理回用于冲洗厕所、洗涤用水、清扫用水和小池小河补充水。

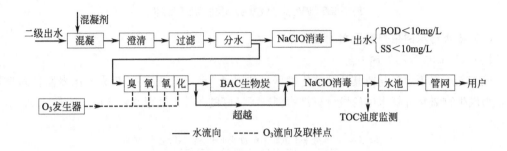

图 7-189 日本芝山住宅区中水处理流程

3）MBR 中水回用工艺

MBR 的出水中 COD 与 BOD_5 的去除率高，氮去除优势明显，浊度很低，大部分细菌和病毒被截留，优良的出水水质使得出水可直接回用于建筑及城市绿化清洁、消防等。大连某饭店中水回用系统将生物降解、沉淀、过滤集中为一体，减少了设备需求，可使运行成本降低，故障点减少。

① 图 7-190 为大连某饭店中水 MBR 回用工程工艺流程。该处理系统采用 MBBR 工艺，运行性能良好，出水水质完全达到《生活杂用水水质标准》（CJ/T 48—1999）。

图 7-190 大连某饭店中水 MBR 回用工程工艺流程（规模 60m³/d）

② 图 7-191 为阿曼某污水处理厂 MBR 工艺流程。该厂的出水水质为：BOD≤10mg/L；TSS≤10mg/L；NH_4^+-N<1mg/L；NO_3^--N<8mg/L；大肠杆菌<2.2 个/100mL；其他寄生虫类<1 个/L；浊度≤2NTU。

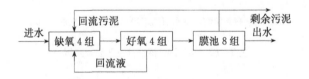

图 7-191 阿曼某污水处理厂 MBR 工艺流程（规模 76000t/d）

③ 图 7-192 为徐州卷烟厂污水深度处理与再生回用工艺流程。该工艺采用 MBR＋RO 技术深度处理二级出水并回用。

4）膜法深度处理工艺

图 7-193 为常用的反渗透系统深度处理工艺流程。

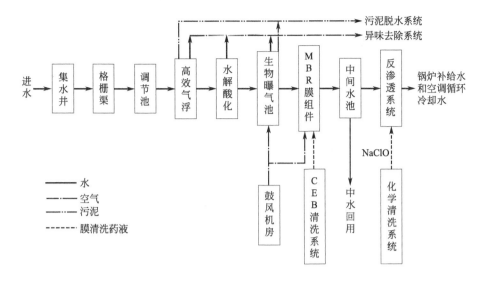

图 7-192 徐州卷烟厂污水深度处理与再生回用工艺流程（规模 5×10⁴m³/d）

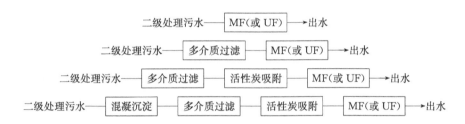

图 7-193 常用的反渗透系统深度处理工艺流程

图 7-194 为一些典型的膜法深度处理回用工艺流程。

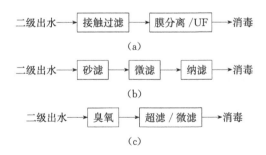

图 7-194 典型的膜法深度处理回用工艺流程

图 7-195～图 7-203 为国内外一些采用膜法深度处理及中水回用的工程实例。

图 7-195 Newater 水厂深度处理工艺流程

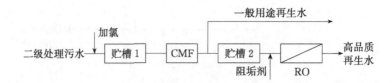

图 7-196 天津开发区再生水处理工艺流程

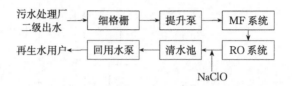

图 7-197 北京经济技术开发区再生水回用工艺流程（规模 2×10⁴m³/d）

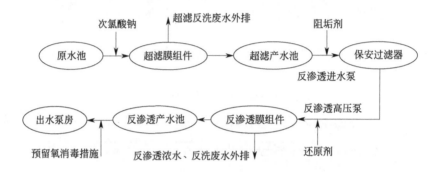

图 7-198 无锡滨湖经济技术开发区污水厂再生回用工程工艺流程（规模 3×10⁴m³/d）

图 7-199 淮北市污水处理厂中水回用工程工艺流程（规模 9×10⁴m³/d）

图 7-200 加利福尼亚州奥兰治县 21 世纪水厂 AC+ RO 深度处理工艺

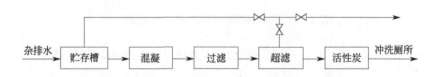

图 7-201 UF+ GAC 系统深度处理工艺流程

图 7-202 为国外某污水处理厂采用反渗透处理二级出水的深度处理工艺流程。反渗透设备

采用 ROGA 型螺卷式，6 列，每列 35 根，每根直径 20.3cm，长 6.9m，工作压力为 4.12MPa。来水的含盐量为1000mg/L，水的回收率为85%，脱盐率为90%。

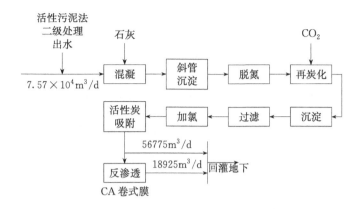

图 7-202　某污水处理厂 AC+ RO 深度处理工艺流程（规模 18925m³/d）

图 7-203 为美国洛杉矶 Orange 地区的城市污水深度处理的 21（世纪）水厂深度处理工艺流程，包括石灰除磷、吹脱除氨、碳酸化、三层滤料过滤、活性炭吸附、液氯消毒及折点加氯去除残余氨氮。中水回用于农田灌溉和地下水补给水源。

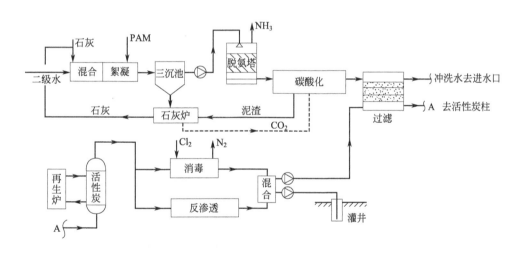

图 7-203　美国 21（世纪）水厂工艺（规模 5.68×10⁴m³/d）

5）高效沉淀池/滤池深度处理工艺

图 7-204～图 7-209 为我国一些污水厂采用高效沉淀池/滤池深度处理及中水回用的工艺流程。

图 7-204　唐山西郊污水处理厂中水回用工程（规模 6×10⁴m³/d）

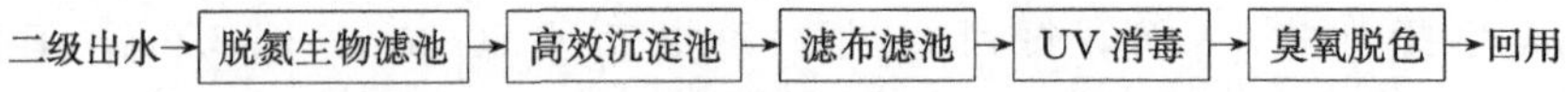

二级出水 → 脱氮生物滤池 → 高效沉淀池 → 滤布滤池 → UV消毒 → 臭氧脱色 → 回用

图 7-205　石家庄桥东污水处理厂中水回用工程（规模 60×10⁴m³/d）

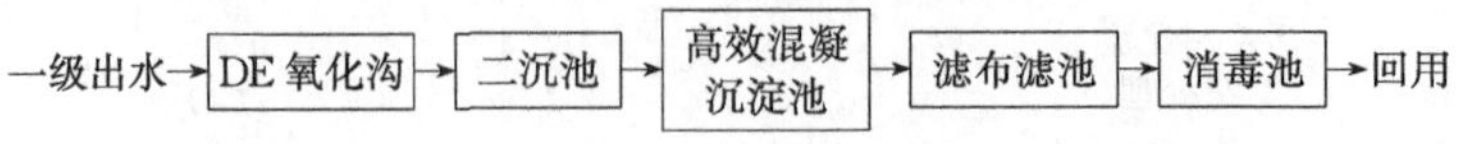

一级出水 → DE氧化沟 → 二沉池 → 高效混凝沉淀池 → 滤布滤池 → 消毒池 → 回用

图 7-206　南京溧水区污水处理厂再生回用工程（规模 5×10⁴m³/d）

一级出水 → 曝气池 → MSBR → 二沉池 → 高密度沉淀池 → 滤布滤池 → 消毒池 → 回用

图 7-207　青岛李村河污水处理厂再生回用工程（规模 17×10⁴m³/d）

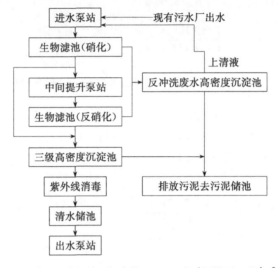

图 7-208　新疆河东污水厂深度处理回用工程（规模 20×10⁴m³/d）

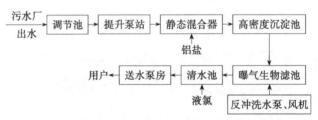

图 7-209　包头市东河东中水处理厂工艺流程（规模 4×10⁴m³/d）

6）臭氧＋曝气生物滤池深度处理工艺

图 7-210 为高碑店污水处理厂 O₃＋BAF 深度处理再生回用工艺流程。

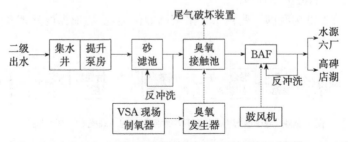

图 7-210　高碑店污水处理厂 O₃＋BAF 深度处理再生回用工艺流程（规模 100×10⁴m³/d）

7.8.2 工业废水深度处理回用工艺

(1) 电镀废水处理工艺

电镀废水中的主要污染物为各种金属离子、酸类和碱类物质等。电镀废水处理回用技术主要有离子交换法和膜分离法。图7-211～图7-214为电镀废水采用离子交换法处理的工艺流程。离子交换法可以回收金属，消除金属污染。

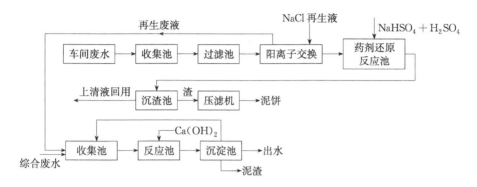

图7-211 含铬废水离子交换法处理工艺流程

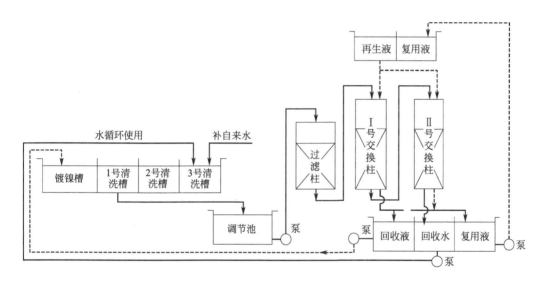

图7-212 上海某滚镀厂含镍废水离子交换法处理回用工艺流程

图7-214为电镀废水采用膜分离法处理回用的工艺流程。采用膜分离法可以选用不同孔径的膜（MF、UF、NF、RO）分别对不同类型的金属离子进行浓缩回收，该法自动化程度高、操作简单。

(2) 造纸废水

造纸废水成分复杂，可生化性差，较难处理。水中COD主要由纤维、填料、松香胶状物等组成，目前广泛采用的处理方法有气浮法、沉淀法和过滤法。其中气浮法的处理时间短，纸浆回收率为90%以上，处理后的白水不经过滤直接循环使用，工艺流程简单，适用于牛皮纸、水泥袋、凸版纸等各类造纸废水的处理。图 7-215～图 7-217 为国内一些造纸废水处理回用工艺流程。

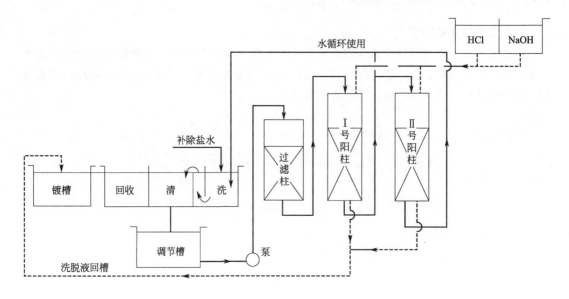

图 7-213 上海某厂含锌废水离子交换法处理回用工艺流程

图 7-214 电镀综合废水膜分离法处理回用工艺流程（规模 11000m³/d）

图 7-215 杭州某纸业公司造纸废水浅层气浮法处理回用工艺流程（规模 1200m³/d）

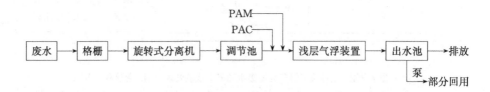

图 7-216 浙江某纸业公司造纸废水浅层气浮法处理回用工艺流程（规模 12000m³/d）

造纸废水中的纸浆采用气浮法处理回收后，COD 和 SS 仍很高，可以采用 A/O 工艺生化处理，再经过生物炭（BAC）和膜分离法联用工艺深度处理回用，如图 7-217 所示。

(3) 化工废水

化工废水的水质成分复杂，含盐量高，污染物含量高，有毒有害物质多，可生化性差。常用的深度处理方法有电解法、高级氧化法、萃取法、吸附法、膜分离法等，主要去除难降解溶解性有机物。

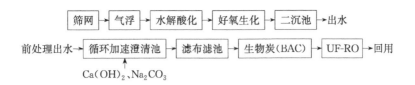

图 7-217　苏州金华纸业公司造纸废水处理回用工艺流程

① 图 7-218 为天津某化纤公司废水处理回用工艺流程。该公司化工废水采用接触氧化＋纯氧曝气进行生化处理，再沉淀、过滤深度处理回用作循环水补充水。

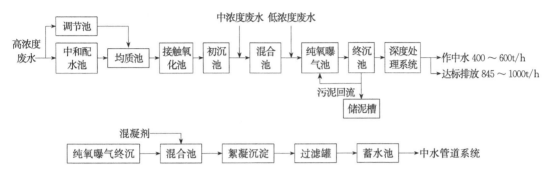

图 7-218　天津某化纤公司废水处理回用工艺流程

② 图 7-219 为某有机化工厂废水处理及回用工艺流程。该工艺采用水解酸化＋生物接触氧化＋超滤＋反渗透组合工艺，对化工废水进行有机物降解和脱盐处理，处理出水回用作循环冷却系统补充水。

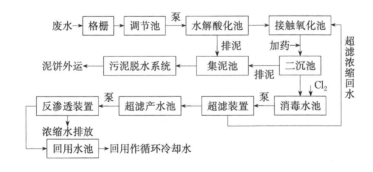

图 7-219　某化工废水深度处理及回用工艺流程（规模 3000m³/d）

③ 图 7-220 为江苏某化工公司废水深度处理回用工艺流程。该化工废水中主要含有硝基苯类、苯胺和苯酚等污染物，浓度高、毒性大、可生化性差。该工艺采用铁碳微电解结合 Fenton 试剂进行化学氧化预处理、二级 A/O 结合 PACT 工艺后处理、混凝沉淀辅助处理的方法，COD 去除率可达 97%。

(4) 高盐废水

高盐废水脱盐的方法主要有蒸发结晶处理、膜处理、催化技术等。典型的高盐废水深度处理回用工艺流程如图 7-221 所示。

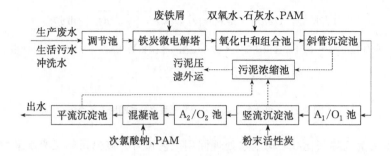

图 7-220　江苏某化工公司废水深度处理回用工艺流程（规模 600m³/d）

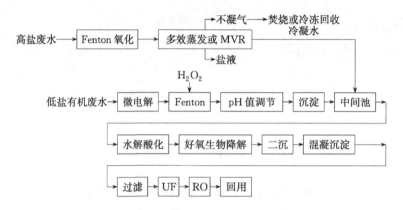

图 7-221　典型的高盐废水深度处理回用工艺流程

其他除盐工艺流程可参见 7.3 部分相关内容。

（5）乳化油废水

含油废水中的乳化油在动力学上具有一定的稳定性，其成分中含有碱性物质、表面活性物质、脂肪酸等，加深了油在水中的乳化性质，加大了废水的处理难度。

① 图 7-222 为宁波市乳化液处理回用工艺流程。该工艺采用混凝气浮预处理，SBR 生化池结合压力过滤的方法。

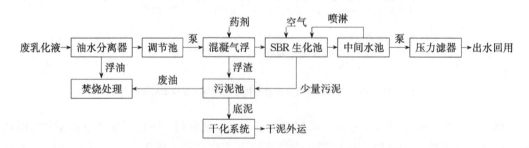

图 7-222　宁波市乳化液处理回用工艺流程

② 图 7-223 为膜分离法处理含油废水的工艺流程。

（6）印染废水

印染废水中主要含有染料及色度物质、浆料、酸、碱、盐、表面活性剂等，其中危害较大的有重金属、卤化物、甲醛和酚类化合物。印染废水深度处理技术包括化学氧化法、电化学氧化法、膜分离法等。

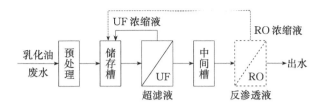

图 7-223　超滤（或与反渗透联合）处理乳化油废水的工艺流程

图 7-224 和图 7-225 为膜分离法深度处理印染废水的工艺流程。

图 7-224　砂滤+ 超滤+ 反渗透/纳滤处理乳化油废水的工艺流程

二级出水→ 絮凝澄清 → 臭氧 → 超滤 →回用

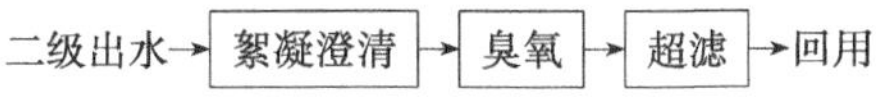

图 7-225　絮凝澄清+ 臭氧+ 超滤处理乳化油废水的工艺流程

① 图 7-226 为无锡某纺织印染企业采用超滤工艺深度处理染料废水的工艺流程。

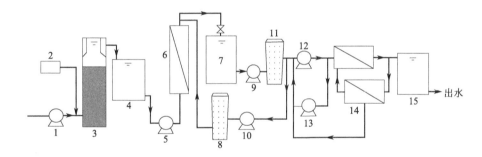

图 7-226　印染废水 BAF+ UF+ RO 深度处理工艺流程（规模 500m³/d）
1—进水泵；2—电磁式空压机；3—BAF；4—BAF 产水箱；5—UF 进水泵；6—UF 装置；
7—UF 产水箱；8—100μm 反洗过滤器；9—RO 给水泵；10—超滤反洗泵；11—5μm 保安过滤器；
12—RO 高压泵；13—清洗泵；14—RO 装置；15—RO 产水箱

② 图 7-227 为某纺织企业废水的深度处理回用工艺流程。该工程采用了水解酸化-生物接触氧化-连续微滤（MF）-反渗透（RO）组合工艺对生化出水进行深度处理并回用。该工艺没有固体废物产生，真正实现了废水的零排放。

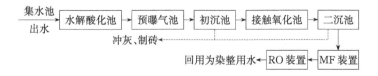

图 7-227　印染废水 A/O+ MF+ RO 深度处理回用工艺流程（规模 2544m³/d）

参考文献

[1] 崔玉川，员建. 给水厂处理设施设计计算 [M]. 3版. 北京：化学工业出版社，2019.

[2] 冯敏. 现代水处理技术 [M]. 2版. 北京：化学工业出版社，2019.

[3] 李圭白，梁恒，白朗明，等. 绿色工艺——第三代饮用水净化工艺的发展方向 [J]. 给水排水，2021，47（9）：1-5.

[4] 李圭白，张杰. 水质工程学（上册）[M]. 2版. 北京：中国建筑工业出版社，2013.

[5] 李圭白，张杰. 水质工程学（下册）[M]. 2版. 北京：中国建筑工业出版社，2013.

[6] 张林生. 水的深度处理与回用技术 [M]. 北京：化学工业出版社，2016.

[7] 沈耀良，王宝贞. 废水生物处理新技术——理论与应用 [M]. 2版. 北京：中国环境科学出版社，2006.

[8] 李亚新. 活性污泥法理论与技术 [M]. 北京：中国建筑工业出版社，2007.

[9] 王凯军，贾立敏. 城市污水生物处理新技术开发与应用 [M]. 北京：化学工业出版社，2001.

[10] Metcalf，Eddy Inc. 废水工程处理及回用 [M]. 4版. 北京：化学工业出版社，2004.

[11] 张自杰. 排水工程（下册）[M]. 5版. 北京：中国建筑工业出版社，2015.

[12] 高廷耀，顾国维，周琪. 水污染控制工程（下册）[M]. 4版. 北京：高等教育出版社，2015.

[13] 王凯军. 厌氧生物技术（Ⅰ）——理论与应用 [M]. 北京：化学工业出版社，2015.

[14] 邓荣森. 氧化沟污水处理理论与技术 [M]. 北京：化学工业出版社，2006.

[15] 刘振江，崔玉川. 城市污水厂处理设施设计计算 [M]. 3版. 北京：化学工业出版社，2019.

[16] 李军，杨秀山，彭永臻. 微生物与水处理工程 [M]. 北京：化学工业出版社，2003.

[17] 叶建锋. 废水生物脱氮处理新技术 [M]. 北京：化学工业出版社，2006.

[18] 张忠祥，钱易. 废水生物处理新技术 [M]. 北京：清华大学出版社，2004.

[19] 区岳州，胡勇有. 氧化沟污水处理技术及工程实例 [M]. 北京：化学工业出版社，2005.

[20] 任南琪，王爱杰，等. 厌氧生物技术原理与应用 [M]. 北京：化学工业出版社，2004.

[21] 汪大翚，雷乐成. 水处理新技术及工程设计 [M]. 北京：化学工业出版社，2001.

[22] 雷乐成，汪大翚. 水处理高级氧化技术 [M]. 北京：化学工业出版社，2001.

[23] 崔玉川，陈宏平. 城市污水回用深度处理设施设计计算 [M]. 2版. 北京：化学工业出版社，2016.

[24] 郑俊，吴浩汀，程寒飞. 曝气生物滤池污水处理新技术及工程实例 [M]. 北京：化学工业出版社，2002.

[25] 马溪平，徐成斌，付保荣，等. 厌氧微生物学与污水处理 [M]. 2版. 北京：化学工业出版社，2021.

[26] 张统. 间歇式活性污泥法污水处理技术及工程实例 [M]. 北京：化学工业出版社，2002.

[27] 许保玖，龙腾锐. 当代给水与废水处理原理 [M]. 北京：高等教育出版社，1990.

[28] 张晓健，黄霞. 水和废水物化处理的原理与工艺 [M]. 北京：清华大学出版社，2011.

[29] 李福勤，陈宏平. 纯净水与矿泉水处理工艺及设施设计计算 [M]. 2版. 北京：化学工业出版社，2015.

[30] 崔玉川. 水的除盐方法与工程应用 [M]. 北京：化学工业出版社，2009.

[31] 李佳佳. 水处理技术创新与应用的前沿热点——2016中国水处理技术创新与应用前沿论坛观点精华 [J]. 净水技术，2016，35（s2）：1-3.

[32] 余淦申，郭茂新，黄进勇，等. 工业废水处理及再生利用 [M]. 北京：化学工业出版社，2019.

[33] 杨红红，牟洪礼，齐立新. Biolak工艺处理城市污水的设计及运行 [J]. 给水排水，2005，31（5）：24-26.

[34] 王涛. Biolak工艺及其在设计中应注意的问题 [J]. 中国给水排水，2003，19（10）：79-80.

[35] 吴晓博，郑轶荣. BIOLAK工艺在处理皮革废水过程中的应用 [J]. 水处理技术，2009，35（4）：108-110.

[36] 亓化亮，杨圣华，陈学民，等. Biolak工艺处理造纸、柠檬酸混合废水 [J]. 中国给水排水，2004，20（8）：82-84.

[37] 刘颖，徐永军，崔占成. BIOLAK工艺在污水处理中的应用 [J]. 环境科学与管理，2006，31（2）：117-118.

[38] 丁永伟，王琳，王宝贞，等. 活性污泥和生物膜复合工艺的应用 [J]. 中国给水排水，2005，21（8）：30-33.

[39] 吴海珍，曹臣，吴超飞，等. 水解/好氧双流化床工艺处理百事可乐生产废水 [J]. 中国给水排水，2010，26（22）：64-68.

[40] 张振鹏，蒋文举，颜永华．厌氧沼气池-生物流化床处理生活污水应用研究 [J]．中国沼气，2003，21（2）：23-25.

[41] 陈辉，俞津津，诸美红，等．厌氧折流板反应器的研究进展 [J]．科技通报，2014，30（1）：203-207，229.

[42] 卢姿．IC 反应器在啤酒废水处理中的应用 [J]．水处理技术，2013，39（7）：124-127.

[43] 王白杨，苏怀星．IC＋两级 A/O 工艺处理中成药制药有机废水 [J]．水处理技术，2012，38（5）：122-124.

[44] 许晓峰，林琦，冯俊生，等．UASB-MBR 组合工艺处理聚醚废水研究 [J]．环境科学与管理，2019，44（5）：95-98.

[45] 夏宏生，陈师楚．UASB-O/A/O 组合工艺对规模化养猪场废水的生物脱氮除磷研究 [J]．环境工程，2018，36（1）：11-14，36.

[46] 余晓玲，邓觅，吴永明，等．UASB-两级 A/O-生态塘组合工艺处理养猪场废水 [J]．给水排水，2018，44（3）：59-63.

[47] 杨莉，蔡天明，代鹏飞．微电解-UASB-生物接触氧化组合工艺处理制药废水 [J]．工业水处理，2017，37（8）：66-69.

[48] 方勇，杨友强．EGSB-CASS 工艺处理制药废水 [J]．给水排水，2009，35（12）：55-57.

[49] 吕志伟，杨阳，马立．EGSB-SBR 组合工艺对城市生活污水处理的试验研究 [J]．水处理技术，2010，36（4）：112-114.

[50] 徐富，邵金兰，张彩吉，等．EGSB 厌氧工艺在印染废水处理中的工程应用 [J]．给水排水，2020，46（11）：65-68.

[51] 孙国亮，王忠敏，朱四琛，等．两级 EGSB＋AO＋Fenton 组合工艺深度处理农药废水 [J]．净水技术，2018，37（110）：109-115.

第**8**章

水质处理的新设施

这里的"水质处理设施"，主要指完成水质处理的单个工序或整个工艺流程（一体化）的构筑物、设备和装置。

8.1 絮凝处理新型构筑物

8.1.1 自旋式微涡流絮凝池

(1) 构造

自旋式微涡流絮凝装置是由若干个断面为圆形、中空结构的絮凝环所组成的。絮凝环是用机械挤压一次成型的乙丙共聚型材质的絮凝环穿杆限位联结而成。图 8-1 所示为由 4 个絮凝环组成的一组"自旋式微涡流絮凝装置"的三维图。

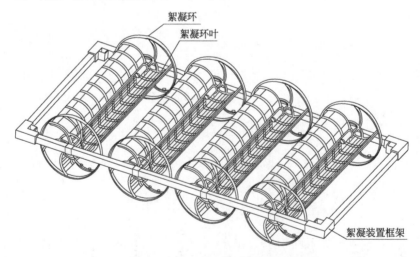

图 8-1 自旋式微涡流絮凝装置三维图

(2) 工艺

自旋式微涡流絮凝装置可安装在廊道或竖井中。当水流经过多道自旋式絮凝装置时，利用进水自身的能量，使水流方向多频次折转，形成多个速度方向的微单元。这些微单元流束在廊道或竖井中推流前进时互相作用，形成紊动的涡流。这种高频谱涡旋动力学条件，有利于水中微小颗粒的接触、吸附和逐渐成长，能较好地促进水中悬浮物凝聚作用的进行。

（3）特点

① 设备安装方便，管理维护简单，对原水水量和水质变化的适应性较强。

② 利用水流能量带动絮凝环旋转，导致适合絮体成长的絮凝环单体周围的水流紊动，且絮体沉降性能好，所需时间短。

③ 絮凝设备在水流的作用下可自行旋转，可防止设备表面积泥，抑制藻类的滋生。

④ 絮凝装置模块化组装，不需要焊接或黏结，结构本身可有效消除应力，不易损坏，拆装和维护方便。

⑤ 絮凝装置布置较灵活，在竖井或廊道中均可应用。

（4）技术要点

该种絮凝池可划分为若干廊道，相邻的数个廊道可组成一个级。

① 自旋式微涡流絮凝池一般不少于 2 个。絮凝时间 12～18min。

② 沿池宽方向竖直布置多组絮凝环装置，每根絮凝环直径为 ϕ200mm，长度为 b_n，旋转效率为 75%，单根絮凝环面积为 $0.2 \times 75\% \times b_n$，单组阻水面积为 $0.2 \times 75\% \times b_n \times a$（$b_n$ 为廊道宽度，a 为竖向布置根数）。

③ 各级絮凝廊道内流速：一级 0.15～0.22m/s，二级 0.11～0.17m/s，三级 0.08～0.11m/s。

④ 各级水流过设备流速：一级 0.30～0.45m/s，二级 0.15～0.30m/s，三级 0.1～0.15m/s。

⑤ 各级廊道水流的速度梯度：一级 60～110s^{-1}，二级 40～60s^{-1}，三级 15～40s^{-1}。

8.1.2 水力旋流网格絮凝池

（1）构造

水力旋流网格絮凝装置，由多组带倾斜翼片的六边形单环组件组合成蜂窝形板型结构，安装固定于絮凝池水流通道上。其单环结构形式和多环组合的结构形式分别见图 8-2 和图 8-3。

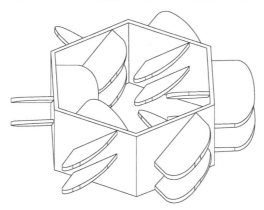

图 8-2　水力旋流网格絮凝单环装置三维图

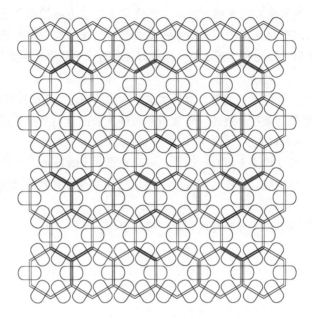

图 8-3　水力旋流网格絮凝多环组合结构

(2) 原理

水流通过六边形组件时，斜楞板对水流产生转向扰动，打破了水流跟从效应，形成流体折转紊动，从而造成有利于颗粒碰撞的"宏观水流碰撞减弱，微观水流碰撞加剧"的水力学环境。其特点是絮凝装置结构本身可根据斜楞板宽度分级，各级絮凝装置形成不同的水流紊动速度，则可根据需要调整速度梯度，提供最佳水力学絮凝环境。

(3) 特点

该种絮凝池可缩短絮凝时间，减少加药量，对处理低温低浊水具有明显优势。

(4) 技术要点

该种絮凝池可划分为若干廊道，相邻的数个廊道可组成一个级。

① 絮凝时间 12～18min。

② 各级絮凝廊道内流速：一级 0.15～0.22m/s，二级 0.11～0.15m/s，三级 0.08～0.11m/s。

③ 各级廊道水流速度梯度：一级 60～100s^{-1}，二级 30～60s^{-1}，三级 10～20s^{-1}。

④ 各级过水力旋流网格流速：一级 0.26～0.35m/s，二级 0.15～0.26m/s，三级 0.1～0.15m/s。

8.2　沉淀处理新构筑物

8.2.1　侧向流倒 V 形斜板沉淀池

(1) 构造

单片侧向流倒 V 形斜板是由呈一定夹角 θ 的两块长方形单板组成的，如图 8-4 所示。侧向流倒 V 形斜板沉淀装置则是由多个倒 V 形斜板单片在垂直方向上按相等间距排列叠加固定组成的，见图 8-5，其中上下相邻两个倒 V 形斜板之间即为水流断面通道，相邻两列该装置之间的间距 b_2 自上而下形成排泥通道。其平面布置见图 8-6。

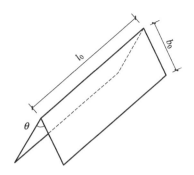

图 8-4 倒 V 形斜板单片构造示意

l_0—V 形斜板的长度；b_0—V 形斜板的宽度；θ—V 形斜板的夹角

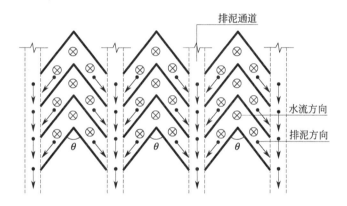

图 8-5 倒 V 形斜板沉淀装置示意

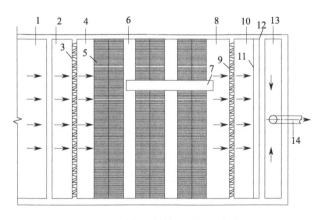

图 8-6 倒 V 形斜板沉淀平面布置

1—絮凝区；2—进水过渡区；3—配水花墙；4—进水稳流区；5—倒 V 形斜板沉淀单元；
6—检修间隔；7—斜板辅助清泥装置；8—出水稳流区；9—稳流花墙；10—出水区；11—导流板；
12—出水堰板；13—出水渠；14—出水管

(2) 工艺

当絮凝后的原水以水平方向沿板面流入该装置后，基于浅层沉淀原理，原水中的泥渣颗粒易沉降在斜板面上，然后再沿斜板面与水流呈垂直方向下滑入斜板下边沿的垂直排泥通道（其前后两面是封闭的），最后汇集于池底排泥系统排出。沉淀后的清水从该沉淀装置的末端集中收集引出。

(3) 特点

① 水流沿水平方向流动，沉泥沿竖直方向降落，避免了水和泥之间的相互干扰，大大提高了泥水分离效率。

② 倒 V 形斜板内部设有微扰动结构，使残余细微悬浮颗粒进一步凝聚，增强后絮凝作用，减少颗粒流失。

③ 抗水质水量冲击优势明显，出水浊度受斜板冲洗周期影响较小。

④ 装有可定时自动运行的横扫式侧向流斜板除泥装置，无需人工放空冲洗，避免了操作因素对水质的影响，也降低了运行成本。

⑤ 池型布置灵活，当建设场地受限时，可以在长、宽、高方向进行调整。

(4) 技术要点

① 单个倒 V 形斜板（图 8-4）横断面应为倒 V 形，两板夹角 θ 宜为 60°。斜板长度 l_0 宜为 0.99m，斜板单板宽度 b_0 宜为 0.25m，斜板厚度宜为 1.5～1.7mm。斜板组沉泥竖直下落通道宽度 b_2 宜为 20～45mm，斜板之间竖向间距 h_0 宜为 40～100mm。斜板单元之间的间距宜为 0.70～1.00m。

② 沉淀池水平流速宜由试验确定，当无试验资料时，水平流速宜为 6～20mm/s；颗粒沉降速度宜根据试验或参照相似条件下的经验数据确定，当无相关资料时，颗粒沉降速度宜为 0.12～0.25mm/s。

③ 侧向流倒 V 形斜板沉淀池水深宜为 3.00～5.00m；单个（格）宽度宜为 5.0～10.0m，超过 10.00m 时，宜设分隔墙。

④ 沉淀池进水过渡区长度宜为 0.70～1.50m；进水稳流区的长度宜为 1.20～3.00m。进水宜采用穿孔花墙配水，孔口应均匀布置，过孔流速宜为 0.07～0.09m/s。配水花墙最下层孔洞孔底宜与斜板底部标高一致，最上层孔洞孔顶宜低于设计水位 0.20～0.40m。

⑤ 出水稳流区长度宜为 1.50～3.00m；出水稳流花墙孔口应布置均匀，最下层孔洞底部宜高于倒 V 形斜板底部 0.20～0.40m，最上层孔洞顶部宜低于设计水面 0.05～0.10m；出水稳流花墙过孔流速宜为 0.20～0.40m/s。出水区长度不宜小于 1.20m，宜采用堰出水，堰板应可调节，调节高度不宜小于 50mm。可在出水堰前设置导流板。

⑥ 倒 V 形斜板的顶部宜高出设计水位不小于 0.12m。

⑦ 侧向流倒 V 形斜板沉淀池宜设置斜板辅助清泥设施。辅助清泥设施宜采用自动化控制，并与排泥阀联动。

⑧ 沉淀池排泥可采用穿孔管排泥、泥斗排泥或机械排泥。排泥斗或排泥槽的侧壁坡度不应小于 60°。采用机械排泥时，排泥区高度除满足刮（吸）泥设备运行外，刮（吸）泥设备上部高度宜预留 0.30～0.50m。机械排泥情况下排泥区和沉淀区之间应采取防止短流措施。

8.2.2 水平管沉淀池

(1) 构造

水平管沉淀池是一种在沉淀池内装有水平管沉淀分离装置及配套布水系统、集水系统和排泥系统的一种高效沉淀池。

水平管沉淀池中核心的水平管沉淀分离装置（图 8-7），是由若干组水平放置的沉淀管和与水平面呈 60°的滑泥道组成的，将竖直的过水断面分割成沉降距离相等的沉淀管和滑泥道。水平管单管的横断面为菱形，底管一侧设有排泥口（图 8-8）。

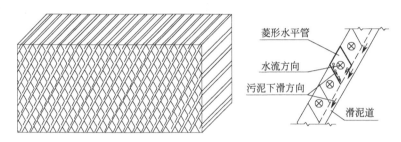

图 8-7 水平管沉淀分离装置

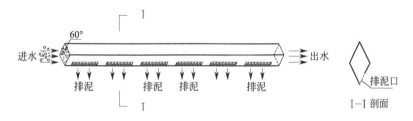

图 8-8 单根水平沉淀管示意

(2) 工艺

原水（或混合絮凝后的原水）水平流过沉淀管时，水中颗粒物絮体垂直下沉，降落到沉淀管斜边后下滑，通过排泥口进入滑泥道，最终沉积物在水流方向上两端封闭的滑泥道中下滑至沉淀池底部的污泥区。这样从构造上解决了沉淀管水平放置排泥困难的重大难题，并且在不改变沉淀池中水流方向的情况下实现了水与絮凝物的分离，即水走水道、泥走泥道。该装置应用哈真"浅层沉淀理论"缩短了悬浮物的沉降距离，避免了悬浮物堵塞管道和跑矾现象的发生。

水平管沉淀池具有沉淀效率高、池体占地面积小、处理能力高、原水浊度适应性强、出水浊度稳定等优点。

水平管沉淀池因沉淀效率高，需注意布水系统、集水系统和排泥系统等配套设施的合理布置。可采取并联或串联的组装形式，降低沉淀池的深度，节省基建投资，减少占地面积。

(3) 技术要点

① 水平管过水断面应为矩形，由 n 根菱形管组成，其当量直径 D 可采用 30～60mm，菱形管当量直径为 DN31mm 时，水平管长度一般为 2.0m，高度宜为 2.0～2.5m，不宜小于 1.0m，但不宜大于 3.5m。

② 水平管沉淀池水流方向为侧向流，处理能力与水平管过水断面有关，过水断面负荷范

围为 25～40m³/（m²·h），处理低温低浊被原水时，宜采用下限值。

③ 颗粒沉降速度：应根据水中颗粒物理性质通过实际试验测得，在无试验资料时可参照已建类似沉淀设备的运行资料，一般混凝反应后的颗粒沉降速度大致为 0.3～0.6mm/s。

④ 过水断面上由过水菱形水平管和不过水滑泥道组成，有效过水菱形管面积占总过水断面面积 76%。

⑤ 水平管下部集泥区高度应根据污泥量、污泥浓度和排泥方式确定，宜为 1.5～2.0m。

⑥ 水平管沉淀分离装置顶部应高出运行水位 50mm，沉淀区超高宜采用 300mm。

⑦ 水平管沉淀池长度宜为 6～8m，单组沉淀池宽度不宜超过 30m。

⑧ 水平管沉淀池进出水系统应使池子进出水均匀，布水区长度宜为 2～3m，集水区长度宜为 2～3m。

⑨ 采用斗式重力排泥时，泥斗坡度宜为 55°～60°。

⑩ 水平管材质可采用不锈钢或塑料。

8.2.3 高密度沉淀池

(1) 工艺构造

高密度沉淀池的技术原理与污泥循环型澄清池基本相同，其絮凝形式为接触絮凝。二者都是利用污泥回流，在絮凝区产生足够的宏观固体，并利用机械搅拌保持适当的紊流状态，以创造最佳的接触絮凝条件。

由法国德利满公司研发的高密度沉淀池（densadeg）是以体外泥渣循环回流为主要特征的一项沉淀澄清新技术。其因用浓缩后的具有活性的泥渣作为催化剂，借助高浓度优质絮体群的作用，大大改善和提高絮凝沉淀效果而得名。

高密度沉淀池是混合凝聚、絮凝反应、沉淀分离三个单元的综合体，即把混合区、絮凝区、沉淀区在平面上呈一字形紧密串接成一个有机的整体。其工艺构造原理参见图 8-9。该工艺是在传统的斜管式混凝沉淀池的基础上，充分利用加速混合原理、接触絮凝原理和浅池沉淀原理，把机械混合凝聚、机械强化絮凝、斜管沉淀分离三个过程进行优化组合，从而获得常规技术所无法比拟的优良性能。

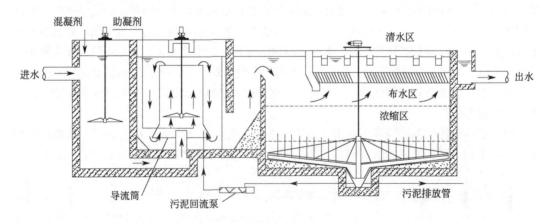

图 8-9 高密度沉淀池工艺构造原理

(2) 技术特点

高密度沉淀池与普通平流式沉淀池以及泥渣循环型机械搅拌澄清池相比有以下特点。

① 混合、絮凝、沉淀的三个工序之间不用管渠连接，而采用宽大、开放、平稳、有序的直通方式紧密衔接，有利于水流条件的改善和控制。同时采用矩形结构，简化了池型，便于施工，布置紧凑，节省占地面积。

② 回流泥渣以保持絮凝区较高浓度的悬浮物，加快絮凝过程，缩短絮凝时间，克服低浊度原水的不利影响。

③ 混合、絮凝及泥渣回流均采用机械方式，便于调控维持最佳工况，生成的絮体密度大，有利于沉淀分离。沉淀区装设斜管，可进一步提高表面负荷。

④ 采用高分子絮凝剂，并投加助凝剂 PAM，以提高絮体凝聚效果，加快泥水分离速度。

⑤ 沉淀池下部设有泥渣浓缩功能，可节省另设浓缩池的占地，还可节省泥渣输送管道和设备。池底设有浓缩机，可提高排出泥渣的浓度，含固率可达 3% 以上。

⑥ 对关键技术部位的运行工况，采用严密的高度自动监控手段，进行及时自动调控。例如，絮凝沉淀口衔接过渡区的水力流态状况、浓缩区泥面高度的位置、原水流量、促凝药剂投加量与泥渣回流量的变化情况等。

⑦ 在清水集水支槽底部装设垂直的隔板，把上部池容积分成几个单独的水力区，以使各处水力平衡，上升流速均匀稳定，确保出水水质。

(3) 性能特点

① 抗冲击负荷能力较强，对进水的流量和水质波动不敏感。

② 絮凝能力较强，沉淀效果好（沉速可达 20m/h），可形成 500mg/L 以上的高浓度混合液，出水水质稳定（一般为 <10NTU），这主要得益于絮凝剂、助凝剂、活性泥渣回流的联合应用以及合理的机械混凝手段的应用。

③ 水力负荷大，产水率高，水力负荷可达 23m³/（m²·h）。因为沉淀速度快，絮凝沉淀时间短，分离区的上升流速高达 6mm/s。比普通斜管沉淀池和机械搅拌澄清池都高很多。

④ 促凝药耗低。例如中置式高密度沉淀池的药剂成本较平流式沉淀池低 20%。

⑤ 排泥浓度高，高浓度的排泥可减少水量损失。

⑥ 占地面积小。因为其上升流速高，且为一体化构筑物，布置紧凑，不另设泥渣浓缩池。例如中置式高密度沉淀池的占地面积比平流式沉淀池少 50% 左右。

⑦ 自动控制，工艺运行科学稳定，启动时间短（一般 <30min）。

⑧ 有报道说，当原水的浊度超过 1500NTU 时此种沉淀池将不适用。絮凝-沉淀之间的配水很难均匀，影响其性能发挥；由于引进型是专利产品，所以其设备、材料价格贵，投资也很高。

8.2.4 加砂高速沉淀池

(1) 构造组成

加砂高速沉淀池是法国威立雅水务公司在 20 世纪 90 年代初研发的 Actiflo® 微砂絮凝高效沉淀池的简称。它是将絮凝和沉淀看作一个整体的工艺紧凑型沉淀池，它通过使用微砂帮助絮团形成，絮凝采用机械搅拌方式（图 8-10）。加砂高速沉淀池的特点是在混合池内投加混凝剂，在絮凝池内投加絮凝剂和石英砂微粒，以形成有利于絮凝的絮凝接触面积，提高矾花絮体的密度、粒度和浓度，加快水中杂质与水的分离速度，达到高效沉淀分离的目的。加砂高速沉淀池中水流的上升流速为 40～100m/h，效率为常规沉淀池的 10 倍。

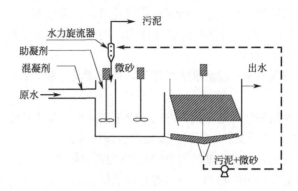

图 8-10　加砂高速沉淀池示意

加砂高速沉淀池中常用的沉淀区池型是斜管高密度沉淀池，其配套沉淀池也可以是水平管沉淀池等，但配套水平管沉淀池时其沉泥的浓缩和收集等必须改造。

在加砂高速沉淀池工艺中，需设置微砂投加装置和砂泥分离回收装置。补充微砂投加方式采用干式重力投加。分离回收装置类似水力旋流除砂器，微砂污泥的混合物从切线方向进入分离器，在较高的剪切力和离心力的作用下，促使泥和砂分离，砂从分离器的下口回流至池中循环使用，泥则从分流器上口排出。

微砂的投加量应根据原水水质和水温确定。例如当浊度为 3NTU，水温低于 5℃时，投加量可为 $2g/m^3$。其污泥排放浓度由进水的浊度和回流率确定，可根据实际需要调节控制，排泥含固率为 0.4％～2％。由水力旋流器溢流损失的微砂量，最大不超过 $2g/m^3$，一般小于 1g/m^3，可定期定量补充损失的这部分砂量。

循环率是指回流至水力旋流器的含微砂的污泥量与总进水量的比值，一般为 3％～6％，可由每个沉淀池配套的循环泵（1～2 台）根据进水量大小决定。显然，循环率提高可以较好地处理进水的高峰浊度。

投加微砂的粒径一般为 80～120μm。也可投加其他大密度、小级配材质的微粒，例如磁性材料微粒等，但其物理化学性质一定要是不溶的、无毒的和坚硬的。

(2) 优缺点

① 加砂高速沉淀池的优点是：絮体沉淀性能好，沉淀效率高；对低温低浊原水和含藻类原水更有优势；耐冲击负荷能力强，出水水质好；池型小，水厂占地少；工程总投资比同规模水量的折板絮凝斜管沉淀池少。

② 加砂高速沉淀池的缺点是：工艺相对较复杂，设备投资高（进口配套设备），而且常需全年投加助凝剂 PAM（非离子型高分子絮凝剂），加微砂会增加对后续设备的磨损，运行费用较高。

(3) 技术要点

① 微砂为粒径 90～100μm 的石英砂，其含硅量＞95％，均匀系数 $\dfrac{d_{60}}{d_{10}}$<1.7。

② 池内微砂浓度应不小于 2500mg/L。

③ 微砂回流比（循环率）为 3％～6％，视原水中 TSS 的数值确定，回流比＝3％＋

（TSS/1000）×7%。

④ 排泥水含固率为 0.4%～2%，即随排泥水排掉的微砂损失率<3g/m³。

⑤ 混合池（只投加混凝剂）停留时间为 1～2min，速度梯度值（G）为 500～1000s⁻¹。

⑥ 混合导流筒或投加池（投加助凝剂和微砂），流速为 0.05～0.1m/s，搅拌机功率最大可达 70W/m³，$G=250$s⁻¹。

⑦ 絮凝池内流速为 0.01～0.05m/s，停留时间为 6～8min，变频调速搅拌机功率最大可达 70W/m³，$G=150$s⁻¹。

⑧ 斜管沉淀池的清水上升流速为 40～60m/h。

⑨ 沉淀区斜管长度 1.0m，直径 40mm，倾角 60°。

⑩ 沉淀区内的清水保护区高度为 90cm，配水区高度为 250cm，污泥浓缩区高度为 200cm，底部刮泥机外边缘线速度为 0.1m/s。

⑪ 砂水分离器选型，以达到 80%顶流量（污泥量）和 20%底流量（微砂量）的分配比例为佳。

8.2.5 磁混凝沉淀池

(1) 构造组成

磁混凝沉淀系统由混合反应池、沉淀池、污泥回流系统、磁粉回收系统、加药系统等组成，见图 8-11。磁混凝沉淀池原理与加砂高速沉淀池相同，是在污泥循环加载型沉淀技术的基础上再投加磁粉，微细的磁粉颗粒作为沉淀析出晶核，使得水中胶体颗粒与磁粉颗粒更容易碰撞脱稳而形成絮体，大大提高了悬浮物的去除效率。

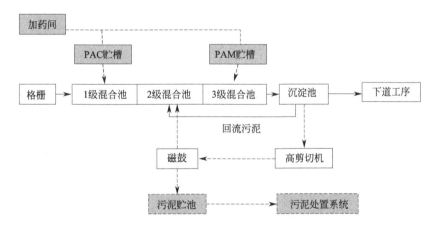

图 8-11　磁混凝沉淀池工艺流程

反应池根据不同工艺需求被分割成不同数量的相互连通的池体，每个池体配置机械立式搅拌器，先后投加混凝剂、磁粉和 PAM 等，在后端的反应池中形成以磁粉为凝结核的稳定混凝絮体。

进入沉淀池进行沉淀，沉淀池可适应不同处理要求设计成竖流式、平流式、斜管式等形式，市政污水处理厂提标改造中多采用斜管式沉淀池，底部设置中心传动刮泥机，上部设置斜管，混合有磁粉的絮体从上部自流进入沉淀池，处理好的污水进入集水槽排放，污泥在池体底部聚集，一部分由底部污泥泵回流进入反应池，以保证反应池的污泥浓度，需要排放的污泥在排放前由污泥泵提升进入磁粉回收系统。

磁粉回收系统包括高速剪切机和磁分离器，高速剪切机可实现混凝絮体中的磁粉脱离，然后通过永磁高强度磁粉回收装置（磁粉分离器）对磁粉进行回收。磁粉回收系统的磁粉回收率达到99％以上，回收磁粉后的污泥进入污泥储存和污泥脱水系统进一步处理。同时磁粉是稳定清洁的组分，不会对环境造成二次污染。

（2）技术特点

① 混凝沉淀时间短。传统的混凝沉淀至少需要1h以上，而引用磁混凝工艺进行的混凝沉淀时间在20min以下，甚至可以在7min内完成。

② 处理效率高，占地面积小。磁混凝沉淀技术与传统工艺相比，具有较好的污染物去除效果；磁粉的相对密度较高，沉淀速率约是常规沉淀的5～15倍，从而可以显著减少反应沉淀池的占地面积。

③ 见效快。沉降速度快，停留时间短，启动时间快，整个系统进出水不到20min，且处理效果好。

④ 耐高负荷冲击。对水质和水量均有很强的耐冲击能力。

⑤ 运行费用低。高效的污泥回流系统减少了药剂投加量，可有效地降低运行成本。

⑥ 设备要求特制。磁粉相对密度较大，为避免磁粉在混合反应池中沉淀，搅拌设备要求功率较大且需要耐磨，同时磁粉回收系统对耐磨损性也有较高要求。

目前磁混凝沉淀池主要应用在市政污水处理、工业废水处理、矿井水处理、黑臭河道治理、景观水治理、生活饮用水初级处理中。

（3）技术要点

① 混合室水力停留时间宜为0.5～1.5min，速度梯度值宜为300～1000s^{-1}；应采用机械搅拌，搅拌设备宜为桨式搅拌器或推进式搅拌器。

② 混凝室水力停留时间宜为1.5～3.0min；速度梯度值宜为100～500s^{-1}；应采用机械搅拌，搅拌设备宜为桨式搅拌器或推进式搅拌器。

③ 絮凝反应室水力停留时间宜为2～5min；速度梯度值宜为70～200s^{-1}；搅拌应采用机械搅拌，搅拌设备宜为桨式搅拌器或推进式搅拌器。

④ 污泥回流量宜为设计水量的3％～8％。污泥管道应选用耐磨材质的产品，宜选用聚乙烯（PE）、高密度聚乙烯（HDPE）或搪瓷衬里的钢管；污泥输送管路应设置配套冲洗设施。

⑤ 混凝剂宜选用铁盐、铝盐或铁/铝聚合盐类，配制浓度宜为8％～12％。

⑥ 絮凝反应室中投加的助凝剂宜选用聚丙烯酰胺（PAM），每升处理水中的投加量宜为0.5～2.0mg，投加助凝剂的配制浓度宜为0.1％～0.3％。

⑦ 磁粉投加量应根据混凝沉淀试验结果确定，无试验数据时，初始投加量宜为20～40kg/m^3。

⑧ 磁粉运行投加量应根据水质变化确定，每立方米处理水中的平均磁粉运行投加量不宜大于5g。

⑨ 磁粉宜采用干法投加，补充投加时可采用间歇方式，投加频次不宜小于2次/d。

⑩ 进入沉淀区前应设置导流墙；沉淀单元的表面水力负荷宜为15～40m^3/（m^2·h）。

8.3 过滤处理新型构筑物与设备

8.3.1 流动床滤池

流动床滤池（或过滤器），也叫活性砂滤池，是由瑞典 Water Link AB 公司开发的，采用单一均质滤料，上向流过滤，压缩空气提砂洗砂，过滤与反冲洗可以同时进行的连续过滤设备。

(1) 构造和工艺

流动床滤池由底部带有锥斗的钢筋混凝土池体（或钢制壳体）、布水洗砂装置以及配套设备组成。其中布水洗砂装置由导砂锥、布水器、提砂管、洗砂器组成，是核心部件；配套设备包括空压机、储气罐、控制柜。流动床滤池构造如图 8-12 所示。

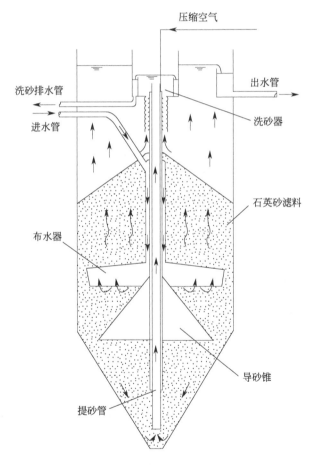

图 8-12　流动床滤池构造示意

流动床滤池过滤时，待滤水经进水管、中心套管、布水器进入滤床下部，然后由下而上流经滤料层完成过滤，滤后水从上部出水堰溢出。同时，压缩空气通过中心套管进入提砂管，空气与水的混合体向上流动，将锥斗底部已经截留了大量悬浮物的滤料提升到上部的洗砂器。

在洗砂器中，由于过水断面变大，上升流速变缓，滤料下沉落入滤料层上部。由于下部的滤料不断被提升至上部，滤料层也不断向下运动，所以叫作流动床滤池。

在流动床滤池中，滤料的清洗在两个地方连续进行。首先是在提砂管，气泡、水和砂上升形成的强烈紊流对滤料进行清洗。其次是在洗砂器，由于洗砂器中水位低于池内水位，池内水沿洗砂器上升并不断排出，滤料则下落，上升水流可对滤料再次清洗。

流动床滤池洗砂所需的空气压力约为 0.6MPa，所以需要配置空气压缩机、储气罐和控制柜等辅助设备。控制柜实际上是一个带有电动调节阀和流量计的多路空气分配器，用于控制每个装置的洗砂用气量，以调节洗砂强度。

(2) 优缺点

流动床滤池连续过滤的特点使得其优点十分突出。

① 没有众多的外部管道和阀门，辅助设备少，占地面积小，维护简单，滤池结构简单，基建投资省。

② 进水水质要求宽松，可长期承受较高浊度的进水。

③ 滤料清洁及时，可保证高质、稳定的出水效果，无周期性水质波动现象。过滤效果好，出水水质稳定。

④ 滤料清洗及时，过滤水头损失小。加之辅助设备少，运行电耗低。

⑤ 洗砂耗水量少，不足处理水量的 3%。

(3) 技术要点

① 每格滤池布水洗砂器宜采用双排布置，超高 0.3～0.5m。

② 单个装置过滤面积 $6m^2$，过滤速率 6～9.4m/h，过滤水头损失小于 1.0m。

③ 滤料采用石英砂，有效粒径 1.2～2mm，滤床有效高度（自布水器底面至顶部砂层最低位置）1.5～2.5m。

④ 滤池底部锥斗呈正八边形，斜面与水平面夹角 58°。

⑤ 单个装置洗砂最大空气消耗量 $0.15m^3/min$，压缩空气压力 0.5～0.7MPa。实际空气消耗量通常是空气设计流量的 50%～70%。

⑥ 单个装置洗砂排水量 0.4～0.7L/s。

⑦ 为了保证每个过滤单元内布水均匀，各洗砂布水器进水压力差不大于 0.05m，出水采用溢流堰，溢流堰沿长边设置。

⑧ 进水管流速 0.6～1.2m/s，洗砂排水管流速 1.0～1.5m/s。

8.3.2 翻板滤池

如何把握水冲洗强度将滤料冲洗干净，始终是滤池设计、运行需要面对的问题。适当加大水冲洗强度，有利于将滤料冲洗干净，但也可能导致滤料流失。气水联合冲洗虽然有效地改善了冲洗效果，但在水冲洗阶段仍然存在冲洗强度与滤料流失的矛盾。近年来，为了应对水源污染，活性炭吸附过滤的应用越来越多。活性炭滤料密度小，冲洗强度与滤料流失的矛盾尤其突出。

为了进一步提高滤料冲洗效果，防止滤料流失，节约冲洗耗水量，瑞士苏尔寿（Sulzer）公司研发了翻板滤池。所谓"翻板"，是因该型滤池的反冲洗排水阀（板）工作过程中是在 0°～90° 之间来回翻转而得名。

(1) 工作原理

翻板滤池构造见图 8-13。其工作原理与其他类型小阻力气水反冲滤池基本相同，所不同的是滤池的反冲洗排水方式和过程。翻板滤池没有其他滤池溢流堰式的排水槽，而是在紧邻排水渠的池壁上高出滤料层 0.15～0.2m 处开设排水孔，并装设翻板式排水阀。反冲洗进水时，排水阀并不打开，池内水位上升，冲洗废水暂存在池内。当池内水位达到设定高度时，停止反冲洗进水并静止一段时间（20～30s），膨胀的滤料迅速回落，而冲起的泥渣因其密度远小于滤料仍处于悬浮状态。此时逐步开启翻板阀，池内冲洗废水排出池外。如此反复 2～3次，滤料得以冲洗干净。

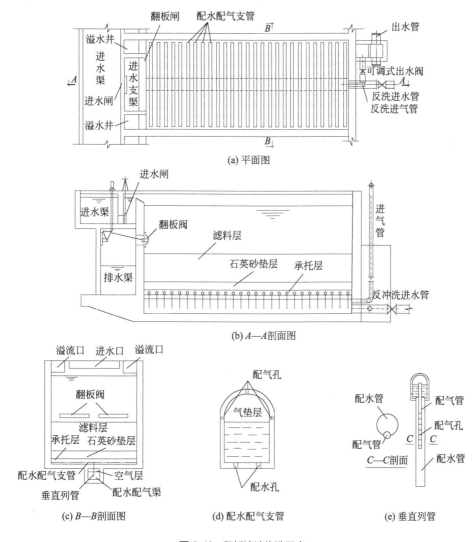

图 8-13 翻板滤池构造示意

翻板滤池的配水配气系统由设在池底板下方的配水配气渠和池底板上方的配水配气支管组成，支管与配水配气渠通过垂直列管相连。垂直列管设有配气管和配气孔，支管呈马蹄形，顶部设有配气孔，底部设有配水孔。反冲洗时，配水配气渠和配水配气支管上部形成两个气垫层，可使配水配气更加均匀。

（2）工艺特点

① 由于排水时并不进水，滤料层不膨胀，所以水冲洗强度较大也不会产生滤料流失，因此滤料选择十分灵活。可以选择单层均质滤料、双层或多层滤料，也可以选择石英砂、陶粒、无烟煤、颗粒活性炭等多种滤料。滤料选择的灵活性增加了对滤前水质的适应能力。

② 较大的水冲洗强度可以保证滤料冲洗更加干净，因此过滤周期长、冲洗耗水低的特点十分突出。一般经两次水冲洗过程，滤料中泥渣遗留量少于 $0.1kg/m^3$，滤料的截污能力达 $2.5kg/m^3$，反冲洗周期达 $40\sim70h$，冲洗耗水率不足 1%。

③ 冲洗后更加干净的滤料可以保证出水水质优于一般低强度水冲洗滤池。工程实践经验表明，当进入滤池的浊度＜5NTU 时，双层滤料翻板滤池出水浊度小于 0.5NTU 时的保证率可达 100%，小于 0.2NTU 时的保证率可达 95%。

④ 翻板滤池在配气配水渠和配气配水支管形成两个均匀的气垫层，从而保证布水、布气均匀，避免气水分配出现脉冲现象，影响反冲洗的效果。

⑤ 翻板滤池对滤池底板施工平整度的要求较宽，布气布水管水平误差≤10mm 即可，这样可降低施工难度、缩短施工周期，较明显地减少施工费用。

（3）运行程序

① 出水阀开启度达到最大，水头损失达到最大（2.0m 左右）时，应关闭进水阀门，滤池继续过滤。

② 待池中水面降至距滤料层 0.15m 时，关闭出水阀门。

③ 开启反冲进气阀门进行单独气洗，历时 $3\sim4min$。

④ 开启反冲进水阀门，进行气水同时冲洗，历时 $4\sim5min$。

⑤ 关闭反冲进气阀门，同时加大冲洗水量，进行单独水洗。

⑥ 1min 高强度水冲后，关闭反冲进水阀门，此时池中水位达最高。

⑦ 静止 20s 后开启翻板阀进行排水，开启角度开始时为 50°，然后加大到 90°，排水历时 $60\sim80s$。排水完毕后，关闭翻板阀。

（4）技术要点

① 单格滤池面积不大于 $100m^2$，长宽比为 $(1.25:1)\sim(1.5:1)$。

② 翻板滤池过滤时池内水位基本恒定，因此池内需设滤前水位仪，出水管上设可调节阀门，通过自动控制系统调整阀门开启度，保持池内水位变化幅度不超过 0.02m。

③ 由于水冲洗时池内水位上升，因此需要在池内最高水位处设溢流口，防止冲洗废水溢入进水渠或溢入相邻滤池。

④ 配水配气支管中心间距 $0.2\sim0.25m$，最大水流速度不超过 0.8m/s。垂直列管的配水管反冲洗时最大水流速度不超过 3.5m/s，配气管反冲洗时最大气流速度不超过 25m/s。

⑤ 滤料组成。单层石英砂滤料厚度 1.2m，粒径 $0.9\sim1.2mm$。单层活性炭滤料厚度 $1.5\sim2m$，粒径 2.5mm。双层滤料时，石英砂层厚度 0.8m，粒径 $0.7\sim1.2mm$，无烟煤或陶粒层厚度 0.7m，粒径 $1.6\sim2.5mm$。

⑥ 过滤速度。当进水浊度≤5NTU，出水浊度要求低于 0.5NTU 时，滤速控制在 $6\sim10m/h$，强制滤速 $10\sim12m/h$。

⑦ 过滤周期 $40\sim70h$，最大过滤水头损失 2.0m，双层滤料滤池的纳污率为 $2.5kg/m^3$。

⑧ 采用气水联合冲洗，冲洗过程分为三个阶段：第一阶段单独空气冲洗时，冲洗强度为 $16\sim17L/(m^2\cdot s)$，历时 $3\sim4min$；第二阶段气水同时冲洗时，气洗强度不变，水洗强度 $4\sim5L/(m^2\cdot s)$，历时 $4\sim5min$；第三阶段单独水冲洗时，水洗强度 $15\sim16L/(m^2\cdot s)$，每次 1~

2min，重复 2～3 次。

⑨ 为保证滤料层不出现负压，水封井出水堰顶不低于滤料层。

⑩ 承托层总高度 0.45m，分为两层。第一层为细砾石，粒径 8.0～12.0mm，厚度 0.25m；第二层为粗砂，粒径 3～6mm，厚度 0.2m。

8.3.3　Denifor V（深度脱氮 V 形滤池）

Denifor V 是苏伊士水务 2015 年创新技术工艺，它结合了 BIOFOR 生物滤池和 V 形滤池的各项优点，是原有成熟工艺 FLOPAC 技术的新应用，将其用于污水深度脱氮，可同时实现微絮凝除磷和除 SS 功能。

（1）原理

Denifor V 进水采用 V 形进水槽，与 FLOPAC 一样为下向流过滤方式，池底设滤板和长柄滤头；滤料为 BIOLITE 专用陶粒滤料，滤料上的生物膜在缺氧环境下反硝化去除水中硝酸盐，滤料间隙截留悬浮物；其前端可投加混凝剂以达到同步除磷的目的；采用氮气驱除技术释放滤池中反硝化产生的氮气，以减少气阻。为了恢复滤料截污能力和提升反硝化作用，需要定期反洗，反洗模式为气水反冲＋表面扫洗。

（2）工艺参数。

① 进水：硝酸盐 15～35mg/L，悬浮物 10～35mg/L，总磷 1～2mg/L。

② 滤料：2.0～2.5mm 粒径 BIOLITE 球形陶粒滤料，厚 1.5～2.0m。

③ 滤速：5～10m/h。

④ 硝酸盐容积负荷：0.5～1kg/(m^3·d)，冲击负荷高于 3.0kg/(m^3·d)。

⑤ 过滤周期：0～24h（取决于进水 SS 和硝酸盐负荷）。

⑥ 反冲洗模式：常规节水反冲洗和高强度反冲洗。

⑦ 节水反冲洗：降水位气洗＋气水联合洗＋水洗＋表面扫洗。

⑧ 反冲洗强度：气洗强度 70～100m（标）/h，水洗强度 15～25m/h。

⑨ 反冲洗水：低至 4%，通常＜2%。

（3）工艺特点

① 系统稳定、出水水质好：a. 滤池启动快、处理效率高，出水稳定保证 TN、TP 和 SS 达到一级 A 标准；b. 陶粒滤料生物挂膜量大，脱氮负荷高，抗冲击能力强；c. 可根据进水水质确定是否投加碳源，实现过滤和反硝化功能的相互转换。

② 设备维护简单：a. 滤板下部可进入，如滤头污堵可进行清洗维护；b. 自动控制碳源投加系统，操作简单。

③ 投资成本低：a. 相比常规的三级处理工艺，深度脱氮 V 形滤池流程短、占地面积小；b. 滤板结构简单、造价低，国内常规施工技术，国产陶粒滤料。

④ 运行成本低：a. 独创的节水反洗模式，有表面辅助扫洗，反洗能耗低、水量少、效果好；b. 恒水位过滤，进水无跌水充氧，有利于反硝化并减少碳源消耗。

8.3.4　U 形生物滤池

（1）简介

U 形生物滤池是指 Flopac U 好氧生物滤池和 Denifor U 反硝化深床滤池，是苏伊士 2019

年研发的新型生物滤池。

U形生物滤池是在V形生物滤池基础上开发的生物滤池，采用矩形池型、U形槽进水、Biolite生物陶粒滤料、Azurfloor滤板技术和长柄滤头进行布水布气。

Flopac U好氧生物滤池是在Flopac好氧V形生物滤池的基础上研发出来的，借助其上游工序投加的臭氧或预曝气后水中丰富的溶解氧，滤池中好氧菌氧化去除BOD和氨氮，同时可兼顾TP和SS的去除。

而Denifor U反硝化深床滤池是在Denifor V反硝化V形滤池的基础上研发出来的。在缺氧环境下，碳源充足时反硝化菌将水中的硝态氮分解成N_2，从而去除TN，需要定期氮气驱除。同时可兼顾TP和SS的去除。

(2) 相同点

① Flopac U和Denifor U均为下向流生物滤池，采用了Biolite生物陶粒滤料。

② 布水布气采用Azurfloor滤板和长柄滤头技术。

③ 池型均为矩形深床滤池池型，U形槽进水模式，进水和反洗排水共用同一个U形槽。

④ 反洗模式均为气水反冲洗＋水洗。

⑤ 进水的悬浮物可通过生物滤料过滤截留作用去除，也可同步投加混凝剂去除部分TP。

8.3.5 BIOLEX高速轻质填料生物反应器

(1) 简介

Biolex高速轻质填料生物反应器（bioreactor with light media extra speed）是苏伊士2021年研发的新型生物滤池，它结合了FILTRAZUR（上向流轻质滤料滤池）和BIOFOR生物滤池各自的特点，减少了反洗能耗。

(2) BIOLEX工艺特点

① 轻质滤料：HDPE（高密度聚乙烯），密度略小于水。

② 滤池出水重力反冲洗，节能能耗。

③ 反冲洗水强度：70m/h。

④ 反冲洗气强度：20m（标）/h。

(3) BIOLEX™家族成员

① 脱碳：BIOLEX™ C。

② 脱碳＋硝化：BIOLEX™ CN。

③ 硝化：BIOLEX™ N。

④ 前置反硝化：BIOLEX™ Pre-DN。

⑤ 后置反硝化：BIOLEX™ Post-DN。

8.3.6 GXL型高效自清洗过滤器

(1) 简介

该装置直接安装在给排水管道上，连续进水、出水，并利用自身出水自动或手动反洗排污，是传统（以颗粒滤料作介质的）过滤器的更新换代产品。其广泛应用于冶金、石油化工、煤炭矿山、食品、造纸、电力等行业。其特点是造型小，安装灵活方便。该过滤器外形结构见图 8-14。

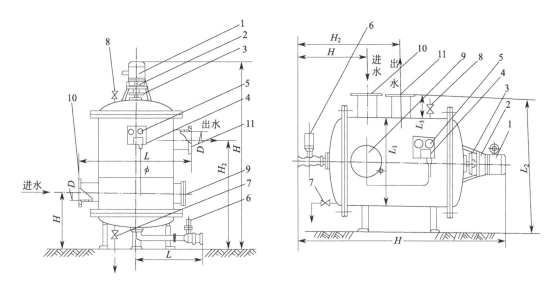

图 8-14　GXL 型高效自清洗过滤器外形结构

1—主电机；2—减速器；3—安全离合器；4—差压；5—压力表；6—电动排污阀；

7—手动排污阀；8—放气阀；9—人孔；10—进水口法兰；11—出水口法兰

(2) 规格及主要技术参数

GXL 型高效自清洗过滤器规格及主要技术参数见表 8-1。

□ 表 8-1　GXL 型高效自清洗过滤器规格及主要技术参数

最大压力/MPa		1.6	去除颗粒粒径	细滤/mm	0.2～0.01
最小压力/MPa		0.5		精滤/mm	0.1～0.02
水头损失/MPa		0.02～0.05	含油量	进水/(mg/L)	30
工作压力/MPa		1		出水/(mg/L)	≤5
反洗时间/s		180	反洗排污量/(m³/h)		$Q×0.5\%$
悬浮物	进水/(mg/L)	≤500	进水管流速/(m/s)		$v=1.4～2$
	出水/(mg/L)	10～50	处理量 Q/(m³/h)		$Q=Sv$
去除颗粒粒径	粗滤/mm	3.5～0.8	进水管面积 S/m²		$D^2π/4$
	中滤/mm	0.8～0.2			

8.3.7　GQL 型纤维过滤器

(1) 简介

GQL 型纤维过滤器（见图 8-15）的原理和用途与众多的过滤器基本相同，所不同的是其滤料为纤维丝，且将纤维丝做成多种形状，有效提高了过滤效果和过滤精度，一般作为中等精度过滤处理器。适用于去除污水中纤维状悬浮物。

(2) 规格及主要技术参数

GQL 型纤维过滤器规格及主要技术参数见表 8-2。

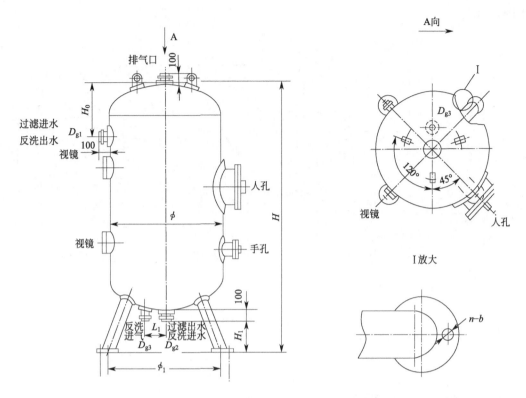

图 8-15 GQL 型纤维过滤器外形结构

⊡ 表 8-2 GQL 型纤维过滤器规格及主要技术参数

过滤速度/(m/h)		$v=20\sim50$	反冲洗	气冲强度/[m³/(min·m²)]	3
进水	粗滤/(mg/L)	SS≤100		水冲强度/[m³/(min·m²)]	0.6
	精滤/(mg/L)	SS≤20		冲洗时间/min	15
水头损失/m		<10		水量比/%	<3
出水	粗滤/(mg/L)	SS≤10		过滤面积/m²	$S=\phi^2\pi/4$
	精滤/(mg/L)	SS≤2		最大进水压力/MPa	0.4
处理量/(m²/h)		$Q=vS$		反洗周期/h	10～20

8.3.8 浮滤池

浮滤池是将气浮池和滤池两个处理功能结合在一起的处理装置。气浮池在上方，滤池在下方。其原理为：絮凝后的水首先进入接触反应室与加压溶气水混合，形成的微絮凝体与微气泡充分接触后进入气浮室的分离室，水中的胶体及悬浮物在此进行分离，处理后的水向下进入过滤区进一步处理。

(1) 构造和工艺

1）紊流态浮滤池

传统理论认为气浮只能在层流状态下运行，而气浮的水流流速必须小于 25m/h。如果流速超过 25m/h，层流将转变成紊流。国外有研究者发现用特殊材质制成的过滤材料取代石英砂滤料，将滤速提高到 25～40m/h 之间，在紊流条件下进行气浮过滤，出水浊度可以保持在

0.2 NTU 以下，这是传统气浮理论的革新。

2）KlaricellRJ 浮滤池

KlaricellRJ 气浮砂滤一体化设备构造如图 8-16 所示（书后另见彩图）。经过混凝絮凝后的原水通过池底进水管进入气浮池，和溶气水充分混合。气泡裹挟水中 SS 上浮至气浮池表面，被刮渣机收集，通过排泥管排至污泥储池。水通过砂滤床后流经中央收集室，对外排放。一部分出水用于砂滤床反冲洗，一部分出水通过溶气水加压泵打入溶气水罐，和来自空压机的空气混合后成为溶气水。反冲洗是逐段连续的，分格反洗，不影响设备的连续运行。反冲洗系统使用 KlaricellRJ 内部的过滤水，因此不需要单独的反冲洗清洁水箱。反冲洗程序自动启动，反冲洗水收集在反冲洗罩内，与原水进行混合，使反冲洗水内部循环。反冲洗频率可根据过滤介质中的水头损失和进水水质进行调节。

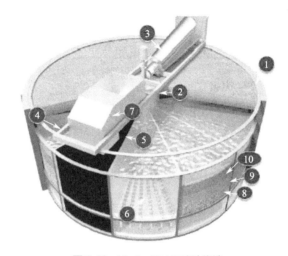

图 8-16　KlaricellRJ 浮滤池构造

1—外池壁；2—内池壁；3—刮泥机；4—平台；5—分隔墙；
6—滤头；7—反洗分隔罩；8—砾石；9—细砂；10—无烟煤

(2) 优缺点

气浮工艺对高藻及低温低浊水源有较好的处理效果。传统的气浮池一般呈长方形，长宽比没有严格要求，考虑到均匀问题一般以单格宽度不超过 10m，池长不超过 15m 为宜，气浮池有效水深一般为 2m 左右，水力负荷通常取 5.4～9m/h。传统气浮池有以下几点不足。

① 气浮池池深较浅，与后续处理构筑物高程衔接较困难。

② 气浮池采用穿孔管集水，虽然集水系统的水头损失已达 0.2～0.5m，但集水仍不够均匀。

③ 气浮池在长期运行过程中，难免有絮体沉积于池底，可能造成池底积泥及穿孔管堵塞，需要定期清扫。

针对传统气浮池的不足，考虑到气浮的水力负荷与滤池的滤速相近，将气浮池与滤池叠合组成气浮滤池。利用滤层上部的水深作为气浮的分离区，经气浮处理的水直接过滤。滤料层较大的阻力能使气浮池出水更为均匀，因此气浮与滤池叠合，不仅可以节约用地，而且可以克服传统气浮池的不足，提高气浮效果。表 8-3 是巴安水务公司的气浮砂滤一体化与斜管沉淀池＋V 形滤池工艺初步对比结果。

序号	项目名称	气浮砂滤一体化	斜管沉淀池＋V形滤池
1	出水水质	约 0.5 NTU	约 1 NTU，对于藻类、浮游生物等去除率较低
2	占地面积/m²	约 300	约 600
3	电耗/(kW·h/m³)	0.055	约 0.03（含污泥浓缩池等能耗）
4	药耗/（元/t 水）	0.012	0.05
5	工期	模块式设备，工期短，现场安装仅需两周	土建施工周期长
6	反洗水处理系统	不需要	需要
7	土建投资	土建投资极低，无需建设池体，仅需设备基础	土建投资高
8	设备投资	设备投资较大	设备投资较小
9	总投资	保证产水水质稳定高效的同时，减少约20%的投资成本	正常
10	运行管理	自动化程度较高，运行管理简单，设备维护工作量极小	运行管理简单，但需要经常更换斜管等

浮滤池具有以下优点。

① 可制成撬装模块式设备，工期短，安装灵活。

② 气浮过滤一体化设计，充分利用滤池的竖向空间，极大地减少占地面积。

③ 气浮工艺非常适合作为低温低浊水及含藻水的预处理工艺，搭配双滤料砂滤，可确保极高的出水水质。通过调节溶气水回流比等方法控制滤前水质，以适用原水水质的变化，降低处理成本，适用于季节多变的水源水质。

④ 气浮澄清、过滤、反洗可以同时进行，单套设备运行 24 h 不间断。

⑤ 由于反洗水是设备内部提供，反洗出来的水也是设备内部处理，因此无需外部清洁水箱、反洗排水储水器。

⑥ 通过处理单元的优化组合，使悬浮物分布更趋合理，提高了系统抗冲击负荷的能力与运行操作的灵活性，强化了整体性能。

⑦ 无需专门的排渣、排泥设施，节省投资。运行过程产生的药耗约为传统工艺的 1/2，总投资具备经济性优势。

（3）技术要点

潍坊市白浪河水厂以白浪河水库为水源。将气浮池和翻板滤池组成叠合池，即气浮滤池。设气浮滤池一组规模 $1.2 \times 10^5 \, m^3/d$，由机械混合池、机械絮凝池、气浮滤池组成。气浮滤池分 8 格，双排布置，每排 4 格，每排滤池中间布置一座机械混合池及一组机械絮凝池。在滤池一侧布置回流及冲洗泵房。气浮滤池单格过滤面积 $100 \, m^2$，长 12.5 m，宽 8 m，取滤后水回流，回流比不大于 10%。气浮池设计上升流速 2mm/s，滤池设计滤速 7.2m/h。

巴安水务公司自主研发的气浮砂滤一体化设备 KlaricellRJ24 的主要设计参数如表 8-4 所列。

▣ 表8-4　气浮砂滤一体化设备主要设计参数

序号	名称	技术参数
1	设计水量/(m³/h)	440
2	设备数量/台	2

序号	名称	技术参数
3	单套处理水量/(m³/h)	220
4	设备尺寸/m	$\phi 7.3 \times H2.20$
5	分隔数	17
6	过滤面积(总)/m²	37.22
7	过滤面积(单格)/m²	2.19
8	反冲洗气洗强度/(m/h)	30
9	反冲洗气洗压力/bar	0.8
10	反冲洗水洗强度/(m/h)	50
11	反冲洗水洗压力/bar	1.5
12	回流比/%	18.5
13	正常滤速/(m/h)	7.25
14	反洗时滤速/(m/h)	7.71
15	材质	SS304
16	出水浊度/NTU	<0.2
17	排泥水浓度(含水率)/%	97
18	长柄滤头/个	4200
19	无烟煤/m³	36
20	石英砂/m³	26
21	砾石/m³	12

注：1bar=10^5Pa。

8.3.9 反硝化深床滤池

(1) 概述

反硝化深床滤池是集生物脱氮及过滤功能合二为一的处理单元，是业界认可度较高的脱氮及过滤并举的先进处理工艺。1969年世界上第一个反硝化滤池诞生。近几十年来反硝化滤池在全世界有数百个系统在正常运行。

滤料采用2～3mm石英砂介质，滤床深度通常为1.83m，滤池可保证出水SS低于5mg/L。绝大多数滤池表层很容易堵塞或板结，很快失去水头，而独特的均质石英砂允许固体杂质透过滤床的表层，深入滤池的滤料中，达到整个滤池纵深截留固体物的优异效果（见图8-17，书后另见彩图）。其工艺流程如图8-18所示。

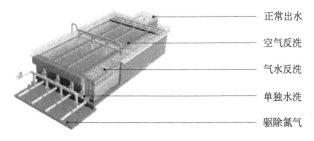

图 8-17 反硝化深床滤池结构

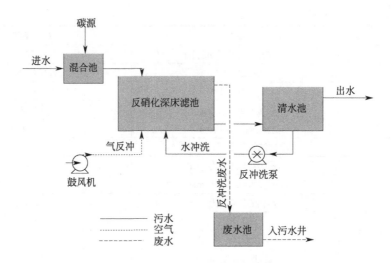

图 8-18 反硝化深床滤池的工艺流程

（2）工作原理

反硝化深床滤池（图 8-19，书后另见彩图）有两个功能，即反硝化＋过滤。此外，该滤池还可通过化学方法实现除磷功能。

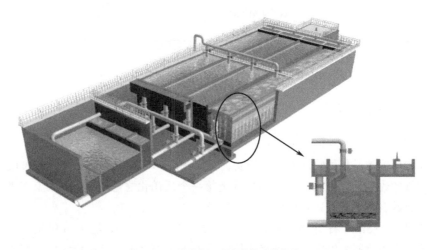

图 8-19 反硝化深床滤池的工艺构造

其中，反硝化过程需在缺氧条件下进行，并需要有机碳源作为电子供体完成脱氮过程，将硝酸氮和亚硝酸氮在反硝化菌的作用下还原为气态氮；过滤采用石英砂截留过滤水中悬浮物及杂质；除磷采用投加化学药剂去除水中磷酸盐。

1）反硝化机理

反硝化反应过程如下：

$$NO_3^- \rightarrow NO_2^- \rightarrow NO \rightarrow N_2O \rightarrow N_2$$

反硝化细菌是异养兼性厌氧菌，能够利用氧或硝酸盐作为最终电子受体。

反硝化深床滤池在缺氧环境下，通过附着在滤料上的反硝化菌，利用碳源作为电子供体，将硝酸盐或亚硝酸盐还原成氮气（N_2）释放，完成反硝化脱氮过程。

2）深床过滤机理。深床过滤是使液体通过由某种颗粒或可压缩滤料组成的滤床，去除悬浮于液体中的颗粒物质，普遍用于污水二级处理工艺出水的过滤。目前，深床过滤用于生物或化学出水中悬浮物的去除，以减少固体物质排放量，更重要的作用是可以作为一个调节过程用于加强滤后水的消毒效果。

深床过滤主要通过以下 6 种主要机理去除悬浮物质。

① 隔滤。包括机械隔滤和偶然接触过滤。粒径大于滤料孔隙的颗粒通过机械的拦截被去除为机械隔滤；粒径小于滤料孔隙的颗粒由于偶然接触被捕获在滤料内为偶然接触过滤。隔滤是具有可操作性的悬浮物主要去除机理。

② 沉淀或碰撞。沉淀，颗粒沉积在过滤器的滤料上；碰撞，重质颗粒不沿水流方向流动。

③ 截留。许多沿水流方向运动的颗粒与滤料表面接触时被捕获。

④ 黏附。当颗粒通过滤料时，它们就会黏附于滤料表面。由于水流的冲击，有些颗粒在尚未牢固地附着于滤料表面之前就被水流冲走，进入滤床深部。当滤床逐渐堵塞后，表面剪力则开始增大，使滤床再也不能去除任何悬浮固体。一些悬浮颗粒可能会穿透滤床，使过滤器出水浊度突然升高。

⑤ 絮凝。在滤料空隙内可能会发生絮凝作用，通过过滤器内部的速度梯度形成更大的颗粒，再通过上述几种机理的作用而去除。

⑥脱附。作为上述机理的结果，被已经沉积的颗粒物包裹着的滤料表面之间的间隙变小。流速升高，滤层阻力升高。被截留的沉积物可能脱附并被带到滤料的深层，甚至可能透过滤层。在滤层失效之前，需要对滤池进行有效的反冲洗，恢复滤层的过滤性能。

3）化学除磷机理

化学除磷是通过微絮凝过滤来完成的。通过向污水中投加无机金属盐药剂和污水中溶解性的盐类，与磷酸盐混合后，形成颗粒状、非溶解性的物质。

为了生成非溶解性的磷酸盐化合物，用于化学除磷的化学药剂主要是金属盐药剂和氢氧化钙。常用的药剂类型如表 8-5 所列。

▫ **表 8-5　化学除磷中常用的药剂**

类型	名称	分子式	状态
铝盐	硫酸铝	$Al_2(SO_4)_3 \cdot 18H_2O$	固体
		$Al_2(SO_4)_3 \cdot 14H_2O$	液体
	氯化铝	$AlCl_3$	固体
		$AlCl_3 + FeCl_3$	液体
	聚合氯化铝	$[Al(OH)_n \cdot Cl_{3-n}]_m$	液体
二价铁盐	硫酸亚铁	$FeSO_4 \cdot 7H_2O$	固体
		$FeSO_4$	液体
三价铁盐	氯化硫酸铁	$FeClSO_4$	液体
	硫酸铁	$Fe_2(SO_4)_3$	液体
	氯化铁	$FeCl_3 \cdot 6H_2O$	液体

无论在深床滤池模式还是在反硝化深床滤池运行模式，滤池均需反冲洗，将截留和生成的固体排出。反冲洗流程通常需要 3 个阶段：a. 气洗；b. 气水联合反洗；c. 水洗或漂洗。

反硝化深床滤池结构简单实用，集多种污染物去除功能于一个处理单元，包括对悬浮物、TN 和 TP 均有相当好的去除效果。现有的运行经验表明，在无需化学加药除磷的情况下，可以满足出水水质 $BOD_5 < 5mg/L$，$SS < 5mg/L$，$TN < 3mg/L$，$TP < 1mg/L$。在进行化学除磷的情况下，出水 $TP < 0.3mg/L$。

8.4 污（废）水一体化处理装置

8.4.1 SMD 埋地式污水处理装置

(1) 工艺流程

SMD 埋地式污水处理工艺流程见图 8-20。

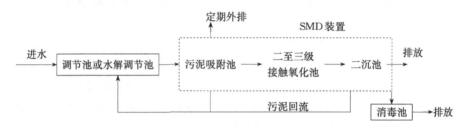

图 8-20　SMD 埋地式污水处理工艺流程

SMD 埋地式污水处理装置（图 8-21），采用悬浮型生物填料作生物载体，生物量大，易挂膜、不堵塞、不结球；污泥吸附池利用剩余污泥的活性吸附进水有机质，同时兼作污泥池和浓缩池。该装置在去除有机物的同时，具有除磷脱氮功能，剩余污泥量少，处理效率高，运行费用较低。如果采用水下曝气机曝气，噪声小，占地少。

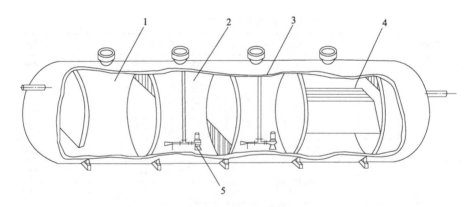

图 8-21　SMD 结构示意

1—污泥吸附池；2——级接触氧化池；3—二级接触氧化池；4—二沉池；5—水下曝气机

本装置适用于处理生活污水和其他类似的有机废水。

(2) 型号规格和尺寸

SMD 设备参数见表 8-6～表 8-8，设备地基基础示意见图 8-22。

⊡ 表8-6　SMD 设备规格与型号

型号	处理量 /(m³/h)	设计参数		规格/m	件数	进水管	出水管	排泥管
		进水	出水					
SMD-1	3			$\phi2.0\times7.6$	1	DN32	DN50	DN100
SMD-2	5			$\phi4\times8.6$	1	DN50	DN80	DN100
SMD-3	10	COD< 600m/L; BOD< 300m/L	COD< 60m/L; BOD< 20m/L	$\phi2.0\times9.4$, $\phi2.4\times7.2$	各1	DN50	DN100	DN100
SMD-4	15			$\phi2.6\times11.0$, $\phi2.6\times9.3$	各1	DN80	DN150	DN150
SMD-5	20			$\phi2.6\times10.5$, $\phi2.6\times7$ $\phi2.6\times9.7$	各1	DN80	DN200	DN150
SMD-6	25			$\phi2.6\times11.7$	3	DN100	DN200	DN100

注：小水量设备为一件，其内 SMD 各功能单体齐全；大水量设备为一件以上几个组件，各功能单体分散于其中，组合后为一完整工艺过程。

⊡ 表8-7　不同条件下 SMD 设备处理水量

进水 BOD$_5$ /(mg/L)	200	300	400	500	300	400	500	600	400	500	600	700
出水 BOD$_5$ /(mg/L)	20	20	20	20	30	30	30	30	60	60	60	60
SMD-3/(m³/h)	3.6	3	2.4	1.8	3.3	2.7	2.1	1.5	2.8	2.2	1.8	1.5
SMD-5/(m³/h)	6	5	4	3	5.5	4.5	3.5	2.5	4.8	3.6	3	2.5
SMD-10/(m³/h)	12	10	8	6	11	9	7	5	9.5	7	6	5
SMD-15/(m³/h)	18	15	12	9	16.5	13.5	11.5	8.5	14.4	10.8	9	8.5
SMD-20/(m³/h)	24	20	16	12	22	18	14	10	18	14	12	10
SMD-25/(m³/h)	30	25	20	15	27.5	22.5	17.5	12.5	24	18	15	12.5

⊡ 表8-8　SMD 设备基础安装尺寸

SMD 型号	最大单件运行 负荷/t	单件支座数 n/个	支座中心间距 L/mm	W/mm	B/mm	地脚螺检孔
SMD-1	22	4	1800	1480	1400	$\phi24$
SMD-2	33	4	2000	1890	1400	$\phi26$
SMD-3	30	5 4	1700	1890	140	$\phi26$
SMD-4	46	6 5	1700	2080	160	$\phi26$
SMD-5	48	4 5 5	1500 1950 1750	2080	160	$\phi26$
SMD-6	60	6	1800	2080	160	$\phi26$

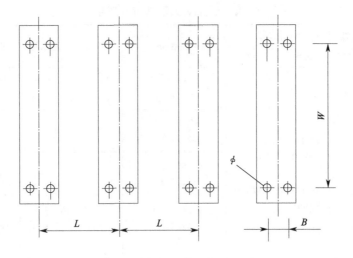

图 8-22 SMD 设备地基基础示意

8.4.2 电镀废水生物反应器

(1) 工艺流程

电镀废水生物反应器处理工艺流程见图 8-23。

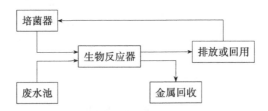

图 8-23 电镀废水生物反应器处理工艺流程

该工艺采用从电镀污泥和废液中分离筛选获得的去除重金属的高效复合功能菌，该菌将废水中高价金属转化，经吸附、络合、絮凝沉淀，使废水得到净化。该设备具有不使用化学试剂，污泥量少，无二次污染，运行安全、稳定等特点。该工艺适用于处理各种电镀废水。

(2) 规格及外形尺寸

生物反应器的规格及外形尺寸见表 8-9。培菌器的规格及外形尺寸见表 8-10。

▫ 表 8-9 生物反应器的规格及外形尺寸

型号	处理水量 /(m³/d)	进水水质		出水水质		BR 型外形尺寸（直径×高）/m	质量/t
		pH 值	悬浮物与金属离子杂质/(mg/L)	pH 值	悬浮物与金属离子杂质/(mg/L)		
BR-20	20	3~11	≤3000	7~7.5	达到国家和国际规定的排放水标准	$\phi1.4×4.8$	3
BR-50	50	3~11	≤3000	7~7.5		$\phi1.8×4.8$	4
BR-100	100	3~11	≤3000	7~7.5		$\phi2.4×5.0$	5
BR-150	150	3~11	≤3000	7~7.5		$\phi3.2×5.0$	6
BR-200	200	3~11	≤3000	7~7.5		$\phi4.0×5.2$	7

型号	使用容积/m³	外形尺寸 (直径×高)/m	质量/t	说明
CB-20	10	φ0.9×4.4	2	
CB-50	25	φ2.8×4.4	4	
CB-100	50	φ4.0×4.6	6	培菌器可用地埋式 钢筋混凝土池
CB-150	75	φ4.8×4.6	8	
CB-200	100	φ15.4×5.2	10	

8.5　生化处理曝气设备

曝气设备是污水生化处理工程中必不可少的设备，其性能的好坏不仅影响处理效果，而且直接影响处理构筑物的占地面积、投资及运行费用。现有的曝气设备分为表面曝气机、转刷曝气机、潜水曝气机、复叶推流式曝气增氧泵及扩散曝气器等数类。刚玉曝气器为近年来新发展起来的一种曝气设备。

(1) 结构类型

① 圆板形：见图 8-24。

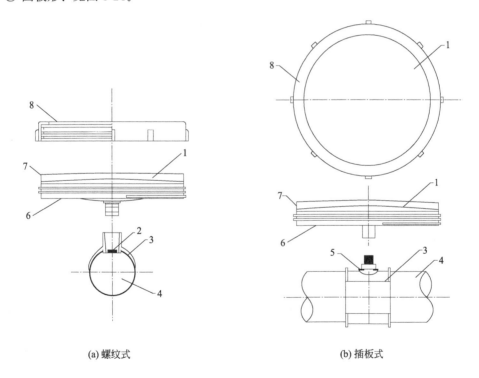

(a) 螺纹式　　　　　　　　　　　　(b) 插板式

图 8-24　圆板形刚玉微孔曝气器
1—刚玉微孔体；2—止回阀；3—连接件；4—布气管；5—O形密封圈；6—底盘；7—密封垫圈；8—压盖

② 钟罩形：见图 8-25。

③ 管形：见图 8-26。

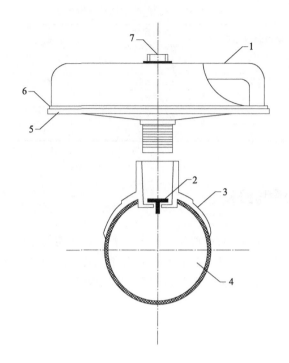

图 8-25　钟罩形刚玉微孔曝气器

1—刚玉微孔体；2—止回阀；3—连接件；4—布气管；5—支撑体；6—密封垫圈；7—通气螺栓

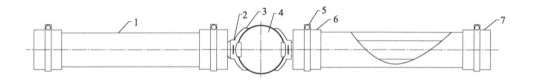

图 8-26　管形刚玉微孔曝气器

1—刚玉微孔体；2—止回阀；3—连接件；4—布气管；5—卡箍；6—密封接头；7—密封堵头

④ 球冠形：见图 8-27。

⑤ 球形：见图 8-28。

(2) 特点

我国大部分污水处理厂的二级生物处理采用微孔曝气器，刚玉微孔曝气器是除橡胶膜微孔曝气器外，采用最多的曝气器，且有逐渐增多的趋势。随着排放标准的提高，生物处理功能的不断提升和增强，微孔曝气器的应用越来越广泛，规格形式也更加多样化。刚玉曝气器的工程应用规模不断增加，使用年限也在提升。与橡胶膜微孔曝气器相比，质量好的刚玉微孔曝气器在使用寿命和阻力损失方面具有优势。

一体型刚玉曝气器是刚玉曝气器的新一代产品。刚玉曝气器可分为全刚玉和半刚玉两种。外形直径为 178mm，曝气量 $3m^3$/个，阻力损失为 $30\sim80mm\ H_2O$（$1mm\ H_2O=9.8Pa$），动力效率为 $4\sim6kg\ O_2/$（kW·h）。

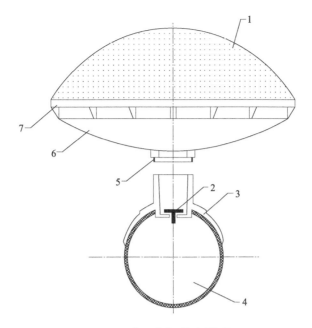

图 8-27　球冠形刚玉微孔曝气器

1—刚玉微孔体；2—止回阀；3—连接件；4—布气管；5—密封垫圈；6—支撑体；7—压盖

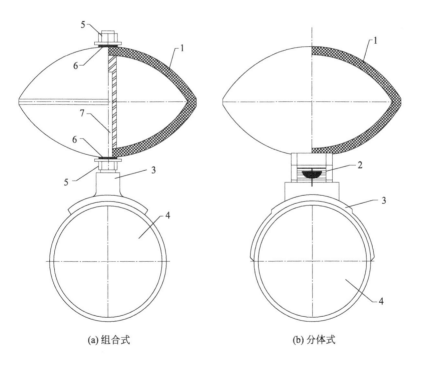

(a) 组合式　　　　　　　　　　(b) 分体式

图 8-28　球形刚玉微孔曝气器

1—刚玉微孔体；2—止回阀；3—连接件；4—布气管；5—紧固螺帽；6—密封圈；7—通气螺杆

一体型刚玉曝气器与原来的曝气器相比，具有以下几个优点。

① 结构简单。原来的曝气器有 5 个部件，而一体型只有 3 个部件，装配速度快，池底安

装调试容易。

② 密封性好。原来的曝气器，密封部位接触面大，且有三种材料和三个面接触，其中某一面不平正就会有漏气现象，在曝气池中产生大气泡，是正反两面同时曝气，能使池底污水更容易搅动向上推流。一体型曝气器，两个面接触部位是一体烧成的，没有漏气现象。

③ 刚玉曝气器表面积大，表面积增加近 75%，同样也就增大了曝气量，提高了充氧效率，或者是扩大了服务面积。

④ 曝气搅动性好，原来的曝气器只有正面曝气，一体型曝气器是正反两面同时曝气，能使池底污水更容易搅动向上推流。

(3) 性能参数

刚玉曝气器工程应用考察结果表明，国内一些优秀产品不仅价格较国外同类产品具有较明显的优势，且产品质量和充氧性能已基本达到国外同类产品水平，如表 8-11 和表 8-12 所列。

▫ 表 8-11　近年部分国内外盘式（球形、钟罩形、球冠形、圆板形）刚玉微孔曝气器充氧性能测试结果

指标	产品类型					
	盘式（球形、钟罩形、球冠形、圆板形）刚玉					
直径/mm	<250				≥250	
测试水深/m	6				6	
测试池面积/m²	0.5				0.5	
标准通气量/[m³(标)/h]	1.2	2	3	4	2	3
标准氧传质速率 SOTR /(kg/h)	0.147	0.181~0.235	0.277~0.329	0.394~0.419	0.228~0.246	0.312~0.345
标准氧传质效率 SOTE/%	43.9	32.2~42.4	33.0~39.2	35.2~37.4	40.7~43.8	37.2~41.1
比标准氧传质效率 SSOTE /{g/[m³(标)·m]} /(%O₂/m)	20.48 7.31	15.04~19.81 5.37~7.07	15.29~18.29 5.50~6.53	16.42~17.46 5.87~6.24	19.00~20.46 6.78~7.31	17.36~19.17 6.20~6.85
理论曝气效率 /[kg/(kW·h)]	11.38	8.42~11.27	8.69~10.36	9.35~9.83	10.84~11.61	9.69~10.85
阻力损失/Pa	1540	1540~4720	1960~2870	2150~2970	1060~2490	1130~2830
曝气器编号	A	BCDEF GHIJKL MNOPQ	JKLORS	HKL	abcdef	abcdefg
曝气器尺寸		A. 直径178mm 一体式球形；B. 直径215mm；C. 直径180mm；D. 直径180mm；E. 直径178mm 钟罩形；F. 直径200mm 球形；G. 直径200mm；H. 直径180mm 球冠形；I. 直径200mm 钟罩式；J. 直径178mm 球冠形；K. 直径178mm 球形；L. 直径178mm 球形；M. 直径178mm 球形；N. 直径178mm 球形；O. 直径178mm 球形；P. 直径200mm；Q. 直径200mm；R. 直径200mm 钟罩式；S. 直径200mm 钟罩式		a. 直径285mm；b. 直径285mm；c. 直径285mm；d. 直径285mm；e. 直径285mm；f. 直径285mm；g. 直径260mm		

□ 表8-12 近年部分国内外管式刚玉微孔曝气器充氧性能测试结果

指标	产品类型					
	管式刚玉					
直径×长度/mm	60×750		65×750			70×750
测试水深/m	6		6			6
测试池面积/m²	0.5		0.5			1
标准通气量/[m³(标)/h]	2	3	4	6	8	4
标准氧传质速率 SOTR/(kg/h)	0.248	0.353	0.463	0.653	0.825	0.408
标准氧传质效率 SOTE/%	44.2	42.0	41.4	38.9	36.8	36.4
比标准氧传质效率 SSOTE /{g/[m³(标)·m]}	20.63	19.59	19.30	18.15	17.20	16.98
/（%O₂/m）	7.37	7.00	6.89	6.48	6.14	6.07
理论曝气效率/[kg/(kW·h)]	11.37	10.81	10.82	10.16	9.60	9.29
阻力损失/Pa	2010	2210	1690	1870	2030	3140
曝气器编号	①	①	②	②	②	③
曝气器尺寸	①直径 60mm×长 750mm；②直径 65mm×长 750mm；③直径 70mm×长 750mm					

参考文献

[1] 崔玉川，员建. 给水厂处理设施设计计算 [M]. 3 版. 北京：化学工业出版社，2019.

[2] 史惠祥. 实用水处理设备手册 [M]. 北京：化学工业出版社，2000.

[3] 肖敏杰，邹亦俊，沈裘昌. 新型气浮滤池的设计 [J]. 城市给排水. 2005，31（12）：1-4.

[4] 王永磊，陈文娟，李雷，等. 新型浮滤池净水装置的优化设计与试验研究 [J]. 山东建筑大学学报，2008，23（6）：539-542.

[5] 张燊，张克峰，王永磊，等. 浮滤池工艺在微污染水源处理中的应用 [J]. 净水技术，2010，29（6）：20-23.

[6] Kluru H J. Development of dissolved air flotation technology from the first generation to the newest one [J]. Water Science & Technology，2001，43（8）：1-7.

[7] CJ/T 263—2018.

第9章

水质处理的新药剂和新材料

9.1 水质处理的药剂类别

9.1.1 生活饮用水处理药剂

为将天然水体的原水（地表水、地下水等）制成符合《生活饮用水卫生标准》的饮用水，通常需对原水进行除藻、澄清、杀菌、软化、防腐（对管道、设备）等工序处理。所以，其相关水处理药剂有除藻剂、絮凝剂、助凝剂、助滤剂、杀菌（消毒）剂、软化剂、防腐剂等。

9.1.2 工业生产用水处理药剂

在工业用水中，水量较大的是循环冷却水和锅炉用水。

循环冷却水需解决管道和设备的结垢、腐蚀和微生物滋生问题。其相关药剂主要有阻垢剂、缓蚀剂、清洗剂、杀菌剂、预膜剂和灭藻剂等。

锅炉用水处理（炉外法、炉内法）的常用药剂为离子交换剂、再生剂、碱度调节剂、软化剂，以及缓蚀剂、阻垢剂、清垢剂、除氧剂等。

9.1.3 污（废）水处理药剂

城镇污（废）水达标排放无害化处理的药剂，一般有絮凝剂、杀菌剂、除油剂、消泡剂、脱色剂、除臭剂等。

工业污（废）水处理的药剂，由于其水质情况各异，除了上述药剂外还应针对性投加相关处理药剂。

9.1.4 海水淡化处理药剂

海水淡化以脱盐处理为主，自 20 世纪 60 年代以来，蒸馏法和膜法已成为主流工艺。

蒸馏法容易产生锅垢而降低蒸发效率。为此，可对海水进行预处理以减少影响。例如，向原水中投加聚磷酸盐、有机磷酸、膦基聚羧酸等进行水质软化，对钙、镁离子及其他金属离子产生螯合作用而不易沉淀，以阻止水垢的形成。

膜法脱盐，应在原水中添加阻垢缓蚀剂、清洁剂、絮凝剂、阻垢分散剂等，以减少结垢沉积对反渗透膜的影响。

综上所述，水质处理药剂名目繁多，但常用的主要有絮凝剂、杀菌（消毒）剂、阻垢剂、缓蚀剂、消泡剂等几种类型。

9.2 水质处理的新药剂

9.2.1 絮凝剂

(1) 絮凝剂的种类

絮凝剂根据其组成不同可分为4类：a. 无机絮凝剂；b. 有机高分子絮凝剂；c. 微生物絮凝剂；d. 复合絮凝剂。

不同种类的絮凝剂范畴中又有具体的种类繁多的研究，详见表9-1。

▣ 表9-1 絮凝剂种类及产品列举

分类	组成	具体种类	举例
无机絮凝剂	简单无机絮凝剂	铝盐絮凝剂	硫酸铝、氯化铝、铝酸钠
		铁盐絮凝剂	氯化铁、硫酸铁
	无机高分子絮凝剂	铝制系列	聚合氯化铝、聚合硅酸硫酸铝
		铁制系列	聚合氯化铁、聚合硫酸铁、聚合磷酸类复合铁盐、聚合硅酸类复合铁盐
有机高分子絮凝剂	天然有机高分子絮凝剂	淀粉衍生物	高取代度季铵型阳离子淀粉絮凝剂、高取代度阳离子马铃薯淀粉絮凝剂、交联氧化淀粉絮凝剂、交联羧甲基淀粉絮凝剂
		木质素衍生物	改性季铵盐木质素、层状双金属氢氧化物(LDH)
		甲壳素衍生物	壳聚糖-聚三甲基氯化铵
		其他	车前子胶接枝 PAM 共聚物
	人工合成高分子絮凝剂	非离子型有机高分子絮凝剂	聚丙烯酰胺
		阴离子型有机高分子絮凝剂	聚丙烯酸、聚丙烯酸钠、聚丙烯酸钙、苯乙烯磺酸盐、木质磺酸盐、丙烯酸、甲基丙烯酸
		阳离子型有机高分子絮凝剂	季铵化的聚丙烯酰胺
		两性聚丙烯酰胺聚合物	具有羧基和胺甲基的两性型聚丙烯酰胺絮凝剂
微生物絮凝剂	微生物菌体作为絮凝剂		某些细菌、放线菌、酵母菌、霉菌
	微生物细胞壁提取絮凝剂		酵母菌细胞壁葡聚糖、丝状真菌细胞壁壳聚糖
	微生物代谢产物作絮凝剂		荚膜、黏液质
	基因克隆技术获得絮凝剂		高效遗传菌株

(2) 絮凝剂的研究现状及发展方向

除了表 9-1 中给出的各种絮凝剂研究种类和产品之外，河北胜尔邦环保科技有限公司党西胜博士团队开发的三元复合型无机高分子絮凝剂——YS系列高效絮凝剂，作为净水剂其生产工艺为国内前沿，为高新科技产品，各项指标均达到或超过国家质量标准，该絮凝剂产品填补了国内空白，是传统絮凝剂最适宜的更新换代品。

絮凝剂的研究发展方向重点有2个：

① 微生物絮凝剂以其独特的生物优势具有广阔开发和应用前景，找寻廉价易得的絮凝剂产生菌培养底物，以期降低絮凝剂的生产成本；

② 在考虑成本的前提下，加大复合絮凝剂的应用推广力度，开展低毒、无毒、高生态安全复合絮凝剂的研究，减少二次污染，实现可持续发展。

9.2.2 杀菌剂

(1) 杀菌剂的种类

杀菌剂按化学组成可分为氧化性和非氧化性两大类，各种杀菌剂的特点见表9-2。

▫ 表9-2 杀菌剂的种类及优缺点

分类	举例	优点	缺点
氧化性杀菌剂	氯气	常用，廉价	加氯操作不便
	次氯酸盐	常用，廉价	性质不稳定
	氯化异氰尿酸	兼具缓释性，杀菌性好，较常用	不能剥离黏泥
	氯化溴	结构简单	不稳定，成本高
	卤胺	性能稳定，功效可再生	成本高
	卤化海因	杀菌性好	成本高
	二氧化氯	杀菌性能极好	不稳定
	臭氧	杀菌性好	成本高
	过氧化氢	用作剥离剂	临时性使用
	高锰酸钾		
非氧化性杀菌剂	重金属化合物	品种多，用途广	毒性大，难降解，已淘汰
	氯酚	国内使用较多	毒性大，限制使用
	有机氮硫物	常用	易产生抗药性
	季铵盐类	常用	泡沫多
	活性卤化物	杀菌性好	低毒
	洗必泰 戊二醛 咪唑啉 均三嗪	杀菌性好	成本高

(2) 杀菌剂的研究现状及发展方向

各种水处理杀菌剂的杀菌机理、效果和用途各不相同，一些杀菌剂的作用机理还需要进一步试验研究。河北科技大学王奎涛课题组在二氧化氯作杀菌剂方面有较深入的研究，他们向现有杀菌剂中添加适宜表面活性剂来改进杀菌效果和杀菌剂综合性能；二氧化氯也已被世卫组织定性为SI级安全、广谱、高效的杀菌剂，具有独特的优势。

水处理杀菌剂的发展方向是开发具备广谱、高效、低毒、环保、性价比高等特点的水处理杀菌剂，合理解决环境安全和杀菌效果之间的矛盾问题是该行业面临的最大挑战。目前，不溶性高分子固化类杀菌剂的研发成为热潮，并同时开发具有协同作用的复配型杀菌剂。此外，新型绿色环保替代品是今后开发的方向。

9.2.3 阻垢剂

(1) 阻垢剂的种类

阻垢剂一般按照其研究的发展历程和阻垢剂分子中的官能团进行分类，主要分为 4 大类：a. 天然聚合物阻垢剂；b. 含磷聚合物阻垢剂；c. 共聚物阻垢剂；d. 绿色新型阻垢剂。

阻垢剂种类及特点详见表 9-3。

⊡ 表 9-3　阻垢剂种类及特点

分类		举例	优点	缺点
天然聚合物阻垢剂		单宁、纤维素、淀粉、木质素、壳聚糖、腐殖酸钠	使用较早,来源广泛	加量大、费用高
含磷聚合物阻垢剂	无机含磷聚合物阻垢剂	焦磷酸钠、三聚磷酸钠、六偏磷酸钠	可与多种结垢金属离子螯合	易水解
	有机含磷聚合物阻垢剂	羟基亚乙基二膦酸、氨基三亚甲基膦酸、乙二胺四亚甲基膦酸、多氨基多醚基亚甲基膦酸	螯合能力强,兼具缓蚀性,不易水解	高温高碱高硬水质下使用受限,本身易结垢和污染
共聚物阻垢剂		丙烯酸类共聚物、磺酸类共聚物、马来酸酐类共聚物、其他非磷缓蚀阻垢剂	活性高,毒性小	生物可降解性差
绿色新型阻垢剂		聚环氧琥珀酸、聚天冬氨酸	活性高,高钙浓度下阻垢效果好,绿色可降解	—

(2) 阻垢剂的研究现状和发展方向

目前，天然聚合物阻垢剂的使用已经淘汰。国内在 20 世纪 90 年代以前，研究的重点为含磷聚合物阻垢剂，此后以共聚物阻垢剂为主。马志等采用硫酸铵作为引发剂，在水作溶剂的条件下合成出了丙烯酸（AA）/马来酸酐（MA）/2-丙烯酰胺基-2-甲基丙磺酸（AMPS）三元共聚物；荆国华等同样在水作溶剂的条件下以过氧化物为引发剂合成出了 MA/AMPS/2-丙烯酰胺-2-甲基丙基膦酸（AMPP）三元共聚物；孙哲等以同样方式采用过硫酸铵和次磷酸盐作为引发剂，合成出了 MA/AMPS/AA/膦酰基羧酸共倜聚物（POCA）共聚物，该共聚物有较好的阻钙结垢性能和一定的缓释性；夏明珠等以 AA、AMPS 等为原料，合成出了一种膦基-羧基-磺酸基共聚物，该共聚物对碳酸盐、磷酸盐、硫酸盐、硅酸盐和锌盐等的沉积具有很好的阻垢效果，并且具有良好的分散性。

由于磷元素能够造成水体富营养化，开发非磷或低磷、非氮和可降解的绿色阻垢剂已经成为工业水处理的研究热点和发展趋势。复合配方的阻垢剂要比单一组成的药剂具有更好的阻垢性能，可通过开发此类型阻垢剂来弥补单一药剂的缺憾。

以任桂兰等合成出的马来酸酐/丙烯酸/氮川三亚甲基膦酸共聚物阻垢产品为例，其生产过程采用一步合成，无需氮保，过程中无有害物质排放。该阻垢剂产品具有良好的缓蚀性、阻垢性、耐高温性、分散性、稳定性、含磷低、无污染、复配性等优点，适用于高碱、高硬、高 pH 值水环境中，可以替代目前使用的氮川三亚甲基膦酸阻垢剂。

9.2.4 缓蚀剂

(1) 缓蚀剂的种类

缓蚀剂的分类方法很多，除了以缓蚀剂自身的化学组成分为无机和有机缓蚀剂外，也可根据缓蚀机理进行分类，如根据电化学腐蚀控制部位和保护膜类型进行的分类。详细的缓蚀剂分类、其举例和主要用途如表 9-4 所列。

⊡ 表 9-4 缓蚀剂分类、举例及用途

分类依据	类别	举例	特点
自身化学组成	无机缓蚀剂	锌盐、钼酸盐、钨酸盐、硅酸盐、(亚)硝酸盐	不同组成缓蚀剂有不同的性质和用途,如:锌盐缓蚀剂成膜快,膜松软,多用于冷却水系统;膦羧酸缓蚀剂与二价离子螯合作用强,适用于低硬、低碱腐蚀性水介质
	有机缓蚀剂	膦酸(盐)、膦羧酸含有氮氧的杂环化合物	
电化学腐蚀部位	阳极型缓蚀剂	铬酸盐、钼酸盐、钨酸盐、钒酸盐、亚硝酸盐、硼酸盐	阳极区与金属离子作用形成保护膜,要保持较高浓度以使阳极全部钝化,否则造成点蚀
	阴极型缓蚀剂	锌的碳酸盐、磷酸盐和氢氧化物,钙的碳酸盐和磷酸盐	在阴极成膜,只需向介质中加入可溶性锌盐或可溶性磷酸盐
保护膜类型	氧化膜型缓蚀剂	铬酸盐、亚硝酸盐、钼酸盐、钨酸盐、钒酸盐、正磷酸盐、硼酸盐	在氧作用下于金属表面阳极区形成氧化膜
	沉淀膜型缓蚀剂	锌的碳酸盐、磷酸盐和氢氧化物,钙的碳酸盐和磷酸盐	缓蚀膜多孔且未与金属表面直接结合,附着性不好,效果不如氧化膜型缓蚀剂
	吸附膜型缓蚀剂	一些含氮、硫、羟基具有表面活性的有机化合物	金属表面有腐蚀产物或积垢,应配合表面活性剂加入,帮助成膜

(2) 缓蚀剂的研究现状及发展方向

近些年来随着有机合成技术的进步又研发合成出很多新型结构的低聚物、缩聚物型缓蚀剂，不仅毒性低，缓蚀效果也很好，已成功应用于机械内腔、精密刀具、汽车零件等领域。

今后缓蚀剂领域的研究重点应是探索从植物、海水生物中分离提取和加工出新型缓蚀剂的有效成分；用医药、食品和工农业副产品提取缓蚀剂有效成分，并进行复配或改性；以及运用量子化学理论进行高效多功能环保型和低聚型缓蚀剂的合成。

9.2.5 消泡剂

(1) 消泡剂的分类

消泡剂有油型、溶液型、乳液型、粉末型和复合型几种。

消泡剂均应具备以下性能：a. 消泡作用强，用量少；b. 不改变加入体系的基本性质；c. 表面张力小；d. 与表面的平衡性好；e. 扩散和渗透性好；f. 耐热性好；g. 化学性质稳定，不易氧化；h. 气体溶解和透过性好；i. 在起泡性溶液中溶解度小；j. 无生理活性，安全性高。同时具备上述特性的消泡剂是不存在的，一种消泡剂只能对特定一种或几种体系起作用。

各种消泡剂及使用领域如表 9-5 所列。

种类	举例	使用领域
油脂类	蓖麻油、胡麻油、亚麻仁油、动植物油	食品、锅炉
脂肪酸类	硬脂酸、油酸、棕榈酸	发酵
硬脂酸酯类	硬脂酸异戊酯、月桂酸二甘醇酯、琥珀酸二硬酰酯等	气体切割、锅炉、造纸、食品等
醇类	聚氧乙烯醇及其衍生物、聚氧乙烯醇水合物等	发酵、染色、造纸等
醚类	2-对戊基苯氧基乙醇、3-庚基溶纤剂等	洗涤、纤维加工、印染、造纸
磷酸酯类	磷酸三丁酯、辛基磷酸钠等	食品、洗涤、造纸、涂料
胺类	二戊胺	印染、纤维加工
酰胺类	聚乙烯酰胺、酰胺聚酰胺、双十八酰基哌啶	制浆、造纸、锅炉
金属皂类	硬脂酸铝、硬脂酸钙、油酸钾、羊毛脂、油酸钙	胶、纤维加工、润滑油
磺酸酯类	月桂基磺酸钠	棉籽油、油炸油
聚硅氧烷类	二甲基聚硅氧烷、硅酮膏、聚硅氧烷乳液等	食品、发酵、印染、造纸等
有机极性化合物类	聚丙二醇、聚丙二醇与环氧乙烷加聚物	发酵、食品
其他	硫酸亚铁、铝矾土、三氯三氟丙烷	切削油、炼焦、矿物油、蒸馏

（2）消泡剂的研究现状和发展方向

聚醚类改性硅油消泡剂在国内仍处于研发阶段，产品稀缺。此种消泡剂可迅速溶解于水中，既可以单独使用也可以与其他水处理剂复配使用。聚醚类消泡剂稳定性好，不易发生破乳漂油现象，不产生沉淀，是消泡剂领域的新品种，亦是消泡剂研发的方向。

9.2.6 反硝化外加新型碳源

目前，我国在污水处理反硝化的过程中普遍存在着碳源不足的问题，因此需要外加碳源进行补充。传统的碳源物质包括甲醇、乙酸和一些低分子糖类等，甲醇具有价格经济的优点，但因其毒性较大，故乙酸应用更多。为解决污水处理反硝化碳源不足的问题，同时降低处理成本，开始探索开发新型外加碳源来代替传统碳源。

（1）纤维素类固体碳源

纤维素在反硝化过程中既可以作为反硝化过程的碳源，也可以作为微生物的载体，促进反硝化过程。由于纤维素还具有无生物毒性等特点，具有较大比表面积的纤维素能让更多的细菌附着，可以用作反硝化碳源和生物膜载体。常见的有棉花、稻草、玉米芯、报纸、麦秆等。

李斌等以棉花、稻草、稻壳、玉米芯作为反硝化碳源和生物膜载体进行实验，实验中比较了静态释碳数量和质量、生物附着性能以及长期脱氮效果等方面，结果显示，玉米芯作为反硝化碳源滤料，具有持续稳定的释碳效果和较高的反硝化脱氮效率，而棉花和稻草虽然初期反硝化效果好，但长期脱氮效果不稳定。

（2）人工合成可生物降解聚合物

可生物降解聚合物（biodegradable polymers，BDPs）可以作为反硝化微生物的碳源，同时也是反硝化微生物附着生长的良好载体。

研究发现，聚丁二酸丁二醇酯（PBS）作为反硝化固体碳源与生物膜载体时，聚合物表面形成比较致密的微生物膜，对内部的反硝化菌形成保护层，增强了微生物对进水 pH、DO 等冲击负荷的适应能力。

(3) 液态碳源

液态碳源主要是指工业废水，如啤酒废水、食品废水和垃圾渗滤液等。

工业废水一般都是高碳源废水，若能将它们作为生物反硝化过程的外加碳源，在降低碳源投加成本的同时，还可以节省工业废水处理所消耗的资源。食品工业的废水是相对理想的选择，其内容包括制糖、酿造、肉类、乳品加工等生产过程，所排出的废水都含有机物，具有强的耗氧性。

以合适的工业废水作为反硝化过程的外加碳源，微生物种群若适应了该废水的特殊生长环境，一定程度上能获得较高的反硝化速率，提高反硝化效果。但由于其来源受到诸多因素的限制，对其广泛应用有很大制约。

(4) 其他碳源

其他新型碳源有污泥水解挥发性脂肪酸（VFAs）、新型复合碳源等。

对于不同来源的污泥，在不同的水解条件下，污泥水解酸化所产生的 VFAs 成分有较大的差异，不同种类的有机酸呈现不同的反硝化速率。

新型复合碳源主要是由多种碳源组合而成，旨在提高碳源 COD 值，以降低碳源投加量，提高性价比。

(5) 存在的主要问题

① 纤维素类固体碳源是天然有机固体，经济易得，反硝化处理效果也是十分可观的，但投加后的后续处理十分困难。另外，其反硝化速率较低且受温度影响大，缺乏稳定性，浸泡时间过长会引起填料的变质、堵塞。

② 目前应用到异养反硝化中的可生物降解多聚物（BDPs）材料种类很少，且材料价格昂贵，主要是 PHA（聚羟基脂肪酸酯）类多聚物。此外，即使同一种多聚物，其晶体结构、添加剂成分、多聚物的表面结构等因素都对多聚物的生物降解性能有影响，从而影响到反硝化的速率，因此以 BDPs 作为反硝化碳源的研究还很不成熟。

③ 工业废水作为反硝化过程的外加碳源，由于其来源受到诸多因素的限制，对其广泛应用有很大制约。

④ 由于不同来源的污泥，在不同的水解条件下，污泥水解酸化所产生的 VFAs 成分有较大的差异，目前实际应用较少。

新型复合碳源，存在生产加工工艺相对复杂、性价比不高等缺点。

9.2.7 新型除磷药剂

目前常见的物理化学除磷剂主要包括铝盐、铁盐、钙盐三类。其中，铝盐除磷剂主要有 3 种，即硫酸铝 $[Al_2(SO_4)_3]$、氯化铝（$AlCl_3$）、聚合氯化铝（PAC）；常用的铁盐除磷剂主要包括三氯化铁（$FeCl_3 \cdot 6H_2O$）、硫酸亚铁（$FeSO_4 \cdot 7H_2O$）、聚合硫酸铁（PFS）三种；钙盐一般指石灰 $[Ca(OH)_2]$ 和氯化钙（$CaCl_2$）两种。目前，除磷技术正不断改进和发展，除磷剂的种类也越来越多。

(1) 微生物菌剂

微生物菌剂的制备是根据微生物厌氧释磷、好氧吸磷的生物除磷机理，选用目标微生物（聚磷菌）经过工业化生产扩繁后，复配生物酶、营养剂和催化剂等物质形成的活性菌剂，能有效降低废水中磷的含量，并通过复配，效果比单纯的生物处理工艺更佳。

与物理化学药剂相比，虽然微生物菌剂具有持效期长、污泥量少、不产生二次污染等优点，但处理速率相对较慢，且一般需要先激活再投加。

（2）新型复合除磷剂

新型复合除磷药剂是在物理化学除磷剂和微生物菌剂的基础上演变而来的，在研究过程中发现，两种或多种除磷药剂的复合要比单一除磷剂的除磷效果更好，因此新型除磷剂就应运而生。聂锦旭等制备了有机-无机复合膨润土吸附剂用于含磷废水的处理，磷去除率达到了97.55%。张大群等用锁磷剂和微生物菌剂复合技术处理富营养化水体，除磷效果明显并具有长效性。杨雪等制备了新型铁铜复合吸附剂，陈力等制备了质子化壳聚糖/磁性复合材料。此类新型复合除磷剂大多还处在实验阶段，没有得到广泛推广和应用。

9.3　水质处理的新材料

9.3.1　合金滤料

（1）种类

合金滤料是一种多功能和可再生的新型水质处理材料，目前国内外常用的是铜锌合金滤料。例如，国外的 KDF 是一种高纯度（99.99%）的铜锌合金，它是用动力连续分级方法（kinetic degradation fluxion，KDF）制成的。它主要有 KDF_{55}（铜锌各占 50%）和 KDF_{85}（铜占 85%，锌占 15%）两种规格。又例如 MRPS 是三种或更多无机元素制成的合金滤料。再如国产的 SPM 铜锌合金滤料（通过高纯度的 Cu、Zn 采用雾化法工艺制成）。

（2）功能和原理

1）去除重金属

合金滤料铜锌的净电位差为 1.1 V，在水溶液中，合金表面的两种物质可构成微电池反应，电位为正的铜成为阴极发生还原反应，电位为负的锌成为阳极发生氧化反应。对于水中重金属离子以铅为例，其化学反应如式（9-1）所列：

$$Zn/Cu/Zn+Pb(NO_3)^{2-} \longrightarrow Zn/Cu/Pb+Zn(NO_3)^{2-} \tag{9-1}$$

重金属离子被还原为金属单质，在滤料表面析出附着。

同理，合金滤料也可将水中含硫物质（如硫化氢）转化为不溶于水的硫化铜，从而将硫化氢去除，其化学反应如式（9-2）所列：

$$Cu/Zn+H_2S \longrightarrow Cu/Zn+CuS+H_2 \tag{9-2}$$

2）去除氧化剂氯、臭氧、溴、碘

例如，通过电化学氧化还原反应，滤料中 Zn 被水中 Cl_2 氧化形成 Zn^{2+}，其化学反应如式（9-3）所列：

$$Zn+Cl_2 \longrightarrow Zn^{2+}+2Cl^- \tag{9-3}$$

又如水中余氯可被还原成 Cl^-，其化学反应如式（9-4）所列：

$$Zn+2H^++ClO^- \longrightarrow Zn^{2+}+Cl^-+H_2O \tag{9-4}$$

3）抑制微生物及藻类生长

细菌生存需要合适的环境条件，包括温度、pH 值、湿度及氧化还原电位等。而上述的电化学氧化还原反应会使水中 H_2O_2、OH^- 的浓度升高，使 pH 值增大，因而起到杀菌抑菌作用。同时，氧化还原反应产生的 Zn^{2+} 能阻止微生物酶的合成，影响微生物的正常生长。

同时，原水在经过合金滤料过滤后，其氧化还原电位会急剧下降，剧烈的变化将导致细菌无法适应新的环境，使细菌大量死亡，从而抑制了细菌和藻类生长。

4）减少矿物结垢和腐蚀

由上述化学反应可知，原水经合金滤料过滤后，水中 H^+ 被大量消耗，使滤后水的 pH 值升高，从而使水中的成垢物碳酸氢钙在水中达成平衡，其化学反应如式（9-5）所列：

$$Ca(HCO_3)_2 \Longleftrightarrow CaCO_3 + H_2O + CO_2 \tag{9-5}$$

滤后水 pH 值上升，将导致碳酸钙的溶解度降低，化学平衡右移，使大量碳酸钙析出，这样使钙垢提前在滤料层中析出，从而减少在后续管道中结垢。与此同时，氧化还原中析出的锌离子可改变垢体的晶体形态，使碳酸钙以结晶的形态沉淀在滤料上，避免了在换热器上产生硬垢。再者，经合金滤料处理后其垢形也相对变小，由疏松的粉状成分组成，不会黏附在金属、塑料、陶瓷容器的表面，容易用物理过滤的方法将之除去。

另外，原水经合金滤料过滤后，其 pH 值会升高，而原水中的氧化性物质、重金属离子以及硫化氢等的含量大大降低，这也在一定程度上减少了被腐蚀的可能。与此同时，微生物在生长繁殖中会产生大量的有机酸，而原水经合金滤料过滤后，其均被抑制生长，从而使酸类含量大大降低，将降低腐蚀的可能。

（3）性能特点

铜锌合金滤料 KDF_{55}，颜色为金黄色，粒径 $0.145\sim2.000nm$，表观密度为 $2.4\sim2.9g/cm^3$。

合金滤料的优点是：使用寿命长，过滤能力恢复率高，综合性能优良，维护方便，处理费用低等。其缺点是：反冲洗压力要求高，会增加运行费用；滤料较密集会导致滤床堵塞，影响出水量；滤料需用量大，前期投资较高等。

（4）应用参数

国产合金滤料 SPM 已投入批量生产和应用，与进口相比，其成本显著降低。目前其单一使用的研究已取得如下主要结论。

① 可去除 90％以上余氯，当浓度大于 1mg/L 时去除率在 98％以上；可去除铁离子 50％以上，也可去除其他金属离子。

② 对氯离子、汞离子、六价铬、二价镉、二价铅的去除率为 60％～97％。

③ 对芳香族化合物，去除率在 20％以上。

④ 其杀菌率达 90％以上，叶绿素 a 去除率为 74％。

9.3.2　活性炭纤维

活性炭，是一种具有多孔结构的非极性吸附剂。从外观形状上可分为粉末状（PAC）、颗粒状（GAC）和纤维状（或织物状 ACF）三种活性炭。其吸附能力取决于 3 个因素，即孔容、孔径分布和表面官能团（由氢、氧与碳结合而成的氧化物或含氧基团）的种类。活性炭无臭，无味，与酸、碱类物质不起化学反应。

活性炭对非极性和弱极性的有机物有很好的吸附能力，是水质处理中吸附操作应用最多的吸附剂。在水质处理中使用活性炭吸附剂，不是为了去除大量的杂质，而是用于去除一些特殊的微量有害杂质。例如脱色，除臭，脱油脂，除微生物，除有机物、表面活性物质、染料、农药、有害物质和金属离子等。

现在世界上研发和应用的活性炭纤维主要有粘胶基、聚丙烯腈基、沥青基、酚醛基和聚乙烯醇基等几种与普通活性炭相比，其优点主要如下：a. 纤维外表面积大，且孔口多，容易吸附和脱附；b. 纤维孔径分布窄，有效吸附孔多，吸附容量大；c. 纤维吸附径短；d. 纤维吸附和脱附速度快。

另外，可根据应用目的将活性炭纤维加工成毯状、布状、网状、蜂窝状、纸状、圆筒状等形态，应用于水质处理各领域。活性炭纤维和粒状活性炭的性能比较见表9-6。

◻ 表9-6 几种活性炭纤维与粒状活性炭的性能比较

性能	活性炭纤维				粒状活性炭
	酚醛基	黏胶基	聚丙烯腈基	沥青基	
纤维直径/μm	9~11	15~18	6~11	10~14	
比表面积/(m²/g)	1000~2300	1000~1500	700~1200	1000~1200	800
外表面积/(m²/g)	1.0~2.0	0.2~0.7	1.1~1.5		0.001~0.01
孔容/(mL/g)	0.5~1.0			0.5~1.1	
孔径/nm	1.5~3.5	1.1~1.6	2.0~3.0	2.5~4.5	4.0~6.0
抗拉强度/(kg/mm)	30~40	7~10	20~50	10~18	
抗拉模量/(kg/mm²)	2000~3000	1000~2000	7000~8000	400~640	
伸度/%	2.7~2.8		<2.0	2.4~2.8	
pH值		7.0			
灰分/%	0.03~0.05				
着火温度/℃	470			460~480	
苯吸附量/%	30~80	30~60	20~45		30~45
碘吸附量/%	95~2200			1000~2000	
亚甲基蓝脱色力/(mL/g)	310~380		100~150	250~350	70~80
丙酮吸附量/%				20~45	

9.3.3 纳滤膜

膜技术是当今水处理研究中最活跃的领域，其常用的膜分离方法有电渗析（ED）、微滤（MF）、超滤（UF）、纳滤（NF）、反渗透（RO）等。膜分离法在水质处理方面已得到广泛应用，其中包括给水处理、废水处理、海水淡化、苦咸水淡化以及矿泉水、纯净水和优质饮用水的制取等。

纳滤膜的研制与应用比反渗透膜约晚20年，现在纳滤技术已成为膜分离领域研究的热点之一。纳滤也是以压力差为推动力的膜分离过程，其分离机理可用电荷模型、细孔模型以及静电排斥和立体阻碍模型来描述。与其他膜分离过程相比，纳滤的一个优点是能截留透过超滤膜的分子量小的有机物，又能透析RO膜所截留的部分无机盐，所以能使浓缩与脱盐同步进行。

NF膜分离所需的跨膜压差为0.5~2.0MPa，比RO同样效果时压差低0.5~3MPa。在相同压力下，NF通量比RO大很多；在通量一定时，NF所需的压力比RO低很多。在0.4~0.6MPa下运行，比RO节能近50%，寿命大于5年。

目前国际上纳滤膜大多采用聚酰胺复合膜，操作压力仅为0.5MPa。对Ca^{2+}、Mg^{2+}等二价离子具有很高的去除率，能去除1nm左右的溶质粒子，截留分子量为100~1000的污染物。在饮用水深度处理中可用于去除三卤甲烷中间体、异味、色度、农药、合成洗涤剂、可溶性有机物、钙和镁硬度等。表 9-7 列出了国外部分牌号的商品纳滤膜及其性能。

⊡ 表 9-7　国外部分商品纳滤膜及其性能

膜型号	制造商	膜性能		测试条件	
		脱盐率/%	水通量 /[L/(m²·h)]	操作压力/MPa	料液浓度 (NaCl) / (mg/L)
ESNAI	海德能公司	70～80	363	0.525	—
ESNAI	海德能公司	70～80	1735	0.525	—
DRC-1000	瑞士 Celfa 公司	10	50	1.0	3500
Desal-5	美国 Desalination	47	46	1.0	1000
HC-5	丹麦 DDS 公司	60	80	4.0	2500
NF-40	美国 Film Tec 公司	45	43	2.0	2000
NF-70	美国 Film Tec 公司	80	43	0.6	2000
SU-60	日本东丽（Toray）公司	55	28	0.35	500
NTR-7410	日本日东电工（Nitto）公司	15	500	1.0	5000
NTR-7450	日本日东电工（Nitto）公司	51	92	1.0	5000
NF-PES-10/PP60	德国 Kalle 公司	15	400	4.0	5000
NF-CA-50/PET100	德国 Kalle 公司	85	120	4.0	5000

9.3.4　MIEX 树脂

磁性离子交换（magnetic ion exchange，MIEX）树脂作为一种新型水处理剂应用于给水处理，MIEX 树脂是一种强碱性以聚丙烯为母体的季铵型阴离子交换树脂，MIEX 树脂颗粒细小，离子交换面积较大，可与水中溶质充分接触达到去除效果。主要工作原理是通过树脂表面反应位点（Cl^-/HCO_3^-）与水中带负电的物质进行离子交换以达到对污染物的去除效果。与一般树脂相比，MIEX 的一个显著特点是其结构中有一定的磁性成分（磁性氧化铁），使其具有弱磁性。这种磁性特质使 MIEX 树脂更容易团聚沉降，其沉降速度可达到 $10\sim20m/h$，有利于树脂的分离回收，减少流失，回收率可达到 99.9%。另外，MIEX 树脂粒径很小，仅为 $10\sim200\mu m$，是一般树脂的 $1/5\sim1/2$，比表面积较大，可以增强污染物与其离子交换位点的接触，减少离子内部孔道扩散的距离，提高污染物的去除效率。

针对饮用水中出现的微污染物，使用常规水处理方法已很难将其彻底去除。例如，混凝可以高效去除浊度、悬浮物及一些大分子疏水性有机物，但对小分子量的亲水性有机污染物却很难去除。这些亲水性或两性微污染物在环境中存在的浓度非常低，亦成为常规工艺应用的瓶颈。MIEX 树脂的应用范围较为广泛，能有效去除水体中溶解性有机物（DOM）、消毒副产物前驱物（DBPFP）、无机阴离子和其他微污染物等。

但 MIEX 树脂因其无法去除水体的浊度、悬浮物等而不能单独用于水处理。因此，在实际应用中需要结合其他的水处理工艺。MIEX 树脂预处理与混凝结合可起到互补作用，可大大提高后续混凝对浊度的去除效率，提高了对不同分子量 DOM 以及溴离子的去除效果，降低 DBPs 的生成，还能减少后续混凝剂的投加量，节省成本。

臭氧消毒氧化工艺与 MIEX 树脂预处理结合，在保证水中臭氧浓度的前提下，臭氧对水样中微生物的去除率升高，投加量减少，同时溴酸盐的生成也相应减少。

MIEX 树脂作为一种新型的磁性阴离子交换树脂，在水处理中具有良好的应用前景。对于 MIEX 今后还应关注以下几个方面：

① MIEX 树脂去除微污染物的研究，对亲水性/两性有机污染物及非离子型有机物的研究甚少，例如表面活性剂等。

② 关于 MIEX 树脂可能的次生效应几乎没有报道，有待进一步研究。当 MIEX 树脂应用于饮用水处理过程时，MIEX 树脂可能释放氯离子而吸附硫酸根离子，而氯离子与硫酸根离子的比值是衡量管网腐蚀的重要参数之一，因此增大了造成管网腐蚀的可能性。

③ 在 MIEX 树脂的再生过程中会产生废弃的卤水，其中包含了大量处理下来的有机污染物，因此对于 MIEX 树脂再生废水的处理也是今后需要思考的问题。

9.3.5 SL 新型复合填料

填料是膜法生化处理中微生物的载体，其本身不具备对污染物的去除能力。性能优的填料应该是：具有一定的比表面积，能在构筑物中均匀分布，对气泡有充分的切割能力，并具有较好的挂膜脱膜效果，使用寿命长等。大体有软性填料、半软性填料、弹性填料、组合填料、其他新型填料等种类。而 SL 新型复合填料的特点和技术指标如下。

（1）特点

该复合填料是由高分子聚合物的填料本体和醛化纤维长丝组成的，并用紧纺纤维绳固定连接。填料本体经高温加压成型后，纤维丝束均匀地分布在片体周围。有较强的气泡切割能力，提高氧的利用率和动力效率，生物膜易生易落。材质耐腐蚀，耐生物降解，耐光照，抗老化。

（2）产品技术指标

产品技术指标见表 9-8～表 9-12。

⊡ 表 9-8 聚合物材质特性

抗拉强度/MPa	连续耐热温度/℃	脆化温度/℃	强碱影响(pH 11～13)	强酸影响(pH 1～3)
21.4～37.9	82.2～104.4	140～180	很耐	耐

⊡ 表 9-9 合成纤维材质特性

材质	密度/(g/cm²)	单丝直径/mm	拉伸强度/(g/单丝)	伸长率/%	强碱影响(pH 10～12)	强酸影响(pH 2～4)	失重率(100℃)/%
合成纤维	1.02	0.07	6.8～7.1	4	无变化	无变化	≤1

⊡ 表 9-10 各填料指标对比

指标	复合填料(150mm)	硬性填料(φ36)	半软性填料
比表面积/(m²/m³)	1246	100～110	87～93
空隙率/%	99	98～99	97.1
成品质量/(kg/m³)	7～8.5	23～25	13～14

⊡ 表 9-11 直径为 150mm 的 ABS 新型组合填料

填料直径/mm	束间距离/mm	单位质量/(kg/m³)	成膜质量/(kg/m³)	每立方米池子片数
150	40	8.5	100～110	1111
150	60	5.8	80～95	741
150	70	5.0	70～80	635
150	80	4.5	60～75	556

填料直径/mm	束间距离/mm	单位质量/(kg/m³)	成膜质量/(kg/m³)	每立方米池子片数
200	50	9.0	110～120	500
200	60	7.8	90～105	417
200	80	6.0	82～94	313
200	90	5.2	69～82	278

9.3.6　MBBR 填料

MBBR 填料是一种新型生物活性载体，它采用科学配方，根据不同水质需求，在高分子材料中融合不同种类有利于微生物快速附着生长的微量元素，经过特殊工艺改性、构造而成。

(1) 特点

按流体力学设计几何构型、强化表面附着能力；填料比表面积大，亲水性好，易挂膜，附着生物量多；流动性好，无需支架，节省能耗，节省占地；通过增加填充率提升处理能力及效果，无需新增构筑物，使用寿命长等。

(2) 产品技术指标

产品技术指标见表 9-13。

□ 表 9-13　MBBR 填料产品参数

规格/mm	比表面积/(m²/m³)	硝化效率/[gNH₄⁺-N/(m³·d)]	堆积个数/(个/m³)	堆积质量/(g/cm³)	投配率/%	挂膜时间/d	使用温度/℃	使用寿命/a
$\phi12\times9$	＞693	650	666340	120				
$\phi11\times7$	＞845	750	1038000	140				
$\phi10\times7$	＞834	850	1037000	150	15～67	5～15	-35～65	≥10
$\phi14.5\times9.8$	＞591	650	341000	120				
$\phi25\times12$	＞427	400	135300	95				

(3) 应用范围

① 污水处理升级改造、提标扩容，MBBR 与生物滤池工艺载体；

② 河道治理脱氮、除磷；

③ 水产养殖除氨氮、净化水质；

④ 生物除臭塔用生物填料。

9.3.7　LEVAPOR 悬浮填料

LEVAPOR 悬浮填料是由德国拜耳公司研发出来的最新一代用于处理废水和废气的高效微生物载体。LEVAPOR 悬浮填料是将有表面活性能力的颜料涂在泡沫物质上形成具有表面活性的、有吸收能力的、有弹性和孔隙的高分子物质。

(1) 特点

① 比表面积大，启动时间短，可以在 2h 内形成高活性的生物膜；

② 抗冲击能力强，可以吸收并降解有毒或抑制物质，从而使表面能够重新恢复生物活性；

③ 显著提高生物处理的效率和稳定性；

④ 剩余污泥明显减少。

(2) 产品技术指标

产品技术指标见表9-14。

表 9-14 LEVAPOR悬浮填料产品参数

规格/mm	比表面积/(m²/m³)	流化度大于90%条件下的空气流量/[m³/(m²·h)]	堆积质量/(g/cm³)	投配率/%	空隙率/%	挂膜时间/h	吸水性
14×14×7	>20000	4~7	20~30	12~15	75~90	1~2	自身质量250%
14×14×14			20~50				

(3) 应用范围

① 在厌氧和好氧条件下工业废水和市政污水的生化处理，尤其是硝化处理和去除降解速度慢的污染物；

② 生物除臭，废气处理；

③ 生物产品的工业发酵；

④ 水产养殖除氨氮、净化水质。

参考文献

[1] 何铁林. 水处理化学品手册 [M]. 北京：化学工业出版社，2003.

[2] 祁鲁梁，李永存，张莉. 水处理药剂及材料实用手册 [M]. 北京：中国石油化工出版社，2006.

[3] 郑书忠. 水处理药剂及其应用 [M]. 北京：中国石油化工出版社，2003.

[4] 高昊旸. 国内外合金滤料在水处理中的研究与对比 [J]. 化工管理，2018 (2)：126.

第 10 章

我国水质处理科研新成果及新论文

本章将我国近几年来在水质处理方面的部分科研成果、博士论文和重要学术论文题目列出，以供学习查阅参考，并启迪新思维，研究新成果。

10.1 水质处理的科研新成果

10.1.1 国家级水质处理科研新成果

我国在水质处理方面，近五年（2016～2020 年）获得的部分国家级科研成果名称等列于表 10-1，以供学习查阅参考。

□ **表 10-1 近 5 年我国与水质处理相关的部分国家级科研成果**

序号	年度	奖项类型	项目名称	完成人及单位
1	2020 年	国家科学技术进步奖二等奖	城市供水管网水质安全保障关键技术及应用	张土乔（浙江大学），邵煜（浙江大学），柳景青（浙江大学），俞亭超（浙江大学），张燕（浙江大学），许刚（广州市自来水有限公司），董剑峰（杭州绿洁环境科技股份有限公司），代荣（杭州市水务集团有限公司），叶苗苗（浙江大学），程伟平（浙江大学）
2	2020 年	国家科学技术进步奖二等奖	城镇污水处理厂智能监控和优化运行关键技术及应用	俞汉青（中国科学技术大学），李志华（西安建筑科技大学），盛国平（中国科学技术大学），候红勋（安徽国祯环保节能科技股份有限公司），王冠平［光大监控和水务（深圳）有限公司］，王广华（广州市市政工程设计研究总院有限公司），史春海（中国市政工程西北设计院有限公司），张静（安徽国祯环保节能科技股份有限公司），赵忠富（中国市政工程西南设计研究总院有限公司），石伟［光大水务（深圳）有限公司］

序号	年度	奖项类型	项目名称	完成人及单位
3	2020 年	国家技术发明奖二等奖	污水深度生物脱氮技术及应用	王爱杰(哈尔滨工业大学),彭永臻(北京工业大学),程浩毅(中国科学院生态及应态环境研究中心),梁斌(中国科学院生态环境研究中心),邵凯(中持水务股份有限公司),侯锋(信开水环境投资有限公司)
4	2020 年	国家技术发明奖二等奖	强化废水生化处理的电子调控技术与应用	全燮(大连理工大学),张耀斌(大连理工大学),周集体(大连理工大学),陈硕(大连理工大学),权伍哲(大连宇都环境技术材料有限公司),金若菲(大连理工大学)
5	2019 年	国家科学技术进步奖一等奖	制浆造纸清洁生产与水污染全过程控制关键技术及产业化	陈克复(华南理工大学),应广东(山东太阳纸业股份有限公司),徐峻(华南理工大学),张凤山(山东华泰纸业股份有限公司),李军(华南理工大学),曹衍军(山东太阳纸业股份有限公司),乔军(山东太阳纸业股份有限公司),李晓亮(山东华泰纸业股份有限公司),莫立焕(华南理工大学),安庆臣(山东太阳纸业股份有限公司),冯郁成(华南理工大学),曾劲松(华南理工大学),周景蓬(山东华泰纸业股份有限公司),张伟(山东太阳纸业股份有限公司),韩文佳(齐鲁工业大学)
6	2019 年	国家科学技术进步奖二等奖	大型污水厂污水污泥臭气高效处理工程技术体系与应用	张辰[上海市政工程设计研究总院(集团)有限公司],周琪(同济大学),朱南文(上海交通大学),谭学军[上海市政工程设计研究总院(集团)有限公司],张欣[上海市政工程设计研究总院(集团)有限公司],谢丽(同济大学),邹伟国[上海市政工程设计研究总院(集团)有限公司],王磊(上海交通大学),王逸贤[上海市政工程设计研究总院(集团)有限公司],董磊[上海市政工程设计研究总院(集团)有限公司]
7	2019 年	国家科学技术进步奖二等奖	淮河流域闸坝型河流废水治理与生态安全利用关键技术	李爱民(南京大学),安树青(南京大学),徐洪斌(郑州大学),买文宁(郑州大学),何争光(郑州大学),李洁(河南省环境保护科学研究院),谭云飞(郑州市污水净化有限公司),李睿华(南京大学),谢显传(南京大学),刘福强(南京大学)
8	2019 年	国家科学技术进步奖二等奖	面向制浆废水零排放的膜制备、集成技术与应用	邢卫红(南京工业大学),李卫星(南京工业大学),汪勇(南京工业大学),杨刚(南京工业大学),崔朝亮(南京工业大学),范益群(南京工业大学),陈强(南通能达水务有限公司),丁晓斌(南京九思高科技有限公司),张荟钦(江苏久吾高科技股份有限公司),汪效祖(南京工业大学)
9	2019 年	国家技术发明奖二等奖	农田农村退水系统有机污染物降解去除关键技术及应用	王沛芳(河海大学),王超(河海大学),饶磊(河海大学),陈娟(河海大学),任洪强(南京大学),钱进(河海大学)
10	2018 年	国家科学技术进步奖二等奖	城市污水处理过程控制关键技术及应用	乔俊飞(北京工业大学),郑江(北京城市排水集团有限责任公司),韩红桂(北京工业大学),苑明哲(中国科学院沈阳自动化研究所),杨庆(北京工业大学),阜崴(北京城市排水集团有限责任公司),于广平(中国科学院沈阳自动化研究所),李文静(北京工业大学),杨翠丽(北京工业大学),常江(北京城市排水集团有限责任公司)

序号	年度	奖项类型	项目名称	完成人及单位
11	2018年	国家科学技术进步奖二等奖	城市集中式再生水系统水质安全协同保障技术及应用	胡洪营(清华大学),蒋勇(北京城市排水集团有限责任公司),姚向阳(新大陆科技集团有限公司),李艺(北京市市政工程设计研究总院有限公司),刘书明(清华大学),李魁晓(北京城市排水集团有限责任公司),吴乾元(清华大学),吴光学(清华大学),白宇(北京城市排水集团有限责任公司),王佳伟(北京排水集团有限责任公司)
12	2018年	国家科学技术进步奖二等奖	水中典型污染物健康风险识别关键技术及应用	徐顺清(华中科技大学),鲁文清(华中科技大学),金银龙(中国疾病预防控制中心环境与健康相关产品安全所),张金良(中国环境科学研究院),赵淑莉(中国环境监测总站),陈超(清华大学),王先良(中国疾病预防控制中心环境与健康相关产品安全所),张岚(中国疾病预防控制中心环境与健康相关产品安全所),周宜开(华中科技大学),吴康兵(华中科技大学)
13	2018年	国家科学技术进步奖二等奖	全过程优化的焦化废水高效处理与资源化技术及应用	曹宏斌(中国科学院过程工程研究所),李玉平(中国科学院过程工程研究所),韩洪军(哈尔滨工业大学),李海波(北京赛科康仑环保科技有限公司),薛占强(鞍钢股份有限公司),盛宇星(中国科学院过程工程研究所),谢勇冰(中国科学院过程工程研究所),宁朋歌(中国科学院过程工程研究所),付晓伟(鞍山盛鹏煤气化有限公司),杨志超(合肥学院)
14	2017年	国家自然科学奖二等奖	饮用水中天然源风险物质的识别、转化与调控机制	杨敏(中国科学院生态环境研究中心),张昱(中国科学院生态环境研究中心),王东升(中国科学院生态环境研究中心),张海峰(中国科学院生态环境研究中心),巫晓琴(北京大学)
15	2017年	国家自然科学奖二等奖	卤代持久性有机污染物环境污染特征与物化控制原理	余刚(清华大学),黄俊(清华大学),邓述波(清华大学),王斌(清华大学),杨波(清华大学)
16	2017年	国家技术发明奖二等奖	基于高能效纳晶薄膜电极的工业废水电催化深度处理技术及应用	牛军峰(北京师范大学),全燮(大连理工大学),杨凤林(大连理工大学),殷立峰(北京师范大学),吕斯濠(东莞理工学院),汤顺良(江苏江华水处理设备有限公司)
17	2017年	国家技术发明奖二等奖	功能性吸附微界面构造及深度净水技术	刘会娟(中国科学院生态环境研究中心),刘锐平(中国科学院生态环境研究中心),兰华春(中国科学院生态环境研究中心),赵赫(中国科学院过程工程研究所),曲久辉(中国科学院生态环境研究中心),王万寿(杭州回水科技股份有限公司)
18	2017年	国家科学技术进步奖二等奖	填埋场地下水污染系统防控与强化修复关键技术及应用	席北斗(中国环境科学研究院),李广贺(清华大学),姜永海(中国环境科与研究院),李鸣晓(中国环境科学研究院),魏丽(北京高能时代环境技术股份有限公司),张列宇(中国环境科学研究院),张益(上海环境卫生工程设计院有限公司),刘军(南京万德斯环保科技股份有限公司),张广胜[力合科技(湖南)股份有限公司],何亮(北京环境工程技术有限公司)

序号	年度	奖项类型	项目名称	完成人及单位
19	2017年	国家科学技术进步奖二等奖	流域水环境重金属污染风险防控理论技术与应用	吴丰昌(中国环境科学研究院),段宁(中国环境科学研究院),党志(华南理工大学),降林华(中国环境科学研究院),胡清(南方科技大学),虢清伟(环境保护部华南环境科学研究所),赵晓丽(中国环境科学研究院),邓超冰(广西壮族自治区环境监测中心站),张远(中国环境科学研究院),易筱筠(华南理工大学)
20	2017年	国家科学技术进步奖二等奖	膜集成城镇污水深度净化技术与工程应用	黄霞(清华大学),文剑平(北京碧水源科技股份有限公司),文湘华(清华大学),俞开昌(北京碧水源科技股份有限公司),梁鹏(清华大学),陈亦力(北京碧水源科技股份有限公司),李锁定(北京碧水源科技股份有限公司),薛涛(北京碧水源科技股份有限公司),肖康(清华大学),陈春生(北京碧水源科技股份有限公司)
21	2016年	国家科学技术进步奖二等奖	造纸与发酵典型废水资源化和超低排放关键技术及应用	王双飞(广西大学),阮文权(江南大学),宋海农(广西博世科环保科技股份有限公司),覃程荣(广西大学),李文斌(广东理文造纸有限公司),樊伟(青岛啤酒股份有限公司),缪恒锋(江南大学),黄福川(广西大学),陈国宁(广西博世科环保科技股份有限公司),潘瑞坚(广西农垦明阳生化集团股份有限公司)
22	2016年	国家科学技术进步奖二等奖	难降解有机工业废水治理与毒性减排关键技术及装备	李爱民(南京大学),刘福强(南京大学),双陈冬(南京大学),吴海锁(江苏省环境科学研究院),买文宁(郑州大学),陆朝阳(江苏南大环保科技有限公司),戴建军(南京大学盐城环保技术与工程研究院),龙超(南京大学),杨维本(南京师范大学),王津南(南京大学)
23	2016年	国家科学技术发明奖二等奖	基于羟基自由基高级氧化快速杀死海洋有害生物的新技术及应用	白敏冬(大连海事大学),张芝涛(大连海事大学),黄凌风(厦门大学),白敏菂(大连海事大学),田一平(大连海事大学),张均东(大连海事大学)

10.1.2 省部级水质处理科研新成果

我国几个省(市)近三年(2018~2020年)完成的部分水质处理方面的科研成果名称等,简要列入表10-2中,以供学习查阅参考。

☐ 表10-2 近三年我国部分省(市)完成的部分水质处理科研新成果

序号	省(市)名称	科研项目名称	鉴定日期	项目完成人	级别
1	北京市	污水厌氧氨氧化高效脱氮技术体系创建与产业化应用	2020年	张树军、蒋勇、张亮等15人	北京市科技进步一等奖
2	北京市	城市黑臭水体大范围遥感监测关键技术及应用	2020年	申茜、姚月、王雪蕾等10人	北京市科技进步二等奖
3	北京市	新型放射性废液处理技术及装置研制	2019年	赵璇、李福志、司鹏昆等15人	北京市科技进步一等奖
4	北京市	基于膜法的火电厂废水零排放技术研究及应用	2019年	徐志清、赵焰、徐峰等10人	北京市科技进步二等奖

序号	省(市)名称	科研项目名称	鉴定日期	项目完成人	级别
5	北京市	饮用水源总氮污染防控与修复关键技术及应用	2018年	籍国东、谢崇宝、封华强等15人	北京市科学技术一等奖
6	北京市	放射性废水高效处理关键技术及装备研究	2018年	雷晓辉、王浩、蒋劲等10人	北京市科学技术二等奖
7	天津市	工业园区企业废水排放标准及达标工艺技术研发	2020年	卢学强、周明华、李慧等8人	天津市科技进步二等奖
8	天津市	城市污水处理系统运行特性与工艺设计技术研究	2020年	郑兴灿、尚巍、张昱等8人	天津市科技进步二等奖
9	天津市	农村生活污水归一模块化净化槽串并联处理系统示范推广	2019年	王昶、曾明、胡备胜等7人	天津市科技进步一等奖
10	天津市	电站补给水全膜法水处理系统关键技术及应用	2019年	张梦灵、冯暨伟、闫彩霞等5人	天津市科技进步三等奖
11	天津市	城镇污水处理厂新型生物脱氮除磷工艺技术的研究与应用	2018年	郭淑琴、王舜和、赵乐军等8人	天津市科技进步二等奖
12	上海市	高氨氮废水厌氧氨氧化脱氮关键技术创新与应用	2020年	王亚宜、戴晓虎、彭永臻等15人	上海市技术发明一等奖
13	上海市	基于智慧化建管的农村污水处理系统增效关键技术研究及应用	2020年	王荣昌、赵建夫、邢美燕等10人	上海市技术发明二等奖
14	上海市	城镇黑臭水体生态治理及水质提升关键技术装备及应用	2019年	宋新山、王宇晖、张志兰等9人	上海市科技进步二等奖
15	上海市	村镇分散式污水处理关键技术与工程应用	2019年	黄翔峰、冯雷雨、王文标等7人	上海市技术发明三等奖
16	上海市	大型污水治理设施恶臭气体处理集成技术与示范	2018年	张辰、席劲瑛、张仁熙等10人	上海市科技进步二等奖
17	重庆市	电镀废水中次磷酸盐资源化处理关键技术与应用	2019年	关伟、杜建伟、徐璇等10人	重庆市科技进步二等奖
18	重庆市	基于三维结构生物转盘的污水处理成套关键技术及产业化	2018年	吴正国、念海明、赵天涛等10人	重庆市科技进步二等奖
19	黑龙江省	面向大型水处理厂应用的高效能低成本膜分离技术与工艺	2020年	于水利、赵方波、王如华等9人	黑龙江省技术发明一等奖
20	黑龙江省	水中污染物定向转化与梯级能源回收技术与机制	2020年	邢德峰、尤世界、路璐等5人	黑龙江省自然科学一等奖
21	黑龙江省	城市水环境修复及水生态重构理论研究与技术实践	2019年	冯玉杰、俞孔坚、任南琪等9人	黑龙江省科技进步二等奖
22	黑龙江省	制药废水处理全过程污染控制技术与示范	2019年	祁佩时、丁杰、张军等9人	黑龙江省科技进步二等奖
23	黑龙江省	饮用水源水中多种类型污染物的强化常规工艺去除技术	2019年	陈忠林、沈吉敏、赵晟锌等5人	黑龙江省科技三等奖
24	黑龙江省	强化生物膜与低 DO 微颗粒污泥组合工艺污水节能技术开发与应用	2019年	左金龙、李俊生、谭冲等9人	黑龙江省科技进步三等奖
25	黑龙江省	SFA2/O 分段进水工艺反硝化除磷及过程控制技术	2018年	王伟、张鑫、刘丽娜等5人	黑龙江省科技进步二等奖
26	陕西省	皂素清洁生产及废水处理	2018年	李祥、成传德、苗宗成等9人	陕西省科学技术二等奖

序号	省(市)名称	科研项目名称	鉴定日期	项目完成人	级别
27	陕西省	兰炭废水综合处理技术研究与应用	2018 年	张智芳、张秦龙、亢玉红等 12 人	陕西省科学技术二等奖
28	陕西省	渭河流域(陕西段)土壤-地下水污染风险防控与修复关键技术	2019 年	王文科、杨胜科、段磊等 11 人	陕西省科技进步一等奖
29	湖南省	农业农村水污染源头生态治理关键技术创建及其在南方的应用	2020 年	吴金水、庄绪亮、李裕元等 10 人	湖南省科技进步一等奖
30	湖南省	含难降解有机物的污水高效同步脱氮除磷关键技术及应用	2020 年	蒋剑虹、罗友元、尹疆等 9 人	湖南省科技进步二等奖
31	湖南省	含吡啶废水预处理方法及应用	2020 年	陈灿、张燕、秦岳军、干兴利	湖南省科技进步三等奖
32	湖南省	污水处理智能控制与全流程优化关键技术及应用	2020 年	王欣、张文亮、张凤华等 5 人	湖南省技术发明三等奖
33	湖南省	环境功能材料的构建及其对水体典型有机污染物的去除机制	2020 年	王丽平、罗琨、庞娅、张明瑜	湖南省自然科学三等奖
34	湖南省	工业有机废水及污泥深度处理技术及一体化集成装置	2019 年	侯保林、王洋、王西峰等 6 人	湖南省科技进步三等奖
35	湖南省	高浓度工业废水系列处理及其资源化综合利用	2018 年	解付兵、石顺存、刘宜德等 7 人	湖南省科技进步三等奖
36	山西省	集成电化学耦合生化、膜技术实现园区废水零排放	2020 年	王忠德、王凤斌、温维汉等 8 人	山西省科技进步二等奖
37	山西省	电控离子交换技术处理工业废水关键技术及应用	2019 年	王忠德、马旭莉、杜晓等 5 人	山西省科技进步二等奖
38	山西省	水污染多级强化处理技术及关键材料研发	2019 年	刘海龙、李焕峰、曹莉等 7 人	山西省科技进步二等奖
39	浙江省	污水资源化中关键光催化及膜材料的制备与性能调控	2020 年	赵雷洪、林红军、何益明等 5 人	浙江省科学技术奖自然科学三等奖
40	浙江省	生态友好型分散式生活污水就地处理和利用技术体系研究及应用	2020 年	赵敏、张统、翟俊等 13 人	浙江省科学技术进步一等奖
41	四川省	高难度化工废水铁基材料协同催化氧化处理关键技术与应用	2020 年	赖波、潘志成、周岳溪等 10 人	四川省科技进步一等奖
42	四川省	Mo/S/BiOCl 纳米类酶制备及其在难降解有机废水深度净化中的应用	2020 年	张宇、李琛、罗学刚等 7 人	四川省科技进步二等奖
43	四川省	面向水污染控制的新型环境催化吸附材料的功能设计与性能调控	2020 年	蒋静、艾伦弘、曾春梅	四川省自然科学三等级
44	吉林省	寒区城镇污水高效节能脱氮与深度处理关键技术及应用	2019 年	朱遂一、边德军、艾胜书等 13 人	吉林省科技进步二等奖
45	吉林省	食品工业废水有机质资源化利用及深度处理的技术与应用研究	2019 年	乔楠、施云芬、谭雨清等 9 人	吉林省科技进步二等奖

序号	省(市)名称	科研项目名称	鉴定日期	项目完成人	级别
46	吉林省	新型水污染净化石墨烯功能材料的应用基础研究	2018年	于洪文、李海彦、邱建丁等9人	吉林省自然科学一等奖
47	吉林省	一种新型电芬顿-好氧颗粒污泥组合污水处理工艺	2018年	杨春维、李金英、汤茜、孙玉伟	吉林省技术发明三等奖
48	广东省	煤化工高酚氨废水处理回用与智能模型拟合技术及应用	2020年	韩宇星、马文成、徐春艳	广东省科技进步二等奖
49	广东省	印染废水处理智能管控关键技术及应用	2019年	于广平、赵奇志、李令奇等10人	广东省科技进步二等奖
50	江苏省	复杂污染水体健康诊断、修复技术与装备开发及应用	2020年	杜道林、解清杰、赵如金等9人	江苏省科学技术二等奖
51	江苏省	农村生活污水生物生态组合工艺、关键单元技术及其应用	2020年	吕锡武、李先宁、朱光灿等9人	江苏省科学技术二等奖
52	江苏省	市政废水达中水回用关键技术与成套设备研发和产业化	2018年	曹贵华、彭永臻、王旗军等11人	江苏省科学技术三等奖
53	贵州省	城镇污水处理一体化装备研发及应用	2020年	周少奇、周伟、陈鑫等9人	贵州省技术发明一等奖
54	辽宁省	面向印染废水处理光催化/吸附材料制备研究	2019年	董晓丽、翟尚儒、马红超等5人	辽宁省自然科学二等奖
55	辽宁省	农村地区分级分类污水处理成套技术研究与应用	2018年	陈晓东、张华、张帆等9人	辽宁省科技进步二等奖
56	河南省	含油污水及有机废水的净化工艺和装置关键技术及应用	2019年	赵胜勇、刘菲、尤朝阳等10人	河南省科技进步三等奖
57	河南省	复合生态废水处理工程技术	2018年	高镜清、高健磊、张敬申等10人	河南省科技进步二等奖
58	安徽省	智能化镇村户污水治理关键技术装备与应用	2020年	郑俊、张德伟、王冠军等8人	安徽省科技进步二等奖
59	安徽省	污水处理智慧管控及运营关键技术研究与应用	2020年	钱小聪、刘智、周煜申等6人	安徽省科技进步三等奖
60	安徽省	智能污水处理一体化设备	2019年	李辰、王伟、潘军	安徽省科技进步三等奖
61	安徽省	TBO污水处理关键性技术	2019年	周其胤、崔康平、赵军等6人	安徽省科技进步三等奖
62	安徽省	巢湖流域污水处理厂达到地表类Ⅳ类水标准关键技术及应用	2018年	侯红勋、彭永臻、张静等8人	安徽省科技进步二等奖
63	安徽省	市政污水提标工程反硝化深度处理关键技术及应用	2018年	吴顺勇、钱静、高守有等6人	安徽省科学技术进步三等奖
64	安徽省	高效能污水处理关键装备研制与应用	2018年	张鑫珩、王月萍、吴天福等6人	安徽省科学技术进步三等奖
65	海南省	氟基聚合物膜材料与装备及其在水处理中的应用	2018年	陈良刚、朱宝库、陈清等10人	海南省科技进步一等奖
66	河北省	超滤膜法饮用水处理技术的膜污染控制原理	2018年	田家宇、翟芳术、余华荣等5人	河北省自然科学三等奖

10.2 水质处理的博士论文

下面将我国部分高等院校近三年（2019～2021 年）以来所完成的部分水质处理方面的博士生毕业论文题目列于表 10-3，以供学习查阅参考。

□ 表 10-3 我国部分高等院校水质处理的博士论文

序号	院校名称	博士论文题目	完成时间	完成者	第 1 导师
1	清华大学	新型无机-有机复合纳滤膜截留和抗膜污染机理	2019 年	赵阳莹	王小伫
2	清华大学	全氟和多氟化合物气液界面富集特性及气泡强化去除研究	2019 年	孟萍萍	邓述波
3	清华大学	电纺丝法制备异质结纳米纤维及其净水性能研究	2019 年	邢岩	潘伟
4	浙江大学	MXene 基功能纳米材料的合成及对水中有机污染物的去除作用	2021 年	柯涛	林道辉
5	山东大学	生物质纳米复合材料对水中磷酸盐的去除效能及其机理研究	2021 年	Muhammad Akram Sathio	高宝玉
6	浙江大学	石墨烯基宏观材料构筑及其对水中污染物的吸附分离作用研究	2021 年	陈成	陈宝梁
7	中国科学院大学	基于界面调控的多功能纳滤膜制备及其在水处理中的应用	2021 年	李苏爽	罗建泉
8	北京科技大学	多孔复合管膜处理钢厂污水的应用研究	2021 年	谢珊珊	袁章福
9	华东理工大学	多相金属氧化物催化剂降解有机污染物构效关系研究	2021 年	孙杨	徐晶
10	中国科学技术大学	铁基微纳结构/多孔碳复合材料的构筑及其水体污染物的去除研究	2021 年	王用闯	张云霞
11	华南理工大学	煤化工废水零液排放技术研究及高浓酚氨废水处理流程开发	2020 年	陈博坤	钱宇
12	中国科学技术大学	活化过一硫酸盐去除有机污染物的双金属催化剂的结构设计和优化调控	2020 年	黄贵祥	俞汉青
13	浙江大学	高级氧化技术的阳极强化及耦合生物法处理难降解有机废水	2020 年	孙怡	成少安
14	大连海事大学	电化学作用强化煤基炭膜及其担载金属氧化物催化剂处理有机废水的性能研究	2020 年	李晨	宋成文
15	中国科学技术大学	水中典型抗生素的吸附去除与基于过一硫酸盐活化的降解研究	2020 年	李玉莲	刘锦淮
16	北京化工大学	超重力臭氧高级氧化技术处理化工有机废水的研究	2020 年	王丹	邵磊
17	哈尔滨工业大学	纳滤分离煤化工浓盐水的效能及膜污染机理研究	2020 年	李琨	韩洪军

序号	院校名称	博士论文题目	完成时间	完成者	第1导师
18	哈尔滨工业大学	乙醇/水体系构建分级微纳米材料及其降解有机物的研究	2020年	赵肖乐	韩晓军
19	哈尔滨工业大学	新型碳基材料吸附及催化臭氧化去除水中典型有机污染物	2019年	孙志强	马军
20	哈尔滨工业大学	微电解/生物耦合工艺强化处理煤化工废水酚类物质的研究	2020年	麻微微	韩洪军
21	哈尔滨工业大学	矿物基复合材料对水中磷酸盐的吸附效能与机制	2020年	孔令超	田禹
22	东北师范大学	水平潜流人工湿地用于城镇污水厂尾水深度脱氮的研究与实践	2020年	白雪原	盛连喜
23	武汉理工大学	石墨相氮化碳复合材料催化氧化有机污染物性能与机理研究	2020年	刘伟	周家斌
24	武汉大学	海藻酸钠基复合凝胶材料的制备及其对水中重金属离子的吸附性能研究	2019年	张伟	王弘宇
25	湖南大学	堆叠型氧化石墨烯纳滤膜分离性能及其净水机理研究	2019年	张鹏	龚继来
26	重庆大学	活性炭纤维阴极电活化过硫酸盐去除水中难降解有机污染物研究	2019年	刘臻	王圃
27	东南大学	生物可降解的聚醚水处理剂的合成及性能研究	2019年	陈依漪	周钰明
28	大连理工大学	离子凝胶和水合物相变吸附处理含盐废水方法与机理研究	2019年	董宏生	宋永臣
29	中国地质大学(北京)	基于不同电子供体反硝化技术处理硝酸盐污染水研究	2019年	何巧冲	冯传平
30	中国科学院大学	过臭氧化技术处理低浓度有机废水的过程强化及机理研究	2019年	郭壮	曹宏斌
31	吉林大学	纳米碳基催化剂材料制备及在污染水体处理中应用和机制研究	2019年	刘璐	李红东
32	哈尔滨工业大学	正渗透处理城市污水的膜污染特性及控制研究	2019年	孙燕	田家宇
33	中国科学院大学	微波辅助制备二氧化钛基功能复合材料及其在水处理中的应用	2019年	张锦菊	杨传芳
34	山东大学	氧化石墨烯基水处理材料对酚类污染物的去除性能及作用机理	2019年	张北	李玉江
35	湖南大学	电极耦合过硫酸盐去除水中新兴有机微污染物的效能及机理	2019年	卜令君	施周
36	华东师范大学	管式生物净水装置用于农村生活污水处理设施尾水强化脱氮的研究及示范	2019年	崔贺	黄民生
37	中国地质大学(北京)	生物强化载体流化床生物膜处理炼化废水研究	2019年	刘天禄	杨琦
38	哈尔滨工业大学	A^2O强化脱氮除磷与污泥减量组合工艺效能及机制	2019年	李俐频	田禹

序号	院校名称	博士论文题目	完成时间	完成者	第1导师
39	北京化工大学	三维电极电催化氧化深度处理焦化废水生化出水研究	2019年	刘伟军	胡翔
40	哈尔滨工业大学	进水有机物浓度对好氧颗粒污泥形成的影响机制	2019年	陈翰	崔崇威
41	哈尔滨工业大学	污泥生物炭制备及对水中污染物去除的性能与机理	2019年	陈以顿	任南琪
42	华南理工大学	次氯酸氧化＋SRB耦合脱氮硫杆菌共去除电镀废水中镍硫氮的研究	2019年	文树龙	陈元彩
43	北京林业大学	紫外基高级氧化技术深度处理垃圾焚烧厂渗沥液的研究	2019年	姜枫	孙德智
44	哈尔滨工业大学	多级AO-深床滤池工艺深度处理城市污水效能及微生物特征	2019年	黄潇	董文艺
45	北京化工大学	生物质衍生碳材料在废水处理及电化学中的应用	2018年	黄燕	曹达鹏
46	华南理工大学	废水处理脱氮自调节模式——OHO工艺实验及原理研究	2018年	潘建新	韦朝海
47	华南理工大学	基于吸附-生化解吸的低氨氮废水低碳脱氮处理研究	2018年	陈振国	汪晓军
48	哈尔滨工业大学	菌藻共生序批式泥膜系统脱氮除磷效能及作用机制研究	2018年	唐聪聪	田禹
49	南京大学	H_2O_2介导强化零价铁去污特性及其作用机制	2018年	杨喆	潘丙才
50	上海交通大学	富勒烯负载铁系纳米光催化材料制备及可见光芬顿降解污染物研究	2018年	邹丛阳	申哲民
51	哈尔滨工业大学	缺氧生物膜-流动床MBR处理海水养殖废水及膜污染机制研究	2018年	宋伟龙	祁佩时
52	上海交通大学	自养与异养反硝化工艺处理硝酸盐微污染地表水研究	2018年	王正	何圣兵
53	南京理工大学	三唑类化合物降解功能菌株的筛选及在废水生物强化处理系统中的应用	2018年	吴浩博	王连军
54	上海交通大学	两类电子供体强化生态浮床的深度脱氮研究	2018年	高雷	何圣兵
55	清华大学	石化废水臭氧/曝气生物滤池深度处理工艺与机理研究	2018年	付丽亚	周岳溪
56	中国地质大学(北京)	共阳极电解芬顿系统处理MTBE污染地下水	2018年	刘琴	王鹤立
57	华南理工大学	给电子基团调控光催化剂对有机污染物的氧化降解:机理研究和材料功能增强	2018年	李石雄	韦朝海
58	湖南大学	Mn(Ⅶ)及基于UV的氧化降解水中新兴微污染物的研究	2018年	殷凯	罗胜联
59	哈尔滨工业大学	基于胞外电子传递作用强化污水厌氧产甲烷效能研究	2018年	蔡伟伟	王爱杰

序号	院校名称	博士论文题目	完成时间	完成者	第1导师
60	哈尔滨工业大学	A/O-MBR+O_3溶胞组合工艺污泥减量及强化脱氮效能与机制研究	2018年	张健	田禹
61	大连理工大学	脉冲放电等离子体协同TiO_2降解水中有机污染物的催化机理研究	2018年	段丽娟	李杰
62	北京工业大学	典型新兴有机污染物的去除机制与技术研究	2018年	郭婷婷	杨艳玲
63	华南理工大学	微生物电化学系统在水处理杀菌、脱氮及一氧化碳生物传感器的研究	2018年	周少峰	黄少斌
64	南京理工大学	锆基环境纳米材料的设计及其对水中典型污染物的协同去除行为	2018年	潘顺龙	李健生

10.3　中文核心期刊发表的水质处理的研究论文

现将我国几个中文核心期刊近三年（2019～2021年）以来所发表的水质处理方面的研究论文的标题等汇总于表10-4中，供学习查阅参考。

◻ 表10-4　我国部分期刊发表的水质处理的研究论文

序号	期刊名称	文章题目名称	发表时间	主要作者姓名
1	中国给水排水	等离子体高级氧化技术去除饮用水中土霉味物质	2019年3月	章丽萍、崔炎炎、贾泽宇等
2	中国给水排水	活化过硫酸盐杀灭水中大肠杆菌	2019年4月	冯俊生、蔡晨、姚海祥等
3	中国给水排水	悬挂链曝气倒置A^2O/生物流化床处理纺织工业园废水	2019年7月	薛良森
4	中国给水排水	水解-ABR-前置缺氧-两级A/O-混凝处理制药废水	2019年10月	罗晓通、林衍、王晓杰等
5	中国给水排水	好氧接触氧化-混凝沉淀-人工湿地处理洗涤废水	2020年1月	秦乐乐、李菊芳、徐微等
6	中国给水排水	紫外活化过硫酸盐技术用于污水厂二级出水深度处理	2020年8月	雷晨、许路、张琼华等
7	中国给水排水	纳米Al_2O_3-海藻酸钠联合固定化小球藻去除水中总磷	2020年11月	吴义诚、曾锦涵、陈庆瑞
8	中国给水排水	低温条件下生物转盘处理低浓度污染地表水	2021年2月	陈彦洁、付国楷、李轩等
9	中国给水排水	微电解/芬顿/蒸发/AO工艺处理丙硫菌唑农药废水	2021年3月	殷洪晶、崔康平
10	中国给水排水	聚电解质强化超滤处理低浓度含Cd^{2+}废水效能	2021年6月	李雪、贺黎、冯冲凌等
11	中国给水排水	固定化微生物技术处理硝基苯类废水效果分析	2021年7月	刘金鑫、王之晖、史胜红等

序号	期刊名称	文章题目名称	发表时间	主要作者姓名
12	给水排水	芬顿-流化床技术在废纸造纸废水深度处理上的应用	2021 年 1 月	郑利、郑鹏飞、郑翔等
13	给水排水	电还原/原位絮凝耦合陶瓷膜去除地表水中Cr(Ⅵ)	2021 年 2 月	黄禹坤、杨武鹏、徐炳基等
14	给水排水	Fe^{3+} 对氯胺消毒体系中碘代消毒副产物生成影响研究	2021 年 2 月	李宏伟、丁顺克、肖融等
15	给水排水	悬浮填料技术用于污水处理厂二级出水极限脱氮研究	2021 年 2 月	申世峰、郭兴芳、孙永利等
16	给水排水	SBR-PBR 串联体系对城镇生活污水的深度脱氮除磷	2021 年 3 月	黄睿、李绚、刘志泉等
17	给水排水	Fenton 预处理＋物化生化组合工艺处理抗生素废水	2021 年 3 月	程铭、陈威、杨秋云等
18	给水排水	重金属螯合剂 O-黄原酸化-N-苄基壳聚糖去除水中锰的性能研究	2021 年 4 月	倪萍、徐敏、王刚等
19	给水排水	新型次氯酸钠发生器在水处理消毒中的应用	2021 年 4 月	翁维满
20	给水排水	电吸附技术对盐酸废水中氯离子去除研究	2021 年 4 月	金阳、刘忠成、王军强等
21	给水排水	三维电氧化-光芬顿-电催化氧化组合工艺处理垃圾渗滤液膜浓缩液中试研究	2021 年 7 月	赵建树、张金松、欧阳峰等
22	给水排水	石灰软化-超滤工艺处理高硬度地下水探讨	2021 年 8 月	潘俊杰、李玉仙
23	给水排水	基于常规处理工艺水中铊污染应急处理研究	2021 年 8 月	朱敏、卞卡
24	给水排水	水解酸化-MBR-臭氧工艺在印染废水处理中的应用	2021 年 9 月	周华、夏海波、张和英等
25	给水排水	微电解-芬顿-ABR-两级好氧-混凝处理有机硅生产废水	2020 年 1 月	邓觅、梁培瑜、涂文清等
26	给水排水	混凝-两级好氧生化-气浮-砂滤工艺处理纺织印染废水及回用技术	2020 年 3 月	蒋立先
27	给水排水	新冠病毒污染的集中隔离观察点污水应急消毒方案研究与应用	2020 年 5 月	韩成铁、张辉鹏、张莹等
28	给水排水	膨胀颗粒污泥床处理高浓度丙烯酸废水的研究	2020 年 9 月	苏俊涛、孙爱丽、张锐锋
29	给水排水	聚硅酸铝铁强化处理低温低浊高有机物原水研究	2020 年 9 月	谭强、沈吉敏、祝鑫炜等
30	给水排水	泡沫镍三维电极电芬顿法预处理焦化废水效能研究	2020 年 9 月	冯卓然、程平统、窦波林等
31	给水排水	不同碳氮比下煤热解废水中硝态氮的去除研究	2020 年 9 月	韩洪军、张正文、徐春艳等
32	给水排水	臭氧催化氧化深度处理焦化废水的研究及应用	2020 年 10 月	何灿、黄祁、何文丽等
33	给水排水	缓速滤池耦合重力流超滤工艺净化微污染地表水研究	2020 年 11 月	唐小斌、张洪嘉、王元馨等

序号	期刊名称	文章题目名称	发表时间	主要作者姓名
34	给水排水	硅藻土对水中微囊藻毒素的吸附性能研究	2019 年 3 月	郑西强、刘群、匡武
35	给水排水	低压纳滤膜用于微污染地表水深度处理的中试研究	2019 年 4 月	刘丹阳、赵尔卓、仲丽娟等
36	给水排水	纳滤和反渗透技术在高含盐地下水中的应用及比较研究	2019 年 5 月	郑斌、褚岩、赵绪军等
37	给水排水	磁加载沉淀-磁过滤在混合市政污水深度处理工程中的应用	2019 年 6 月	黄开
38	给水排水	超滤-反渗透双膜法在甘肃某矿井水处理中的应用	2019 年 6 月	朱泽民、刘晨
39	给水排水	基于响应面法的推流式耦合工艺深度脱氮优化研究	2019 年 9 月	杜至力、董浩韬、李振兴等
40	给水排水	AAO 工艺活性污泥-生物膜复合系统脱氮增效机制研究	2019 年 10 月	王广华、李文涛、杜至力等
41	给水排水	超滤-臭氧生物活性炭深度工艺处理太湖水的中试研究	2019 年 11 月	殷祺、郭小龙、桂波等
42	给水排水	微纳米曝气-微生物活化技术在黑臭水体治理中的应用	2019 年 12 月	陈丽娜、黄志心、白健豪等
43	中国环境科学	自然光和 UV 辐照下二级出水 DOM 及毒性的变化	2021 年 3 月	张世莹、马晓妍、董珂等
44	中国环境科学	石墨相氮化碳同质结光催化处理水中双酚 A	2021 年 7 月	吴瞳、顾佳玉、彭晨等
45	中国环境科学	紫外催化过硫酸盐深度处理垃圾焚烧厂渗滤液	2021 年 1 月	黄丽坤、李哲、王广智等
46	中国环境科学	电场辅助活性炭吸附法去除水中的 Cu^{2+}	2021 年 2 月	高新源、李爱民、刘佩春等
47	中国环境科学	铁基质强化新型功能性化粪池高效处理黑水的试验	2020 年 6 月	张超、刘玲花
48	中国环境科学	电-多相臭氧催化工艺深度处理焦化废水	2020 年 10 月	李新洋、李燕楠、祁丹阳等
49	水处理技术	采用疏水改性纤维膜处理热镀锌废酸液实验研究	2021 年 1 月	魏颖颖、蔡景成、郭飞
50	水处理技术	腐生葡萄球菌合成纳米钯异位还原废水中 Cr(Ⅵ)	2021 年 1 月	陈渺渺、常方圆、于颖等
51	水处理技术	臭氧氧化直接生成锰氧化物处理含铊废水	2021 年 1 月	姜智超、张玉凤、陈川
52	水处理技术	铁锰复合氧化物滤料去除地表水中锰研究	2021 年 1 月	程亚、张莎莎、黄廷林等
53	水处理技术	聚偏氟乙烯纳滤膜制备及其处理模拟活性黑废水	2021 年 2 月	李登辉、王羽佳、王军
54	水处理技术	厌氧/特异性移动床生物膜反应器处理焦化废水	2021 年 2 月	敬双怡、郝梦影、杨文焕等
55	水处理技术	改性 TiO_2 对染料废水选择性吸附及催化强化研究	2021 年 3 月	张龙、汪恂、朱雷等
56	水处理技术	季铵盐改性玻璃纤维滤纸吸附去除水中 Cr(Ⅵ)研究	2021 年 3 月	马依文、李国平、孟繁轲等
57	水处理技术	AAO 工艺＋絮凝沉淀处理高 COD 废水	2021 年 3 月	徐路遥、罗敏、马玲玲等

序号	期刊名称	文章题目名称	发表时间	主要作者姓名
58	水处理技术	微生物燃料电池去除水中低含量头孢他啶研究	2021年4月	丁予涵、胡翔
59	水处理技术	二氧化硫脲改性壳聚糖及其处理对焦磷酸铜废水	2021年4月	郭睿、张晓飞、徐康等
60	水处理技术	光催化氧化降解高盐废水中EDTA的研究	2021年5月	薛诚、刘东方、梁啸夫
61	水处理技术	铁强化己内酰胺废水有机物及氮磷去除的探究	2021年5月	施晶森、王红涛
62	水处理技术	3种单一及其混合碳源的生物反硝化脱氮效能	2020年1月	胡小宇、朱静平
63	水处理技术	连续砂滤-超滤组合工艺的除污染效能与优化	2020年1月	倪占鑫、李星、杨艳玲等
64	水处理技术	厌氧氨氧化-反硝化耦合处理合成革废水研究	2020年2月	林皓
65	水处理技术	镁盐改性凹凸棒土对污水中氮磷的回收	2020年3月	孙莹、张荣斌、王学江等
66	水处理技术	水解酸化-MBR-臭氧处理卤化丁基橡胶废水	2020年4月	张翠翠、王晨光、叶涛等
67	水处理技术	均相与非均相超声-芬顿催化降解水中罗丹明B	2020年5月	李光明、邱珊、马放
68	水处理技术	超声技术降解水中双酚A的性能和机理研究	2020年6月	孟亮、甘露、李威等
69	水处理技术	聚氨酯生物填料强化厌氧处理偶氮染料废水	2020年7月	潘迪、胡颖、史静
70	水处理技术	铁-铜双金属还原去除水中硝酸盐研究	2020年8月	查晓松、冯智梁、金苏雯
71	水处理技术	上流式厌氧污泥床反应器处理玉米酒精废水实验	2020年9月	纪钧麟、杨红、尹芳等
72	水处理技术	钴渣基陶粒脱除曝气生物滤池废水中氮磷研究	2020年10月	靖青秀、游威、黄晓东等
73	水处理技术	硅藻土负载纳米三氧化二铁处理水中的As（Ⅴ）	2020年11月	余文婷、张慧、马君洋等
74	水处理技术	壳聚糖的改性及其对亚甲基蓝废水吸附性能研究	2020年12月	薛诚、刘东方、李松荣等
75	水处理技术	天然FeS矿处理含Cr(Ⅵ)废水研究	2019年1月	王东申、杨伊迪、贾珂等
76	水处理技术	非均相硫酸根自由基深度处理焦化尾水研究	2019年2月	张智春、岳秀萍、段燕青等
77	水处理技术	超声改性生物炭对染料废水的吸附特性	2019年3月	徐祺、王三反、孙百超
78	水处理技术	单室MFC去除焦化废水中有机污染物性能研究	2019年4月	申婧、李剑锋、杜志平等
79	水处理技术	膜滤特性对混凝-超滤组合去除双酚A的影响	2019年5月	郭婷婷、杨艳玲、李星等
80	水处理技术	Nd掺杂ZnO光催化降解水中培氟沙星	2019年6月	陈昕、张从良
81	水处理技术	电催化氧化处理电站锅炉复合有机酸清洗废水	2019年7月	张贵泉、苏尧、位承君等

序号	期刊名称	文章题目名称	发表时间	主要作者姓名
82	水处理技术	碱激发热改性埃洛石对养猪废水中氨氮的去除	2019 年 8 月	林丰、张世熔、马小杰等
83	水处理技术	PAC-PPFC 复合混凝预处理酮连氮法制肼废水	2019 年 9 月	王嘉豪、马云超、马敬环等
84	水处理技术	紫外/过硫酸盐预氧化应用于地表水处理	2019 年 10 月	熊斌、邬长友、王晶文等
85	水处理技术	电芬顿-磁固定化菌株耦合体系治理苯酚废水	2019 年 11 月	郭美薇、赵艺璘、陈星等
86	水处理技术	臭氧耦合 A/A/O 污泥减量及污水处理效能研究	2019 年 12 月	任宏洋、彭磊、王兵等
87	工业水处理	低温氨水改性污泥活性炭处理焦化废水的应用	2019 年 1 月	刘亚利、李欣、荆肇乾
88	工业水处理	不同湿地植物对污染水体的净化效果	2019 年 1 月	江秀朋、张翠英、刘焕然
89	工业水处理	壳聚糖改性活性炭纤维毡处理含铜废水的研究	2019 年 2 月	王萌、罗运柏、于萍
90	工业水处理	响应面法优化光电-Fenton 氧化处理印染废水	2019 年 3 月	王燕、孙梅香、刘松等
91	工业水处理	高级还原技术降解水中 Cr(Ⅵ)的性能及机理	2019 年 4 月	程爱华、包乐
92	工业水处理	组合工艺深度处理垃圾焚烧发电厂渗滤液尾水	2019 年 5 月	郭智、刘杰、邱明建等
93	工业水处理	MIL-88(Fe)金属有机骨架高效催化降解废水中 RhB	2019 年 6 月	李娟、胡照琴、张果等
94	工业水处理	混凝法应急处置低温低浊含锑废水的研究	2019 年 7 月	冯立师、王骥、潘超逸等
95	工业水处理	Mn-Ce 双金属/活性炭催化臭氧氧化处理亚甲基蓝废水	2019 年 8 月	董静文、邢波、杨郭等
96	工业水处理	脱硫废水资源化处理高磷废水研究	2019 年 9 月	张勇、赵晓丹、田小测等
97	工业水处理	A/O 复合生物膜工艺处理石油炼化废水的实验研究	2019 年 10 月	郭萌瑾、梁家豪、张思敏等
98	工业水处理	2 种新型重金属絮凝剂复配处理含铜废水	2020 年 1 月	李嘉、王刚、管映兵等
99	工业水处理	活性炭颗粒负载 Fe-TiO$_2$ 光电协同处理叶酸废水	2020 年 4 月	周俊我、高永、周桢等
100	工业水处理	磁性纳米颗粒催化 NaClO 降解有机废水研究	2020 年 10 月	姚佳伟、杨庆峰、陆盛森等
101	工业水处理	多功能氧化剂高铁酸钾对砷类复合污染废水的治理	2021 年 1 月	臧淑艳、罗笑尘、周华峰等
102	工业水处理	氧化松木生物炭高效去除水中 Pb 及定量吸附机理	2021 年 7 月	周振扬、杨驰浩、尹微琴等
103	净水技术	新型铁铈复合氧化物催化臭氧氧化工艺去除对硝基苯酚	2021 年 1 月	靳志豪、黄远星、付小洁等
104	净水技术	多羟基结构态亚铁处理含重金属废水的应用	2021 年 3 月	马灿明、吴德礼、李恩超等

序号	期刊名称	文章题目名称	发表时间	主要作者姓名
105	净水技术	聚硅酸铁钛絮凝剂制备及焦化废水混凝处理试验	2021年4月	齐文豪、王淑军、王旭明等
106	净水技术	高盐基度聚氯化铝对控制饮用水中铝的应用	2021年5月	狄春华、施学峰
107	净水技术	MSBR工艺除磷——以武鸣污水处理厂为例	2021年6月	许谦、贝德光、陈程程等
108	净水技术	陶瓷膜过滤去除煤矿矿井水悬浮物	2021年6月	廖求文
109	净水技术	颗粒活性炭对水中低浓度过氧化氢的去除效果	2021年7月	王昊
110	净水技术	高级催化氧化预处理高浓度有机制药废水的试验	2021年8月	王蓓蓓、孙佳伟、周宁娟等
111	净水技术	TiO_2光催化剂改性技术在黑臭水体治理中的应用	2021年9月	汪娴、龚正、于琦等
112	净水技术	铁碳微电解-芬顿-絮凝沉淀处理化工废水的试验	2021年9月	袁维波、刘燕萍、李华杰等
113	净水技术	铁炭微电解活化过硫酸盐处理印染废水	2021年9月	赵瑾、曹军瑞、姜天翔等
114	净水技术	硅铁合金催化臭氧氧化水中布洛芬	2020年1月	梁曼丽、王耀葳、付小洁等
115	净水技术	微波耦合铁碳微电解预处理石化废水的试验	2020年2月	郑贝贝、霍莹、付连超等
116	净水技术	磁性硅酸钙复合除磷材料的制备及吸附机理	2020年3月	董怡然、吕锡武、彭丽红等
117	净水技术	Fenton氧化与混凝法联合预处理煤化工废水	2020年4月	牟伟腾、刘宁、岳培恒等
118	净水技术	含氟工业废水深度处理工艺方案	2020年5月	余琴芳、镇祥华、邹磊等
119	净水技术	臭氧尾气在印染废水生物处理中的应用	2020年6月	赵明、王由好、朱五星
120	净水技术	低频超声驱动$BaTiO_3$压电-芬顿体系降解水中卡马西平	2020年7月	张森、郑莹、韩仕强等
121	净水技术	Fenton及臭氧氧化法处理苯胺污染地下水的对比	2020年8月	宋立杰
122	净水技术	低温条件下AO工艺结合微生物强化技术处理生活污水试验	2020年9月	李娜、刘来胜、杨平等
123	净水技术	水力空化声发射特性及其对硫离子处理效果的影响	2020年11月	桑勋源、张新军、赵晓锋
124	净水技术	新型轻质陶粒生物滤池在启动阶段对模拟尾水的处理效能及微生物群落特征	2019年1月	操家顺、费罗兰、罗景阳等
125	净水技术	镍铁层状双金属氢氧化物催化臭氧去除双酚A的试验	2019年2月	杨婷婷、李亮、梁曼丽等
126	净水技术	高级氧化法破络处理柠檬酸铜镍电镀废水	2019年3月	薛璐璐、袁翔、朱梦羚等
127	净水技术	吸附法处理反渗透浓水COD试验	2019年4月	雷太平、谢陈鑫、赵慧等
128	净水技术	异相催化氧化在以印染废水处理为主的污水处理厂提标改造中的应用	2019年5月	戴灵峰

序号	期刊名称	文章题目名称	发表时间	主要作者姓名
129	净水技术	蒸发结晶技术应用于高含盐废水处理存在的问题及其应对措施	2019年6月	武海杰、李献禹、李成等
130	净水技术	氧气浓度对好氧甲烷氧化耦合反硝化过程的影响	2019年7月	王东豪、廖方成、邓正栋等
131	净水技术	MBR组合工艺处理化纤染整废水的试验	2019年8月	郭敏晓、龚云娇、王晨光等
132	净水技术	硝酸改性锰矿石对亚甲基蓝的降解动力学	2019年9月	周双喜、李康杰、杜志玲等
133	净水技术	浮选-吸附-水解-好氧组合工艺在炼油污水处理中的应用	2019年10月	农任秋
134	净水技术	富营养化水体的PMSO强化聚合氯化铝絮凝处理工艺	2019年11月	许诺、王科伦、罗从伟等
135	净水技术	氢氧化铝吸附除磷性能及影响因素	2019年12月	顾景景、安莹、姚杰等

10.4 水质处理的综述性领航新思维论文

"思维"是"出路"的"先驱"。新思维是新研发的导航和雏形。一切发明创造，皆源于此前新思维的形成。如果能把水质处理的新思维介绍给年轻人和有心人，使得他们少走弯路，更易激发他们的聪明才智，开发创造出具体的科研成果。表10-5所列是我国近三年以来在水质处理方面的综述性新思维文章标题，供学习查阅参考。

▫ 表10-5 水质处理的综述领航性新思维论文

序号	论文题目	刊物名称	时间	作者姓名
1	纺织印染废水处理工艺中微纤维分离及其微观特征	中国给水排水	2019年2月	候青铜、徐霞、薛银刚
2	紫外/臭氧工艺在水处理中的技术原理及研究进展	中国给水排水	2019年7月	邵青、王颖、李晶
3	HN-AD菌强化生物转盘工艺处理养牛场废水	中国给水排水	2019年8月	李宸、张千、刘向阳
4	石灰软化/超滤组合工艺处理高硬度纳滤浓水	中国给水排水	2019年10月	乔沐阳、李星、于海宽
5	含炭高密度沉淀池/超滤工艺处理污水厂二级出水	中国给水排水	2020年1月	陈楚晓、杨博喧、陈志强
6	铁碳微电解耦合好氧颗粒污泥处理制膜工业废水	中国给水排水	2020年7月	郭焘、王长智、梅荣武
7	深井灌注技术用于处理煤矿高盐废水的展望	中国给水排水	2020年8月	杜松、张超、吴唯民
8	聚焦矛盾 精准施策 全面提升污水资源化利用水平	给水排水	2021年2月	胡洪营
9	污水资源化是突破经济社会发展水资源瓶颈的根本途径	给水排水	2021年4月	王洪臣

序号	论文题目	刊物名称	时间	作者姓名
10	在生态文明框架下推动污水处理行业高质量发展	给水排水	2021 年 8 月	王凯军、宫徽
11	绿色工艺-第三代饮用水净化工艺的发展方向	给水排水	2021 年 9 月	李圭白、梁恒、白朗明、唐小斌
12	饮用水厂病毒去除与控制	给水排水	2020 年 3 月	解跃峰、马军
13	我国工业废水处理现状及污染防治对策	给水排水	2020 年 10 月	张统、李志颖、董春宏、周振
14	我国城市黑臭水体治理面临的挑战与机遇	给水排水	2019 年 3 月	徐祖信、徐晋、金伟、尹海龙、李怀正
15	锰质活性滤膜化学催化氧化除锰机理研究	给水排水	2019 年 5 月	李圭白、梁恒、余华荣、杜星、杨海洋
16	磁性纳米材料吸附处理工业废水的研究进展	中国环境科学	2021 年 8 月	郑怀礼、蒋君怡、万鑫源
17	典型工业废水中全氟化合物处理技术研究进展	中国环境科学	2021 年 3 月	张春晖、刘育、唐佳伟
18	提高层状双金属氢氧化物水中吸附性能研究进展	水处理技术	2021 年 1 月	贺怀儒、王倩、段应桥
19	氢基质生物膜反应器在水处理中的研究进展	水处理技术	2021 年 2 月	张艺鸣、陈宇超、董堃、李向敏、李海翔
20	先进吸附材料在含酚工业废水中应用的研究进展	水处理技术	2021 年 2 月	刘俊逸、张晓昀、黄青等
21	高碘酸盐的活化及降解水体有机污染物研究进展	水处理技术	2021 年 3 月	朱晓伟、肖广锋、周婷等
22	高氨氮含量废水的处理方法及研究现状	水处理技术	2021 年 5 月	王琳、牟春霞、王丽
23	磁性石墨烯基纳米材料吸附水中污染物的研究进展	水处理技术	2021 年 5 月	王永娟、龙雨、郑怀礼、郑超凡、向文英、郑欣钰
24	光控自驱动微纳马达去除水体污染物研究进展	水处理技术	2021 年 6 月	叶昕欣、张燕
25	代谢解偶联剂在污水处理领域中的研究进展	水处理技术	2021 年 7 月	冯骁驰、雒海潮、车林
26	双污泥系统反硝化除磷新工艺研究进展	水处理技术	2021 年 7 月	卞晓峥、闫阁、黄建平、邱林
27	VUV/H_2O_2 工艺对于水中新型有机污染物降解的技术研究进展	水处理技术	2021 年 9 月	谭玄同、马伟芳
28	多孔有机聚合物吸附去除水中污染物研究进展	水处理技术	2021 年 10 月	董朔瑜、马伟芳
29	可见光催化剂 $ZnIn_2S_4$ 改性研究进展	水处理技术	2020 年 1 月	安家君、高波、刘嘉栋、田原、王磊
30	基于醋酸纤维素的改性分离膜研究进展	水处理技术	2020 年 2 月	谢高艺、罗恒、马春平、苏相樵、韦福建、杨敬葵
31	甲醇废水厌氧生物处理研究进展	水处理技术	2020 年 3 月	郑朝婷、潘阳、陆雪琴、甄广印、宋玉、赵由才
32	重金属捕集剂在废水处理中的研究进展	水处理技术	2020 年 4 月	林海、张叶、贺银海、董颖博
33	BF-MBR 处理废水及膜污染控制的研究进展	水处理技术	2020 年 5 月	王汉青、节梦瑞、张会宁、钱勇兴、马建青、靳虎芳

序号	论文题目	刊物名称	时间	作者姓名
34	双极膜电渗析技术在高盐废水处理中的应用	水处理技术	2020 年 6 月	黄灏宇、叶春松
35	光电催化技术处理重金属络合物废水的研究进展	水处理技术	2020 年 7 月	王筱雯、王聪、李刚
36	新型厌氧氨氧化工艺在高含氮废水处理中的应用	水处理技术	2020 年 9 月	夏凡、任龙飞
37	改性吸附材料处理水体中砷的研究进展	水处理技术	2020 年 10 月	许江城、康得军、杨天学、龚天成、赵颖
38	短程硝化和反硝化除磷耦合工艺研究进展	水处理技术	2020 年 12 月	缪新年、程诚、朱琳、潘家成、刘文如、沈耀良
39	生物铁法强化污水处理作用机理与应用研究进展	水处理技术	2019 年 1 月	赵炜、孙强、李杰、王亚娥
40	钛盐在水处理中的应用及其污泥回用研究进展	水处理技术	2019 年 3 月	王珊、张克峰、任杰、宋武昌、潘章斌、贾瑞宝
41	UV/H$_2$O$_2$ 工艺降解水中污染物的动力学研究进展	水处理技术	2019 年 4 月	连军锋、孙龙、江冲、朱易春、李英豪
42	污水处理厌氧氨氧化工艺研究与应用进展	水处理技术	2019 年 5 月	夏琼琼、张文安、王雅雄、郭亚琼、吕小佳、冯天超
43	常温结晶分盐零排放脱硫废水处理技术	水处理技术	2019 年 6 月	熊日华
44	黏土矿物材料在含铀废水处理中的应用研究进展	水处理技术	2019 年 7 月	朱益萍、王学刚、聂世勇、王光辉、郭亚丹、李鹏
45	电容脱盐技术及其在废水处理中的应用	水处理技术	2019 年 8 月	吴阳春、应迪文、王亚林、贾金平
46	好氧颗粒污泥 MBR 处理高浓度有机废水研究进展	水处理技术	2019 年 9 月	袁佳彬、李新冬、张鑫、李柳、吴俊峰
47	功能化碳纳米管材料在含重金属处理废水中的应用研究进展	水处理技术	2019 年 10 月	管东红、管映兵、杨帆
48	铁氧体应用于水中污染物去除的研究进展	水处理技术	2019 年 11 月	白润英、刘建明、周琦善、郝俊峰、张子杰、裴晗博
49	厌氧氨氧化工艺在高氨氮废水处理中的研究应用进展	水处理技术	2019 年 12 月	钱允致、马华继、苑宏英、池勇志、丁艳梅、田素凤
50	核工业含铀废水处理技术进展	工业水处理	2019 年 1 月	郭栋清、李静、张利波
51	水中医药品的污染现状及高级氧化处理	工业水处理	2019 年 3 月	张亚雪、王少坡、常晶
52	改性生物质炭去除水中污染物的研究进展	工业水处理	2019 年 4 月	胡锋平、罗文栋、彭小明
53	高铁酸盐去除废水中重金属及其他污染物的研究进展	工业水处理	2019 年 5 月	何世鼎、李海宁、王凯凯
54	DMF 废水生物处理研究进展	工业水处理	2019 年 6 月	张鹤、李泽兵、安凯
55	生物炭复合材料在废水处理中的应用研究进展	工业水处理	2019 年 9 月	蒲生彦、贺玲玲、刘世宾
56	含 PVA 废水处理工艺探讨	工业水处理	2019 年 10 月	李功松、陈小光、汪彩华

序号	论文题目	刊物名称	时间	作者姓名
57	厌氧氨氧化技术在市政污水的应用和研究进展	工业水处理	2019 年 12 月	解云飞、徐文杰、迟媛媛
58	难降解石油化工废水臭氧氧化处理催化剂研究进展	工业水处理	2020 年 4 月	陈春茂、曹越、胡景泽
59	腐殖酸联合铁氧化物去除水体中重金属的研究进展	工业水处理	2020 年 5 月	刘诗婷、么强、陈芳、刘竞依、陈会姗
60	氧化石墨烯材料在污水处理中的应用研究进展	工业水处理	2020 年 8 月	张洁、韩宗臻、李成刚
61	含铅废水处理技术研究进展	工业水处理	2020 年 12 月	古小超、梅鹏蔚、张震
62	人工湿地处理高盐废水研究进展	工业水处理	2021 年 3 月	黄铭意、许丹、李寻
63	联合活化过硫酸盐及其去除污水中污染物研究进展	工业水处理	2021 年 6 月	李红州、沈国宸、耿金菊
64	石墨烯类材料对水中有机污染物的吸附研究进展	工业水处理	2021 年 10 月	郝延蔚、孙瑞敏、赵辉
65	碳纳米管及其复合材料在水中有机污染物去除中的应用	净水技术	2021 年 3 月	易滢佳、王钰、史俊、邓慧萍
66	光催化自清洁膜的发展现状及其在厕所污水处理中的应用展望	净水技术	2021 年 3 月	杨蕾、于振江、刘洁、张亚雷、周雪飞
67	O_3/Fe^{2+} 均相催化体系及其效能强化综述	净水技术	2021 年 8 月	廖求文
68	三维生物膜电极反应器氢自养反硝化脱氮技术进展	净水技术	2021 年 9 月	时晓宁、王培京、孙洪伟、朱斌斌、李玉臣、侯斯文
69	污水生物脱氮除磷工艺优化技术综述	净水技术	2021 年 9 月	鲍任兵、高廷杨、宫玲、徐健、万年红、雷培树、镇祥华
70	镧改性材料对水中磷酸盐去除的研究进展	净水技术	2020 年 2 月	金烁、操家顺、罗景阳
71	生物炭净化废水中重金属机理	净水技术	2020 年 3 月	安淼
72	高铁酸盐控制饮用水中消毒副产物的研究进展	净水技术	2020 年 4 月	孙婧、赵阁阁、张运波、王洪波
73	紫外高级氧化去除消毒副产物前体物研究进展	净水技术	2020 年 5 月	孙晓云、钟雪莲、刘建广
74	甲烷碳源的反硝化作用机理与工艺技术研究进展	净水技术	2020 年 6 月	万志远、陈丹、吴慧芳、王俊萍
75	N-二甲基亚硝胺前体物来源及其控制技术研究进展	净水技术	2020 年 9 月	赵亮、李东峰、陈发明、孙韶华、贾瑞宝、王永磊
76	基于界面聚合技术的复合纳滤膜研究进展	净水技术	2020 年 10 月	田家宇、常海霖、高珊珊、宗悦、张瑞君、崔福义
77	噬菌体应用于污水处理过程的探讨	净水技术	2020 年 11 月	熊文斌、卢晗、刘新春
78	阳离子表面活性剂改性沸石吸附水体中重金属的研究综述	净水技术	2020 年 12 月	李艺、史会剑、吴春辉、刘忠林、高诗倩、刘光辉、王宇辰
79	水力空化在水处理领域的应用研究进展	净水技术	2019 年 1 月	程效锐、张舒研、涂艺萱、滕飞
80	生物活性炭对典型水媒病原菌的去除作用及其迁移特征	净水技术	2019 年 2 月	刘丽君、李拓、张金松

序号	论文题目	刊物名称	时间	作者姓名
81	非均相类 Fenton 体系中降解水中染料的固体催化剂研究进展	净水技术	2019 年 4 月	李蓉、吴小宁、王倩、白青青
82	纳滤技术在饮用水处理中的应用	净水技术	2019 年 6 月	李艾铧、朱云杰、朱昊辰、李光明、顾玉亮
83	臭氧微纳米气泡技术在水处理中的应用进展	净水技术	2019 年 8 月	马艳、张鑫、韩小蒙、杨海军、王春雷
84	煤气化废水厌氧处理技术研究进展	净水技术	2019 年 11 月	梁辉、韩竹、王馨瑶、郑艺、郭炳焜、李雅婕
85	微波辐射处理高浓度氨氮废水研究进展	净水技术	2019 年 12 月	山丕斌、徐冰峰、张关印、郭宗敏、周亚霖

另外，除了科研和综述性论文外，一些专著书籍和专体论文更是领航性新思维重要成果。例如：郝晓地教授的专著《可持续污水——废水处理技术》，王占生教授和刘文君教授的专著《微污染水源饮用水处理》，李圭白院士的专体论文"绿色工艺——第三代饮用水净化工艺的发展方向"，曲久辉院士的论文"饮用水处理工艺改革的方向与愿景"，侯立安院士的论文"饮用水源新污染物防控发展方向的思考"，王洪臣教授的论文"探索农村污水治理的中国之路"，王凯军教授的论文"生态文明理念引领城市污水处理技术的创新发展"，高乃云教授的论文"饮用水新消毒副产物控制策略"，同济大学环境学院的论文"基于 4S（安全与健康、低碳与绿色、智慧与智能、系统与韧性）理念的未来饮用水系统"，解跃峰教授等的论文"国内龙头水直接生饮面对的问题及对策"等。

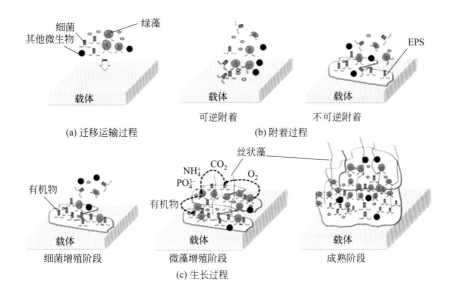

图 2-46　菌-藻共生生物膜形成过程示意

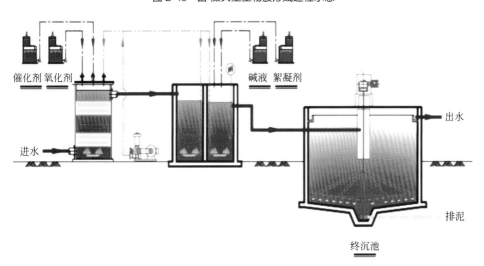

图 3-1　MicroFA 四相催化氧化技术流程

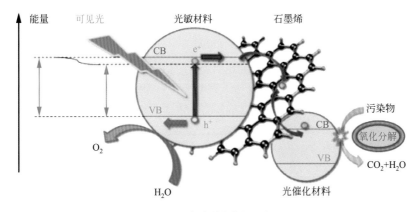

图 3-5　石墨烯光催化氧化技术原理

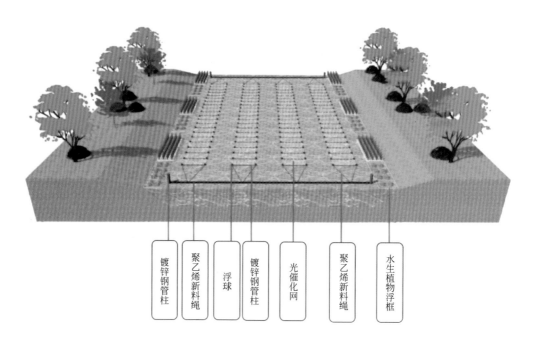

镀锌钢管柱　聚乙烯新料绳　浮球　镀锌钢管柱　光催化网　聚乙烯新料绳　水生植物浮框

图 3-6　催化氧化网安装示意

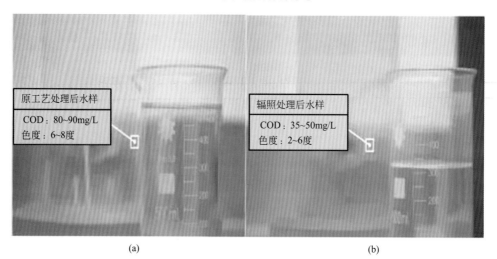

原工艺处理后水样

COD：80~90mg/L
色度：6~8度

辐照处理后水样

COD：35~50mg/L
色度：2~6度

(a)　　　　　　　　　　　　　　　　　(b)

图 3-9　新旧处理工艺的水样对比

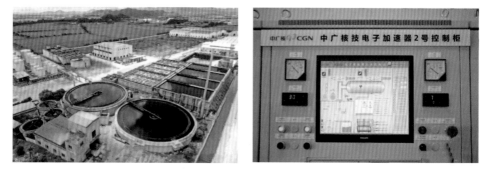

图 3-11　污水处理现场和电子加速器控制柜

图 3-18　内蒙古某发酵制药企业废水处理设施

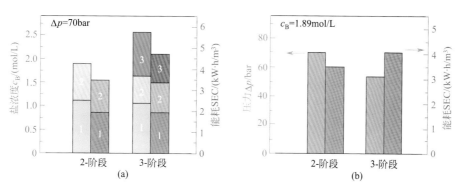

图 4-1　反渗透系统的性能分析（二级和三级脱盐率）

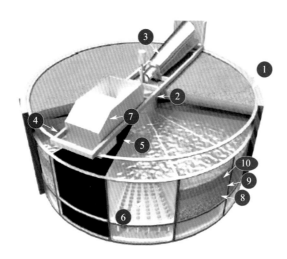

图 8-16　KlaricellRJ 浮滤池构造

1—外池壁；2—内池壁；3—刮泥机；4—平台；5—分隔墙；6—滤头；
7—反洗分隔罩；8—砾石；9—细砂；10—无烟煤

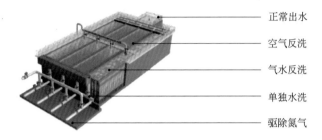

正常出水

空气反洗

气水反洗

单独水洗

驱除氮气

图 8-17　反硝化深床滤池结构

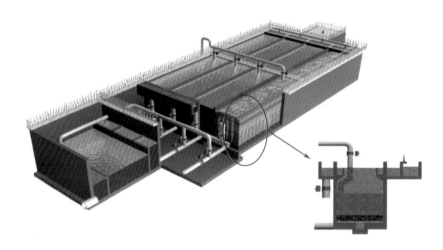

图 8-19　反硝化深床滤池的工艺构造